21 世纪全国高等院校材料类创新型应用人才培养规划教材

摩擦材料及其制品生产技术

主　编　申荣华　何　林
参　编　陈之奇　阎建伟

内 容 简 介

本书对摩擦材料及其制品生产技术作了系统、全面的阐述，共分 7 章，主要内容包括概论、摩擦与磨损基础知识、摩擦材料的组分构成及作用、摩擦材料组分的配方技术、模压型摩擦材料制品生产工艺、编织型摩擦材料制品生产工艺、制品性能检测手段和方法。

本书在内容上既注重理论讲解的清晰性，又紧密地结合生产的实际性，语言通俗易懂，知识全面，具有指导性、实用性强的特点。

本书可作为机械工程类和材料工程类研究生课程或本科生选修课程的教材，也可作为有关工程技术人员的参考用书。

图书在版编目(CIP)数据

摩擦材料及其制品生产技术/申荣华，何林主编．—北京：北京大学出版社，2010.7
(21 世纪全国高等院校材料类创新型应用人才培养规划教材)
ISBN 978-7-301-17463-0

Ⅰ. ①摩… Ⅱ. ①申… ②何… Ⅲ. ①摩擦材料—高等学校—教材 Ⅳ. ①TB39

中国版本图书馆 CIP 数据核字(2010)第 130019 号

书　　名：	摩擦材料及其制品生产技术
著作责任者：	申荣华　何　林　主编
策 划 编 辑：	童君鑫
责 任 编 辑：	宋亚玲
标 准 书 号：	ISBN 978-7-301-17463-0/TG·0006
出 版 者：	北京大学出版社
地　　址：	北京市海淀区成府路 205 号　100871
网　　址：	http://www.pup.cn　http://www.pup6.com
电　　话：	邮购部 62752015　发行部 62750672　编辑部 62750667　出版部 62754962
电 子 邮 箱：	pup_6@163.com
印 刷 者：	北京大学印刷厂
发 行 者：	北京大学出版社
经 销 者：	新华书店
	787 毫米×1092 毫米　16 开本　25.25 印张　593 千字
	2010 年 7 月第 1 版　2015 年 4 月第 2 次印刷
定　　价：	45.00 元

未经许可，不得以任何方式复制或抄袭本书之部分或全部内容。
版权所有，侵权必究　　举报电话：010-62752024
　　　　　　　　　　　　电子邮箱：fd@pup.pku.edu.cn

21世纪全国高等院校材料类创新型应用人才培养规划教材
编审指导与建设委员会

成员名单 (按拼音排序)

白培康 (中北大学)	陈华辉 (中国矿业大学)
崔占全 (燕山大学)	杜彦良 (石家庄铁道学院)
杜振民 (北京科技大学)	耿桂宏 (北方民族大学)
关绍康 (郑州大学)	胡志强 (大连工业大学)
李　楠 (武汉科技大学)	梁金生 (河北工业大学)
林志东 (武汉工程大学)	刘爱民 (大连理工大学)
刘开平 (长安大学)	芦　笙 (江苏科技大学)
石海芳 (辽宁工程技术大学)	孙凤莲 (哈尔滨理工大学)
孙玉福 (郑州大学)	万发荣 (北京科技大学)
王春青 (哈尔滨工业大学)	王　峰 (北京化工大学)
王金淑 (北京工业大学)	卫英慧 (太原理工大学)
伍玉娇 (贵州大学)	夏　华 (重庆理工大学)
徐　鸿 (华北电力大学)	余心宏 (西北工业大学)
张朝晖 (北京理工大学)	张海涛 (安徽工程大学)
张敏刚 (太原科技大学)	张　锐 (郑州航空工业管理学院)
张晓燕 (贵州大学)	赵惠忠 (武汉科技大学)
赵莉萍 (内蒙古科技大学)	赵玉涛 (江苏大学)

前　　言

自世界上运载机械和动力机械问世以来，摩擦材料就在其制动和传动机构中被使用了。

随着汽车、运载机械工业的发展，如汽车的功率、速度和载荷日益提高和运行工况条件日益严峻，以及人类环境保护意识的增强，对摩擦材料制品的要求也越来越高，如要求产品技术先进、质量好、寿命长、对环境少或无污染、造价低等。因此，在摩擦材料产品设计与制造过程中，会遇到越来越多的材料及材料成形加工方面的问题，这就要求工程技术人员必须掌握必要的材料科学与材料工程知识，具有正确选择材料和制造加工处理方法、合理安排加工工艺路线、科学地组织和管理生产等的能力。

摩擦材料及其制品生产技术是一门综合性的专业技术课，主要包括摩擦及磨损理论基础知识、摩擦材料的组分构成及作用、摩擦材料组分的配方技术和模压型及编织型摩擦材料制品生产工艺、制品性能检测手段和方法等部分。本课程以摩擦材料及其制品生产技术为主要研究对象，论述了粘结剂、增强纤维、性能调节剂或填料的分类、成分、组织及性能特征；材料的改性原理及方法；制动或传动的摩擦材料制品设计中的组分配方试验设计与优化方法；各类摩擦材料制品成形加工原理、材料的成形加工性能；制造加工工艺路线安排；制造加工工艺过程及技术的特点和应用；制品性能检测等。通过学习，使读者掌握摩擦材料配方试验设计及制品生产技术的基本理论及其应用特点，建立起摩擦材料及其制品加工工艺理论与在工业生产之间的关系。

摩擦材料及其制品生产技术涉及摩擦学、矿物学、高分子材料、无机非金属材料、机械制造加工等多个学科，相关书籍甚少，本书的主要特点在于围绕其核心内容"组分、作用、选配和制品生产技术"，按逻辑思维进行内容编排，以性能—组分及选配—制造加工为主线，较系统地阐述了制动或传动的摩擦材料制品的性能要求、各种组分材料的性质和作用以及实际应用、工业上各类摩擦材料制品的生产技术方法原理、工艺过程、特点及应用等。

本书结构清晰，信息量大，每章相对独立而又相互衔接，文字叙述力求精练，科学性、实用性强。

本书由贵州大学申荣华教授、何林教授主编，陈之奇副教授和博士研究生阎建伟参编。申荣华编写第1章、3.1节、第4章、第5章，何林编写第2章、第6章，陈之奇编写第7章及附录，阎建伟编写3.2节和3.3节。全书由申荣华统稿。

本书在编写过程中，参阅和引用了部分国内外相关专著及论文，在此一并向文献作者致以深切的谢意！

鉴于作者学识有限，书中不足和欠妥之处在所难免，敬请读者、专家和同仁不吝赐教。

编　者

2010年5月于贵阳

目 录

第1章 概论 ·················· 1
  1.1 摩擦材料概述 ············ 2
    1.1.1 摩擦材料的分类 ······ 2
    1.1.2 摩擦材料的技术要求 ··· 4
  1.2 摩擦材料发展简史及趋势 ··· 6
    1.2.1 摩擦材料发展简史 ····· 6
    1.2.2 摩擦材料发展趋势 ····· 8

第2章 摩擦与磨损基础知识 ········ 12
  2.1 摩擦概述 ················ 13
    2.1.1 摩擦的概念与分类 ····· 13
    2.1.2 摩擦基本理论 ········· 14
  2.2 磨损的分类及影响因素 ····· 22
    2.2.1 磨损的主要分类 ······· 22
    2.2.2 影响磨损的因素 ······· 25
  2.3 摩擦材料的摩擦机理与磨损 · 25
    2.3.1 摩擦材料的摩擦机理 ··· 25
    2.3.2 摩擦材料的磨损 ······· 26
  小结 ·························· 41
  习题 ·························· 41

第3章 摩擦材料的组分构成及作用 ·· 46
  3.1 有机粘结剂 ··············· 48
    3.1.1 酚醛树脂 ············· 49
    3.1.2 酚醛树脂改性 ········· 59
    3.1.3 橡胶 ················· 71
    3.1.4 橡胶和树脂共混 ······· 82
  3.2 纤维增强材料 ············· 96
    3.2.1 石棉纤维 ············· 99
    3.2.2 天然矿物纤维 ········· 107
    3.2.3 人造矿物纤维 ········· 110
    3.2.4 有机纤维 ············· 115
    3.2.5 碳纤维 ··············· 120
    3.2.6 金属纤维 ············· 123
  3.3 填料 ····················· 127
    3.3.1 填料特性与摩擦材料性能的关系 ··· 129
    3.3.2 增摩填料 ············· 135
    3.3.3 减摩填料 ············· 141
    3.3.4 有机类填料 ··········· 142
    3.3.5 表面改性剂 ··········· 143
  小结 ·························· 149
  习题 ·························· 150

第4章 摩擦材料组分的配方技术 ··· 153
  4.1 配方设计的意义 ·········· 154
  4.2 摩擦材料制品配方设计的原则和特点 ··· 155
    4.2.1 摩擦材料制品配方设计的原则 ··· 155
    4.2.2 摩擦材料制品配方设计的特点 ··· 156
  4.3 制品配方设计程序 ········ 158
  4.4 制品配方试验设计与优化方法 ··· 162
    4.4.1 制品配方单因素变量试验设计 ··· 162
    4.4.2 制品配方多因素变量试验设计 ··· 166
  小结 ·························· 188
  习题 ·························· 188

第5章 模压型摩擦材料制品生产工艺 ··· 192
  5.1 模压生产工艺 ············ 194
    5.1.1 模压生产工艺方法 ···· 194
    5.1.2 模压生产工艺过程 ···· 195
  5.2 盘式制动片生产 ·········· 250
    5.2.1 盘式制动片概述 ······ 250

5.2.2 盘式制动片生产工艺 …… 251
5.3 铆接型鼓式制动片生产 …… 257
  5.3.1 铆接型鼓式制动片概述 …… 257
  5.3.2 铆接型鼓式制动片生产工艺 …… 257
5.4 粘接型鼓式制动蹄片生产 …… 262
  5.4.1 粘接型鼓式制动蹄片概述 …… 262
  5.4.2 粘接型鼓式制动蹄片生产工艺 …… 262
5.5 铁路用合成制动瓦生产 …… 267
  5.5.1 铁路用合成制动瓦概述 …… 267
  5.5.2 铁路用合成制动瓦生产工艺 …… 267
5.6 石油钻机制动块生产 …… 276
  5.6.1 模压型石油钻机制动块概述 …… 276
  5.6.2 模压型石油钻机制动块生产工艺 …… 277
小结 …… 278
习题 …… 281

第6章 编织型摩擦材料制品生产工艺 …… 285

6.1 编织生产工艺 …… 287
  6.1.1 编织生产工艺方法 …… 287
  6.1.2 编织生产工艺过程 …… 287
6.2 离合器面片生产 …… 288
  6.2.1 离合器面片概述 …… 288
  6.2.2 缠绕型离合器面片生产工艺 …… 289

6.3 编织型和层压型石油钻机制动瓦 …… 298
  6.3.1 编织型和层压型石油钻机制动瓦概述 …… 298
  6.3.2 编织型和层压型石油钻机制动瓦生产工艺 …… 299
6.4 编织型制动带 …… 305
  6.4.1 制动带概述 …… 305
  6.4.2 橡胶基制动带生产工艺 …… 307
  6.4.3 树脂基编织制动带生产工艺 …… 311
小结 …… 316
习题 …… 317

第7章 制品性能检测手段和方法 …… 320

7.1 摩擦性能检测设备及试验方法 …… 321
  7.1.1 小样摩擦试验机 …… 322
  7.1.2 实样摩擦试验机 …… 341
  7.1.3 惯性台架试验机 …… 346
7.2 摩擦材料理化性能检测 …… 350
小结 …… 360
习题 …… 367

附录A 摩擦材料制品性能要求及试验规范 …… 370

附录B 部分标准代号含义 …… 390

附录C 部分常见标准 …… 391

参考文献 …… 393

第 1 章 概 论

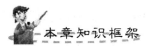本章知识框架

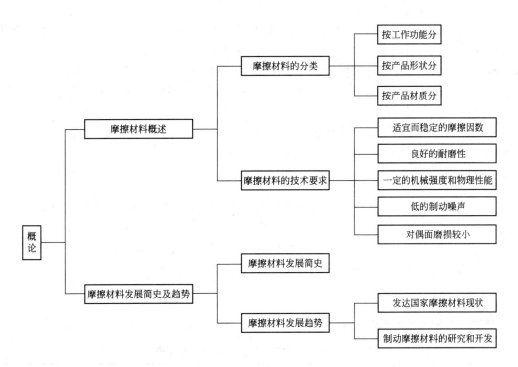

本章学习目标与要求

▲ 掌握制动摩擦材料的技术要求；
▲ 了解摩擦材料的分类；
▲ 了解摩擦材料的发展趋势。

所有运载机械和大多数机械设备中都装有制动或传动装置，这种制动或传动装置上的关键性部件都需要用到摩擦材料。它最主要的功能是通过摩擦来吸收能量或传递动力，如汽车刹车片吸收动能，离合器片传递动力；由于摩擦材料能使运载机械和设备安全可靠地工作，所以被广泛地应用在汽车、摩托车、火车、农用车辆、飞机、船舰、石油钻机、矿山机械及各类工程机械设备以及自行车、洗衣机等生活用品方面，作为动力的传递或制动减速用的不可缺少的材料。

1.1 摩擦材料概述

1.1.1 摩擦材料的分类

摩擦材料是一种多元复合材料，是由粘结剂（树脂与橡胶）、增强纤维和摩擦性能调节剂三大类主要组分及其他配合剂经一系列制造加工工艺制成的，其制品具有良好的摩擦因数和耐磨性，同时还具有一定的耐热性和机械强度。

大多数情况下，摩擦材料都是同各种金属对偶相摩擦的。一般公认，在干摩擦条件下，同对偶摩擦因数大于 0.2 的材料，都称为摩擦材料。

材料按其摩擦特性，分为低摩擦因数材料和高摩擦因数材料。低摩擦因数材料又称减摩材料或润滑材料，其作用是减少机械运动中的动力损耗，降低机械部件磨损，延长使用寿命，这不属本书讨论的内容。

本书所述对象是高摩擦因数材料（又称摩阻材料），简称为摩擦材料。摩擦材料的分类如下。

1. 按工作功能分

摩擦材料按工作功能可分为传动与制动两大类。例如，进行传动作用的离合器片通过离合器总成中离合器摩擦面片的贴合与分离将发动机产生的动力传递到驱动轮上，使车辆开始运行；进行制动作用的制动片（分为盘式制动与鼓式制动片）是通过车辆制动机构，将制动片紧贴在制动盘（或鼓）上，使运行中的车辆减速或停下来。

2. 按产品形状分

摩擦材料按产品的形状分类见表 1-1。

表 1-1 摩擦材料的形状类别、特点和要求以及生产工艺和用途

种类	形状	特点及要求	生产工艺及用途
盘式片	平面状	面积较小，承受较高的制动负荷，在各类汽车制动摩擦材料中，其性能要求是最高的，其粘结剂以树脂为主，橡胶为辅，要求耐热性好、热分解温度高、热失重少	大多以干法工艺生产，主要用于轿车

(续)

种类	形状	特点及要求	生产工艺及用途
铆接型鼓式制动片	弧形	铆接型鼓式制动片与制动蹄铁以铆装方式组合要求承受较大的制动负荷，在减少和克服噪声上没有盘式片苛刻。该类材料要求树脂耐热性好，摩擦性能调节剂的高温性能好，现主要以钢纤维-矿物纤维或多种矿物纤维并加少量有机纤维为增强材料	我国20世纪60年代以前用湿法工艺生产，70年代以后大多用干法工艺生产，主要用于中、重型载重汽车
粘接型鼓式制动蹄片		将鼓式制动片和制动蹄铁通过粘结剂粘接成制动蹄片整体，制动负荷比铆接型鼓式制动片小。材料的性能要求略低于中、重型载重汽车鼓式制动片和轿车盘式片	采用干法工艺或湿法工艺生产，主要用于轿车和轻型、微型汽车
制动瓦		要求承受较大的制动负荷和具有较高的摩擦性能，比普通弧形制动片要厚得多（通常达25～35mm）	大多以干法工艺生产，主要用于火车、石油钻机等
制动带	长条状（带状）	质地比较柔软，贴合性强，特别适合与制动蹄片总成进行粘合使用。常温摩擦因数较高，遇水时的摩擦因数也相对较高。其缺陷是强度较低，高温摩擦因数较低，怕油污，属软质摩擦材料	湿法工艺生产为主，常用于农机和工程机械上如起重机、卷扬机、吊车等
离合器片	平面状	要求热稳定性好、具有较好而稳定的摩擦因数、良好的耐磨性、较高的物理机械强度等，常用的有缠绕型离合器面片和短纤维型离合器面片	湿法或干法工艺生产，主要用于汽车、机械设备
异型摩擦片	盆形、锥形、鞍座形等	具有较好而稳定的摩擦因数、良好的耐磨性、较高的物理机械强度等	湿法或干法工艺生产，多用于各种工程机械，如摩擦压力机、电葫芦等

3. 按产品材质分

摩擦材料按产品材质分类见表1-2。

表1-2 摩擦材料材质类别、性能特点和应用

种类	材料性能特点	应用
石棉摩擦材料	特点是有机组分含量高（50%～60%vol），低温摩擦因数高、寿命长，但是导热性差，高温摩擦性能下降，污染环境。其是在20世纪20年代发展起来的，有高分子化合物、石棉及填料等组成，相对密度为1.6～1.8。	早期的摩擦材料基本上都使用石棉作为增强材料，由于石棉纤维对人体健康有害，其生产及应用在国外发达国家已经明令禁止，我国也已逐步限制对其的使用

(续)

种类	材料性能特点	应用
半金属摩擦材料	以金属纤维代替石棉纤维，其材料配方增强纤维主要是钢和铜等金属纤维。材料的热稳定性能好，耐磨性能好，导热性能好，对环境污染小，但制动噪声大，成本较高，密度稍大	主要用于轿车和重型汽车的盘式制动片
混合纤维型摩擦材料	采用多种纤维混合作为增强材料，如天然纤维、合成纤维、有机纤维等。充分发挥每一种纤维的优势，弥补缺陷，降低成本。通过压制成形或热压固化成形	主要用于轿车和轻、中型汽车制动片
粉末冶金摩擦材料	粉末冶金摩擦材料的基体主要是铁和铜，另外还有铁-铜基、铝基、镍基、钼基和陶瓷基等，经混合、压型，并在高温下烧结而成。粉末冶金摩擦材料在材料配比方面具有特别的灵活性和广泛性，在高负荷条件下表现出良好的摩擦性，材料使用寿命长，价格高，但制动噪声大，对偶磨损较大	适用于较高温度下的制动与传动工况条件，如飞机、重载汽车、重型工程机械的制动与传动
碳纤维摩擦材料	碳纤维具有高模量、导热好、耐热好等特点。碳纤维摩擦材料是各类摩擦材料中性能最好的一种。在碳纤维摩擦材料组分中，除了碳纤维外，还使用石墨、碳的化合物，组分中的有机粘结剂也要经过碳化处理，故碳纤维摩擦材料也称为碳-碳摩擦材料或碳基摩擦材料。但因其价格昂贵，故其应用范围受到限制。一般采用热压成形工艺	单位面积吸收功率高及密度小，特别适合生产飞机制动片，国外有些高档轿车的制动片也有使用

1.1.2 摩擦材料的技术要求

摩擦材料是车辆和机械的离合器总成及制动器中的关键安全零件，在大多数情况下，摩擦材料都是同各种金属对偶相摩擦的，故在传动和制动过程中，主要应满足以下技术要求。

1. 适宜而稳定的摩擦因数

摩擦因数是评价任何一种摩擦材料的一个最重要的性能指标，关系到摩擦片执行传动和制动功能的好坏，它不是一个常数，而是受温度、压力、摩擦速度或表面状态及周围介质因素等影响而发生变化的一个系数。理想的摩擦因数应具有理想的冷摩擦因数和可以控制的热衰退。

温度是影响摩擦因数的最重要因素。摩擦材料在摩擦过程中，由于温度的迅速升高，一般当温度达200℃以后，摩擦因数开始下降，若温度达到树脂和橡胶的分解温度范围，会使摩擦因数骤然降低，这种现象称为热衰退。严重的热衰退会导致制动效能变差和恶化，在实际应用中会降低摩擦力，即降低了制动作用，这很危险，也是必须要避免的。在摩擦材料中加入高温摩擦调节剂填料，是减少和克服热衰退的有效手段。经过热衰退的摩擦片，当温度逐渐降低时摩擦因数一般会逐渐恢复至原来的正常情况，但也有时会出现摩擦因数恢复得高于原来正常的摩擦因数即恢复得过头，对这种摩擦因数恢复过头的现象称为过恢复。

摩擦因数通常随速度增加而降低，但过多的降低也不能忽视。我国汽车制动器衬片台架试验标准中就有制动力矩速度稳定性的要求，因此当车辆行驶速度加快时，要防止制动效能的下降。

摩擦材料表面沾水时，摩擦因数也会降低，当表面的水膜消除，恢复至干燥状态后，摩擦因数就会恢复正常，称为涉水恢复性。

摩擦材料表面沾有油污时，摩擦因数会显著下降，但应保持一定的摩擦力，使其仍有一定的制动效能。

2. 良好的耐磨性

摩擦材料的耐磨性是其使用寿命的反映，也是衡量摩擦材料耐用程度的重要技术指标。耐磨性越好，表明它的使用寿命越长。但是摩擦材料在工作过程中的磨损，主要是由摩擦接触表面产生的剪切力所造成的。

工作温度是影响磨损量的重要因素。当材料表面温度达到有机粘结剂的热分解温度范围时，橡胶和树脂等会产生分解、碳化和失重现象，随着温度的升高，这种现象加剧，粘接作用下降，磨损量急剧增大，称为热磨损。

选用合适的减摩填料和耐热性好的树脂、橡胶，能有效地减少材料的工作磨损，特别是热磨损，延长其使用寿命。

摩擦材料的耐磨性指标有多种表示方法。GB 5763—2008《汽车用制动器衬片》规定的磨损指标是，测定材料样品在定速式摩擦试验机上在100～350℃的每档温度(50℃为一档)时的磨损率。磨损率因样品与对偶表面进行相对滑动过程中作单位摩擦功时的体积磨损量，可由测定其摩擦力的滑动距离及样品因磨损的厚度减少而计算出。

由于被测样品在摩擦性能测试的过程中，受高温影响会产生不同程度的热膨胀，掩盖了样品的厚度磨损，有时甚至出现负值即样品经高温磨损后的厚度反而增加，这就不能真实正确地反映出实际磨损，故有的生产厂除测定样品的体积磨损外，还要测定样品的质量磨损率。

国内一些汽车制造厂，对配套用的制动片的磨损率规定要求，在对检测样品进行定速式摩擦试验中，在100℃、150℃、200℃、250℃、300℃五档温度下的磨损率总和不应超过限定值(一般规定为 $2.5\times 10^{-7} cm^3/(N\cdot m)$ 或 $2.0\times 10^{-7} cm^3/(N\cdot m)$ 以下)。

3. 一定的机械强度和物理性能

摩擦材料制品在装配使用之前，有的需要进行钻孔、铆装、装配等机械加工，才能制成刹车片总成或离合器总成。在摩擦工作过程中，摩擦材料除了要承受很高温度以外，还要承受较大的压力与剪切力。因此，要求摩擦材料必须具有足够的机械强度，以保证在加工或使用过程中不出现破损与碎裂。例如，对制动片，就要求有一定的抗冲击强度、铆接应力、抗压强度等；对于粘接型制动片(如盘式片)，还要具有足够的常温粘接强度与高温(200～250℃)粘接强度，以保证制动片与钢背粘接牢固，在经受盘式制动片制动过程中的高剪切力时而不产生相互脱离，造成制动失效的严重后果；对于离合器片，则要求具有足够的抗冲击强度、静弯曲强度、最大应变值以及旋转破坏强度，这是为了保障离合器片在运输、铆装加工过程中不致损坏，也是为了保障离合器片在高速旋转的工作条件下不发生破裂。

4. 低的制动噪声

制动噪声关系到车辆行驶时的舒适性，而且关系到是否对周围环境特别是对城市环境造成噪声污染。对于轿车和城市公交车来说，制动噪声是一项重要的性能要求，有关部门已经提出了标准规定：一般汽车制动时产生的噪声不应该超过85dB。

引起制动噪声的因素很多，因为制动片只是制动总成的一个部件，制动时制动片与制动鼓（或盘）在高速与高压比的相对运动下强烈摩擦，彼此产生振动，从而产生不同程度的噪声。

就摩擦材料而言，长期使用经验得出造成制动噪声的因素大致有：

（1）摩擦材料的摩擦因数越高，越易产生噪声。摩擦因数达到0.45～0.5或更高时，极易产生噪声。

（2）制品材质硬度高，易产生噪声。

（3）高硬度填料用量多时，易产生噪声。

（4）制动片经高温制动作用后，工作表面形成光亮且硬的碳化膜（又称釉质层），在制动摩擦时会产生高频振动及相应的噪声。

由此可知，适当控制摩擦因数，使其不要过高，降低制品的硬度，减少硬质填料用量，避免工作表面形成碳化膜，使用减振垫或涂膜以降低振动频率，均有利于减少与克服噪声。

由于制动噪声产生原因相当复杂，目前还未能完全了解，因此解决摩擦材料制动过程中的噪声问题是一个重要的课题。

5. 对偶面磨损较小

摩擦材料制品的传动或制动功能都要在与对偶件即摩擦盘或制动鼓（或盘）在摩擦中来实现，在此摩擦过程中这一对摩擦偶件相互都会产生磨损，这是正常现象。但是作为消耗性材料的摩擦材料制品，除自身的磨损尽量小外，对偶件的磨损也要小即使对偶件的使用寿命要相对较长，这才充分显示出具有良好摩擦性能特性。同时在摩擦过程中不应将对偶件即摩擦盘或制动鼓（或盘）的表面磨出较重的擦伤、划痕、沟槽等过度磨损情况。

1.2 摩擦材料发展简史及趋势

1.2.1 摩擦材料发展简史

自世界上出现动力机械和运载机械后，在其传动和制动机构中就使用了摩擦材料。初期的摩擦材料是用棉花、棉布、皮革等作为基材。例如，将棉花纤维或其织品浸渍橡胶浆液后，进行加工成形制成制动片或制动带，这就是早期应用的摩擦材料品种之一，但它的耐热性较差，当摩擦面温度超过120℃后，棉花和棉布会逐渐焦化甚至燃烧。随着车辆速度和载重的增加，其制动温度也相应增高，这类摩擦材料已经不能满足使用要求，于是人们开始寻求耐热性好的、新的摩擦材料类型，石棉摩擦材料由此诞生。

石棉是一种天然的矿物纤维，它具有较高的耐热性和机械强度，还具有较长的纤维长度、较高的劈裂性和很好的分散性，其柔软性和浸渍性也很好，可以进行纺织加工制成石棉布或石棉带并浸渍粘结剂。石棉短纤维和其布、带制品，都可以作为摩擦材料的基材。更由于其具有较低的价格，所以它很快就取代了棉花与棉布成为摩擦材料中主要的基材物。1905 年石棉制动带开始被应用，其制品的摩擦性能和使用寿命、耐热性和机械强度均有较大的提高。以后人们又把铜丝线捻入石棉线中做成铜丝石棉线，再进一步织成铜丝石棉布，然后将铜丝石棉布涂浸橡胶，这样做成的制品具有更好的机械强度。1918 年开始，人们用石棉短纤维与沥青混合后制成模压制动片。20 世纪 20 年代初酚醛树脂开始工业化应用，由于其耐热性明显高于橡胶，所以很快就取代了橡胶成为摩擦材料中主要的粘结剂材料。并且由于酚醛树脂与其他的各种耐热型的合成树脂相比价格较低，所以从那时起，石棉-酚醛型摩擦材料被世界各国广泛使用至今。

20 世纪 60 年代，人们逐渐认识到石棉对人体健康有一定的危害性。石棉在开采加工过程中以及在石棉摩擦材料的生产和使用过程中，微细的石棉纤维易飞扬在空气中被人吸入肺部，长时间处于这种环境下的人，比较容易患上石棉肺或间皮瘤一类的疾病，因此人们开始寻求能取代石棉的其他纤维材料来制造摩擦材料，即无石棉摩擦材料或称非石棉摩擦材料。20 世纪 70 年代，以钢纤维为主要替代材料的半金属型摩擦材料在发达国家中首先采用。至 20 世纪 80 年代末至 90 年代初，半金属摩擦材料已占据了整个汽车用盘式片领域，对机械强度要求较高的鼓式制动片和离合器面片品种则采用多种纤维及耐热型有机纤维的混合类型作为基材来取代石棉。

20 世纪 90 年代后期以来，NAO 型摩擦材料在欧洲的出现是一个值得注意的趋势。NAO 型摩擦材料是无石棉摩擦材料，它与半金属摩擦材料的不同处在于不含有钢纤维及铁粉或只含有少量钢纤维，它所使用的是非金属型的无机纤维和耐热有机纤维。一般认为 NAO 型摩擦材料有助于克服半金属型摩擦材料固有的高密度、易生锈、易产生制动噪声及导热系数过大等缺点。目前，NAO 型摩擦材料在欧共体（已于 1993 年更名为欧盟）国家已得到广泛应用，且有取代半金属型摩擦材料之势。

20 世纪 60 年代初，我国一些企业与研究所合作进行干法生产工艺研究开发，使用粉状酚醛树脂为粘结剂，以短石棉纤维为骨架材料，在干式状态下混合、经模压加工成制品。这种生产工艺稳定简单、制品强度高、摩擦因数较高、耐磨性较好、成本又低，所以很快在全行业中推广应用，并取代了湿法工艺。至 20 世纪 70 年代时，国内有近 80%、约 20 多家石棉摩擦材料重点企业将湿法生产工艺转为干法生产工艺。

20 世纪 70 年代末期，由于我国汽车工业进一步发展，汽车行业对摩擦材料提出了更高的要求，原有的产品标准已不能满足汽车行业的使用要求。国家建材部和汽车主管部门，开始着手合作进行新标准的制定工作，在参考日本 JISD 标准的基础上 1986 年颁布了 GB 5763—1986《汽车用制动器衬片》（已作废，现使用的为 GB 5763—2008《汽车用制动器衬片》）与 GB 5764—1986《汽车用离合器面片》（已作废，现使用的为 GB/T 5764—1998《汽车用离合器面片》）两个国家标准，这两个标准对提高我国摩擦材料的质量与推动摩擦材料的发展起到了很重要的作用。

20 世纪 70 年代末至 80 年代初，由于一些石棉矿与石棉制品厂的生产工人中，石棉肺和间皮瘤患者比例明显增多，国家有关部门开始关注石棉制品企业的环境污染问题，并对不具备石棉防尘条件的企业提出了限期整改措施，当时西方发达国家已全面推广无石棉摩擦材料的生产和应用，我国一些重点摩擦材料企业和科研院校也开始对无石棉摩擦材料进行研究和开发，并在 20 世纪 80 年代后期开始了半金属摩擦材料的生产和应用。

20世纪80年代末至90年代初这段时期,可以认为是我国摩擦材料行业快速发展和发生了根本性变化的一个时期,它主要表现在以下几个方面:

(1) 一些重点企业从国外引进了关键生产设备和检测设备以及少量的技术软件。同时一些新建摩擦材料企业,主要是中外合资与外商独资企业,从发达国家引进了具有20世纪80年代后期水平的盘式制动片和鼓式制动片生产设备和技术软件的整条生产线。这些生产线的机械化和程序控制程度较高、生产效率高、环境污染少。产品性能执行北美SAE标准或欧洲标准。产品销售方面,除部分销售国内,主要面向国际市场。这些先进的进口设备,对各摩擦材料厂起了很好的样板作用。国内一些设备制造单位在参照进口设备的基础上,研制开发出具有自主知识产权的类似水平的各种生产设备和检测设备。近几年,它们已成功地为许多摩擦材料企业所使用,从而极大地提高了我国摩擦材料行业的整体水平。

(2) 由于国家汽车产业政策的调整,我国汽车生产的品种结构发生了重大变化,中、轻型载重汽车的产量比例,由20世纪60～70年代占主要地位降至次要地位,而轿车产量比例迅速上升并居主要地位,其产量占汽车总产量的30%以上。因此我国摩擦材料行业中盘式制动片的产量,也在摩擦材料总产量中比例上升到主要地位。

(3) 在20世纪90年代后期,轿车用盘式和鼓式制动片基本上实现了无石棉化;离合器片和载重汽车用鼓式制动片也有一部分实现了无石棉化。

(4) 我国摩擦材料向国际市场出口量明显增长,20世纪90年代初的年出口量仅为几十万套,至2001年年出口量已超过3000万套,产品主要销往北美、欧洲、东南亚、非洲、中东等地。

(5) 在20世纪90年代末期,我国有关部门和汽车行业为了和国际市场接轨,根据联合国欧洲经济委员会(ECE)第13号法规及ISO有关道路车辆制动性能试验方法的国际标准和法规,颁布了GB 12676—1999《汽车制动系统结构、性能和试验方法》国家标准,它是一个强制性标准,其中规定:从2003年10月开始,制动片中不能含有石棉。这实际上宣布了我国汽车摩擦材料强制性全面无石棉化的决定,将使我国摩擦材料行业发生换代性的变化。因此,对于摩擦材料行业的专业人士来说。研究开发各种无石棉摩擦材料产品并及早全面应用,已是摆在面前的紧迫任务。

1.2.2 摩擦材料发展趋势

1. 发达国家摩擦材料现状

目前,代表世界摩擦材料先进水平的欧洲和北美国家中,摩擦材料的配方技术和生产检测设备的特点主要表现在以下几个方面:

1) 先进配方的研发

发达国家的先进配方中组分无石棉、无或少金属、无kevlar等化学纤维和天然纤维,树脂含量减少至5%～6%,采用第二粘结剂及多孔性结构的原料,热压时间30～90s,热处理温度高达240～280℃。

上述类型配方的优点为:

(1) 无石棉符合环保要求。

(2) 无或少金属和多孔性材料的使用可降低制品密度,有利于减少损伤制动盘(鼓)和降低产生制动噪声的程度。

(3) 不使用化学纤维和天然纤维，可大幅度降低制品原料成本，并减少摩擦材料热衰退的程度。

(4) 降低树脂含量，有利于减少热衰退的发生，减少制品起泡、膨胀的发生，并有利于降低制品成本。有的低树脂含量的制动片中树脂含量仅为5%~6%。第二粘结剂是某种填料在高温下发生化学变化形成高温粘结剂以弥补低用量比例的树脂在高温工况条件下因热分解、碳化而导致对制品材料其他组分粘接作用的降低。

(5) 热压时间的缩短可大幅度提高热压机的生产效率，适合于自动化生产；240~280℃的热处理温度，更有利于高温摩擦性能的稳定。

在配方设计理念上，为减少热衰退、降低制动噪声，不单纯是采用具有多孔性结构的原料组分，而是构思设计摩擦材料的内部结构。如用造粒技术，全部或部分采用颗粒料可以有效控制摩擦材料密度、气孔率、可压缩性和导热性。

2) 采用自动配料系统

自动配料系统是仓储与计量的机电一体化系统。例如，摩擦材料制品生产中使用的三层自动配料系统上层是仓储系统，中层是配料系统，下层是混料系统。控制系统和计算机则在中层的专门控制室内，通过计算机选定配方，输入计量数据和程序后，输送器向自动运行到各个编号料仓下的称料车中加料，称完配方中规定的所有原料组分后，称料车直接运行到混料机投料口上方，自动投料。

自动配料系统具有配方保密性好，便于管理，操作自动化，环境污染小的特点，已被越来越多的摩擦材料制品生产企业所应用。

3) 热压工艺和工装的特征

北美和欧洲生产摩擦材料制品的热压工艺，就盘式制动片而言，占主流的是二步成形法(板式模)和一步成形法(对顶模)。

(1) 二步成形法即先预成形制成冷坯，然后再热压成形固化，最主要的特征是热压时使用板式模，模腔数为6~16个，板式模优点是快速高效，模具成本低，更换方便，但由于压制压力同时作用于产品和模具顶部框边，模具的厚度决定了产品的厚度，当称料有误差时，会导致产品密度的不一致，影响产品质量的一致性。板式模生产的盘式片占全世界售后市场的八成左右。

(2) 一步成形法工艺采用对顶模，压制时上模(阳模)的压制压力直接作用于产品上，只要压力稳定，产品密度就一定，从而达到产品质量的一致性。这种工艺主要用于制造OEM(协作生产)制品。

压型设备方面，全自动多腔预成形机和六层热压机作为二步法工艺的骨干设备，已相当成熟和完善。我国的摩擦材料设备公司已完全可以自行设计和制造出达到国外先进水平的各种规模产量的的盘式和鼓式制动片生产线全套设备。

4) 制品摩擦性能测试

在制品摩擦性能测试上，着重于采用更接近实际工况的克劳斯试验机和惯性台架试验。

5) 制动产品可压缩性的研究

普遍认为制动片的可压缩性对摩擦材料制品的硬度、密实度和孔隙度、显气孔率、制动的平稳和舒适度、制动片的固有振动频率及与此相关的制动噪声均有密切关系，研究通过调节和控制摩擦材料的压缩特性来间接控制材料的密度，进而控制其固有频率，以达到降低制动噪声、提高制动的平稳和舒适度的目的。

2. 制动摩擦材料的研究和开发

随着人们生存环境和运载机械的发展，对制动摩擦材料提出越来越高的要求，各国研究工作者进行了一系列的研究与开发工作，研究领域涉及摩擦学、制动系统热力学、运动学、动力学等，研究方面主要有：

1) 产品摩擦因数稳定性和耐磨性的机理及应用

影响产品摩擦因数稳定性和耐磨性的因素很多，除摩擦副的材质及产品制作工艺外，在摩擦过程中形成的界面膜的结构和性能是最关键的因素，因此，深入探讨界面膜的形成、界面膜的组成和形态、膜的结构与性能的相关性，揭示摩擦材料的摩擦磨损机理，特别是高温界面膜的成膜机理，是从根本上解决产品摩擦因数稳定性和耐磨性的重要基础问题。

2) 摩擦制动热力学研究

就能量的观点而言，摩擦制动过程就是将运动部件的动能和位能转换为热能并耗散的过程。能量被吸收将引起摩擦副元件温度升高，导致材料摩擦表面一系列物理化学变化，如金属对偶件的氧化及金相组织的变化，聚合物基摩擦材料的基体热分解等，进而影响摩擦副的摩擦磨损性能，导致制动性能热衰退，尤其高温下更为突出。因此，制动能量的转换，摩擦热的产生和摩擦副的温度分布成为制动器设计的重要内容和摩擦材料选用的理论依据。

针对制动器结构及工作条件，从系统角度探讨制动系统摩擦热的产生机理、摩擦件与对偶件摩擦生热机理及能量转换机理，在此基础上，建立摩擦制动表面及摩擦件温度场模型，通过摩擦件温度场计算分析不同体系摩擦材料的温度影响特点，为摩擦材料设计及其摩擦磨损机理研究提供依据。

3) 多体系复合摩擦材料的结构优化和配方优化

多体系复合摩擦材料由于不同组成相间目前还仅是微米尺度上的复合，复合体系不可避免地存在缺陷，控制不好有可能引起复合体系的性能恶化，因此，如何通过结构优化，控制复合体系的复合效应，尤其是非线性效应(如乘积效应、交叉耦合效应、系统效应、诱导效应等)的运用与掌握，是实现优异性能材料体系的关键基础问题。

以摩擦学理论和现代材料设计理论为基础，在研究摩擦件结构、工艺与性能的相关性基础上，进行混杂复合体系摩擦材料的配方设计。尤其是现代优化设计方法(如模糊优化方法、混料优化方法)和计算软件的应用，为新型高性能摩擦材料的设计、应用提供理论和技术基础。

4) 摩擦材料的可控性研究

为降低摩擦材料选择的任意性、盲目性、经验性和性能的不确定性，应积极探讨摩擦材料复合体系结构与机械物理性能、摩擦磨损性能的影响机理和相关性，探寻制备工艺与性能的相关性影响，努力研究材料结构和性能的可控制性，建立摩擦材料的性能设计原则，以实现摩擦材料性能的稳定可控。

5) 纳米摩擦材料的研究

纳米摩擦材料比常规摩擦材料有更好的综合性能，特别是高温综合性能，这对改善和提高摩擦材料的热性能、摩擦磨损性能和结构强度提供了新的技术途径。纳米摩擦材料具有广阔的市场前景和较高的社会与经济效益。

6) 新工艺的研发

研发"优质、高效、节能、低耗、少或无污染"的摩擦材料制品生产工艺，对提高技术经济效益意义重大。

7) 摩擦材料表面工程研究

通过表面工程处理，可有效提高相对运动的两物体即摩擦副的耐磨性和减少运动时的摩擦损耗，达到减少摩擦和控制磨损的目的。同时摩擦学研究的成果对完善各种表面工程技术的发展及其基础理论研究起到了重要的作用。

第 2 章
摩擦与磨损基础知识

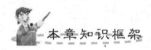
本章知识框架

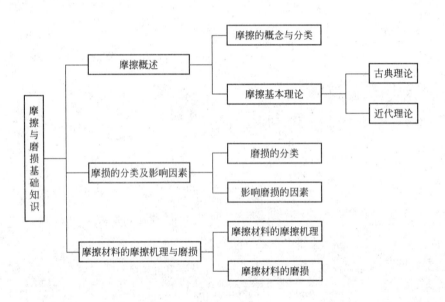

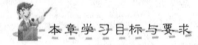
本章学习目标与要求

▲ 掌握摩擦材料的摩擦机理及特征；
▲ 熟悉摩擦材料的磨损及特点；
▲ 熟悉两物体表面摩擦时的摩擦基本理论；
▲ 了解摩擦与磨损的分类。

导入案例

摩擦与磨损现象无处不在、无时不有。摩擦学是一门复杂性很强的学科，某个摩擦副的摩擦因数和耐磨强度并不仅仅是材料本身的特性，而是一个受很多因素影响的系统响应，它涵盖的学科知识很多，如接触力学、传热学、流体力学、化学、物理学、材料学、机械学等。因此，研究摩擦学现象需要较为宽泛的基础知识。同时，摩擦学又是一门实践性很强的学科，它既需要良好的试验测试能力，也需要利用理论模型和试验数据解决实际问题的能力，摩擦学设计可谓是从理论到实践的桥梁。

摩擦有利也有害，但在多数情况下是不利的，例如，机器运转时的摩擦，造成能量的无益损耗和机器寿命的缩短，并降低了机械效率。因此常用各种方法减少摩擦，如在机器中加润滑油等。但摩擦又是不可缺少的，例如，人的行走、汽车的行驶都必须依靠地面与脚和车轮的摩擦。在泥泞的道路上，因摩擦太小走路就很困难，且易滑倒，汽车的车轮也会出现空转，即车轮转动而车并不前进。所以，在某些情况下又必须设法增大摩擦，如在太滑的路上撒上一些炉灰或沙土，车轮上加挂防滑链等。

磨损是摩擦学三大（摩擦、磨损和润滑）课题之一。磨损是在机械力的作用下，一个物体（固体、液体）和另一个物体发生接触和相对运动时，造成表面材料逐渐损失的过程。摩擦是原因，磨损是结果。只要两个相对运动的零件接触表面之间存在摩擦力，要克服这些摩擦力产生运动，就必然产生磨损。磨损是摩擦的必然产物，制动片在高温、高压、交变载荷变化的情况下工作，制动片与制动盘之间的摩擦属于固体干摩擦，典型应用于运输设备的制动装置，通过制动材料固体之间的摩擦力作用而达到改变运输设备状态的目的。

准确认识摩擦、磨损的发生机理，寻找合理的技术手段控制摩擦磨损行为，对于节材、节能、降耗是非常重要的技术途径。

问题：
1. 摩擦现象有哪些类别？人们对摩擦的认识和研究得出哪些基本理论？
2. 摩擦磨损现象有哪些类别？摩擦磨损受哪些因素的影响？
3. 通过摩擦来制动或传动有何特点？

资料来源：http://www.qikan.com.cn；http://baike.baidu.com；http://0.book.baidu.com

2.1 摩擦概述

2.1.1 摩擦的概念与分类

1. 摩擦的概念

当两相互接触物体在外力作用下发生相对运动或有相对运动的趋势时，接触面上就会产生切向阻力，这种阻碍其相对运动的现象称为摩擦。

在自然界中，运动有各种各样的形式。但就机械运动来说，它们有一个共性，即在运动过程中都是一种物体与其他物体相接触，或者与其周围介质（液体或气体）相接触，伴随这种接触产生摩擦,并导致运动物体的速度减慢或停止。

2. 摩擦的分类

1) 根据运动学的特征

根据运动学的特征摩擦可以分为滑动、滚动和旋转摩擦三种形式。但在实际发生摩擦时,亦可同时兼备两种以上的形式。这里只限定讨论滑动摩擦。

2) 根据物体位移大小及其与切向力的关系

根据物体位移大小及其与切向力的关系摩擦力可以分为动摩擦力、静摩擦力及非全静摩擦力。

3) 根据摩擦物体的摩擦表面状态

根据摩擦物体的摩擦表面状态摩擦可以分为下列四种:

(1) 干摩擦。通常讲的干摩擦是指在无润滑剂条件下,两物体表面之间可能存在着自然污染膜时的摩擦。

(2) 纯净摩擦。纯净摩擦也称物理干摩擦,指两物体表面无其他介质(吸附膜、化合物及其他人为加入物)时的摩擦。

(3) 液体摩擦。液体摩擦指有充分润滑剂存在时,两物体的摩擦表面有一层连续的液体薄膜,摩擦表面完全被薄膜层隔开的摩擦。假如将气体膜也包括在内,则统称为流体摩擦。

(4) 混合摩擦。混合摩擦指液体摩擦中,当薄膜变薄出现微凸体触点的相互作用的摩擦。混合摩擦又分为三种情况:

① 边界摩擦:混合摩擦中,当两物体接触面积内相互作用的微凸体的数量增多,油膜厚度减至几个单分子层或更薄时的摩擦。

② 半干摩擦:摩擦表面同时存在干摩擦和边界摩擦情况的摩擦。

③ 半液体摩擦:摩擦表面同时存在液体摩擦和边界摩擦或同时存在液体摩擦和干摩擦情况的摩擦。

实际中混合摩擦是最常见的摩擦形式。

众所熟知,任何两个作相对运动的表面间都存在摩擦,但在大多数情况下,利用摩擦只是出于直觉和经验,即使在当今的工程实践中,对摩擦宏观现象的观察仍然是研究问题的基础。多年来,科学工作者一直在试图通过科学研究来对观察到的摩擦现象做出合理的科学解释,进而形成了各种关于摩擦的理论和学说。

2.1.2 摩擦基本理论

1. 古典摩擦理论

达芬奇(L. da. Vinci)在 1508 年就指出:摩擦力与法向压力成正比。著名法国工程师阿蒙顿(G. Amontons)利用光学透镜研究工具实测了摩擦力与法向压力的关系,于 1699 年进一步弄清了固体摩擦的规律。杰出物理学家库伦(C. A. Coulomb)对滑动摩擦、滚动摩擦进行过精心试验,发展了 G. Amontons 的成果,于 1785 年完成了现在所称的"古典摩擦定律"即"阿蒙顿-库仑定律"(Amontons-Coulomb law)。

1) 古典摩擦定律

当两个相接触的表面发生切向运动时,摩擦力的方向与接触表面相对运动速度的方向

相反，其大小与接触物体间的法向压力（负荷）成正比。古典摩擦理论的基本公式为

$$F=\mu N \quad \text{或} \quad \mu=F/N \tag{2-1}$$

式中，F 为摩擦力；μ 为摩擦因数；N 为负荷。

由古典摩擦理论（阿蒙顿-库仑定律）的基本公式引出的定律：

(1) 摩擦力的大小与相互接触物体间的名义接触面积无关。

(2) 摩擦力的大小取决于材料性质，与滑动速度无关。

2) 对古典摩擦理论的讨论

实践证明，上述定律虽能近似地适用于干摩擦或边界摩擦情况，但有很大局限性和不确切性。

在基本公式中，摩擦因数对一定材料是一个常数，但试验表明，各种材料在不同环境条件下的摩擦因数都是变化的，如硬钢表面对硬钢表面在正常大气条件下，摩擦因数 μ 约为0.6，但在真空中可高达2；石墨在正常大气条件下摩擦因数 μ 为0.1，但在很干燥的空气中可大于0.5。可见 μ 并不是一个常数，而是随条件变化而变化的。

对于极硬材料如钻石或很软材料如聚四氟乙烯等，当压力很大时，摩擦力并不与法向载荷成正比，而是

$$F=cN^x \tag{2-2}$$

式中，c 为常数；x 为指数，其值为 2/3～1。

前述定律(1)（摩擦力的大小与相互接触物体间的名义接触面积无关）只适用于具有一定屈服极限的材料（如金属材料），对于弹性材料或黏弹性材料，摩擦力与名义接触面积的大小存在某种关系。对于很光洁的硬表面，由于接触表面间分子引力起作用，摩擦力也将随接触面积增大而增大。

定律(2)（摩擦力的大小取决于材料性质，与滑动速度无关）对于大多数材料来说，不符合实际。实践表明，多数材料随着滑动速度的增加，摩擦因数会降低，且两者之间的关系随所受载荷的大小而发生变化。

总之，古典摩擦定律尚不能准确、全面地解释滑动摩擦的各种现象，实践表明，影响摩擦力大小的因素比此定律所描述的要复杂得多。

2. 近代摩擦理论

理论分析和实验研究表明，古典摩擦理论在很多情况下不适用。摩擦过程中微凸体的微小变形，包括弹性和塑性的变形以及接触表面间的分子吸引力（物理的和化学的吸引力）等，都影响着摩擦力的大小。

对于摩擦材料的摩擦表面在摩擦过程中的作用机理，目前被接受的干摩擦理论主要有以下两种："分子-机械理论"和"黏着理论"。这两种理论都认为，物体表面加工得再精密、表面粗糙度再低，其表面从微观上看也总是凸凹不平的，见表2-1。

表2-1　不同加工方法的钢表面的凸凹最大尺寸

加工方式	凸峰高度或凹谷深度/μm	加工方式	凸峰高度或凹谷深度/μm
车削	2.8	细磨	0.131
精磨	1.4	超细磨	0.025
研磨	0.32	—	—

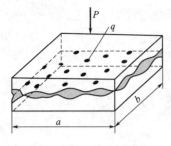

图 2.1　物体接触表面示意图

因此，两个相互摩擦的物体表面总是在某些点上发生接触（如图 2.1 中的 q 点），它们的真实（或实际）接触面积（物体接触的实际微小面积的总和）要比名义接触面积（物体接触面积的外形尺寸）小得多，其比值因接触材料的机械性能、接触表面的粗糙度、温度等情况的不同而不同，一般为 $1×10^{-4}$～0.1。由于真实接触面积（A_r）很小，故即使在负荷（N）很小时，在真实接触面积上也会产生很大的单位压力。

1) 分子-机械理论

摩擦的分子-机械理论是苏联科学家 Крагепьский 提出的学说。这一学说强调摩擦的双重本质，认为两接触表面作相对运动时，即要克服机械变形的阻力，又要克服分子相互作用的阻力。这种摩擦"二重性的分子机械理论"已被大家公认为是一种综合的摩擦理论。

图 2.2 表示互相啮合一定深度的两微凸体之间形成的微观触点，在结合和分离时发生的过程。

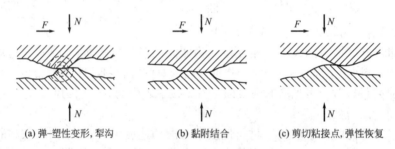

(a) 弹-塑性变形，犁沟　　(b) 黏附结合　　(c) 剪切粘接点，弹性恢复

图 2.2　单个微凸体摩擦过程示意图

图 2.2(a) 为产生摩擦的第一阶段，微凸体开始接触，在接触的尖端部分有塑性变形，同时也有犁沟产生。此外离接触点较远处有弹性变形产生，如图中虚线部分所示；图 2.2(b) 为接触的第二阶段，接触点处产生了黏着，形成粘接点；图 2.2(c) 为第三阶段，粘接点产生剪切，使微凸体分离，同时微凸体的弹性变形恢复，完成滑动摩擦过程。

根据分子-机械理论，每项分过程综合结果显示出摩擦力为摩擦副表面接触点上机械啮合作用和分子吸引作用所产生的剪切阻力的总和，即

$$F = \alpha A_r + \beta N \tag{2-3}$$

式中，F 为摩擦力；A_r 为真实接触面积；N 为负荷；α 和 β 为系数。

式(2-3)称为摩擦二项式定律，其中 α 和 β 分别为由摩擦表面的物理和力学性能所决定的系数。由此，可得到摩擦因数为

$$\mu = \beta + \alpha A_r / N \tag{2-4}$$

式中，β 为一个定值，它是根据纯机械啮合理论确定的系数；α 为分子引力引起的一个变量，它是对纯机械啮合理论的修正。

实验指出，对于塑性材料，由于真实接触面积与负荷成正比，摩擦因数与负荷无关，为一定值。对于弹性材料，由于真实接触面积因负荷增高而缓慢地增大，因此，摩擦因数因负荷增大而有减小趋势。

摩擦二项式定律不仅能解释干摩擦摩擦力的由来,也能解释边界摩擦摩擦力的来源。

在摩擦材料行业中,经常使用的摩擦因数,就是指经计算出来的摩擦因数,它不是一个恒量,而是通过仪器在一定的条件下进行测定并计算的。而且,由于工作环境的变化及其他条件的变化,摩擦因数也发生变化,同时这些环境、条件还受各种因素的影响而变化。所以,影响摩擦因数的因素就更为复杂。

2) 黏着理论

(1) 简单黏着理论。英国著名学者 Bowden 和他的学生经过对固体摩擦多年的深入研究,于 20 世纪 40 年代后期提出了摩擦的黏着学说。Bowden 等人认为两表面接触时,界面由许多相接触的微凸体组成。在负荷作用下,某些接触点的压力很大,加之摩擦生热,有时接触点产生的瞬时温度可达 1000℃ 以上并可持续千分之几秒,使这些点黏着(或称为冷焊)。当两表面作相对滑动时,黏着点被切断,如果一个表面比另一表面硬,则较硬的微凸体顶峰还将在较软的表面上产生犁沟。

剪切这些黏着点的力和产生犁沟的力之和就是摩擦力。

由于犁沟阻力在全部摩擦力中所占百分比很小,因而摩擦力可粗略表示为

$$F = A_r \tau_b \tag{2-5}$$

式中,τ_b 为较软材料的剪切强度极限;A_r 为真实接触面积。

真实接触面积必须大到足以承受所给法向负荷才能平衡,即

$$A_r = N/\sigma_s \tag{2-6}$$

式中,σ_s 为材料接触时的抗压屈服极限。

将式(2-6)代入式(2-5)得

$$F = N\tau_b/\sigma_s \tag{2-7}$$

因此,摩擦因数为

$$\mu = F/N = \tau_b/\sigma_s \tag{2-8}$$

式(2-8)表明,摩擦力与负荷成正比,与名义接触面积无关。摩擦因数取决于材料性质,如在摩擦材料的配方设计中,经常可见采用高硬度的填料以及增加高硬度填料的用量来提高摩擦因数即源于此,高硬度填料粒子会增加两物体摩擦表面的"嵌入点"及嵌入深度,增大摩擦力粗糙度项的剪断力,高硬度的填料颗粒直径越大,用量越多,此项剪断力也越大,材料剪切强度(τ)及摩擦因数(μ)均相应增高。

由式(2-8)计算,对于大多数金属,μ 为 0.2,但在正常大气中测得的 μ 高达 0.5,真空中 μ 的值更大,这就难以用简单的黏着学说来解释。因此在 20 世纪 50 年代以后,又提出修正的黏着理论来完善这一学说。

(2) 修正黏着理论。在上述简单黏着理论中,计算实际面积时只考虑抗压屈服极限,而计算摩擦力时又只考虑剪切屈服极限,这在静止状态时还比较合理,但当发生相对运动时,由于切向力存在,材料的屈服必须由法向应力和切向应力的合成应力来确定,因此,其实际接触面积要比只考虑法向载荷时大。图 2.3 所示为一个微凸体与一光滑表面接触时的情况,在法向负荷 N_i 作用下,接触面积为 $A_{ri} = N_i/\sigma_s$。当加上切向力(摩擦力)F_i 并逐渐增大时,材料会发生进一步塑性流动,使接触面积从 A_{ri} 增加到 $A_{ri} + \Delta A_{ri}$。

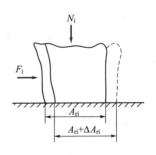

图 2.3 粘接点增长示意图

根据应力合成的一般规律，这时由法向负荷引起的正应力和切向力产生的切应力 τ 之间的关系可表示为

$$\sigma^2 + \alpha_1 \tau^2 = k^2 \tag{2-9}$$

式中，α_1 为考虑剪切力的系数（$\alpha_1 > 1$）；k 为合成应力的当量值。

α_1、k 可由下述极限条件来求定：

当没有切向力时，即 $\tau = 0$，黏着的切应力即为 τ_b，所以有

$$k = \tau_b = \sigma_s$$

式（2-9）可写成

$$\sigma^2 + \alpha_1 \tau^2 = \sigma_s^2 \tag{2-10}$$

即

$$(N/A_r)^2 + \alpha_1 (F/A_r)^2 = \sigma_s^2 \tag{2-11}$$

$$A_r^2 = (N/\sigma_s)^2 + \alpha_1 (F/\sigma_s)^2 \tag{2-12}$$

另一种极端情况是当切向力 F 不断增大时，由式（2-11）可知实际接触面积 A_r 也相应增大，直至相对于 F/A_r 而言 N/A_r 的数值甚小，可以忽略，则由式（2-11）得

$$\alpha_1 (F/A_r)^2 = \sigma_s^2$$

所以

$$\alpha_1 \approx (\sigma_s/\tau_b)^2 \tag{2-13}$$

整理后得

$$A_r^2 = (N/\sigma_s)^2 + (F/\tau_b)^2 \tag{2-14}$$

式（2-14）中等号右边第一项是考虑法向负荷时实际接触面积 A_r，第二项则是反映切向力即摩擦力 F 引起的实际接触面积的增量。因此，修正的黏着摩擦理论推导的接触面积与未修正的相比显著增加。

对于纯净金属表面（如在真空中），考虑结点增大的实际接触面积要比简单黏着理论时大得多，因而使计算所得的 μ 接近于实验值。此外，滑动时表层还可能发生硬化作用，其剪切强度极限将大于材料的剪切强度极限，这也是使实际摩擦因数比简单黏着理论计算值要高的一个原因。

然而在空气中，因有氧化膜及污染膜存在，则处理的方法有所不同。

有污染膜存在的修正黏着理论，主要根据此污染膜的极限剪切应力 τ_f，用它替代式（2-9）中的材料的剪切应力 τ。假定 $\tau_f = C\tau_b$，此处 τ_b 为材料的极限剪切应力，C 为小于 1 的常数。当 $F/A_r < \tau_f$ 时，如前所述，粘接点与无污染膜时的纯净表面一样。但是当 $F/A_r = \tau_f$ 时，污染膜产生剪切，粘接点增长停止，并且开始滑动。滑动开始时，下列关系式成立，即

$$\sigma^2 + \alpha_1 \tau_f^2 = \sigma_s^2 \tag{2-15}$$

如考虑上述两种极限情况，当剪切力 F 不断增加，粘接点不断增长，N/A_r 项的影响可忽略不计即 $\sigma \to 0$，此时，粘接点被剪断的强度为 τ_b，故由式（2-13）可得 $\alpha_1 \tau_b^2 = \sigma_s^2$ 代入式（2-15）得

$$\sigma^2 + \alpha_1 \tau_f^2 = \alpha_1 \tau_b^2 \tag{2-16}$$

将假定 $\tau_f = C\tau_b$ 代入式(2-16)整理得到

$$\sigma^2 = \alpha_1 \tau_b^2 (1-C^2)$$

$$\tau_f/\sigma = C/[\alpha_1(1-C^2)]^{1/2}$$

摩擦因数为

$$\mu = F/N = \tau_f A_r / \sigma A_r = C/[\alpha_1(1-C^2)]^{1/2} \quad (2-17)$$

由式(2-17)可知：

(1) 在接触界面上只要有很少的污染膜存在，既 C 值小于 1 时，就会使粘接点的强度削弱，摩擦因数 μ 急剧降低。

(2) 当 $C \to 1$ 时，即污染膜的极限强度和金属本体相接近时，相当于无污染膜的纯净表面情况，此时 $\mu \to \infty$，摩擦因数很大，接近实际情况。

(3) 当 C 值较小时，表示污染膜的强度低，粘接点容易剪切，故摩擦因数小；另外 α_1 的大小对 μ 的影响不显著。

以上分析可得出：要降低摩擦因数，应采用 τ_f 较小的润滑膜，如用有极压添加剂的润滑油等；要增大摩擦因数，则应提高污染膜的 τ_f 或者采用本体屈服压强较小的材料，如摩擦材料配方中适量增加高硬度填料，以增加摩擦表面的"嵌入点"，从而增大粘接点的剪切阻力(这与简单黏着理论一样)等。

综上所述，修正黏着理论更接近实际情况，可解释许多摩擦基本现象。

3) 摩擦的能量理论简介

对摩擦的能量理论的研究有两种看法，一种是从表面能量的观点出发分析摩擦机理，另一种是从能量的平衡观点来综合分析摩擦过程。

第一种看法认为：在分析材料的滑动过程中，粘接点的尺寸不仅取决于塑性变形过程，而且还受到表面的吸引力的影响。

由能量理论求得摩擦因数的计算公式为

$$\mu = \tau_b / H[1 + 2W_{ab} \cdot \cot\theta/(H \cdot r)] \quad (2-18)$$

式中，τ_b 为黏着点的剪切强度；H 为软材料的硬度；W_{ab} 为黏着表面的能量；r 为黏着点的平均半径；θ 为微凸体与水平面的倾斜角。

第二种看法认为：在摩擦过程中，会出现一些与能量消耗有关的现象，如弹性和塑性变形、发光、辐射、振动及噪声等，要用能量平衡理论才能解释。能量平衡理论采用了系统分析的方法，即摩擦学行为的系统分析。如果为了执行多种功能，通过一定的结构使一些元素形成一个有机体，那么这些元素的集合就称为摩擦学系统。这些元素可以是零件、部件或子系统，但其中至少应有一对具有相互作用表面、并作相对运动的摩擦副。

能量平衡理论的要点如下：

(1) 摩擦过程是一个能量分配与转化的过程(图 2.4)。一个摩擦学系统在摩擦过程中，其输入能量等于输出能量与能量损失之和，能量损失即摩擦能量。对于金属摩擦，其摩擦能量主要消耗于固体表面的弹性与塑性变形。而在交替发生黏着的过程中，此变形能可能积蓄在材料内部而形成位错或转化为热能。断裂能量(表面能)在磨损(磨粒形成)过程中起主要作用，它使摩擦表面形成新的表面和磨粒。一般第二次过程能量的作用较小，但在某些情况下(如合成材料的分解或剥离，摩擦化学过程大量吸热和制动器的制动过程)，这部分能量损失较大，估计可达 30%。

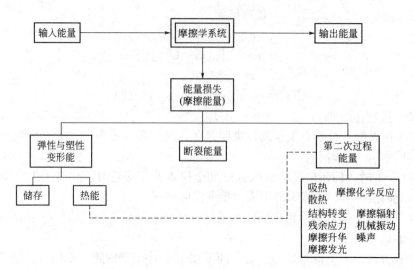

图 2.4　摩擦过程中能量的转化与分配示意图

(2) 在一定条件下,摩擦过程会发生摩擦能量的转化(转化为热能、机械能、化学能、电能和电磁能等)以及摩擦副的材料和形状的变化。

(3) 可借助摩擦力所做的功(摩擦功)来表示摩擦过程的能量平衡。在一般情况下,摩擦功 W_f 的大部分转化为热能 Q,以热的形式消散,小部分(9%~16%)则以内能 ΔE 的形式储存于表面层,即

$$W_f = Q + \Delta E$$

如果表面没有明显的塑性变形,则摩擦功全部转化为热能,即

$$W_f = Q$$

试验表明,能量平衡各组成部分之间的比例关系($\Delta E/Q$)主要取决于摩擦副的材料、负荷、工作介质的物理-化学特性和摩擦路程。此外,它与摩擦副中金属的变形特性也有重要关系,在其他条件相同时,金属的塑性越好,则 W_f 越小,所形成的 Q 也越小,而消耗的 ΔE 越大;硬的淬火钢摩擦时,Q 实际上可达到 100%,则 $\Delta E \approx 0$。

尽管上述能量平衡理论至今尚未建立可供定量分析的数学模型,但它可以较全面地描述摩擦学系统的摩擦过程,并可更合理地分析影响该摩擦过程的各种因素。

3. 影响摩擦的因素

由于摩擦是在物体表面作相对运动的情况下进行的,影响摩擦的因素是比较复杂的,人们经过长期研究和反复实践,确定了一些影响摩擦的因素,它包括:

1) 摩擦副的材料本身特性(刚度、硬度、弹性及各项物理化学性质)

如金属摩擦副的摩擦因数,随配对材料性质的不同而不同。分子或原子结构相同或相近的两种材料互溶性大,反之,分子或原子结构差别大则互溶性小。互溶性较大的材料组成摩擦副,易发生黏着,摩擦因数增高;互溶性较小的材料组成摩擦副,不易发生黏着,摩擦因数一般都比较低。

2) 摩擦副表面是否有摩擦膜或介质膜(液体、气体或固体形成的膜)即生成膜

具有表面生成膜的摩擦副,摩擦主要发生在膜层内。例如,一般情况下,由于表面生成膜的塑性和机械强度比金属材料差,在摩擦过程中,膜先被破坏,金属摩擦表面不易发

生黏着，使摩擦因数降低，磨损减少。

3) 摩擦表面的负荷及施加负荷的速度

负荷是通过接触面积的大小和变形状态来影响摩擦的。实验表明，光滑表面在接触面上的应力约为材料硬度值的一半；而粗糙表面的接触应力可达到硬度的 2~3 倍，即出现塑性变形。当表面是塑性接触时，滑动摩擦因数与负荷无关。如在一般情况下，金属表面处于弹塑性接触状态，这时由于实际接触面积与负荷的非线性关系，使得滑动摩擦因数随着负荷的增加而降低。同时，由于摩擦表面处于弹塑性接触状态，因而滑动摩擦因数随加载速度而改变。当载荷很小时，加载速度的影响更为显著。

4) 摩擦副表面相对移动速度

在一般情况下，摩擦因数随滑动速度增加而升高，越过一极大值后，又随滑动速度的增加而减少。克拉盖尔斯基对各种材料在速度变化范围为 0.004~25m/s、压力变化范围为 $(0.8~166.6)\times 10^3$ Pa 时的摩擦因数进行试验研究后得出：①当速度增大时摩擦因数通过一个最大值；②当压力增大时，该最大值对应于较小的速度值。并得出表示摩擦力与速度的关系式，即

$$F=(a+bv)c+d$$

式中，a、b、c、d 为系数；v 为滑动速度。

滑动速度对摩擦因数的影响，主要是摩擦引起温度的变化所致。滑动速度引起的发热和温度的变化，改变了摩擦表面层的性质和接触状况，因而摩擦因数必将随之变化。对温度不敏感的材料(如石墨)，摩擦因数实际上几乎与滑动速度无关。

5) 摩擦副的温度状态(特别是摩擦表面的温度情况以及温度变化引起的材料物理化学性能变化情况)

摩擦副相互滑动时，温度的变化使表面材料的性质发生改变，从而影响摩擦因数，摩擦因数随摩擦副工作条件的不同而变化，具体情况需用试验方法测定。

对于大多数金属摩擦副而言，其摩擦因数均随温度的升高而减少，极少数金属-金属的摩擦因数随温度的升高而增大。在压力加工情况下，摩擦因数随温度的升高达到一极大值，如轧制钢材时，摩擦因数的极大值出现的温度为 600~700℃；当温度再升高时，摩擦因数下降。

在使用散热性比较差的材料(如工程塑料)时，表面温度达到一定值会使材料表面(特别是含有有机聚合物的热塑性塑料)熔化，所以，一般工程塑料都只能在一定的温度范围内使用，超过这个温度范围，摩擦副材料将丧失工作能力。

对于金属与复合材料组成的摩擦副，其摩擦因数在某一温度范围内受温度的影响较小，但是，当温度超过某一极限值时，摩擦因数将随温度的升高而显著下降。通常把这种现象称为材料的热衰退性。所以对于制动摩擦副，尤其注意应控制其工作温度在热衰退的临界温度以下，以保证其具有足够的制动能力。

6) 摩擦表面的表面粗糙度及接触特性

在塑性接触情况下，由于表面粗糙度对实际接触面积的影响不大，因此可以认为摩擦因数不受表面粗糙度影响，保持为一定值。

对于弹性或弹塑性接触的干摩擦，当表面粗糙度达到使表面分子吸引力有效地发生作用时(如超精加工表面)，机械啮合的摩擦理论就不适用了。表面粗糙度越低，实际接触面积越大，因而摩擦因数也就越大。

2.2　磨损的分类及影响因素

磨损是相互接触的物体在相对运动中表层材料不断损伤的过程，它是伴随摩擦而产生的必然结果，是一种综合的物理-化学-机械现象。摩擦和磨损是两个物体在压力作用下相互接触并在接触表面发生相对运动时所引起的现象。摩擦是这个现象本身的力学特性，而磨损则是与摩擦表面损坏有关的问题。两个在接触表面相互摩擦的物体，称为摩擦偶件或摩擦副。在摩擦材料行业中，摩擦片（制动片或离合器片）与金属对偶部件（制动盘或制动鼓、离合器压盘）组成摩擦副。

一个零件或一种材料在摩擦行为中的磨损量值或耐磨性能，通常以单位行程或作单位摩擦功的体积磨损或质量磨损来表示。如对制动片进行摩擦性能中的磨损量值测定时，在GB 5763—2008《汽车用制动器衬片》，系通过在制动片样品与对偶（摩擦盘）在摩擦过程中，对每单位摩擦功所发生的体积磨损量［又称磨损率，单位为 $10^{-7}\text{cm}^3/(\text{N}\cdot\text{m})$ ］进行测定，以确定其磨损性能。

2.2.1　磨损的主要分类

对于机械运动中各种各样的由摩擦引起的磨损，目前所见文献资料中常按磨损机理将磨损主要分为五类，即黏着磨损、磨料磨损、疲劳磨损、腐蚀磨损、微动磨损和冲蚀磨损，以便于对实际中发生的各种情况进行分析研究和解决。

1. 黏着磨损

当摩擦副表面相对滑动时，由于黏着效应所形成的粘接点发生剪切断裂，被剪切的材料或脱落成磨屑，或由一个表面迁移到另一个表面，此类磨损统称为黏着磨损。

1）黏着磨损机理

通常摩擦表面的实际接触面积只有名义面积的 0.1%～0.01%。对于重载高速摩擦副，接触峰点的表面压力有时可达 5000MPa，并产生 1000℃ 以上的瞬间温度。摩擦副一旦脱离接触，峰点温度便迅速下降，一般局部高温持续时间只有几毫秒。摩擦表面处于这种状态下，润滑油膜、吸附膜或其他表面膜便会发生破裂，使接触峰点产生黏着，随后在滑动中粘接点破坏，材料从表面撕裂下来，形成磨粒。一些材料黏着在另一材料表面上，形成了黏着磨损。

从上述分析可知，黏着磨损的机理为：黏着—破坏—再黏着—再破坏的循环过程。

2）黏着磨损分类

黏着磨损是一种常见的磨损形式。按照摩擦表面损坏程度，黏着磨损又可分为五种方式：

(1) 轻微磨损。

破坏现象：剪切破坏发生在黏着结合面上，表面转移的材料较少。

损坏原因：黏着结合强度比摩擦副的两基体材料都弱。

(2) 涂抹。

破坏现象：剪切破坏发生在软材料浅层里面，如软金属涂抹在硬金属表面上。

损坏原因：黏着结合强度大于较软材料的剪切强度。

(3) 擦伤。

破坏现象：剪切发生在软材料的亚表层内，有时硬材料表面也有划伤。

损坏原因：黏着结合强度比两基体材料都高，转移到硬面上的黏着物质又拉削软材料表面。

(4) 撕脱(胶合)。

破坏现象：剪切破坏发生在摩擦副一方或两方材料较深处。

损坏原因：黏着结合强度大于基体材料的剪切强度，剪切应力高于黏着结合强度。

(5) 咬死。

破坏现象：由于粘接点的焊合，不能相对运动。

损坏原因：黏着强度比任一基本材料剪切强度都高，而且黏着区域大，剪切应力低于黏着结合强度。

2. 磨料磨损

在摩擦过程中，由于硬的颗粒或表面硬的凸起物引起材料从其表面分离出来的现象称为磨料磨损。

1) 磨料磨损机理

由于磨料受摩擦副材料、磨粒的机械性质、负荷、摩擦副的工作条件等因素影响，关于磨料磨损的机理，有多种学说，在此介绍主要的三种。

(1) 微量切削假说：认为磨料磨损主要是由于磨料在材料表面发生微观切削作用引起的，当法向负荷将磨粒压入表面，在相对滑动时摩擦力通过磨粒的犁沟作用，对表面产生犁刨作用，因而产生槽状磨痕。

(2) 疲劳破坏假说：认为摩擦表面在磨粒产生的循环接触应力作用下，使表面材料因疲劳而剥落。

(3) 压痕假说：对于塑性大的材料来说，磨粒在力的作用下压入材料表面而产生压痕，从表面层上挤压出剥落物。

2) 磨料磨损分类

磨料磨损的分类方法很多，根据摩擦表面所受压力和冲击力大小不同，可分为三种基本形式：

(1) 凿削式磨料磨损。凿削式磨料磨损的特征是磨粒对材料发生碰撞，使磨料切入摩擦表面并从表面凿削下大颗粒金属，使摩擦表面出现较深的沟槽等现象，如挖掘机铲斗、破碎机锤头等零件的表面损坏多属这一类磨损。

(2) 碾碎式磨料磨损。碾碎式磨料磨损的特征是应力较高。磨料与表面接触时最大压应力超过磨料的压碎强度，因而使磨料夹在两摩擦表面之间，不断被碾碎。被碾碎的磨料挤压金属表面，使韧性材料产生塑性变形或疲劳，使脆性材料发生碎裂或剥落。如粉碎机的滚筒、球磨机的衬板等零件的表面损坏多属这一类。

(3) 擦伤式磨料磨损。擦伤式磨料磨损的特征是应力较低。磨料与表面接触的最大压应力不超过磨料的压碎强度，因而磨料仅擦伤表面，可见有微细的切削痕迹。如犁铧、运输机槽板片等零件的表面损坏多属这一类。

3. 疲劳磨损

摩擦表面材料微体积由于受到交变接触应力的作用，其表面因疲劳而产生物质流失或转移的现象，称为表面疲劳磨损(简称疲劳磨损)。

产生表面疲劳磨损的内因是材料表层内存在物理的或化学的缺陷。物理缺陷有点缺陷、位错、晶面和表面缺陷等，夹杂物、杂质原子属于化学缺陷。

产生疲劳磨损的零件表面特征是有深浅不同，大小不一的痘斑状凹坑，或有较大面积的表层剥落。齿轮、滚动轴承、叶轮等工作表面常发生这种磨损。一般把深度0.1～0.4mm的痘斑凹痕称为浅层剥落，或称点蚀，把0.4～2.0mm的痘斑凹痕称为剥落。

产生疲劳磨损的机理：在外力的作用下，表面有缺陷的地方就会产生应力集中，将引发裂纹，并逐渐扩展，最后使裂纹以上的材料断裂剥落下来。一种说法认为，材料所受的最大正应力发生在表面，最大剪应力发生在表面以下，最大剪应力处的材料强度不足，就可能在该处首先发生塑性变形，经一定应力循环后，即产生疲劳裂纹，然后沿最大剪应力的方向扩展到表面，最后使表面材料脱落。

4. 腐蚀磨损

材料在摩擦过程中与周围介质发生化学反应或电化学反应而引起的物质表面上损失的现象称腐蚀磨损。

由于介质的性质、介质作用在摩擦表面上的状态以及摩擦副材料性能不同，腐蚀出现的状态也不同。这种磨损同时有两种作用产生，即化学作用和机械作用。

纯净金属暴露在空气中时，表面会很快与空气中的氧起反应而形成一层只有几十个分子厚度的氧化膜，形成十分迅速，只需不到1min的时间。由于氧化膜对基体金属的附着力较弱，当摩擦时，容易因机械作用使其碎裂而脱落，但又很快形成新的氧化膜。这样连续不断地氧化—脱落—再氧化—再脱落，从而造成氧化磨损。

氧化膜越厚，其内应力越大，当它超过本身的强度时，就会发生破裂和脱落。如果形成的氧化膜是脆性的，它与基体材料结合强度弱，则氧化膜就极易被磨掉。

氧化物硬度与基体材料硬度的比值对氧化磨损有显著影响。如果氧化物硬度大于基体材料硬度，则由于负荷作用时两者变形不同，氧化膜易碎裂而脱落；如果两者硬度相近，负荷作用时两者能同步变形，膜就不易脱落。

当摩擦副在酸、碱、盐水等特殊介质中工作时，表面生成的各种化合物，在摩擦过程中也会不断被磨掉。介质腐蚀的损坏特征是摩擦表面遍布点状或丝状的腐蚀痕迹。有些金属，如镍、铬等，在特殊介质中易形成结构致密、与基体结合牢固的钝化膜，因而其抗腐蚀磨损能力较强。另一些金属，如铝、铜等，很易被润滑油中的酸性物质所腐蚀，因而使含有这种金属成分的轴承材料在摩擦过程中成块剥落。

5. 微动磨损

微动磨损为接触表面之间由于一微小振幅滑动所引起的一种磨损形式。

微动磨损是一种典型的复合式磨损，黏着磨损、腐蚀磨损和磨料磨损都同时存在。由于多数机器在工作时都会受到振动，这种磨损很常见。

微动磨损的机理：当摩擦表面受法向负荷时，微凸体产生塑性变形并发生黏着。在外界微小振幅的振动作用下，粘接点被剪切，在剪切过程中粘接点逐渐被氧化而形成磨粒。由于表面紧密结合，磨粒不容易排出，在结合表面起磨料作用，因而引起磨料磨损。若外界微小振幅引起的振动不断发生，则黏着—氧化—磨料磨损过程就循环不已，使磨损区不断扩大。

许多研究表明：微动磨损的磨损率随材料副的抗黏着磨损能力增大而减小，随着振幅增大而急剧增大。此外，磨损率还与压力、相对湿度有密切关系。

因此，要减轻微动磨损，减小振幅，控制载荷的大小，采用适当的表面处理和润滑等。

2.2.2 影响磨损的因素

影响磨损的因素也很多，一种材料的耐磨性主要受下列因素影响：
(1) 材料及其性质，如材料的强度、硬度、弹性以及对偶件的材料性质及表面状况。
(2) 摩擦表面的表面粗糙度。
(3) 摩擦过程的工作条件，如时间、负荷、速度、润滑状态、摩擦偶件与周围介质的作用。
(4) 有无发生化学反应等。

可以认为，在摩擦材料（制动片、离合器片）使用的工况条件下，各种影响摩擦因数和磨损的因素绝大多数都是存在的，它们对摩擦材料的摩擦因数和磨损产生多方面的影响。

2.3　摩擦材料的摩擦机理与磨损

摩擦力对运动物体做功的过程中，消耗掉运动物体的动能，在摩擦过程中，被消耗的动能转化成热能，以摩擦热的形式表现出来。摩擦热的一部分使摩擦物体温度升高，另一部分散发到空气中。据有关资料介绍，摩擦材料工作表面摩擦时的瞬时温度可达1000℃，此种温度升高会对摩擦物体接触表面的摩擦性能（摩擦因数、磨损）产生各种影响。

在此仅讨论含有机聚合物摩擦材料的摩擦与磨损。

2.3.1 摩擦材料的摩擦机理

对含有聚合物的摩擦材料进行摩擦试验研究表明，当摩擦材料与金属对磨时，滑动界面上的不平点由于摩擦产生的瞬时高温会发生黏着（冷焊），其摩擦机理基本上符合前面章节的黏着理论，摩擦因数可以用下式表示，即

$$\mu = F/N = C\tau_b A_r/(\sigma A_r) = C\tau_b/\sigma \tag{2-19}$$

式中，F 为摩擦力；N 为负荷；A_r 为真实接触面积；C 为常数，$C \leqslant 1$；τ_b 为摩擦材料的剪切强度；σ 为摩擦材料的流动压力。

但摩擦材料的摩擦与金属还不完全相同，即摩擦材料接触区的形变既非纯粹弹性形变，也非纯粹塑性形变，而是介于这两种形变之间。故在负荷作用下，摩擦材料的接触面积（A_r）并非和施加的负荷（N）成正比，而是成 $A_r \propto N^n (n \leqslant 1)$ 的关系。

摩擦材料的摩擦行为与一般金属或无机非金属材料不同的原因，还在于摩擦材料中的基体为高分子聚合物（树脂、橡胶等），高分子材料与低分子无机材料的物化性质具有众所

周知的差异。线型无定形聚合物，如通常的热塑性树脂，在室温至200℃内会呈现出玻璃态、高弹态和黏流态三种力学状态，当处于黏流态的树脂温度再升高到热分解温度区间（200~400℃）时树脂发生分解，其高分子结构被破坏。低分子无机材料则不存在高弹态区域，它们的熔化温度也远高于线型无定形聚合物的黏流态温度。

具有交联（网状）结构的体型聚合物与线型聚合物不同，例如，摩擦材料所用的热固性酚醛树脂，当固化剂六亚甲基四胺的用量为8%~10%时，树脂的交联密度甚大，玻璃化温度较高，甚至树脂一直处于玻璃态而不出现高弹态。由于交联点间距小，对链段运动的阻碍大，温度升高时，材料会适当软化，但不会出现黏流态，直到到达分解温度时，聚合物发生热分解，产生液态或气态低分子物，聚集在材料的摩擦界面上，导致材料的摩擦行为发生变化。

2.3.2 摩擦材料的磨损

1. 摩擦材料的磨损类型

摩擦材料的磨损类型主要有以下几种：

1) 黏着磨损

在负荷下，摩擦材料与金属对偶材料的接触表面上的不平点受到很大的单位压力，当两个表面发生相对运动而摩擦时，这些不平点相互挤压碰撞而产生强烈的局部过热，导致高温，形成冷焊点。这些微观冷焊点受到剪切作用。较软材料即摩擦材料上的不平点会因高温而变软，并被剪切断掉，从表面脱落，造成黏着磨损。

2) 切削和磨粒磨损

当两个相互摩擦的表面的硬度相差较大时，在负荷作用下，较硬的材料表面上的凸峰会压入较软材料表面内，在相对滑动过程中，会将较软材料刨离原处。

摩擦材料的硬度，如制动片的布氏硬度通常为30~60HB，而铸铁材质的制动盘（或鼓）的布氏硬度为170~210HB。在制动过程中，制动盘（或鼓）上的凸峰，易压入制动片表面，造成制动片的磨损。在长期制动过程中，制动片的磨损要比制动盘（或鼓）大100倍左右。

当第三种物质，如砂粒、尘粒等进入摩擦界面时，由于它们硬床比较大，所以会擦伤其中一个或两个摩擦物体表面而形成磨粒磨损。

在摩擦材料行业中，为了提高产品的摩擦因数，经常在配方中加入硬质增摩填料，如氧化铝、长石粉、铬铁矿粉等。在制动片与制动盘（或鼓）对磨时，制动片表面的硬质填料粒子会被金属表面的凸峰剥离而脱落出来，附在摩擦界面间滚动和摩擦，不但造成制动片的磨损加大，并且造成制动盘（或鼓）表面擦伤的不良后果。硬质填料的粒径越大、用量越大，这种情况就越明显。因此在配方设计时，此类填料的用量和颗粒度是需要注意的问题。

显然，若摩擦材料与对偶件相比，做得过软即硬度过低，就易产生切削和磨粒磨损。但也不是越硬越好，还有个保护对偶件的问题，这就存在摩擦副的匹配设计问题。

3) 疲劳磨损

疲劳磨损与滚动接触的表面相联系。摩擦表面反复多次承受剪切力的作用，很容易出现疲劳现象。在滚动接触的物体中，摩擦表面层以下的地方产生很大的应力集中，然后裂缝扩大，导致表面大片脱落，使部件逐渐丧失使用能力。对热固性塑料的疲劳性能的研究结果表明，树脂与增强剂之间的粘接是表面疲劳性能的一个重要因素，正常疲劳是由于应力点上树脂和增强剂之间的粘接受到破坏而引起的。随着进一步的破坏，树脂将成为粉末，粘接作用丧失，造成材料的磨损加大和被破坏。

4) 热磨损（氧化或热分解磨损）

热磨损是由于摩擦生热而导致有机物（如树脂、橡胶）氧化或热分解引起的材料损失。

热磨损一般都在较高温度下产生，它主要与材料的活化能 E 值的大小有关。研究人员通过大量实验证实，有机基和半金属摩擦材料的磨损率符合下列关系，即

$$V = V_0 + Ae^{-E/(RT)} \tag{2-20}$$

式中，V_0 为与温度无关的磨损率，由黏着和磨粒磨损产生的，它是低温（或称冷态）下起主导作用的磨损形式；A 为常数；E 为材料热分解的活化能；R 为气体常数；T 为摩擦片表面的热力学温度。

由式（2-20）可知，在一定温度下，E 越大，则该摩擦材料的高温磨损率越小，说明如果要降低高温磨损就选用 E 值大的材料。

综上所述，在摩擦中，由于摩擦材料结构的多相性、高温、外界的活性介质、一系列物理-化学过程的进行等原因，摩擦材料的变形和破坏是相当复杂的。单一的磨损机理仅仅在特殊条件下才适用，一般来说，磨损是各种磨损机理综合作用的结果。

2. 摩擦材料的摩擦磨损特点

上面所述的一般材料的摩擦磨损机理对于摩擦材料都是适用的。除此之外，由于摩擦材料的功能要求及其高温工况条件，它还具有另外一些摩擦磨损特点。

人们对于机械运动中发生的摩擦行为的研究分为两个领域，一类是减摩和润滑，研究的目的是为了减少运动部件的磨损，提高机械的使用寿命；另一类是增摩，即摩擦材料被用来执行车辆和机械运动中必不可少的制动与传动功能，高速运动的车辆和机械的动能克服摩擦功的过程中，转变成了热能，形成了摩擦片表面的高温工况条件，为了能很好地执行制动和传动功能，要求摩擦材料在不同温度条件下，在不同的运动速度和负荷情况下都具有较高而稳定的摩擦因数，并且还要具有良好的耐磨损性和使用寿命。

摩擦材料具有以下摩擦磨损特点：

1) 热衰退

摩擦材料的基体（即粘结剂）是热固性酚醛树脂和橡胶。当摩擦片在制动与传动过程中，它与金属对偶的摩擦表面会产生很高的温度，达到200～400℃，甚至更高。这已达树脂和橡胶的热分解温度区域。此时大分子由于热降解产生液态或气态的低分子物质，摩擦表面上形成一层很薄的液态或气态介质层，或此介质层只盖住一部分表面，使原本纯净摩擦或干摩擦的工况条件变为混合摩擦的情况，在宏观上反映为摩擦因数的下降或急剧下降，这种现象称为热衰退。在用摩擦试验机对摩擦片样品测定摩擦性能时可以清楚地看到热衰退现象，见表2-2。

表2-2 某样品在定速试验机上的测定结果

温度/℃	100	150	200	250	300	350
摩擦因数	0.411	0.387	0.378	0.379	0.353	0.327

2)摩擦材料的磨损量

摩擦材料的磨损在一般温度情况下(200℃以下),是由黏着磨损和机械刨削磨损等所决定。S.K.李等将摩擦材料样品在 SAEJ661a 定压式摩擦试验机上进行研究,得出有关磨损的公式,即

$$\Delta W = \alpha P^a V^b T^c \qquad (2-20)$$

式中,ΔW 为磨损量;P 为正压力;V 为滑动速度;T 为摩擦时间;α、a、b、c 为常数。

α、a、b、c 为由材料种类和大气条件所决定的常数,摩擦面的温度小于 232℃时,α 是一定的。霍姆(Hoim)提出 $a=b=c=1$ 与许多摩擦材料的试验是相吻合的。

但另一方面,应该看到温度对材料磨损的影响,即材料的磨损通常随温度升高而加大,因为材料的机械强度(抗弯、抗压、抗拉、抗剪切、抗扭曲强度等)都随温度升高而降低。对于塑料类材料来说,其磨损类型主要是黏着磨损和切削磨损,即摩擦表面不平点的黏着和剪切破坏以及表面嵌入点的切削和刨离。当材料温度升高时,其表面接触部分的剪切强度和其他机械强度的降低使这种切削和刨离更易进行。用定速式试验机测定石棉摩擦片的摩擦磨损性能时,磨损与温度关系见表 2-3。

表 2-3 磨损与温度关系

温度/℃	100	150	200	250	300
厚度磨损/mm	0.024	0.033	0.056	0.075	0.092

3)热磨损和热龟裂

摩擦片长时间处于高温工况条件下时,会导致树脂或橡胶大分子热分解的加剧、聚合物的分子主链和交联链断裂、网状结构被破坏、低分子物质产生和逸出。热分解的结果是树脂和橡胶的碳化和质量损失。碳化使树脂丧失粘接作用,质量损失使粘结剂数量减少,导致摩擦片表面渐渐形成龟裂,磨损加剧,有时甚至材料从摩擦片表面脱落,丧失工作功能。

图 2.5 所示为酚醛树脂在高温下的热失重与温度的关系。

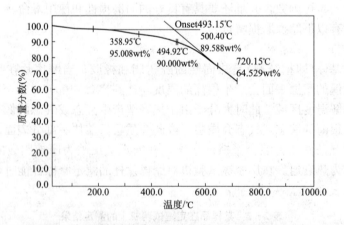

图 2.5 酚醛树脂在高温下的热失重与温度的关系图

树脂的热失重随温度升高而加大,随处于高温下的时间增长而加大。

因此摩擦材料在长时间的高温制(或传)动工作过程中,结构中的树脂和橡胶的热分解

与热失重现象加剧、摩擦片的磨损加大、使用寿命缩短。由上述可知，树脂和橡胶的耐热性对减少摩擦片的热衰退、热磨损和热龟裂现象至关重要，有关技术人员一般采取的针对措施是：

(1) 选用耐热性好的树脂及橡胶类型。

(2) 工艺上加强摩擦片的后处理操作，即提高后处理温度，延长后处理时间，使粘结剂固化更充分，这样能提高聚合物的交联密度及抗热降解能力。

4) 摩擦性能的调节

仅由树脂-橡胶粘结剂和增强纤维组成的摩擦材料是不能满足摩擦片的制动和传动工作要求的，必须加入具有各种摩擦性能调节作用的填料即摩擦性能调节剂(也可称功能性填料)。加入这些填料是为了提高摩擦因数或降低摩擦因数与减少磨耗等，但它们的主要作用应是增摩功能，特别是高温增摩功能，以克服因树脂热分解所造成的摩擦因数降低的热衰退现象。

增摩效果大的填料多为硬度高的物质，硬度不同的填料，在摩擦片和铸铁表面摩擦时的作用也不一样。铸铁的莫氏硬度是 4~5，如果填料比铸铁稍硬时，填料颗粒与铸铁金属表面的接触面 A_r 小；如果填料比铸铁硬度高出较多时，接触面 A_r 大。由公式 $F=A_r\tau_b$ 可以认为，在同样的负荷(N)及填料加入量相同的条件下，高硬度填料的摩擦材料形成的接触面 A_r 较大，产生的摩擦力要大，因而摩擦系数 $=F/N$ 也相应要高。实践经验也证明了这一点。

摩擦片在进行制动和传动工作时涉及的工况条件变化因素很多，包括速度、温度、压力、负荷、气候和道路条件的变化，还有金属对偶材料的摩擦表面氧化层的形成及金相组织相变，其中特别重要的是摩擦材料粘结剂在高温工况条件下的热分解。这些因素的变化导致摩擦片在进行制动和传动工作时摩擦因数和磨损的频繁变化。研究者的任务在于从理论上和科学试验中研究基体粘结剂(树脂和橡胶)、增强纤维材料、摩擦性能调节剂的各自性能特点，以及由这三类组分形成的结构体系对材料摩擦磨损性能及其他物理机械性能的影响，根据不同的用途设计合理的配方，使摩擦材料在各种工况条件下，都能具有较高而稳定的摩擦因数和良好的耐磨损性，满足汽车和工程机械行业用户的使用要求。

5) 热膨胀

摩擦材料制品生产一般采用干法和湿法两种工艺。干法工艺中，组分使用热塑性酚醛树脂为粘结剂，用六亚甲基四胺作固化剂。干法工艺工艺简单，产品具有较优良的机械强度和摩擦性能，但是干法工艺摩擦材料在生产、试验检测及实际应用中存在热膨胀现象，它使生产过程中进行热压和热处理操作时制品因起泡膨胀而报废；在摩擦性能试验检测中出现负磨耗，造成性能检测不合格；在台架试验中发生抱鼓现象；在实际装车使用中造成制动器拖磨，甚至胀死，导致车辆行驶的恶性事故等。因此研究干法生产摩擦材料的热膨胀原因、机理以及如何减少热膨胀程度是一项重要课题。

国内外的研究表明，热塑性酚醛树脂(以下简称树脂)的固化剂——六亚甲基四胺在参与树脂的固化反应过程中所产生的气体及树脂在高温时热分解产生的低分子物是导致摩擦材料起泡和热膨胀的主要原因。摩擦材料的膨胀有两种形式，一种是加有固化剂的树脂在热压操作的压制温度下(150~160℃)以及随后的热处理操作温度(150~200℃)时，六亚甲基四胺在树脂固化时产生的氨气(NH_3)和树脂本身在固化时产生的低分子物，应合理、及时地排出，若不能及时和充分排出，则可能冲破硬化的摩擦片表面逸出，造成制品起泡膨胀而报废;另一种情况是摩擦片在摩擦性能检测或装车使用过程中,当摩擦温度升到250~300℃时,酚醛树脂开始热分解,分子结构中的主链断裂,大分子降解,并产生出种种低分子气态物,当温度达到450~500℃时,达到剧烈分解的高峰,产生大量低分子物,它们在高温下形成的气体内压使未充分固化的树脂膨胀,到最后固化定型的树脂会将膨胀的基体形状保留下来,造成摩擦材料宏观上的热膨胀。

研究人员通过裂解气相色谱(PGC)、裂解气相色谱-质谱(PGC-MS)和傅里叶变换红外光谱(FT-IR)等热分析技术和扫描电镜的形貌分析对摩擦材料基体——热塑性酚醛树脂及其摩擦片,以及六亚甲基四胺进行了研究。结果表明,六亚甲基四胺参与树脂固化反应,树脂中游离酚含量以及树脂热分解是导致摩擦材料生产中起泡膨胀的重要原因,树脂在250~300℃时高温热分解是造成摩擦材料热膨胀的主要原因。讨论分析得出:

(1) 固化剂——六亚甲基四胺的含量对热膨胀的影响。六亚甲基四胺(以下简称六亚)又称乌洛托品,分子式为$(CH_2)_6N_4$。热塑性酚醛树脂在合成过程中,甲醛用量不足而形成线型分子结构(参阅本书3.1.1节)。当加入固化剂后,六亚与树脂分子中酚环上的活性点反应,使树脂分子发生体型缩聚直到固化,并放出氨气。

固化剂在树脂中含量的影响:实验表明,六亚在树脂中含量低于6%时,随六亚含量的增加,树脂固化时间缩短,但当六亚含量大于6%后,固化时间基本保持在一个稳定水平,不再明显缩短,说明当六亚含量达到6%时,就可使树脂达到较好的固化程度。但超过6%时,固化剂过量将会使摩擦材料热膨胀增大。因为摩擦材料制品经过热压工序和热处理工序后,制品中的树脂虽已基本固化,但在以后的摩擦磨损试验中,随温度升高,树脂将继续发生固化反应。过量的六亚则与结合水、吸收水发生反应:

$$(CH_2)_6N_4 + 6H_2O \longrightarrow 6HCHO + 4NH_3$$

如固化剂含量增加,制品中过量的固化剂量也增加,在高温下放出的气体增加,热膨胀也越大。

树脂中六亚含量与热膨胀量的关系见表2-4。

表2-4 树脂中六亚含量与热膨胀的关系

样品号	1#	2#	3#	4#	5#
六亚含量/(%)	6	10	14	10	10
热压温度/℃	160	160	160	140	180
热处理温度/℃	160	160	160	140	180
热膨胀量/mm	0.09	0.11	0.21	0.23	0.05

(2) 游离酚含量的影响。对干法工艺摩擦片作PGC-MS图谱分析,在250℃温度下,析出的低分子物主要为苯酚。表明此温度时,树脂大分子尚未热分解。此时产生的低分子物来自于树脂中的游离酚。游离酚含量高,会造成250℃左右制品热膨胀增大。因此,通常要求摩擦材料用树脂的游离酚含量低于2%。

(3) 树脂固化程度的影响。在六亚含量相同的情况下,热压和热处理的温度高,时间长,树脂固化程度充分。树脂中未参加反应的低分子物含量减少,有利于减少制品的热膨胀。反之热压和热处理的温度低,时间不够,树脂固化程度低,会增加热膨胀。

固化程度可由丙酮可溶物含量反映出来。固化程度低,树脂中低分子含量高,在丙酮抽提试验中,被抽出的可溶物多。热压温度、热处理温度和丙酮可溶物含量的关系见表2-5。

表2-5 热压温度、热处理温度和丙酮可溶物含量的关系

样 品 号	1#	2#	3#
热压温度/℃	140	160	180
热处理温度/℃	140	160	180
丙酮可溶物(%)	3.65	2.37	2.14

(4) 树脂耐热性的影响。前面已叙述了树脂高温热分解是造成摩擦材料热膨胀的主要原因。在对 PGC-MS 谱图进行分析时,可得知在300~500℃时,摩擦片样品中的析出物包括有苯酚、甲酚、二甲酚和苯乙烯。其中苯酚、甲酚和二甲酚是酚醛树脂热分解时从大分子链上断裂下来的小分子基团。苯乙烯则是摩擦材料中丁苯橡胶的热分解产物。这些低分子物在300℃以上高温下形成大量气体和很高的气体内压,造成了摩擦材料的热膨胀。如果树脂的耐热性高,分解所需能量大,和耐热性差的树脂相比,在同样的温度条件下,热分解程度轻,树脂热失重少,产生的低分子物少,发生热膨胀的程度也较轻。

综上所述,在摩擦材料生产中,应选择质量好、游离酚含量低、耐热性高的树脂;合理掌握固化剂的用量,避免其过量;合理提高热处理温度,增加热处理的时间,使摩擦材料中的树脂固化更充分完全;控制丙酮可溶物的技术指标,是减少摩擦材料热膨胀程度的有效手段。

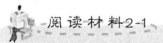
阅读材料2-1

国外 C/C 复合材料飞机制动盘的摩擦表面特性和摩擦磨损机理

20世纪70年代以来,英、法、美等国几乎同时将 C/C 复合材料应用到飞机制动盘,目前全球较大的 C/C 制动盘制造商有 Dunlop(英)、B. F. Goodrich(美)、Messier-Bugatti(SEP法)、Bendix(ALS美)、Goodyear(ABS美)等,本论文对前四大公司的五种碳制动盘进行摩擦磨损性能测试,重点分析了小样摩擦后的表面状态,研究了摩擦性能与表面完整性的联系。

1. 实验

1) 试样来源

Dunlop B757-200(A), Dunlop BAe-146(B), B. F. Goodrich B757-200(C), Carbon industry A300(D), ALSB767(E)。

2) 物理性能测试

利用 BRUKER D8 X射线衍射仪测量各种碳制动盘材料的 d002 晶格常数,根据 Franklin 模型,由 Mering 和 Maire 公式计算出石墨化度。

3) 摩擦磨损性能测试

试环有效摩擦面外径Φ75mm/内径Φ55mm×10mm,在 MM-1000 摩擦试验机上测试各种碳制动盘材料的动摩擦因数、质量磨损率,惯量为 $29.4N·cm·s^2$,比压为 $98N/cm^2$,线速度为 25m/s,模拟飞机正常制动试验。

摩擦磨损性能见表2-6,结果表明:采用树脂碳基体的 E 材料的摩擦因数最低,其

表2-6 不同C/C复合材料的摩擦磨损结构

材料标记	A	B	C	D	E
摩擦因数 μ	0.35	0.34	0.30	0.32	0.27
质量磨损/(m·g)	5.75	7.65	14.28	12.13	16.70

他均较E高,这是由于树脂碳与纤维之间的结合力不如热解碳与纤维之间的结合力强,导致其摩擦力较小,所以摩擦因数较低,同时,制动过程中巨大的剪切和机械作用会产生大量的基体碎片,导致很大的磨损。A、B材料的石墨化度较大,在压应力和剪切应力的综合作用下易成膜,磨损较低,C材料为炭布叠层成形,热处理温度低,石墨化度低,磨损较大。

4) 宏观和微观结构表征

采用数码照相机(Canon S80)对摩擦面进行宏观观察;利用NEOPHOT-21光学显微镜的正交偏光,JSM-6460LV扫描电子显微镜分别对各种碳制动盘材料热解碳和磨损后表面的微观结构进行表征分析,以确定热解碳类型和摩擦面形貌。

2. 结果与讨论

1) 基本性能

国外五种碳制动盘材料的制备方法,见表2-7。

表2-7 国外5种碳制动盘的制备及基本性能

样品号	A	B	C	D	E
型号	B757-200	BAe-146	B757-200	A300	B767
生产国	英国	英国	美国	法国	美国
制造商	Dunlop	Dunlop	B. F. Goodrich	Carbonindusty	ALS
成形方式	炭布或针刺薄毡叠层	炭布或针刺薄毡叠层	炭布薄毡叠层	针刺碳纤维准三向整体结构	短纤维树脂模压成形
致密化工艺	等温法CVI	等温法CVI	压差法CVI	等温法CVI	树脂浸渍-碳化
基体类型	热解碳	热解碳	热解碳	热解碳	树脂碳
石墨化度(%)	84~90	85~86	31~33	52~53	42

在预制体成形方面主要有三种方法:炭布或针刺薄毡叠层、针刺碳纤维(预氧化纤维)准三向整体结构、短纤维树脂模压成形;在致密化工艺方面,采用等温法或压差法CVI致密工艺,树脂浸渍-碳化致密工艺等。

2) 磨损面分析

观察磨损后的表面形貌,发现两种类型的摩擦面:暗灰光亮色和黑色面,如图2.6所示。A、B、C、D材料热解碳为粗糙层结构(RL),RL热解碳为软炭,容易形成暗灰光亮色面,E材料基体为树脂碳,成黑色面。C材料的表面存在较多的大孔隙,这是由于炭布叠层预制体叠层时形成底小口大的"瓶颈"形孔隙,沉积过程中很容易封孔,不利于大孔隙的致密,这也会导致摩擦因数降低。

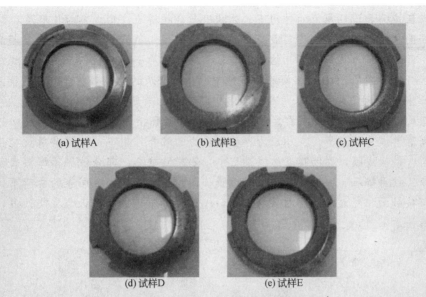

图 2.6 不同试环磨损后的宏观形貌

图 2.7 为 A 试样摩擦表面的形貌，可见摩擦表面完整致密连续，图 2.7(a)中部有单根碳纤维末端露出，但纤维未剥落或脆断，这是由于膜对纤维及基面起一定的保护作用，纤维受到的应力分散到基体中，不会发生纤维的快速破坏；图 2.8(b)表面膜存在明显的塑性变形；对摩擦面较大孔隙中的磨屑进行 SEM 分析，见图 2.8(c)，并观察孔隙边缘，以确定成膜过程。磨屑主要为颗粒状，逐步被压实成膜，表面粘接力大，粘接磨损为主，磨损较小。膜对粒状磨屑的黏着力大，这是由于热解碳的片层在压应力和剪切应力的综合作用下，其石墨结构的规整度遭到一定的破坏，形成具有很高表面活性的颗粒状磨屑，且膜的粘接力较大，二者的结合为膜的形成提供了前提条件。

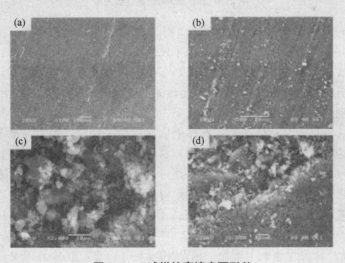

图 2.7 A 试样的摩擦表面形貌

图 2.8 为 B 试样的摩擦面形貌，可见膜较为完整致密，表面含有一定的孔隙，磨屑多为石墨相片层结构，也存在一定的粒状磨屑。图 2.8(d)为孔隙与膜的边缘形貌，由图

可知，在压应力和剪切应力的作用下，片状磨屑会被碎化，形成颗粒状磨屑和片状磨屑共存的局面，之后，磨屑被压实成膜，其成膜的组成与A试样的差别导致了膜的致密度有差异。开始磨屑为片状石墨相结构，与表面的粘接力小于颗粒状磨屑，也就容易从表面脱落。另外，图2.8(d)孔隙处基面有光秃感，对磨屑的粘接必然会差，这就是其磨损大于A试样的原因之一。图2.7和图2.8中膜的表面未见纤维的形貌，可见A、B试样的摩擦膜均较厚，在10μm左右。A、B试样的摩擦磨损过程可理解为，最初热解碳从纤维上剥落形成片层磨屑，在压应力和剪切应力的综合作用下，片层磨屑被碎化变成颗粒状磨屑，最后成膜，摩擦膜在摩擦过程中，不断被破坏，部分被抛离摩擦表面形成磨损，部分又被再挤压、剪切重新生成摩擦膜。因为膜厚而软，在同等的负荷下，材料之间的直接接触面积变大，摩擦因数均较高，A试样摩擦膜中颗粒状磨屑较B多，因此摩擦因数略高于B。

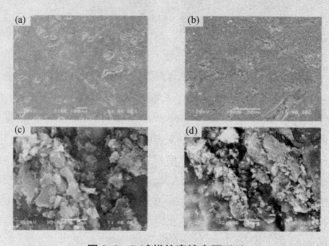

图2.8 B试样的摩擦表面形貌

图2.9为C试样的磨损面SEM图，由图2.9(a)知摩擦表面存在一定的纤维剥落痕迹及大量微孔，这是由于基体碳被耗损，导致纤维失去支撑，更容易产生大的磨损，脱落的纤维被压实成硬相颗粒，充当了磨粒，表面有显微切削和犁沟现象，磨损较大。磨屑的粒径分布较广，纤维相和基体相硬度的差异，会使大量的剥落纤维参与了磨粒磨损，对成膜不利，其试环直接接触面积减小，但会保持一适中的摩擦因数。图2.9(d)为叠层间宏观大孔与膜边缘处的形貌，孔隙中磨屑较少，且空洞较大，磨屑无法填满，这与磨屑的粘接力有关，也可认为石墨化度对粘接力有一定的影响，石墨化度大，摩擦表面石墨层排列规整，表面磨屑的范德华力作用较大；石墨化度较小时，表面膜多为乱层石墨结构，对表面的磨屑的作用力在不同方向上相互抵消，合力较小，摩擦盘高速旋转产生的离心力足以将之克服，表现出宏观上磨损会较大。图2.9(b)可见表面膜有纤维的形貌，可认为膜厚度较小。

图2.10为D试样摩擦表面形貌，图2.10(a)、(b)中，膜较为完整，但存在致密区和磨屑的松散堆积区，表面有孔隙和空洞，D试样为针刺预氧丝预制体，会存在较多的纵向纤维，但不同的纤维交界处也会产生大的空洞。图2.10(b)膜中可见纤维的排布形貌，图2.10(c)为大孔隙处的磨屑形貌，磨屑中可见大量的热解碳片层结构和少量的粒

状磨屑，原因是，碳纤维和热解碳的石墨化度相差较大，硬度相差较大，热解碳剥落，磨损较大，产生较多的磨屑，一定程度上提高了膜的平整度。图2.10(d)中可知大孔处仅有少量的粒状磨屑，膜中存在一较宽的裂纹，由此可见膜的黏着力较差，会导致膜的剥落，也就是说剥落一定程度上导致了孔隙的生成，产生较大的磨损，但是纵向纤维的存在会使试环面的温度快速散失，这会对摩擦因数有一定的影响。

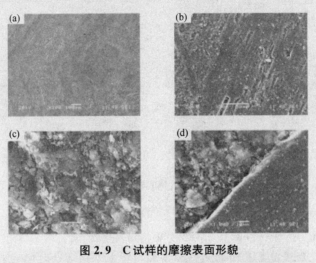

图2.9　C试样的摩擦表面形貌

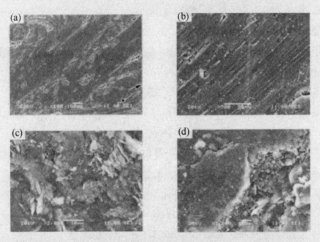

图2.10　D试样的摩擦表面形貌

图2.11为E试样的磨损形貌，图2.11(a)可见较多的纤维的一部分被磨损，这是由于碳纤维和基体碳的耐磨性不一导致的，基体先被磨损掉，但碳纤维的平行方向为一定的类石墨片层排列，耐磨性较好，且树脂碳对碳纤维有一定的结合力，图2.11(b)可知表面凹凸不平，为微凸体的研磨提供了一定的条件。图2.11(c)为膜的1万倍形貌，可见膜的不完整性，连续致密性较差，厚度大多约为1μm，宏观上对光散射率较大，这就是在500倍下表面存在凹凸感的原因，同时在日光下会呈现出黑色面。图2.11(d)为磨屑的成膜形貌，磨屑中存在硬相短纤维(箭头处)等，端头均被磨损，说明碳纤维参与了磨损，且成膜较松散。E试样的摩擦力主要为微凸体的嵌入产

生和硬相磨粒的犁沟效应。

图 2.11　E 试样的摩擦表面形貌

3）摩擦磨损机理分析

石墨化度较高（A、B、D 材料），粗糙层热解碳为软炭，在压应力和剪切应力的综合作用下易变形，形成覆盖表面的完整摩擦膜，增大了制动盘之间的直接接触面积，摩擦因数较高，C/C 复合材料制动材料表面有摩擦膜存在且较为完整时，黏着摩擦占主导地位，大部分磨粒留在表面形成摩擦膜，磨屑粒度基本在微米级，膜中孔隙易被填充，此时的磨损率较小。C 材料为炭布叠层结构，表面孔隙较大，纵向纤维少，纵向导热系数低，且可能是低的热处理温度导致了低的石墨化度，石墨相的含量低，硬质颗粒在磨损过程中产生明显的显微切削和犁沟特征，磨屑粒度较大（见图 2.9），此时碳纤维和热解碳的硬度相差较大，塑性降低，从而降低了摩擦面之间的黏着，摩擦环实际摩擦接触面积较小；其次，较高硬度的材料具有较高的表面能，形成的微凸体粘接点脆弱，导致了试样摩擦因数较低。表面孔隙多，它们与空气中的氧气接触的机会较多，碳与氧气的反应为固、气相反应，气孔率大，则氧分子容易扩散进去，产生的磨粒较易被氧化，变成 CO、CO_2 逸出，参与反应的表面积越大，参与反应表面原子越多，所以磨损越大。

树脂模压成形，纵向的纤维含量低，纵向的导热系数低，在摩擦过程中产生大量的热，使局部升温过大，导致结合力的降低，对应的膜松散，可见表面有犁沟特性，此时磨损较大，表面膜不完整导致直接接触面积的减少，摩擦因数降低，磨损机理以磨粒磨损和犁沟磨损为主。

由此可知，摩擦力与摩擦膜的保护能力有关，这依赖于膜的变形能力、强度性能和膜对基材的粘接力，与磨粒的大小、形状和表面状态有关，受材料的结构、材料的性质和基体碳决定。

资料来源：陈青华，肖志超，邓红兵，苏君明. 国外 C/C 复合材料飞机制动盘的摩擦表面特性和摩擦磨损机理 [J]. 材料科学与工程学报，2008（2）

阅读材料2-2

纳米复合材料摩擦磨损性能研究进展

纳米粒子因其尺寸小、比表面积大而表现出与常规微米级粒子截然不同的物理和化学性质，由于尺寸较小，能大大降低硬的填料对磨面产生的磨粒磨损；又因纳米颗粒的表面原子多，原子活性大，能够促进转移膜的生成，从而提高基体的摩擦学性能。20世纪90年代中期以来，纳米复合材料的摩擦学性能已被广泛研究。

1. 纳米复合材料摩擦磨损性能的影响因素

国内外目前关于纳米复合材料摩擦磨损性能的研究大都是从纳米增强相的因素和负荷、滑动速度及温度等外部条件着手。

1) 纳米增强相

在纳米复合材料中，纳米增强相粒子的种类、含量和分散程度等对其摩擦磨损性能均有一定程度的影响。

对相同的基体，填充纳米颗粒要比填充相同量的微米颗粒具有更好的摩擦磨损性能，这一点已被许多学者的研究所证实。如 Wang 等研究了一系列 PEEK（聚醚醚酮）基纳米复合材料的摩擦磨损特性，通过比较纳米 SiC 和微米 SiC 填充 PEEK 的摩擦性能，发现纳米 SiC 填充 PEEK 的摩擦因数、磨损率都显著低于纯 PEEK，而微米 SiC 填充 PEEK 只能使磨损率略有降低，摩擦因数反而上升。分析二者的磨损机制发现，微米 SiC 填充 PEEK 以犁沟和磨粒磨损为主，而纳米 SiC 填充 PEEK 的磨损方式以轻微的黏着磨损为主。

对同种基体，不同的纳米粒子对其摩擦学性能的改善作用也不尽相同。陈奎等研究了熔融插层法制备的两种纳米有机改性蒙脱土（OMMT，TJ-2型和KH-V6型）填充的聚丙烯（PP）复合材料在水润滑条件下的摩擦磨损行为。结果如图2.12所示，可以看出，两种复合材料的摩擦因数和磨损率随OMMT含量的增加都呈现先下降后上升的趋势。但两种蒙脱土对聚丙烯摩擦学性能的改善程度却是不同的，在含量较少的情况下，前者要比后者具有更小的摩擦因数和更低的磨损率。

从图2.12还可以看出，当TJ-2型OMMT质量分数为1.5%，KH-V6型OMMT质量分数为2%时，复合材料的摩擦磨损性能达到最佳。由此说明，纳米粒子的含量是

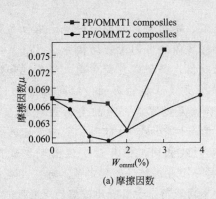
(a) 摩擦因数

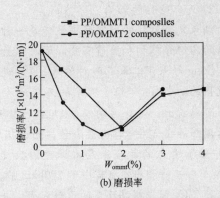
(b) 磨损率

图 2.12　2 种 PP/OMMT 摩擦因数和磨损率随 OMMT 含量变化曲线

影响复合材料摩擦学性能的重要因素。此外，Hou 等对 WS_2 纳米粒子改性聚醚醚酮（PEEK）复合涂层的减摩抗磨性能的研究、Sun 等对 Ni-TiO_2 纳米复合镀层摩擦磨损性能的研究，以及 Philippe Stemplé 等对 Fe-Cr-Al_2O_3 纳米复合材料的磨损机制的研究，结果都表明最佳纳米粒子含量的存在。

此外，纳米颗粒在基体中的分散程度也是决定复合材料性能的重要因素。张爱波等制备了多壁纳米管（MWNTS）/环氧复合材料，通过超声分散时间和超声分散方式来改变 MWNTs 在基体中的分散性，重点研究了碳纳米管的分散程度对复合材料的摩擦磨损性能的影响。实验结果表明，复合材料的摩擦因数和磨损率随超声分散时间的增加都逐渐降低，直至稳定。使用超声波清洗器制备的复合材料中，MWNTs 存在团聚，且分散不均匀，而用超声波粉碎仪制备的复合材料中 MWNTs 团聚程度明显降低，以单根形式分散在树脂基体中。测试结果发现使用超声波粉碎仪所制备的复合材料，其摩擦因数和磨损率均比超声波清洗器的低，摩擦因数降低约 10%，磨损率降低达 58%。可见，碳纳米管分散程度对提高复合材料摩擦磨损性能有很大影响。

在确定单种粒子的引入能够提高材料摩擦磨损性能后，可以考虑将几种粒子混合，共同填充基体材料，从而获得更加优异的摩擦学性能。龚俊等的研究表明，使用石墨填充聚四氟乙烯（PTFE）可以提高基体的减摩耐磨性能，Xiang 等对超细高岭土粒子填充的 PTFE 复合材料的摩擦磨损性能的研究表明，纳米高岭土的引入能改善 PTFE 的抗磨损性能，但摩擦因数要比纯 PTFE 高。雷晓宇等研究了纳米高岭土和石墨共同填充 PTFE 复合材料的摩擦磨损性能。实验结果表明：石墨和纳米高岭土共同填充的 PTFE，其摩擦磨损性能优于使用单一填料填充的 PT-FE。其中含 10% 高岭土和 5% 石墨的 PTFE 复合材料表现最佳，稳定阶段的摩擦因数保持在 0.11 左右，耐磨性比纯 PTFE 提高了大约 90 倍。Zhang 等也制备了几种不同的填料（碳纤维、石墨、PTFE 和纳米 TiO_2）混合填充的环氧树脂，并研究不同混合比例下复合材料的摩擦磨损性能。实验结果表明，当用 15%（体积分数）石墨、5% 纳米 TiO_2 和 15% 的碳纤维去填充纯环氧树脂时，其磨损率是纯环氧树脂的 1/2，性能优于任一单一填料填充的复合材料。

可以看出，纳米增强相对纳米复合材料的摩擦磨损性能的影响是显著的。只有选择合适的纳米材料，添加适当的含量，并使纳米粒子在基体中尽量分散，才能使纳米粒子在提高复合材料的摩擦学性能中发挥出较好的作用。

2）外部条件的影响

纳米复合材料的摩擦磨损性能是一种综合表现，不是材料的固有特性，不仅与复合材料的各组分结构和性质有关，还与试验条件和环境等外部因素密切相关。

Song 等采用二氟乙酸对纳米 TiO_2 进行表面改性，并研究负荷对用未经改性和经表面改性的纳米 TiO_2 粒子填充的石碳酸涂层的摩擦磨损性能的影响，结果如图 2.13 所示。可以看出，用普通纳米 TiO_2 粒子填充的复合涂层的摩擦因数随负荷的增加，先减小后增加并在 420N 时为最小值，而磨损率接近于线性增加。但对用经表面改性的纳米 TiO_2 粒子填充的复合涂层，摩擦因数变化规律大致相同，但其最小值出现在载荷为 720N 时，而磨损率在负荷小于 720N 之前，都保持一个相对较低的稳定值。可见，经表面改性的 TiO_2 能够提高涂层的承载能力，并在各种不同载荷下都具有比较好的耐磨性能。

Men 等研究了多壁碳纳米管填充的聚乙烯树脂复合涂层的摩擦磨损性能，发现复合

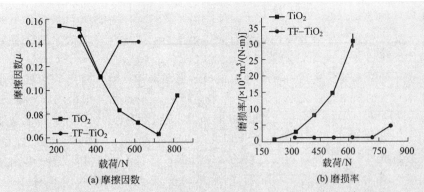

图 2.13　载荷对填充 3%质量分数 TO_2 和 $TF-TO_2$ 的石碳酸涂层的摩擦因数和磨损率的影响(滑动速度：2.56m/N；滑动时间：60mh)

涂层的摩擦因数和磨损寿命都随负荷的增加而减小，但在任一载荷下，复合涂层的摩擦磨损性能都优于纯树脂涂层。Liu 等使用溶胶凝胶工艺制备了纳米金-TiO_2 复合薄膜材料，通过与 AISI52100 钢珠对摩的实验发现，薄膜的摩擦因数和磨损寿命都随着负荷和滑动速度的增大而减小。摩擦因数的减小说明在高负荷和高滑动速度下，纳米金粒子更容易向钢珠转移；同时，高负荷和滑动速度也导致高剪切力，加速了材料的磨损，从而减小了磨损寿命。

HaraldKöstenbauer 等研究了温度对不同 Ag 粒子含量的 TiN/Ag 纳米复合涂层的摩擦学性能的影响。结果表明，含 7% 和 22% Ag 粒子复合涂层的摩擦因数随温度的升高都不断降低，分析认为这与涂层的表面氧化和材料软化有关。Kasiarova 和 Praveen Bhmi araj 等的研究发现，相对湿度和结晶度在某些情况下也是影响纳米复合材料摩擦磨损性能的重要因素。

2. 纳米复合材料摩擦磨损机制

摩擦是阻碍两接触表面产生相对运动的现象，其大小取决于接触表面的粗糙度和摩擦面间的亲和力与粘附力等。磨损是伴随摩擦产生的材料表面物质的不断损失或产生残余变形的复杂过程，与摩擦副的材料特性、制备工艺以及工作环境因素等有很大关系。纳米粒子巨大的比表面积产生了表面效应，使其具有较强的吸附力，而小尺寸效应又使其具有优异的力学性能和特殊的热学性质(熔点显著降低)。故纳米复合材料必然有着不同于传统复合材料的摩擦磨损机制。

纳米粒子大多呈多面体或类球状，在两摩擦表面受力时，表面突峰先接触，当接触应力达到较软材料的屈服极限时，两表面黏着在一起，在随后的摩擦中，表面突峰很快被磨损，原分散在基体表面的纳米黏着磨损，纳米高岭土的加入提高了 PTFE 的抗磨损力。

在两表面摩擦时，纳米粒子将处于两表面之间，并作微滚动，这样变滑动摩擦为滚动和滑动复合摩擦，从而减小了摩擦，故纳米粒子可以通过改变摩擦形式来改善复合材料的摩擦学性能。章跃等对纳米 Al_2O_3/Cu 复合材料的微动摩擦的研究发现，复合材料的摩擦因数随负荷的增加先上升后下降，在极小和极大的负荷下，复合材料的摩擦因数均比纯铜低。分析认为，纳米 Al_2O_3 的加入使复合材料的硬度有所提高，在极小负荷下，纯铜更容易被磨破表面，形成黏着磨损，所以其摩擦因数要比复合材料的高。随着负荷的增加，复合材料的基体也会被磨破，粗糙的磨损表面和露出表面的 Al_2O_3 微凸体导致摩擦因数的增大。而在较大负荷下，复合材料中的Al_2O_3将会脱落，并与被磨下的基体颗粒一起存留在对摩材料之间，充当滚球的作用，变滑动摩擦为滚动和滑动复合摩擦，从而使摩擦因数再次变小。

纳米粒子的加入通常也能够改变两对偶面的磨损形式，变严重磨损为轻微磨损，从而提高基体材料的耐磨性。图2.14为两种不同材料在相同条件下的磨损端面SEM图，其中图2.14(a)为纯PTFE，图2.14(c)为加入10%纳米高岭土的PTFE复合材料，图2.14(b)、(d)分别为两者的高倍放大图片。从图2.14(a)、(b)可以看出，纯PTFE的磨损表面高低不齐，并伴有大块材料的破碎脱落，磨损非常严重，磨损以分层脱落为主。而在纳米高岭土填充的PTFE复合材料的磨损表面，可以发现许多黏着碎屑[图2.14(c)]，结合图2.14(d)可以知道其磨损方式是轻微的黏着磨损，纳米高岭土的加入提高了PTFE的抗磨损性能。复合材料中纳米相含量的变化也会改变材料与对磨面的磨损形式，如姚洪等通过不同含量纳米蒙脱土制备的尼龙6/蒙脱土复合材料与45#钢对摩试验后的摩擦表面SEM形貌发现，纯尼龙6和含2%蒙脱土复合材料的磨损属于机械和黏着磨损；含4%蒙脱土复合材料的磨损属于疲劳磨损；含6%和8%蒙脱土复合材料以机械磨损为主，含10%蒙脱土复合材料的磨损又以疲劳磨损为主。

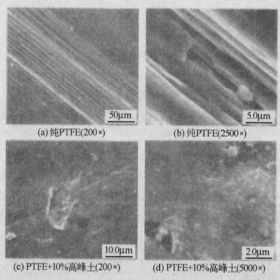

图2.14　PTFE和填充10%高岭土的PTFE复合材料磨损表面的SEM照片

纳米粒子的熔点较低，在摩擦过程中摩擦热可以软化纳米粒子，在两摩擦面间形成一层粘附润滑膜，进而改善材料的摩擦磨损性能。李长生等对纳米$NbSe_2$-铜基复合材料的摩擦磨损机制的研究结果表明，纳米$NbSe_2$粒子能均匀分散在铜合金基体中，在摩擦过程中，复合材料中的纳米$NbSe_2$受摩擦挤压和摩擦热的作用，不断向摩擦表面提供固体润滑介质，在相对滑动界面形成较为稳定的润滑膜，并不断补充和修复被撕裂或划伤的润滑膜，正是纳米粒子的这种表面修复作用提高了复合材料的减摩性能。实验中还发现，只有纳米$NbSe_2$粒子的含量达到一定程度，才能形成完整的润滑膜，使复合材料的摩擦因数稳定在一个较小的值，而粒子含量的进一步增加并不会对润滑膜的形成构成大的影响，从而不会改变复合材料的摩擦磨损性能。实验中润滑膜的状态可以通过SEM

对磨痕形貌的直接观察得到。

纳米复合材料在摩擦过程中，较软材料容易向对偶材料表面转移，形成转移膜，使摩擦实际发生在较软材料和转移膜之间。转移膜的状态对摩擦学行为起着决定性的作用，薄而均匀且与对偶面结合牢固的转移膜有利于降低材料的磨损。

➡ 资料来源：王正直，辜萍．纳米复合材料摩擦磨损性能研究进展［J］．润滑与密封，2009(5)．

小　　结

摩擦和磨损是两个物体在压力作用下相互接触并在接触表面发生相对运动时所引起的现象。摩擦是这个现象本身的力学特性，而磨损则是与摩擦表面损坏有关的问题。

根据摩擦物体的摩擦表面状态，摩擦可分为干摩擦、纯净摩擦、液体摩擦和混合摩擦，机械运动中常见是混合摩擦。

摩擦的基本理论有：古典摩擦理论，分子-机械理论，黏着理论，能量理论。

磨损机理主要分为：黏着磨损、磨料磨损、疲劳磨损、腐蚀磨损、微动磨损。

摩擦和磨损由于材料结构的多相性、外界的活性介质、高温、摩擦表面一系列物理-化学反应的进行、表面状况等，使得摩擦和磨损的机理相当复杂，单一的机理仅在特殊条件下才适用。

含有有机聚合物摩擦材料的摩擦机理主要是修正黏着机理且摩擦过程中热作用显著；其磨损是各种磨损机理的综合作用的结果；摩擦和磨损受材料及其性质、摩擦过程的工作条件(如时间、负荷、速度、润滑状态、摩擦偶件与周围介质的作用等)、摩擦表面的表面粗糙度及接触特性、摩擦表面的温度状态、摩擦过程中物理-化学现象等因素的影响。

● 经典研究主题
♯ 摩擦件与对偶件摩擦生热机理及能量转换机理
♯ 摩擦材料制品摩擦因数稳定性和耐磨性的机理
♯ 增强高温摩擦因数的配方组分研究

习　题

一、选择题

1. 如果你将两块用肉眼看上去很光整的金属或物品贴合在一起，其真实接触面积总是(　　)。

　　A. 大于名义接触面积　　　　　　　　B. 大于等于名义接触面积
　　C. 小于名义接触面积　　　　　　　　D. 小于等于名义接触面积

2. 汽车制动片的摩擦制动属于(　　)。

　　A. 纯净摩擦　　　　　　　　　　　　B. 干摩擦

C. 液体摩擦　　　　　　　　　　　D. 混合摩擦

3. 摩擦材料的摩擦磨损主要有（　　）。

A. 黏着磨损　　　　　　　　　　　B. 磨料磨损

C. 热磨损　　　　　　　　　　　　D. 相同物体的磨损

4. 影响含有机聚合物摩擦材料的摩擦和磨损的主要因素是（　　）。

A. 材料及其性质　　　　　　　　　B. 摩擦过程的工作条件

C. 摩擦的表面状况　　　　　　　　D. 摩擦表面的温度状态

E. 摩擦过程中的物理-化学现象

二、思考题

1. 修正的黏着理论考虑了什么现象？其实际接触面积表达式说明了什么？
2. 有污染膜存在的摩擦，由修正黏着理论所得到的摩擦因数为 $\mu=C/[\alpha(1-C^2)]^{1/2}$，试讨论 C 和 α 对 μ 影响情况。
3. 试解释分子-机械理论表达式各项的意义。
4. 含有机聚合物摩擦材料的摩擦有何特点？
5. 含有机聚合物摩擦材料的磨损有何特点？

三、案例分析

根据以下案例所提供的资料，试分析：

(1) 从表 2-8 的数值中可以看出四组配方有何特征？

(2) 对图 2.18 的四组配方的摩擦因数进行分析。

(3) 对图 2.19 的四组配方的磨损率进行分析。

汽车用少金属制动摩擦材料的研制及其摩擦学性能研究

随着汽车工业的发展和现代社会环保意识的提高，汽车制动摩擦材料的工作条件越来越苛刻，对其性能要求也越来越高，例如，要求制动摩擦材料有足够而稳定的摩擦因数、良好的导热性、较大的热容量、一定的高温机械强度、良好的耐磨性和抗黏着性、不易擦伤对偶、无噪声、低成本、对环境无污染等。新型少金属制动摩擦材料的研发已经成为无石棉有机制动摩擦材料发展的重要趋势。

根据各种纤维的特点，本文以陶瓷纤维、矿物纤维、纤维素纤维和少量钢纤维的混杂物为增强材料，以腰果油改性酚醛树脂(YSM)和丁腈-40胶粉共混物为基体粘结剂，并添加多种填料及摩擦性能调节剂，通过材料配方设计、优选工艺，制备出汽车用少金属制动摩擦材料。测试了该材料不同温度下的摩擦磨损性能，并和国内外优质制动摩擦片进行了对比。

1. 试验

1) 配方设计

影响制动摩擦材料性能的因素多而且敏感。汽车制动材料由 10~20 种组分组成，各组分间还存在着复杂的耦合作用，因此为满足指定的性能要求而研制制动摩擦材料的最佳配方是一个涉及多因素、多指标的系统工程。现设计四组配方见表 2-8。

2) 制备工艺

为了使配方中的各个组成成分混合均匀，应先加入矿物纤维、纤维素纤维和填料，再加入基体粘结

表 2-8 制动摩擦材料的配方组成   %

组　　成	PF1	PF2	PF3	PF4
树脂（YSM）	12	12	12	12
丁腈-40	2	2	2	2
陶瓷纤维	0	4	8	12
矿物纤维	15	15	15	15
纤维素纤维	2	2	2	2
钢纤维	5	5	5	5
碳酸钙晶须	15	15	15	15
石墨	8	8	8	8
氧化铝	3	3	3	3
其他填料	38	34	30	26
总量	100	100	100	100

剂和陶瓷纤维，混合均匀后，按下面条件制备制动摩擦材料试样。

压制温度：150～190℃；

压制压力：20～30MPa；

保温保压条件：40～60s/mm。

在热处理阶段，首先缓慢升温至160℃、保温2h，然后再升温至180℃、保温6h。

工艺流程如图2.15所示。

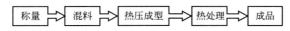

图 2.15　新型制动摩擦材料制备工艺流程图

3）性能测试

根据GB 5763—2008《汽车用制动器衬片》，通过XD-MSM定速式试验机分别在100、150、200、250、300℃进行摩擦磨损试验，测定摩擦因数和磨损率；在常温下用XHR-150型塑料洛氏硬度计测定试样硬度；用XJ-50Z型组合式冲击试验机测定冲击强度(试样尺寸为55mm×10mm×6mm)。定速式试验机摩擦盘材质为HT250、珠光体组织、硬度为180～220HB，摩擦片尺寸为25mm×25mm×6mm；用JSM-6490LV扫描电子显微镜观察摩擦前/后材料的表面组织形貌。

2. 试验结果

1）力学性能

四个配方的洛氏硬度和冲击强度的测试结果见表2-9。

表 2-9 不同配方的硬度和冲击强度的测试结果

配方	洛氏硬度	冲击强度/(J·cm^{-2})
PF1	71	0.19
PF2	55	0.29
PF3	63	0.36
PF4	49	0.31

汽车制动摩擦材料的硬度虽无严格的指标要求，但却有一个合理的范围，一般认为较低的制品硬度（如洛氏硬度在40～70）更好些，这有利于制动操作的平稳，可以降低制动噪声及制动片对制动盘和制动鼓的损伤。由表2-9可见，四个配方的硬度基本都在理想的范围内。摩擦材料的硬度与基体树脂的相对含量、填料本身的硬度和成形工艺有关，而且随着总纤维含量的增加，试样的抗冲击强度先增大后减小。这是因为纤维能起到增强的作用，其含量少，则基体树脂相对含量较多，基体树脂能很好地浸润纤维，从而提高汽车制动摩擦材料的整体抗冲击强度、耐高温性能和单位面积的吸收功率；当总纤维含量超过一定值之后，基体树脂含量相对较少，基体树脂与纤维以及填料间不能很好地结合，反而使抗冲击强度下降。

2）摩擦磨损性能

升温试验中摩擦因数和磨损率的变化如图2.16和图2.17所示。

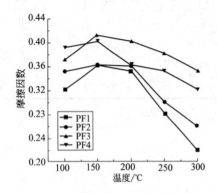

图2.16 摩擦因数随温度变化的曲线

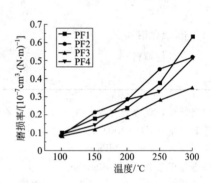

图2.17 磨损率随温度变化的曲线

3）摩擦磨损性能对比

为了更加直观地比较汽车制动摩擦材料的摩擦磨损性能，收集了几种市售的半金属鼓式制动摩擦片，其中有国产件也有进口件。在同样条件下，按照GB 5763—2008进行摩擦磨损试验，这些试样摩擦因数和磨损率随温度变化的测试结果如图2.18和图2.19所示。

SY-1为浙江某知名厂家生产的鼓式制动片；SY-2为湖北某知名厂家生产的鼓式制动片；SY-3为韩国产鼓式制动片；SY-4为日本产鼓式制动片；PF3为研制的少金属汽车制动摩擦材料

从图2.18和图2.19可以得知，所有测试样品的摩擦磨损性能都远远超过GB 5763—2008的规定。从摩擦因数分析，SY-1的摩擦因数变化十分平稳，表现出较高的摩擦因数热稳定性，抗热衰退性能较好，但在试验过程中有尖叫声；PF3的摩擦因数波动较其余三个样品小，和SY-4相当，且制动过程中无尖叫声，从磨损率来看，也是如此；SY-2的摩擦因数在高温下出现了热衰退现象，且磨损率较之其

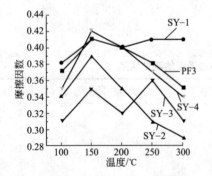

图2.18 对比试样摩擦因数随温度变化的曲线

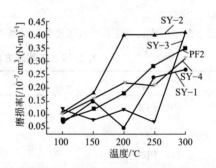

图2.19 对比试样磨损率随温度变化的曲线

他样品明显偏高。从许多已有的研究结果来看，对于汽车制动摩擦材料而言，其摩擦因数绝对值并不是越大越好，一般 0.40 左右的摩擦因数值能较好地满足使用要求。综上所述，不同试样对比试验表明，研制的汽车制动摩擦材料摩擦因数变化较为平稳、磨损率适中、抗热衰退性能较好。

> 资料来源：王兵，吴玉程，郑玉春等. 汽车用少金属制动摩擦材料的研制及其摩擦学性能研究 [J]. 汽车工艺与材料，2009(12).

第3章

摩擦材料的组分构成及作用

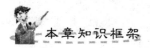本章知识框架

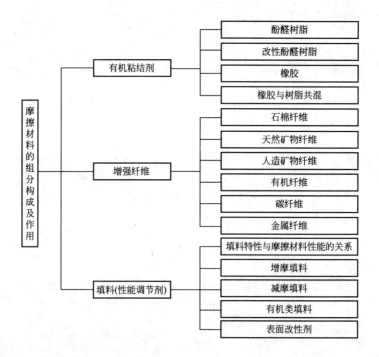

本章学习目标与要求

▲ 掌握树脂和橡胶的粘接机理；
▲ 熟悉常用酚醛树脂和橡胶的品种、特点、用量和规格(状态)等；
▲ 熟悉常用增强材料的作用、品种、理化性能、用量和规格(状态)等；
▲ 熟悉常用填料(性能调节剂)的作用、品种、理化性能、用量和规格(状态)等；
▲ 了解酚醛树脂的生产原料；
▲ 了解橡胶与树脂共混的目的、作用和工艺方法；
▲ 了解表面改性剂的作用和常用种类。

第3章 摩擦材料的组分构成及作用

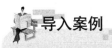导入案例

车辆用摩擦材料的发展

车辆用摩擦材料主要包括制动片和离合器片,虽然它们只是车辆中的小部件,所占的成本比例也微不足道,但因起着传动、转向、减速、制动等作用,直接关系到行驶安全和整车质量,所以越来越引起汽车厂商和摩擦材料行业的密切关注。国内外对它的研发趋势,已不仅仅停留在制动可靠的简单要求上,正在向着制动安全、乘坐舒适、减少污染、保护健康的方向发展。

1. 以原料取代为切入点来追求产品的环保性

全面推行无石棉化汽车。如果制动片中存在有害物质,摩擦时排出的粉屑就会四处扩散。西方工业化国家已不再使用石棉来生产摩擦材料,我国质量监督检验检疫总局也在强制性标准中规定:"2003年10月1日之后,制动衬片应不含石棉"。从2002(北京)国际摩擦与密封材料技术交流暨产品展示会上可以看出,全行业对此已有足够的思想准备,参展的所有企业都展示出了自己的无石棉产品,一些企业还形成了批量生产能力,并有一定量的出口。

低金属乃至无金属化。最初大量使用的石棉替代物是钢纤维。但因它存在密度大、易生锈及易加速材料表面碳化、引起摩擦性能衰退的缺陷,所以目前材料结构已从"半金属"向"低金属"或"无金属"过渡。继之而起的替代纤维有海泡石、硅灰石、纤水镁石、超细陶瓷纤维、岩棉、玻璃纤维或它们的混合物,而纯植物纤维的应用已成为该领域最先进的技术成果。

无芳香族纤维及低树脂化。在取代石棉的进程中,应用的最多的有机合成纤维莫过于开夫拉(Kevlar)及其同族衍生物纤维。此外,摩擦材料还要应用酚醛树脂或改性酚醛树脂。这些原料都属于芳香族化合物,经高温摩擦会释放出有害气体。所以,在摩擦材料中已开始忌讳使用有机合成纤维,对酚醛树脂的用量也尽量削减,甚至只有5%~6%的比例。

2. 通过技术创新而赋予产品更优越的性能

制动平稳、舒适。过去曾经一度沉寂的冷压法工艺经过科技人员一番"扬长避短"的技术改进以后,最近又重新流行起来。用这种方法生产的摩擦材料密度小、硬度较低、摩擦因数稳定、恢复性好,因此制动平稳、无振颤、无噪声。其技术要点是,湿法浸渍混料,高压力(30~50MPa)模压,高温(180~240℃)后处理固化。为了增加物料的加工流动性、提高产品尺寸精确度和防止变形,又派生出低加热模压工艺。

表面自洁性能。摩擦性能的热衰退是摩擦材料的大敌,它大多数是由积聚在材料表面的炭化层引起的。采用造粒技术使产品形成大量微孔,可以吸收产生的炭化物;在配方中使用高级炭质或石墨质原料,它们不易被"烧焦",还可在材料表面形成稠密的转移膜。清洁的摩擦面自然能够保持良好的工作状态,即使在高温下摩擦因数也衰减很小,任何时候都能达到有效制动的目的。

内部结构的自适应性。进行原料的优化配比,采用先进的制造工艺,使摩擦材料内部各成分性能互补,相得益彰,形成自适应性的微观结构。例如,当制动片进入高温摩擦状态时,其中高比热、高导热率的碳材料就吸收这些热功并把热量迅速传播出去;当

摩擦表面出现热分解物时，材料内部的大量气孔就立即"打扫"、吸纳它们；当制动产生较强的冲击力时，富有弹性及柔性的层状物质就会起到缓冲、减振作用。经过特殊处理的增强纤维，连同与之紧密粘接的基质材料，则始终维持足够的物理强度。

问题：
1. 车辆用摩擦材料主要有哪些组分构成？他们各起什么主要作用？
2. 为什么石棉被禁止使用？人们用哪些材料来替代石棉？

资料来源：http://news.1798.cn

本书所论述的摩擦材料是含有机粘结剂的摩擦材料，不包括烧结加工成的粉末冶金摩擦材料。含有机粘结剂的摩擦材料（以下简称摩擦材料）属于高分子多组分复合材料，它主要由三部分组成：以高分子化合物为粘结剂；以无机、有机、金属类纤维为增强组分；以填料为摩擦性能调节剂或配合剂。模压型摩擦片的内部结构示意图如图3.1所示。

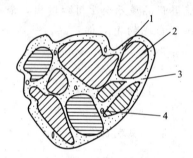

图3.1　模压型摩擦片内部结构示意图
1—粘结膜（粘结剂）；2—增强组分；3—细微物料（填料）；4—微孔

3.1　有机粘结剂

有机粘结剂是摩擦材料的主要组分之一，其作用是以粘接薄膜的形式将摩擦材料中的各种增强（纤维）组分、填料和辅助材料全部均匀地粘接在一起，成为结构致密、有相当强度及能满足对摩擦材料使用性能要求的摩擦材料整体。它构成了摩擦材料的核心部分，用量通常占材料组分的8%～25%。摩擦材料所使用的有机粘结剂主要是酚醛树脂和橡胶，对于多数摩擦材料制品，酚醛树脂是粘结剂的主要成分，橡胶为辅助成分，但对于半硬质和软质类摩擦材料，如软质制动片、橡胶制动带，其配方中的橡胶用量可能相当于或超过树脂使用量，橡胶是粘结剂的主要成分，而酚醛树脂则为辅助成分。

对于含有机粘结剂的摩擦材料而言，粘结剂（树脂和橡胶）的耐热性是非常重要的性能指标。因为车辆和机械在进行制动或传动工作时，摩擦片处于200～400℃左右的高温工况条件下，此温度范围内，纤维和填料的主要部分为无机类型，不会发生热分解，而对于树脂和橡胶来说，已进入热分解温度区域，摩擦材料的各项性能（摩擦因数、磨损、机械强度等）指标此时都会发生不利的变化，特别是摩擦材料在检测和使用过程中发生的三热（热衰退、热膨胀、热龟裂）现象，其根源都是由于树脂和橡胶的热分解所致。因此选择树脂与橡胶对摩擦材料的性能具有非常重要的影响。

采用不同品种和不同用量的粘结剂，会对摩擦材料制品的摩擦性能、理机械性能及热性能等产生重要影响。作为摩擦材料常用的粘结剂有许多种，但是应用时间最早，使用量最大的仍属酚醛树脂，它能在摩擦材料使用的条件（200～350℃）下长期使用，而且还具有良好的加工工艺性能，既可被加工成200目（单位面积的筛孔数）左右的细粉，又可以溶于一些低成本的溶剂如酒精、火碱溶液中，因而既适用于摩擦材料生产的干法加工工艺，也适用于湿法加工工艺。由于纯酚醛树脂（又称2123树脂）的性能不尽如人意，在摩擦材料制品生产中，实际使用的基本上都是各种形式的改性酚醛树脂，如我国摩擦材料目前多使用腰果壳油改性、橡胶改性及其他改性酚醛树脂作为摩擦材料的粘结剂；美国多采用耐高温的酚醛树脂、腰果壳油改性酚醛树脂、呋喃树脂、硼酸树脂等；英国多采用腰果壳油改性酚醛树脂，也经常使用橡胶或胶乳改性的酚醛树脂等。

3.1.1 酚醛树脂

1. 概述

酚醛树脂是含有机粘结剂摩擦材料主要使用的粘结剂，它是以酚类化合物和醛类化合物为原料，用酸或碱作催化剂，通过高分子缩聚反应而制成的一种高分子化合物或聚合物，其中以苯酚和甲醛缩聚而成的酚醛树脂最为重要。

酚醛树脂是世界上工业生产的第一种合成树脂。1872年A·拜耳（Baeyer）首先发现酚与醛在酸的存在下，可以经缩合反应生成树脂状产物。1890年以后有人采用过量的甲醛制成有多孔结构的不熔不溶的产物，当时仅将其用于油漆中作为天然树脂的代用品，称为清漆树脂。

1905—1907年贝克兰（Backelmad）对酚醛树脂进行了系统研究后指出：酚醛树脂是否具有热塑性取决于苯酚与甲醛的用量比例及催化剂类型。在碱性催化剂存在下，即使苯酚过量，生成物也为热固性树脂，它受热后可转变为不熔不溶的固体物，采用木粉或其他填料可以克服树脂性脆的缺点。贝克兰提出了在模型中加热加压快速固化的专利，对酚醛树脂的生产起了重大的影响。

1911年阿依耳伍思（Aylsworth）发现用六亚甲基四胺，可使用酸催化的具有可溶可熔性质的清漆树脂转变为不熔不溶的产物，这就使酚醛树脂得到进一步的发展，因为清漆树脂性脆，易于粉碎、混料及成形加工，特别是长期贮存不会变质，这种被称为二步法的树脂进一步扩大了酚醛树脂的应用范围。六亚甲基四胺从此成为酚醛树脂最主要的变定剂（固化剂）。

酚醛树脂可用于制造压塑粉、模压塑料、层压塑料、泡沫塑料及蜂窝塑料等，还可以用作油漆原料、胶合剂、防腐蚀用胶泥、离子交换树脂。在宇航工业中的空间飞行器、火箭、导弹等方面，酚醛树脂被用作瞬时耐高温和烧蚀结构材料。

摩擦材料生产企业对树脂的质量要求是：

(1) 耐热性好，有较好的热分解温度和较低的热失重。

(2) 粉状树脂细度要高，一般为100～200目，以200目为最宜，有利于混料分散的均匀性，降低配方中树脂用量。

(3) 游离酚含量低，以1%～3%为宜。

(4) 适宜的固化速度 40~60s(150℃)和流动距离(125℃,40~80mm)。

2. 酚醛树脂的粘接原理

酚醛树脂按合成时催化剂种类不同分为热塑性和热固性酚醛树脂。

热塑性酚醛树脂在未硬(固)化前其分子呈线型结构,树脂加热至105℃以上就软化,可以压制成各种形状,冷却后仍保持既得形状。重复加热仍然可以软化。

热塑性酚醛树脂的这种线型结构分子中含有羟甲基、活性氢原子、酚环上不饱和双键等活性反应分(原)子或基团,如果将这种线型结构的酚醛树脂与六亚甲基四胺〔也称乌洛托品,分子式为$(CH_2)_6N_4$〕共同加热,则在加热和六亚甲基四胺中的亚甲基的作用下,树脂分子间进一步发生失水缩聚和双键间聚合等交联反应,线型结构的分子彼此联结成网型结构,同时放出氨气,发展下去,由分子量不很高的黏稠液体变为相对分子质量巨大的体型分子结构而迅速硬(固)化,硬化反应示意图如图3.2所示,这样就使树脂变为坚硬的固态膜从而将其他组分牢固地粘接在一起,形成摩擦材料制品整体。硬化后的树脂即使再加热温度也不会再软化。

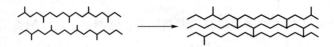

图 3.2　树脂硬化反应示意图

乌洛托品在加热时能将线型分子结构的热塑性树脂变成体型分子结构的物质,因此被称作树脂的硬(固)化剂。

如果在合成树脂时,甲醛的摩尔数大于苯酚的摩尔数,并且在碱性催化剂作用下进行合成反应,得到的树脂的分子结构就不是上述的单纯的线型结构,而是带有分叉的线型高分子化合物,这种树脂受热后继续缩聚,分子间通过分叉把彼此联结成体型结构,而成为不再软化的固体,不需要另外加入硬(固)化剂,这就是热固性酚醛树脂。

热固性树脂在常温下也能继续进行缩合反应而使树脂变质,故贮存温度不可过高,时间不可过久。

摩擦材料制品生产中,干法工艺多采用热塑性酚醛树脂,湿法工艺多采用热固性酚醛树脂。

3. 酚醛树脂合成生产的原料

酚醛树脂是用酚类化合物和醛类化合物经缩聚反应而成。生产酚醛树脂的主要原料是苯酚和甲醛,此外还有其他酚类,如甲酚、二甲酚、多元酚和其他醛类,如乙醛、糠醛等均可使用。此处只对苯酚、甲酚、甲醛、糠醛进行介绍。

1) 苯酚

苯酚俗称石碳酸,为无色针状晶体,有特殊气味,在空气中被O_2氧化,逐渐变为浅红色。

分子式:C_6H_5OH

结构式:

分子量：94.11
熔点：40.9℃
沸点：182.2℃
相对密度：1.0545

苯酚易潮解，苯酚中含有水分时，其熔点快速下降，表3-1中可见此种关系。

表3-1 苯酚含水量与熔点的关系

苯酚中含水量/(%)	0	1	5
熔点/℃	40.9	37	24

在常温下苯酚含有27%的水分时，即成为均匀溶液。随含水量继续增加，液体分为两层，上层为苯酚在水中的溶液，下层为水在苯酚中的溶液。

苯酚在水中的溶解度随温度的升高而加大，见表3-2。

表3-2 苯酚在水中溶解度与温度关系

温度/℃	11	35	58	77	84
100g水中所溶解的苯酚/mg	4.87	5.36	7.33	11.83	苯酚与水以任何比例混溶

苯酚能溶解于乙醇、乙醚、氯仿、苯、丙三醇、冰醋酸、脂肪、油、脂肪酸、松节油、甲醛水溶液及碱的水溶液。

苯酚有毒，有很强的腐蚀性和刺激性，容易渗入皮肤，并造成腐蚀伤害。2%～3%的苯酚水溶液就会对皮肤造成危险。空气中苯酚蒸气的最大允许质量浓度为0.005mg/L。

2) 甲酚

甲酚为无色或棕褐色的透明液体。

分子式：$CH_3C_6H_4OH$

分子量：108.1

结构式：

邻甲酚　　间甲酚　　对甲酚

工业用甲酚通常为三混甲酚(邻甲酚、间甲酚、对甲酚)。它是从石油分馏或煤焦油于185～205℃时蒸馏而得。由于这三种甲酚的沸点相似，故不易将它们单独分馏出来。生产酚醛树脂时使用的甲酚，实际上是三混甲酚。因为用邻甲酚、对甲酚与甲醛作用只能生产线型树脂，所以制造树脂用的混甲酚，其间甲酚含量应大于40%。间甲酚有三个反应点，可与甲醛反应生成热固性树脂，所以三混甲酚中的间甲酚含量越多，反应越快、越完全，生成的树脂缩聚程度也越高，游离酚含量越少，固化时间越短。

3) 甲醛

甲醛俗称蚁醛，其35%～40%的水溶液称为福尔马林。

分子式：HCHO

分子量：30.03

相对密度：1.005～1.116

沸点：-21℃

熔点：-92.5℃

　　甲醛为无色透明的气体，有特殊刺激气味，能溶于水，通常以水溶液的状态保存。甲醛水溶液的外观为无色或乳白色的液体。通常生产酚醛树脂使用的是浓度为36%～37%（质量百分数）的甲醛水溶液。

　　甲醛的水溶液是一种有特殊刺激性气味的液体，有毒，对人的眼、鼻黏膜有刺激作用，如接触皮肤能使组织坏死。甲醛的水溶液有极强的杀菌力，对有机物具有防腐作用。

　　甲醛在5℃以下易聚合生成三聚甲醛，为防止甲醛的自聚合，需要在甲醛溶液中加入8%～12%的甲醇作为稳定剂。空气中最大允许质量浓度为0.005mg/L。

4) 糠醛

　　糠醛，化学名呋喃甲醛、又名麸醛。

分子式：$C_5H_4O_2$

分子量：96.08

结构式：

相对密度：1.1563

沸点：161.7℃

熔点：-38.7℃

　　糠醛为无色具有特殊气味的液体，在有光照的空气中，会很快变成棕色，暴露在空气中的化学性质不稳定会逐渐分解。糠醛易燃，微溶于水，能溶于醇、醚及苯，不溶于甘油及石油烃类等。

　　糠醛除含醛基外，尚有双键存在，故反应能力很强。苯酚和糠醛缩合的树脂具有较高的耐热性。

5) 盐酸

　　盐酸为无色或黄色透明的液体。

分子式：HCl

分子量：36.47

　　盐酸是制造热塑性酚醛树脂的重要催化剂之一，其特点是价格低，在树脂脱水干燥过程中盐酸可以蒸发出去，不残留于树脂内，但对生产设备有腐蚀作用。

6) 草酸

　　草酸，又名乙二酸，无色透明结晶或白色结晶颗粒。

分子式：$(COOH)_2 \cdot 2H_2O$

分子量：126.07

　　草酸在热空气中易被风化，保存于干燥器中或温度高于30℃时，也会失去结晶水。

　　草酸易溶于水和乙醇，难溶于醚，不溶于三氯甲烷和苯，熔点为101℃，在高温下则易分解为二氧化碳和甲酸。

草酸是制造热塑性酚醛树脂的重要催化剂之一,其特点是可降低酚与醛反应的激烈程度,对生产设备腐蚀作用较小。

7) 氢氧化钠

氢氧化钠,又名火碱、苛性钠、烧碱。

分子式:NaOH

分子量:40.01

相对密度:2.13

熔点:318.4℃

沸点:1390℃

氢氧化钠具有极强的腐蚀性,是最重要的强碱之一,白色固体,有很强的吸湿性,吸湿后即溶化,在空气中吸收水分和二氧化碳而生成碳酸钠氢氧化钠质脆,易溶于水、醇、甘油,不溶于丙酮,溶化时放出大量的热,水溶液滑腻,呈碱性,能灼烧皮肤,破坏纤维组织。

氢氧化钠是生产热固性酚醛树脂的最重要的催化剂之一。

8) 氨水

氨水,又名阿摩尼亚水。

分子式:$NH_3·H_2O$

分子量:35.05

氨水是无色、有强刺激性臭味的透明液体,呈弱碱性,易挥发,是生产热固性酚醛树脂的最重要的催化剂之一。其特点是催化性能较缓,生产易于控制。

9) 六亚甲基四胺

六亚甲基四胺,又名硬化剂或促进剂-乌洛托品。

分子式:$(CH_2)_6N_4$

相对密度:1.27

沸点:263℃

熔点:263℃

六亚甲基四胺,白色结晶粉末或无色有光泽的晶体,味初甜后苦,对皮肤有刺激作用,溶于水、乙醇和氯仿,不溶于乙醚、汽油和酮等有机溶剂,水溶液呈碱性。

六亚甲基四胺是酚醛树脂的最常用最重要的固化剂,尤其是采用干法生产工艺使用热塑性酚醛树脂为反应物时,必须要用六亚甲基四胺或其他固化剂,才能够使其转化成为具有不溶不熔特性的热固性酚醛树脂。

4. 酚醛树脂合成反应机理

高分子聚合反应有缩聚和聚合反应两类。酚醛树脂的合成反应属缩聚反应,即酚(苯酚、甲酚、二甲酚、间苯二酚)与醛(甲醛、乙醛、糠醛)发生缩合反应,放出水分子,逐步缩聚成为分子量很大的聚合物即酚醛树脂。此反应具有一般缩聚反应的特点:

(1) 缩聚反应中生成水。

(2) 反应具有逐步进行的性质,可在一定条件控制下,停止进行和重新继续进行。

苯酚和甲醛间的缩聚反应机理如下:

根据原料的化学结构、组分用量比和催化剂的不同，苯酚-甲醛树脂可分为热塑性酚醛树脂和热固性酚醛树脂，这两种树脂的缩聚反应机理、分子结构和性质是不同的。热塑性酚醛树脂在合成过程中得到的是线型树脂，具有可熔可溶性，不会形成交联网状结构的固化产物，如要进一步固化必须加入固化剂(如乌洛托品)，这类树脂又称二阶或二步法酚醛树脂。热固性酚醛树脂是在合成过程中控制于一定条件下所得到的树脂，它在加热条件下会继续缩聚，一直进行到形成交联网状结构，变为不熔不溶的固化树脂，它又称为一阶或一步法酚醛树脂。

1）原料化学结构不同的影响

各种酚和醛的化学结构不同，其具有的官能度和反应能力也不同。用于热固性酚醛树脂的酚类原料，应为具有三官能度的酚，即苯环上具有三个反应活性点，如苯酚、间甲酚、3，5-二甲酚、间苯二酚等，其结构式分别为

苯酚

间甲酚

3，5-二甲酚

间苯二酚

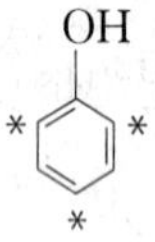

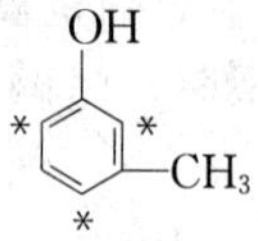

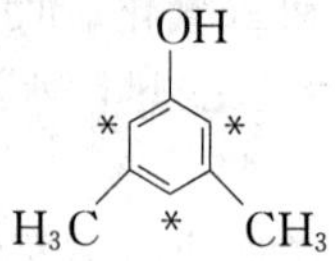

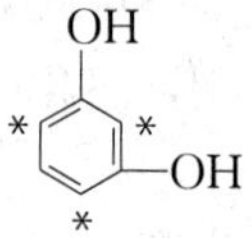

结构式中：*号代表反应活性点。

用于热塑性酚醛树脂的酚类为三官能度的苯酚和双官能度的酚，如邻甲酚、对甲酚、2，3-二甲酚等，其结构式分别为

苯酚

邻甲酚

对甲酚

2，3-二甲酚

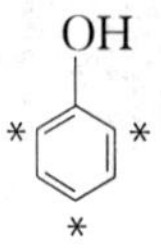

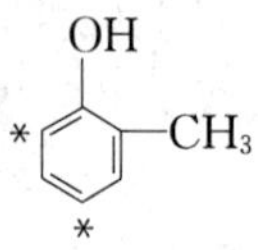

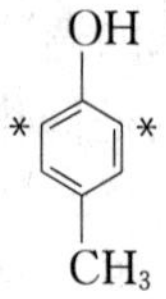

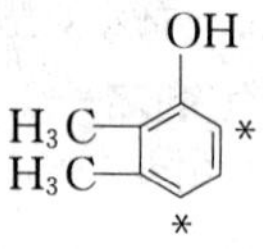

酚醛树脂生产中常用的是苯酚，其次为甲酚。

在醛类中，常用的是甲醛和糠醛，因为这两种醛与酚的反应速率较快，因此反应时间也较短，副反应较少。

需强调的是，只具有双官能度的酚与醛发生反应是不能得到热固性酚醛树脂的。

2）酚与醛的用量摩尔分数

缩聚反应最初生成物的性质，取决于酚与醛的摩尔分数。

(1) 若苯酚与甲醛以等摩尔分数作用时，反应初期产物为邻羟甲基苯酚和对羟甲基苯酚，由于苯酚邻位的反应活性大于对位的活性，故邻羟甲基苯酚的含量较多。

邻羟甲基苯酚

对羟甲基苯酚

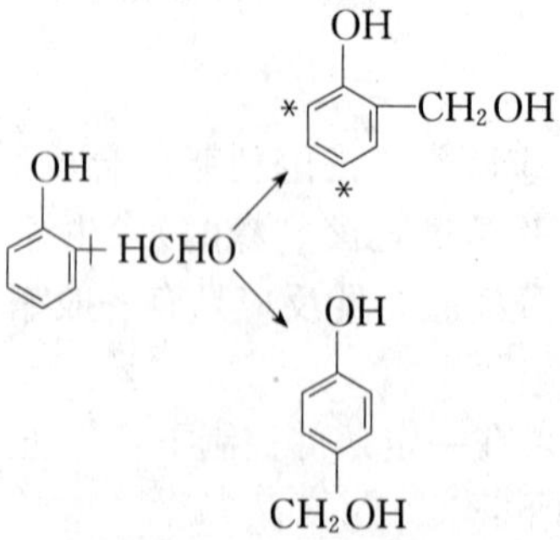

一羟甲基苯酚中的羟甲基能和苯酚再反应,生成含有亚甲基桥的二羟基二苯基甲烷的异构物。

$$\text{邻位-CH}_2\text{OH苯酚} + \text{苯酚} \longrightarrow \text{2,2-二羟基二苯基甲烷}$$

$$\longrightarrow \text{2,4-二羟基二苯基甲烷}$$

$$\text{对位-CH}_2\text{OH苯酚} + \text{苯酚} \longrightarrow \text{HO-C}_6\text{H}_4\text{-CH}_2\text{-C}_6\text{H}_4\text{-OH} \quad \text{4,4-二羟基二苯基甲烷}$$

生成物可继续和甲醛反应,以邻位为例:

$$\text{二羟基二苯基甲烷} + \text{HCHO} \longrightarrow \text{羟甲基化产物} + \text{苯酚}\cdots\cdots$$

继续反应下去,即可得到可溶可熔的线型酚醛树脂,即热塑性酚醛树脂。

(2)若苯酚与甲醛的摩尔分数大于1,即苯酚的用量多于甲醛,则不能产生足够的羟甲基,这样缩聚反应不能继续进行。例如,三分子苯酚和二分子的甲醛的反应可简单表示成:

$$3\,\text{苯酚} + 2\text{HCHO} \longrightarrow \text{三聚体(含三个苯酚环,两个CH}_2\text{桥)}$$

(3)当苯酚与甲醛的摩尔分数小于1,即甲醛用量超过苯酚时,反应初期生成多元羟甲基苯酚。

二羟甲基苯酚　　　　三羟甲基苯酚

它们再进一步缩聚,生成具有交联(网状)结构的不溶不熔的热固性酚醛树脂。

从上述可知,制造酚醛树脂时应严格控制酚和醛的摩尔分数。

3)催化剂的种类、用量与反应介质的 pH

酚和醛缩聚反应的催化剂有酸和碱两种。

在酸性介质或中性介质中,苯酚和甲醛所生成的羟甲基苯酚(酚醇)是不稳定的,它们彼此间或与苯酚会很快发生缩聚反应,生成热塑性(线型)酚醛树脂。在碱性介质中,即使苯酚与甲醛的摩尔分数相等,除了生成一羟甲基苯酚外,也还会生成二羟甲基苯酚和三羟甲基苯酚,它们继续缩聚会生成热固性酚醛树脂。碱性介质中生成酚醇是稳定的,使一部分苯酚未能参加反应,而以游离酚状态存在于树脂中。在制备热固性酚醛树脂时,树脂中游离酚含量通常为 10%~12%。

缩聚反应对酸性催化剂的浓度的影响很敏感,反应速度随氢离子(H^+)的浓度增加而增加。在热塑性酚醛树脂的制备过程中,盐酸催化剂和草酸催化剂对反应速度的影响不同，同样摩尔数用量的盐酸和草酸相比，前者的缩聚反应速度要比后者快得多。

上述影响在树脂反应过程中从两个方面反映出来：

(1) 盐酸用量增加时，体系中氢离子(H^+)浓度增加，酚和醛的反应速度加快，放出热量增加，在反应初期升温阶段中升温加快，达到沸腾状态的时间缩短。但当盐酸过多时，反应放出热量过多，沸腾猛烈，会造成物料溢出甚至发生爆炸事故。而草酸属于弱酸，体系中氢离子(H^+)浓度较低，升温速度和沸腾程度较慢，操作比较容易控制。

(2) 盐酸用量多时，反应速度加快，提前到达反应终点。

碱性催化剂则不同，当其用量增加时，氢氧根离子(OH^-)超过一定浓度后，浓度的增加对树脂化的速度不再有显著影响。

4) 合成制造简介

苯酚与甲醛进行缩聚时，可制备液体树脂和固体树脂，生产过程主要包括两个阶段：苯酚与甲醛的缩聚反应与树脂的脱水干燥。

酚醛反应缩聚通常在常压的加热条件下进行，与在加压或减压条件下进行缩聚反应相比，常压下反应所需的设备简单，工艺过程较易控制。

酚醛树脂在整个缩聚反应过程中，可以划分为A、B、C（或者称为甲、乙、丙）三个阶段，每个阶段中都可用酚醛树脂的外表形态以及它的溶解性能来进行区别划分，如下：

(1) A阶段酚醛树脂。指反应釜中制得的树脂，分子量较小可能是液体、半固体或是固体、加热可熔融，可溶于碱性水溶液或酒精等溶剂中，所以称为可溶可熔酚醛树脂，属热塑性酚醛树脂。

(2) B阶段酚醛树脂。将A阶段酚醛树脂继续缩聚，就转变为B阶段酚醛树脂。B阶段酚醛树脂为固体状态，不能溶于碱，可部分或全部溶于酒精或丙酮中，受热后可以软化，分子链中有较多支链，分子量也进一步增大。

(3) C阶段酚醛树脂。将B阶段酚醛树脂继续缩聚，就转变成为一种分子量很大，分子结构复杂，具有三向网状结构的不熔不溶的固化树脂。

用碱性催化剂制造酚醛树脂时，树脂反应可以用冷却的方法随意地使反应在任何阶段上停止。以后再进行加热时，仍可以使反应继续进行。这在工业上有很重要的意义。利用这种现象，才有可能制造种种模压制品，才能适于摩擦材料的生产要求。

用酸性催化剂制造酚醛树脂时，酚和醛之间经过缩合反应之后，所生成的酚醛树脂分子就基本形成直线链状结构。因为它是直线链状的缩聚物，所以是热塑性的，虽然经过长时间加热，也不会硬化，故称为热塑性酚醛树脂。这种热塑性酚醛树脂的分子量较低，可溶于酒精或碱性的水溶液中。热塑性酚醛树脂受碱性催化剂影响，可与另外加入的甲醛继续进行缩聚反应，最后仍可得到不熔不溶性的C阶段酚醛树脂，二步法树脂由此得名。

工业上常用的硬化剂（又称固化剂）为六亚甲基四胺，它可以提供碱性催化条件，又可以提供亚甲基团。

苯酚和甲醛在催化剂存在下进行缩聚反应，当达到预定程度后，操作过程转变为树脂干燥。干燥操作的主要目的是去除树脂液中的水分（水分是由缩聚反应生成的）。在干燥脱水的过程中树脂还要进一步缩聚，以达到所要求的性能。对热塑性酚醛树脂和热塑性酚醛树脂的干燥脱水所采用的温度是不同的，热塑性酚醛树脂应在100℃以下温度进行干燥脱水，高出此温度的长时间干燥，会导致树脂老化，转变为不溶不熔状态，造成树脂报废，且无法从反应釜中放出来。热固性酚醛树脂进行干燥脱水操作时一般不将水分脱净,原因是干燥脱水后期,树脂黏度变得很大,水分难从树脂中逸出,且树脂长时间处于70～100℃温度下,老化的危险增大,故而通常制成含水50%～80%的水乳液树脂,它可直接用于摩擦材料的湿法工艺,或用溶剂制成树脂溶液,应用于浸渍生产工艺。

热塑性酚醛树脂的脱水干燥可在真空下进行,也可以在常压下进行,真空脱水干燥速度较快,脱水温度可在100℃以上进行,脱水后期温度可达110℃以上。

5. 性能项目及检测

酚醛树脂对摩擦材料制品的性能影响很大,因此每生产一釜酚醛树脂以后,都要取样对其进行质量分析和检验并作出鉴定,以保证制品的质量。现将摩擦材料生产中对酚醛树脂经常进行质量分析和检验的项目介绍如下:

1) 软化点的测定(按 GB 12007.6—1989 规定进行)

软化点的测定一般采用环球法进行:将采取的酚醛树脂样品(热塑性酚醛树脂)加热熔化,小心倾注在铜环内,树脂样品在铜环内冷却凝固后,再将铜环放于盛有甘油的1000mL玻璃烧杯中的试架上,试架上插有浸入甘油中的温度计。将一个钢球(钢球直径10mm,重3.5g)放在铜环上平面中心。使铜环与钢球全部浸入甘油中。

测试时在可调温的电炉上直接加热烧杯,控制加热使甘油升温速度为5℃/min。并密切注视甘油中铜环内树脂上面的钢球,随着树脂逐渐软化,钢球开始缓慢下沉,当下沉降落通过铜环下表面时的温度,即为该样品的软化点。

一般试验时采用两个样品同时进行,取其平均值。

2) 聚合速度测定

聚合速度测定:由于新标准目前未颁布,故树脂聚合速度测定可暂按 HG/T5—1338—80"酚醛树脂的聚合速度试验方法"进行。

热塑性酚醛树脂和硬化剂(六亚甲基四胺),在一定温度条件下转变为不溶不熔状态时所需用的时间,称为聚合速度。

操作过程:

准确称取热塑性酚醛树脂样品5～10g,按树脂质量的10%加入六亚甲基四胺,共同研磨混匀。均匀分成三份备用。

准备一个直径180mm,厚度20mm 的圆形钢板并于中心处制成直径30mm、深度约2mm 的圆形凹槽。在钢板侧面设置一个深度可达钢板圆心的温度计孔,插入水银温度计。

测定聚合速度时,先将钢板放于带调压器的电炉上加热至150℃。将一份备好的树脂样品倒入圆形凹槽中心处,并用秒表开始计时。然后用玻璃棒不断搅拌,使树脂样品均匀融熔,再不断搅拌拉丝,直至树脂样品挑不起丝即失去流动性为止,停止秒表计时,所记录的时间,即为该样品的聚合速度。取三个试样结果算术平均值。

测试温度一定要严格掌握和控制,准确控制测定温度为(150±1)℃。

测定热固性酚醛树脂的聚合速度时,树脂样品中不需加入六亚甲基四胺,可将称取的树脂样品直接倒入钢板上的圆形凹槽,用上述的同样方式测出其聚合速度。

3) 细度的测定

细度的测定:准确称量酚醛树脂样品10g,用标准套筛进行筛析。严格收集各层筛的未通过物(筛余量)并分别进行称量,再分别求出与试样总质量之比。

筛余量的计算公式为

$$筛余量 = G_2/G_1 \times 100\% \tag{3-1}$$

式中，G_1 为试样总质量(g)；G_2 为筛余物质量(g)。

4) 水分的测定

水分测定：取经研磨成粉末的酚醛树脂样品 1~2g 于已称重的玻璃表面皿上，然后放至温度控制在 105~110℃ 烘箱内干燥 1h，取出放入干燥器中冷却至室温后称重。

水分计算公式为

$$水分 = (G_1 - G_2)/G_1 \times 100\% \tag{3-2}$$

式中，G_1 为试样烘前质量(g)；G_2 为试样烘后质量(g)。

5) 固体物含量的测定

固体物含量测定：取液体酚醛树脂样品 2~3g 于已称重的坩锅中，然后放至温度控制在 105~110℃ 烘箱内干燥 2h，取出放入干燥器中冷却至室温后称重。

固体物含量计算公式为

$$固体物含量 = G_2/G_1 \times 100\% \tag{3-3}$$

式中，G_1 为试样烘前质量(g)；G_2 为试样烘后质量(g)。

6) 游离酚的测定

由于新标准目前未颁布，故游离酚测定可暂按 HG/T5—1342—1980 "酚醛树脂的游离酚含量试验方法" 进行。

(1) 原理：

利用酚可在加热状态下从溶液中会挥发出来的特性，将其从树脂中分离出来，用溴化法进行定量分析，就可以测出树脂中的游离酚含量。

(2) 具体分析方法可按苯酚含量进行：

称取树脂 2g，放于长颈圆底烧瓶中，加入酒精 30mL，并充分摇荡使其溶解，再加水稀释(呈现乳白色)。然后放在电炉上加热，进行蒸馏，馏出液用量瓶接装。以约 1mL/min 的蒸馏速度进行蒸馏。蒸至馏出液用溴水定性不出现混浊为止(可取少量馏出液，用溴水试验)加水稀释至 500mL。

吸取稀释后的馏出液 25mL 放入 250mL 的溴量瓶中，准确加入 0.1N 溴酸钾-溴化钾混合液 25mL，迅速加入 1:1 盐酸 5mL 立即盖好塞子，摇荡后放置 15min，再迅速加入 5mL 10% 的 KI 立即盖好，于暗处放置 2min，使 I_2 游离出来，然后用 $Na_2S_2O_3$ 标准液进行滴定至呈微黄色。加淀粉指示剂 2mL，溶液变成蓝色后继续滴定至蓝色消失为止。

同时进行空白试验。

(3) 计算公式为

$$游离酚含量 = N(V_1 - V_2)/G \times 15.6/1000 \times 500/25 \times 100\% \tag{3-4}$$

式中，N 为 $Na_2S_2O_3$ 当量浓度；V_1 为空白消耗 $Na_2S_2O_3$ 毫升数；V_2 为试验消耗 $Na_2S_2O_3$ 毫升数；G 为试样质量；15.6 为苯酚克当量。

7) 游离醛的测定

(1) 原理：

醛在盐酸羟氨作用下生成盐酸，然后通过碱滴定量的盐酸，即可算出醛的含量。

(2) 操作过程：

称取酚醛树脂试样 2~3g，溶于 20mL 酒精中，倒入 100mL 容量瓶中稀释至刻度。

在 125mL 的三角烧瓶中，加入 50mL 样品溶液，用 NaOH 或 HCl 中和(随 pH 值)于暗处放置 5min，洗净瓶塞及瓶口附着的 NaOH 或 HCl。

加入 10%盐酸羟氨 10mL，振荡 10min，然后用 0.1 当量 HCl 滴定，终点控制与空白试验相同。

(3) 计算公式为

$$游离醛含量=3(A-B)N\times20/G \tag{3-5}$$

式中，A 为试验消耗 NaOH 毫升数；B 为空白消耗 NaOH 毫升数；N 为 NaOH 当量浓度；G 为试样质量(g)。

空白试验：

在 125mL 三角烧瓶中，加入 50mL 酒精、3 滴溴酚蓝指示剂，以 0.1 当量 NaOH 或 HCl 中和后，加入 10%盐酸羟氨 10mL，放置 10min 用 0.1 当量 NaOH 进行滴定，由黄色变成蓝绿色，即为终点。

8) 流动距离测定方法

酚醛树脂流动距离测定按 HG/T 2753—1996《酚醛树脂在玻璃板上流动距离的测定》规定进行。

测定原理：流动距离同树脂的反应活性和熔融黏度有关，固化速度快和熔融黏度高的树脂则流动距离短。

在规定条件下制备料锭，将其放在已于自然通风的烘箱中加热到(125±1)℃的玻璃板上，将板在烘箱中水平位置保留 3min，然后在倾斜位置(60°±1°)保持 20min，测定流动距离。

操作过程：

(1) 将样品在研钵中研磨、过筛。

(2) 称量 0.50g 粉状树脂，倒入料锭模中闭合压模，用橡皮锤或手重压上模、使粉状树脂压实，然后小心从模具中顶出料锭以免损坏，用同样方法制备两个料锭。

(3) 将玻璃板放在烘箱中位于水平位置的可倾斜装置上，保持(125±1)℃，加热 60min，不要从烘箱中取出玻璃板，在 5s 内将两个料锭平放在玻璃板上，彼此相距至少 1cm，离板的边沿距离至少 1cm，在板倾斜时位于上面的一边。

将玻璃板同料锭在水平位置保持(180±3)s，然后迅速将装置倾斜，但不使板摇晃，5s 内达到 60°±1°的角。

(4) 在倾斜位置 20min 后，从烘箱中取出玻璃板让其冷却，然后测量每个料锭流动距离，包括料锭直径在内，精确到 1mm。

在板倾斜到 60°，料锭可能滑动，测量料锭开始滑动的那一点起的距离，包括料锭直径在内。

计算两个距离的算术平均值，如果两个测量之差大于 5%，应重新试验。

(5) 试验结果表示为两个流动距离的算术平均值。

3.1.2 酚醛树脂改性

1. 腰果壳油改性酚醛树脂

腰果壳油改性酚醛树脂英文名为 Cashew Shell Oil Modified Phenolic-Formaldehvdte Resin，它是世界应用最广泛的摩擦材料用改性酚醛树脂品种之一。

腰果壳油是从热带植物腰果树的果实——腰果中提取而得,其主要成分是三种酚化合物:槚如酸、卡丹酚、腰果酚,它们的结构和在腰果壳油中的含量见表3-3。此外,还含有极少量的含氮化合物、矿物质和高聚物。

表3-3 腰果壳油的主要成分、结构和含量

名称	槚如酸	卡丹酚	腰果酚
结构			
含量/(%)	85	5	10

腰果壳油需先经加热脱羧处理后,才能用于酚醛树脂改性反应,脱羧的目的是脱掉槚如酸苯环上的—COOH基而变为卡丹酚。

$$\text{槚如酸} \xrightarrow{\text{加热脱羧}} \text{卡丹酚}$$

经脱羧后的腰果壳油主要成分为卡丹酚(含量达腰果壳油的90%以上),其侧链为十五碳8,11-二烯基。卡丹酚的结构如下:

$$\text{间羟基苯基—}CH_2(CH_2)_6CH=CHCH_2CH=CH(CH_2)_2CH_3$$

腰果壳油脱羧处理方法是在酸存在下进行加热处理,温度170℃,加热时间5h,然后进行过滤、沉淀,除去杂质。脱羧后的腰果壳油技术指标见表3-4。

表3-4 脱羧后的腰果壳油技术指标

技术指标名称	技术指标	技术指标名称	技术指标
密度/(g·cm^{-3})	0.96	杂质含量(%)	≤1.5
碘值	249	挥发组分(%)	0.35
黏度/(Pa·s)	0.15~0.60	—	—

用腰果壳油对热塑性酚醛树脂进行改性时,树脂的合成有两种途径:苯酚法及直接法。

1) 苯酚法

苯酚法是将苯酚与甲醛按适当的比例混合,加入催化剂,缩聚成酚醛树脂,然后加入适量腰果壳油,在酸催化下,使腰果壳油和酚醛树脂发生Frlodel-Craft阳离子芳烷基化反应,生成腰果壳油改性酚醛树脂。反应过程如下:

$$\text{苯酚} + HCHO \longrightarrow \text{酚醛树脂}$$

2) 直接法

用腰果壳油代替部分苯酚，在酸催化下，苯酚及卡丹酚为主要成分的腰果壳油与甲醛发生反应，生成腰果壳油改性酚醛树脂。反应式为

上面两种合成路线中，苯酚法工艺是分两步反应进行的，其中每一步操作都比较好控制，故国内各厂主要采用苯酚法工艺。

苯酚法合成反应用料和主要步骤如下。

原料：苯酚：甲醛＝6：5（摩尔分数）；腰果壳油用量为苯酚质量的15%。

操作过程：

(1) 按普通酚醛树脂缩聚合成的操作方法，将熔化的苯酚和甲醛称量后投入反应釜中，加入盐酸催化剂，控制体系 pH＝1.5，加热升温的物料在94℃左右开始沸腾，保持98～100℃温度沸腾45min。反应终点的判定是料液黏度控制或料液样品在室温下呈乳白色混浊状，如未达到此指标，继续反应，通常在沸腾后45～70min内可达到指标，然后进行真空脱水，直至树脂含量达到95%以上，软化点为75～85℃（落球法软化点）。

试验表明，软化点为75～85℃的酚醛树脂用作腰果壳油改性比较合适，较容易达到所需要的改性树脂性能，见表3-5。

表3-5 改性前、后酚醛树脂性能

改性用酚醛树脂性能			制成腰果壳油改性的酚醛树脂性能		
软化点/℃	游离酚（%）	硬化时间/s	软化点/℃	游离酚（%）	硬化时间/s
85	4.6	120	89	4.89	64
85	6.65	118	92	4.12	57
75	7.99	113	94	4.44	45
84	6.36	113	114	4.21	42

(2) 腰果壳油改性步骤：将腰果壳油按用量要求加入到上述酚醛树脂中，加入硫酸催化剂，在100～140℃下反应3～4h，并进行最终脱水，至树脂软化点和硬化速度符合要求后，结束反应，放料得到棕红色透明固体树脂，冷却后成块状，经粉碎加工并加入六亚甲基四胺即成为粉状商品树脂。腰果壳油改性酚醛树脂技术指标见表3-6。

表3-6 腰果壳油改性酚醛树脂技术指标

技术指标名称	指标	技术指标名称	指标
软化点/℃	95～105	细度/目	120～200
固化速度/s	35～80	挥发份含量(%)	≤1
流动距离/mm	70	游离酚含量(%)	≤4

2. 腰果壳油摩擦粉的合成及制造

腰果壳油除了制造成腰果壳油改性酚醛树脂以外，还被用于制造腰果壳油摩擦粉。腰果壳油摩擦粉是目前国内外摩擦行业使用最广泛、最主要的一种有机摩擦粉，其主要用途是改善摩擦材料制品的摩擦性能及降低噪声。

腰果壳油摩擦粉的制备过程：在催化剂存在下，腰果壳油自身发生聚合反应，生成腰果壳油树脂，然后在固化剂作用下进行固化，再经粉碎而得。

腰果壳油摩擦粉的制造方法有釜聚法和烘焙法两种工艺路线。

1) 釜聚法

腰果壳油在催化剂环烷酸铅存在下，在200℃温度下自行聚合，生成高黏度的聚合物，然后将聚合物放于特殊的反应釜内，加入固化剂六亚甲基四胺，在115℃温度下使其凝胶化，再把温度提高到270℃，使聚合物完全固化，再经粉碎可得成品摩擦粉。

2) 烘焙法

将腰果壳油在催化剂存在下进行反应，生成高黏度的聚合物，然后加入固化剂，混合均匀。卸出后置于鼓风热烘箱内，在高温下烘焙使之固化。最后经粉碎制成粒度符合要求的摩擦粉制品。

烘焙法工艺的特点是后期的聚合物高温固化处理在鼓风热烘箱内进行，故不需要特殊的反应设备，使用普通的酚醛树脂生产设备和生产条件就能进行腰果壳油聚合物的合成反应。

烘焙法工艺步骤如下：

原料参考配比见表3-7。

表3-7 腰果壳油摩擦粉原料参考配比

原料名称	投料量/份	原料名称	投料量/份
腰果壳油	100	乙酸	6～16
浓硫酸	2～6	硅油	1～1.5
消泡剂	0.5	—	—

操作过程：

(1) 将腰果壳油、浓硫酸和乙酸复合催化剂，按一定的配比称量后投入不锈钢反应釜内,在搅拌条件下加入硅油,并向夹套内通入蒸汽加热,使物料升温到指定的范围进行聚合反应。反应在100~140℃范围内进行,随着反应时间的增加,腰果壳油自聚合形成的分子链逐渐变长,物料的黏度也逐步增高,待聚合物的黏度符合要求后,结束反应,将物料从反应釜中放出。

将固化剂加入到聚合物中,搅拌均匀,使聚合物凝胶化,并变成固体,此时仅为初步固化,固化程度尚低,丙酮萃取物含量达40%。用粉碎机将其进行粗粉碎。

将粗粉碎的聚合物颗粒送进高温烘箱,在170℃温度下使之完全固化,固化时间为5~6h,使丙酮萃取物含量降低到6%~2.5%,卸出固化产物,并经粉碎机进行细粉碎,制成粒度分布符合要求的褐色腰果壳油摩擦粉,其技术指标见表3-8。

表3-8 腰果壳油摩擦粉技术指标

指标名称	技术指标	指标名称		技术指标
丙酮萃取物(%)	0.83~1.14	粒度百分数(%)	40目筛余量	35
热分解温度/℃	302		60目筛余量	35
失重15%时的温度/℃	360		100目筛余量	30
失重50%时的温度/℃	490			

(2) 另一种工艺是使用硫酸二乙酯催化法,此种工艺的特点是合成工艺较简单,易于操作,改善摩擦材料的性能效果明显。

工艺步骤如下:

① 原料参考配比(见表3-9)及操作。

表3-9 腰果壳油摩擦粉原料参考配比

原料名称	投料量/份	原料名称	投料量/份
腰果壳油	100	甲基硅油	0.01
硫酸二乙酯	2	—	—

操作过程:

将已脱羧的腰果壳油投入反应釜,加热升温,加入硅油,在搅拌情况下加入硫酸二乙酯,升温至200℃,反应8h后停止反应,取样测定黏度,黏度值为480~600m²/s。

注意:需用1#黏度计进行黏度测定;硫酸二乙酯是作为催化剂,其能使反应速度均匀平稳,易于操作。

② 固化。将上述步骤生成的树脂、多聚甲醛、六亚甲基四胺在浅盘中混合均匀,按表3-10所列工艺条件进行固化。

表3-10 固化温度和时间

固化温度/℃	固化时间/h	固化温度/℃	固化时间/h
150	4	200	2
170	2	—	—

③ 粉碎。将上面的制成的固化产物,用粉碎机进行粉碎。按下列粒度的筛分及配比

混合均匀即得腰果壳油摩擦粉。其细度为：40目筛余量35%；60目筛余量35%；100目筛余量30%。

有人将加腰果壳油摩擦粉的摩擦片和不加腰果壳油摩擦粉的摩擦片性能进行了对比，结果见表3-11。

表3-11 加腰果壳油摩擦粉的摩擦片和不加腰果壳油摩擦粉的摩擦片性能

性能 配方	摩擦因数					磨损率/[10^{-8} cm³/(N·m)]				
	100℃	150℃	200℃	250℃	300℃	100℃	150℃	200℃	250℃	300℃
E_4	0.374	0.371	0.376	0.425	0.352	0.72	1.19	1.42	2.06	3.80
E	0.323	0.337	0.358	0.369	0.323	1.32	1.50	1.92	2.49	6.61

注：E配方为使用腰果原油改性酚醛树脂的摩擦片。

E_4配方为在配方中加4%的腰果壳油摩擦粉的摩擦片。

由表中可看到在摩擦片中加4%的腰果壳油摩擦粉后，改善了摩擦因数，特别是在降低高温磨损率方面有明显效果。在实际装车试验中，E配方摩擦片的装车使用寿命为30000km，而加有腰果壳油摩擦粉的E_4配方产品装车使用寿命为60000km。

3. 三聚氰胺-腰果壳油改性酚醛树脂

三聚氰胺-腰果壳油改性酚醛树脂，又称YSM酚醛树脂，是上海华东理工大学于20世纪80年代针对一般改性酚醛树脂质地硬脆、冲击韧性较差、热分解温度还需进一步提高的问题而研制的。该树脂自20世纪90年代初投放市场，经过不断的改进，现已成为国内摩擦材料企业正式使用的商品树脂之一。

YSM树脂的分子结构中，三聚氰胺改善了酚醛树脂的耐热性，提高了其热分解温度，腰果壳油改善了酚醛树脂的柔韧性。因此YSM树脂和普通未改性酚醛树脂相比，质地柔韧，耐热性和冲击韧性好。

YSM树脂的生产方法分为直接法和双酚法两种。直接法是用腰果壳油、三聚氰胺、苯酚、甲醛和催化剂直接发生共缩聚反应。双酚法采用如下的合成工艺：①腰果壳油和苯酚在一定的条件下反应，使苯酚和腰果酚上不饱和脂肪链的双键起反应；②再将其余原料和催化剂加入，进一步发生共聚缩合反应。双酚法树脂使腰果酚的不饱和脂肪链变为树脂的主链，增韧效果优于直接法生产的YSM树脂。双酚法树脂适用于干法工艺。

1) 制造YSM酚醛树脂的原料

原料：苯酚、甲醛、腰果壳油、三聚氰胺及复合型催化剂。

原料规格：

(1) 苯酚和甲醛的规格和普通酚醛树脂使用的苯酚和甲醛相同。

(2) 腰果壳油(cashew nut oil)系采用脱羧后的腰果壳油：

外观：深棕色黏稠液体。

酚羧基含量：不低于5.7%。

溶解性：腰果壳油：酒精=1:10(质量比)完全溶解。

(3) 三聚氰胺：

化学式：$C_3N_6H_6$

分子量：126.05

结构式：

$$\begin{array}{c} NH_2 \\ | \\ C \\ // \ \ \backslash \\ N \ \ \ \ N \\ | \ \ \ \ \ \ | \\ H_2N-C \ \ \ \ C-NH_2 \\ \backslash \ \ / \\ N \end{array}$$

外观：白色晶体

熔点：不低于 350℃

水分：不大于 0.4%

溶解性：三聚氰胺：甲醛＝1∶2.5（质量比），在 80℃下 10min，完全溶解。

2）YSM 酚醛树脂的制造过程

将苯酚、腰果壳油、甲醛按配比称量后投入反应釜，开动搅拌，然后依次加入三聚氰胺、催化剂。将物料加热升温，在 100℃下沸腾反应并回流，保持回流 2.5h，达到反应终点（物料液在 25～30℃水中不粘手）加入催化终止剂，进行真空脱水操作。脱水完成后，当物料温度升高到 130～140℃时取样做软化点和凝胶时间测定，指标达到要求后，树脂反应操作结束，快速冷却后放料，得到呈棕黑色带光泽的固体树脂。

由上述反应所制成的 YSM 树脂，因氰胺环的热稳定性好，使整个大分子的耐热性有了明显提高，并由于主链结构中引入具有较长侧链的腰果壳油分子，使大分子的柔韧性提高，材料的硬度与模量降低。

YSM 树脂与未改性的酚醛树脂（2123）及腰果壳油改性酚醛树脂的热性能比较见表 3-12（TGA 测试）。

表 3-12　YSM 树脂与未改性及腰果壳油改性酚醛树脂热性能比较

树脂名称	分解温度/℃	550℃残留物（%）	树脂名称	分解温度/℃	550℃残留物（%）
YSM 树脂	437.9	56	腰果壳油改性酚醛树脂	420.2	29
未改性酚醛树脂	420.0	36			

上述数据显示，YSM 树脂的 TGA 热分解温度和 550℃残留物（%）均高于未改性的酚醛树脂（2123）和腰果壳油改性酚醛树脂。

用 YSM 树脂制成的摩擦材料制品，耐热性良好，在不同的温度下摩擦因数较为稳定，磨损率低，弹性模量适中，表面硬度低，故而此种树脂是一种较好的摩擦材料粘结剂。

4. 胶乳改性酚醛树脂

直接合成法工艺是生产胶乳改性酚醛树脂的一种比较好的方法。这种工艺是在树脂合成过程中，将橡胶以胶乳的形式加入反应釜，使酚醛树脂和胶乳共混相溶，以达到增韧的目的。

在树脂、橡胶共混中，为了达到较好的共混目的，宜选用溶解度参数与热塑性酚醛树脂近似的橡胶品种，如丁腈橡胶就比较符合这个要求，并且由于丁腈橡胶的耐热性比其他常用橡胶要高，因此在本工艺中，使用丁腈胶乳能达到较好的效果，丁苯胶乳也可以用于本工艺。

在高分子化学中，胶乳属于乳液体系，具有不稳定性，在酸性或碱性环境中会发生凝聚现象，即胶乳会从水相中分离出来。本反应的体系中合成的树脂为具有相当黏度的酸性物料体系(pH<7)，极易造成胶乳的凝聚分离，导致共混的失败。因此，工艺技术的关键在于整个合成过程中保持胶乳的稳定。

原料参考配比见表3-13。

表3-13 原料参考配比

材料名称	质量分数(%)	材料名称	质量分数(%)
苯酚	70~75	酸	0.3~0.6
甲醛	19~24	丁腈胶乳	5~15

工艺操作过程如下：

第一步：苯酚和甲醛在酸性催化剂存在下，进行缩聚反应，在一定的温度下两者缩合成酚醛树脂。反应釜中物料体系pH为1左右，苯酚和甲醛料液在搅拌下混合后，升温到沸腾，在95~100℃下维持反应和回流2.5~3h，回流结束后，水洗2~3次，使体系呈中性，pH保持6~7。

第二步：此步为丁腈胶乳在酚醛反应后期的添加反应，pH保持为6~7，在搅拌情况下，将丁腈胶乳加入上述反应物料体系，继续搅拌，并进行真空脱水，脱水后体系温度逐渐上升，到脱水完毕。体系温度升到145℃左右，结束操作，将胶乳改性酚醛树脂放出。

此法制成树脂的性能见表3-14。

表3-14 胶乳改性酚醛树脂性能

技术指标名称	指标	技术指标名称	指标
聚合速度 [(150±1)℃]/s	68~75	游离酚含量(%)	3~5
软化点/℃	98~103	挥发物含量(%)	≤1

影响树脂改性的几个因素：

1) 酚、醛摩尔分数

苯酚过量太多时，树脂反应速度过缓，树脂成品的软化点低、发黏、发软、不易粉碎、易结块；甲醛比例过高时，树脂反应后期黏度过大，加入胶乳黏度则更大，不易脱水操作，真空脱水时间过长，造成树脂因黏度过大而难以从反应釜中放出。

2) 加胶乳量

加入胶乳量过大后，树脂质地变软，会造成粉碎操作困难，加胶乳量过小时，树脂改性效果差，合适的加胶乳量为树脂量的10%~20%。

3) 最终放料温度

真空脱水后期，水分已基本脱尽，反应物料体系温度会逐步上升，此时应掌握合适的放料温度。由于树脂中含有橡胶组分，其软化点会受到影响，因此，真空脱水最终温度，宜高于普通热塑性酚醛树脂的最终脱水温度，研究表明最终脱水(放料)温度控制在140~145℃比较合适。此温度升高时，树脂的各项性能指标，如软化点、游离酚含量、聚合速度、挥发物含量等，都得到改善。但会导致温度过高，操作时间延长，物料黏度过大，固化速度过快。

采用直接合成法在酚醛树脂合成反应阶段加入胶乳，使胶乳和树脂在反应釜中共混改性，这是一种很好的共混手段，也是国内外摩擦材料行业长期以来希望实现的一种生产工艺。这种工艺可使树脂与胶乳在反应釜中，达到很均匀的共混，进而实现树脂增韧的效果，又可减少炼胶等工序，节省人力、物力和时间，改善操作环境。但由于胶乳是一种不稳定的体系，酚醛树脂在反应后期又是一种高黏度液态物料，因此，胶乳在反应釜中与树脂共处时，易受到 pH、物料体系的黏度、电性、OH^- 根的影响发生凝集，从水相中分离出来形成大小不等的固体胶块和胶粒。因此实际上直接合成法的操作难度较大，能很好控制其工艺条件，实现工业化生产的企业还不太多。因此还需进一步对酚醛树脂和胶乳在合成反应阶段中进行共混时容易导致胶乳凝集的因素及机理作进一步的研究和解决。

5. 聚乙烯醇改性酚醛树脂

聚乙烯醇为白色、无味、无嗅粉末，相对密度 1.2～1.3，视分子量和乙酰基含量的不同而异。其玻璃化温度为 80℃，未定向时的抗拉强度为 500～600kg/cm^2，经拉伸后，强度可增加到 4000～5000kg/cm^2。

聚乙烯醇结构式为

$$\mathrm{\{CH_2-CH\}_n}$$
$$\mathrm{\quad\quad\quad |}$$
$$\mathrm{\quad\quad\quad OH}$$

聚乙烯醇不能直接由乙烯醇单体聚合得到，因为游离态的乙烯醇并不存在。故它是由乙酸乙烯酯聚合而成聚乙酸乙烯酯，聚乙酸乙烯酯再在酸性或碱性醇溶液中水解，生成聚乙烯醇，反应式为

$$\mathrm{\{CH_2-CH\}_n \xrightarrow[NaOH]{C_2H_5OH} \{CH_2-CH\}_n}$$
$$\mathrm{\quad\quad |\quad\quad\quad\quad\quad\quad\quad\quad\quad |}$$
$$\mathrm{\quad OCOCH_3\quad\quad\quad\quad\quad\quad OH}$$
$$\mathrm{+CH_3COONa+CH_3COOC_2H_5}$$

聚乙烯醇分子中含有羟基，与水有亲和力，可溶于热水中。此外，苯酚、脲、脂肪族烃基化合物（二元醇、丙三醇）、酰胺（甲酰胺、乙酰胺）等在加热时也能溶解聚乙烯醇而形成透明溶液，冷却时则变成凝胶。

聚乙烯醇受热时软化，140℃以下时不发生化学变化，在 160℃以上时开始脱水。

聚乙烯醇的某些物理机械性能见表 3-15。

表 3-15 聚乙烯醇的物理机械性能

性能	指标	性能	指标
相对密度	1.2～1.5	维卡耐热性/℃	120
抗张强度/(kg·cm^{-2})	600～1200	耐磨性（与橡胶比）	高 10 倍
断裂伸长率（%）	200～300	气密性（与橡胶比）	高 20 倍
玻璃化温度/℃	85	压制温度/℃	130～150

聚乙烯醇按其性质来说，介于塑料和橡胶之间，具有弹性和回弹力等似橡胶的性质，

并具有较高的抗张强度、抗冲击强度和抗弯曲强度，耐磨性也不错，耐汽油、煤油、油类润滑剂和各种有机溶剂的作用。

聚乙烯醇大分子链上含有—OH基，与酚醛树脂等苯环上的—OH基具有亲和作用，能形成氢键，并发生部分反应，部分聚乙烯醇分子参与到酚醛树脂的结构中，能有效地改善酚醛树脂的脆硬性缺点，降低酚醛树脂的硬度，提高其冲击韧性。

制造聚乙烯醇改性酚醛树脂的工艺介绍如下：

原料参考配比见表3-16。

表3-16 原料参考配比

原料名称	投料量/份	原料名称	投料量/份
苯酚	100	聚乙烯醇	15
甲醛	38	氢氧化钠	0.7

操作步骤：

将苯酚、甲醛、聚乙烯醇投入反应釜，搅拌，夹套内通入蒸汽进行升温，使聚乙烯醇溶解，加入催化剂氢氧化钠，使物料进行缩合反应。升温至60~70℃时，停止加热，物料自行升温，温度达到92℃时，物料沸腾。维持沸腾反应1h左右，料液开始出现混浊，反应进行1.5~2h后，转为真空脱水，脱水温度为70~80℃，真空度为650~660mmHg（1mmHg=133.3224Pa），脱水时间控制到20min。脱水结束后，夹套内通入冷却水，使物料降温。加入酒精，搅拌均匀，待物料温度降至50℃以后，将树脂放出。即可得到聚乙烯醇改性酚醛树脂的酒精溶液。

聚乙烯醇改性酚醛树脂的技术指标见表3-17。

表3-17 聚乙烯醇改性酚醛树脂的技术指标

指标名称	技术指标	指标名称	技术指标
树脂含量(%)	45~50	游离酚含量(%)	7~10
聚合速度/s	50~70	—	—

所得成品为液态树脂，用于摩擦材料的湿法工艺生产。

聚乙烯醇的用量对摩擦材料制品及树脂反应的影响：

(1) 随着酚醛树脂中的聚乙烯醇的用量增大其摩擦材料制品的硬度下降，抗冲击强度增加。

聚乙烯醇的用量为苯酚量的8%、13%、20%、30%时，其摩擦材料制品的性能比较见表3-18。

表3-18 聚乙烯醇的用量与性能

聚乙烯醇用量(%)	布氏硬度	抗冲击强度/(dJ·cm^{-2})	聚乙烯醇用量(%)	布氏硬度	抗冲击强度/(dJ·cm^{-2})
8	47	3.3	20	36	4.0
13	38	3.7	30	32	4.5

注：使用新疆巴州5~60级石棉与树脂、填料在"Z"形捏合机中混料15min。

(2) 随着聚乙烯醇的用量增多,树脂反应变慢,需增加甲醛用量,以保证反应顺利进行。

(3) 聚乙烯醇的通常用量为苯酚量的15%～30%,当用量为15%时,所得到的树脂黏度不大;当用量为30%时,树脂脱水后期黏度较大,这种高黏度的改性树脂除用于湿法捏合工艺外,还被有的摩擦材料生产企业用于辊炼工艺制造软质摩擦材料。在这种工艺中,高黏度的改性树脂和橡胶组分在炼胶机辊筒上进行辊炼,借助加热辊筒的高温,使树脂中的水分和挥发成分在辊炼的过程中,逐渐蒸发,最后不含挥发分的熔融树脂和橡胶辊炼均匀后,辊压成薄片状,可制成高橡胶含量的软质摩擦片。

(4) 聚乙烯醇用量一般不超过苯酚量的30%,超过此上限后,反应釜物料在反应过程中泡沫剧增,操作困难,甚至不能进行。

6. 其他改性酚醛树脂

从理论上说,对酚醛树脂改性的方法除上述介绍之外还有很多。

这些改性的酚醛树脂,对摩擦材料制品的摩擦性能、耐热性能的改进均有一定作用。所以在摩擦材料制品中,各种改性的酚醛树脂都得到了应用,如桐油改性、硼改性等。

1) 桐油改性酚醛树脂

桐油是黄棕色、透明的黏稠液体,主要成分是桐酸的甘油酯,并含有少量的油酸和亚油酸的甘油酯,属干性油,不能食用。

桐油产自桐油树,该树属大戟科的油桐属,桐油树是我国特有树种,发现得甚早,其历史已不可考。桐油即从桐树果实中得来。桐油在我国的产域很广,长江流域一带,以及广西、云南、贵州等地均有栽植,产量很大。

桐油有α与β两种类型:天然产的都是α型,但如经日光照射或受硫、硒等作用即会慢慢转变为β型。α型桐油在常温下为液体,β型桐油则为白色固体,熔点为62℃。

用桐油改性酚醛树脂,在工业上也早有应用,它也是现在摩擦材料生产中被使用的粘合剂之一。

桐油的质量标准,一般采用国际标准,具体要求见表3-19。

表3-19 桐油的质量指标

项目名称	指标	项目名称	指标
相对密度	0.940～0.943	不皂化物(质量分数)(%)	0.75
酸值	8	碘值	163
皂化值	190～195	热试验/份	8

摩擦材料中使用的桐油改性酚醛树脂,通常是在热固性酚醛树脂缩合反应过程中将桐油与其他材料一起加入到反应釜中进行。桐油使用量约为苯酚量的15%。具体制造方法与热固性酚醛树脂方法相同。

桐油改性酚醛树脂主要使用在摩擦材料的湿法生产工艺中,使用桐油改性酚醛树脂是为了降低摩擦材料硬度,提高摩擦材料的韧性,对改进常温下的摩擦性能有一定的作用。

2) 硼改性酚醛树脂

用硼对酚醛树脂改性的目的在于提高酚醛树脂的耐热性。

硼改性的原理——马克三角原理指出：提高高聚物耐热性的途径有三种：①增加高分子链的刚性；②使高聚物结晶，并提高其结晶度；③进行交联，并提高交联密度。这三种方法的实质均是提高大分子链的键能，使大分子链在高温时发生热降解即分子链断裂所需的能量增大，从而提高了其耐热性。

根据这一原理可以采用下列手段：①在大分子链中引入高能键；②避免在高分子链中形成长亚甲基链；③合成梯形、螺旋或片状结构。

硼改性即是采用了上述第1种手段，在酚醛树脂基体中引入硼元素，使硼酸和酚羟基缩合，在酚醛大分子链中形成硼酸酯键"C—O—B"及"C—O→B"配位键，由于O—B键能为774.04kJ/mol，远远大于C—C键能(334.72kJ/mol)，使硼改性酚醛树脂的热分解温度比普通酚醛树脂高出50~100℃，同时，硼酚醛树脂在高温下易形成蜂窝状结构的碳化硼绝热层，它能起到保护内部结构的作用，阻止热量向材料内部扩散，从而使制品表现出良好的热稳定性。

制备硼酚醛树脂的方法有两种：

(1) 首先生成硼酸苯酚酯，将苯酚与硼酸以3:1(摩尔分数)进行反应，生成硼酸三苯酚酯，再与甲醛反应，生成硼酚醛树脂。

此种方法缺点是时间长，固化温度高，200℃时的凝胶时间为70s，造成压制时间长，压制温度高，过高的压制温度导致热压制品易起泡开裂，故不但生产效率低，还影响产品质量和合格率。

(2) 硼酸后改性方法。苯酚和甲醛先反应一段时间，生成中间缩合物，并控制其分子量大小，然后再和硼酸反应，这种方法时间短，固化温度低，便于工艺操作，而且未反应的游离酚与硼原子的空轨道形成O—B配位键，既降低了树脂的游离酚含量，也使树脂亲水性大大降低，硼的价键得以饱和，降低了O—B键遇水分解的程度，显著改善了硼酚醛树脂的耐水性。

反应操作过程：

将苯酚、甲醛、催化剂加入反应釜，搅拌，加热升温，并加入催化剂，升温到94℃后料液开始沸腾，在100~105℃沸腾反应1~2h。待树脂料液分层并达到一定黏度后减压脱水，并加入硼酸，在95~100℃继续反应1~2h，最后脱水干燥，当树脂软化点达到要求时，结束操作，放料，待冷却凝固后粉碎到要求细度，即可得到树脂粉成品。

硼酚醛树脂的优点是耐热性好，但其质地脆硬，硬度高，韧性差。可在硼改性同时，加入具有长链侧基的腰果壳油，对酚醛树脂进行双改性。经过双改性的酚醛树脂，提高了耐热性，具有高的热分解温度，树脂韧性、制品冲击强度也得到提高。由树脂TGA分析，可看到树脂热分解温度达到490℃以上，用此树脂制成的摩擦片抗冲击强度达到4.5dJ/cm²。

硼-腰果壳油双改性酚醛树脂的性能指标与未改性酚醛树脂(2123树脂)的比较见表3-20。

表3-20 硼-腰果壳油双改性酚醛树脂与未改性酚醛树脂的性能比较

项目	2123树脂	硼-腰果壳油双改性树脂
软化点/℃	95~110	95~110
固化速度(150℃)/s	60~90	40~70

(续)

项目	2123 树脂	硼-腰果壳油双改性树脂
游离酚含量(%)	≤5	≤1
热分解温度/℃	400	≥490
600℃热失重(%)	≥50	≤25

3.1.3 橡胶

橡胶是摩擦材料中的主要粘结剂之一,在摩擦材料行业生产中,现在已经很少有纯酚醛树脂型的摩擦材料制品,一般都使用改性酚醛树脂-橡胶共混型粘结剂。因为用单一树脂为粘结剂的摩擦材料制品有着明显的缺陷,如酚醛树脂性脆而硬,造成其摩擦材料制品也材质脆硬,抗冲击性能差;制品弹性模量高,与摩擦副对偶表面贴合性差,接触点附近局部温度很高,材料表面易产生龟裂,导致表面碎裂脱落,磨损加快,使用寿命短;另外制品材质刚硬,容易产生制动噪声等。质软且有弹性的橡胶加入到树脂中进行共混改性显然有利于改善和克服上述缺点。

以树脂为主要粘结剂的树脂型摩擦材料在摩擦材料中占了绝大部分数量和品种,制品质地刚硬,一般来说要求不但有较高的低温摩擦因数,在高温下也有较好的摩擦因数和使用寿命,能在较高的制动压力和摩擦速度下工作。以橡胶为主要粘结剂的橡胶型摩擦材料材质较软,主要用于制动压力和相对摩擦速度较低工作温度不高的工况条件,包括城市公交车辆用的软质制动片、制动带以及部分机床和工程机械用异形摩擦片。

摩擦材料中常用的橡胶有天然橡胶、丁苯橡胶和丁腈橡胶。

1. 橡胶的粘接原理

制造橡胶制品的原料是生胶,生胶柔软且发黏,其分子结构呈线型,缺乏良好的物理和机械性能,没有多少应用价值。

将生胶和硫黄或硫化剂共同加热,产生化学反应使线型(包括轻度支链型)的橡胶大分子变成具有网状(交联)结构的分子即橡胶的硫化,如图 3.3 所示,从而将其他组分牢固地粘接在一起,形成橡胶制品整体,使塑弹性的生胶变成具有高弹性的硫化橡胶即具有相应的物理机械性能。

 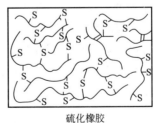

生胶　　　　　　　硫化橡胶

图 3.3　硫化时橡胶分子结构示意图

引起橡胶硫化反应过程的物质不只是硫黄,其他的一些物质,如有机过氧化物、金属氧化物、胺类化合物、树脂或用电子射线(如 γ 射线或 β 射线照射硅橡胶)都能使橡胶产生上述的硫化效果,因此从广义的角度上,硫化(cure)又可称为交联,凡是能使线型橡胶分子变成网状（交联）结构的硫化橡胶的物质都可称为硫化剂。

2. 摩擦材料中常用的橡胶

1）天然橡胶

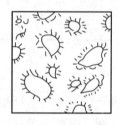

图 3.4　天然胶乳
（橡胶颗粒分散在水中）

天然橡胶是异戊二烯的高聚物，它是从植物（橡胶树、橡胶草）中采集来的，植物中采集的橡胶最初为乳状液体，为了制取干胶，把胶乳用水稀释到 20%（质量浓度），然后添加稀醋酸（乙酸）或蚁酸（甲酸），使胶液的蛋白质膜遭到破坏，胶液失去电荷并凝聚起来，形成生胶，然后再经过水洗、压片、再经干燥制成胶块，这就是天然橡胶，简称天然胶。

天然胶乳是橡胶以粒子状态分散在水中所形成的均匀液态物，其微观形态示意图如图 3.4 所示。

天然胶乳的主要成分见表 3-21。

表 3-21　天然胶乳的主要成分

成分名称	质量分数（%）	成分名称	质量分数（%）
橡胶烃	27～40	醛类	0.5～1.5
树脂	1.0～1.7	蛋白质	1.5～2.8
水分	52～70	无机盐类	0.2～0.9

天然橡胶的特点是具有良好的弹性、抗拉强度和伸长率，但其耐热性在各种橡胶中相对较差些，而摩擦材料的使用特点是高温工况条件，因而要求其组分中的粘结剂包括树脂和橡胶应具有尽量高的耐热性。天然橡胶在这点上显然要差些，再加之价格等比丁苯橡胶要高些等原因，故在摩擦材料行业使用不是很多。

天然橡胶是橡胶工业中最早应用的橡胶。20 世纪 30 年代以前，橡胶工业使用的原料几乎全是天然橡胶，截止到 20 世纪末，天然橡胶总产量为橡胶总产量的 1/3。

天然橡胶主要产自热带及亚热带栽培的巴西种三叶橡胶树，橡胶树种植后，经 5～6 年可开始割胶，每棵橡胶树每月割胶 18 次，每次可流出乳白色的胶液约 200mL，每棵橡胶树每年可平均产干胶 4kg 左右。

天然胶乳可制成各种胶乳制品，如手套、薄膜、气球等，但大部分天然胶乳主要还是经加工制成固体干胶，又称生胶。

天然橡胶的品种很多，主要有烟片胶、绉片胶（白绉片胶、褐绉片胶）、颗粒橡胶，此外还有风干胶片以及某些专用天然橡胶。如易操作橡胶、恒黏橡胶、充油天然橡胶、轮胎橡胶、纯化橡胶、填料橡胶、接枝橡胶等。

烟片胶是天然橡胶中最为主要的品种，各种类型的天然橡胶中绝大部分为烟片胶。它们是天然橡胶经稀释、净化、加酸、凝固、水洗、压片、熏烟等工序加工而成。

天然橡胶是线型结构的天然高分子化合物，它是由许多相同的链节（结构单元）以共价键连接成长链状大分子，其中每个链节是异戊二烯，因此天然橡胶是异戊二烯（线状）聚合物，链节数为 3000～5000 个。天然橡胶的分子量可达 150000～300000，分子量巨大是天然橡胶的主要特征。

天然橡胶的分子结构如下：

$$\mathrm{+CH_2-\underset{\underset{CH_3}{|}}{C}=CH-CH_2\}_n}$$

其中98%是以异戊二烯基的1,4结构形式连接的链状大分子链状结构。

天然橡胶的物化性能：相对密度为0.91~0.93，导热系数为0.00039~0.000426kcal/(m·h)(1kcal=4.1868kJ)，电阻约$2\times10^{14}\Omega/cm^2$，是电的优良绝缘体；生胶没有固定的熔点，常温时为富挠性的弹性体，随着温度降低逐渐变得硬化，接近零度时，弹性大降；其玻璃态温度为-70℃，在此温度下它变为脆性固体物，但经加热升温后可恢复原态；加热时逐渐变软，黏度增加，130~140℃时完全软化，150~160℃变成熔融状态，呈黏流态，200℃左右开始分解，270℃时急剧分解。

当生胶和汽油、苯或其他一些有机溶剂接触时，起初橡胶会吸收溶剂，体积迅速增加，经过一段时间其体积会增到其溶胀的极限值，若生胶经过素炼或热的作用，其原始的球粒结构受到了机械和化学的破坏，它就能在有机溶剂中无限地溶胀，即发生溶解，变成橡胶溶液(浆液)。

天然橡胶分子结构中有不饱和双键，化学能力较活泼，能与氧、臭氧、硫及其他物质起化学反应，因而其耐老化和耐气候性差，耐油、耐溶剂性能很差，耐弱酸和弱碱，但易受强酸侵蚀。

天然橡胶的优点：

(1) 良好的弹性，弹性温度范围为-70~130℃。

(2) 机械强度很好，其纯硫化橡胶的强度是除了聚氨酯橡胶以外最高的，撕裂强度高于大部分橡胶品种。

(3) 具有优异的耐屈挠性，屈挠约20万次以上。

(4) 良好的耐磨性、耐寒性和绝缘性。

(5) 硫化特性、加工性能、黏着性和并用性都很好。

2) 丁苯橡胶

丁苯橡胶是由丁二烯和苯乙烯聚合而成的高分子共聚物。随着苯乙烯含量的降低，橡胶的弹性和耐寒性增高，而硬度和黏度降低。它是世界上应用最普遍的合成橡胶，也是价格最便宜的合成橡胶之一，有一定的耐热性和较好的耐磨性，因此是摩擦材料行业中应用最为广泛的橡胶之一。

丁苯橡胶是丁二烯和苯乙烯在水乳液中进行共聚反应生成的聚合物。其分子结构式为

$$\mathrm{\{(CH_2-CH=CH-CH_2)_n(CH-CH_2)_m\}_x}$$

丁二烯主要在其1,4位置上聚合，也有部分丁二烯在1,2位置上聚合，这种结构的含量约为14%~18%。

丁苯橡胶是1933年研究成功的，1937年德国首先投入工业化生产，商品名称为布纳斯(bunas)，在美国此产品称为SBR，即styrene-butadiene rubber(丁二烯-苯乙烯橡胶)的缩写。美国丁苯橡胶的牌号为GRS。

丁苯橡胶为无定型结构，依其中丁二烯和苯乙烯的比例及其他聚合因素的不同，可分

为丁苯-10、丁苯-30、丁苯-50、丁苯-70等牌号,10、30、50、70数字表示苯乙烯单体在总重中所占的比例。苯乙烯含量越大其硫化橡胶的刚性越大,弹性和伸长率越小。摩擦材料制品中经常使用的是丁苯-30。

丁苯橡胶的分类:

(1) 按聚合温度分类分为:

① 高温丁苯橡胶(50℃温度下聚合而成)。

② 低温丁苯橡胶(5℃温度下聚合而成)。

低温丁苯橡胶分子量分布较窄,分子接枝少,具有规律性,物理性能比前者好。

(2) 按品种分类:

国际合成橡胶生产者学会采用数字代表丁苯橡胶的各个品种。

① 1500#和1501#是目前最通用的有代表性的低温聚合型丁苯橡胶,其加工性能和物理性能均较好。

② 1507#是一种用于降低黏度,提高加工性能的丁苯橡胶,用于传递成形(移膜法)和注压成形。

③ 1700#(充油丁苯橡胶)内加有20～35份操作油,可改善加工性能并降低成本,但物理性能受些影响。

④ 1600#(充炭黑丁苯母炼胶)。

⑤ 1800#是充油充炭黑的丁苯母炼胶。

⑥ 2000#和2100#,分别是高温共聚丁苯胶乳和低温共聚丁苯胶乳。

⑦ 高苯乙烯丁苯橡胶,苯乙烯含量40%～65%,性能近似塑料,作为丁苯橡胶和天然橡胶的补强剂用。

摩擦材料中最常用的是1500#和1501#丁苯橡胶。

丁苯橡胶的平均分子量(美国GRS产品),用黏度计测出数据为40000～50000。用离心力法测出数值约大出一倍,平均为92500左右。

丁苯橡胶的物理机械性能见表3-22;硫化丁苯橡胶的机械性能见表3-23。

表3-22 丁苯橡胶的物理机械性能

物理性能名称	性能	物理性能名称	性能
相对密度	0.929～0.939	比电阻/($\Omega \cdot cm$)	10^{11}
介电常数	2.9	可塑性(德弗值)	2000～4000

表3-23 硫化丁苯橡胶的机械性能

项目	抗拉强度/($kg \cdot cm^{-3}$)	相对伸长率(%)	伸长300%时模数	邵尔硬度
未加炭黑的GRS	14	600	—	—
加50%炭黑的GRS	175	450	56	—
加活性炭黑的布纳斯	270	650	63	66

未加填充剂的丁苯橡胶的抗拉强度不高,加入炭黑类活性填料后,其硫化橡胶的强度可提高到天然橡胶的水平。

丁苯橡胶属于通用橡胶，价格便宜，因此除了需要用到强度高又不加填充剂的硫化橡胶的情况以外，差不多在任何情况下，它都可以用来代替天然橡胶。

丁苯橡胶的耐磨性、耐热性、耐自然老化性能优于天然橡胶，价格比天然橡胶便宜，因此它比天然橡胶更适合于摩擦材料，长期以来丁苯橡胶成为通用型摩擦材料使用最普遍的橡胶品种。丁苯橡胶与天然橡胶的性能比较见表3-24，与其他橡胶的耐热性比较见表3-25。

表3-24 丁苯橡胶与天然橡胶的性能比较

丁苯橡胶优于 天然橡胶的性能	丁苯橡胶逊于 天然橡胶的性能	丁苯橡胶优于 天然橡胶的性能	丁苯橡胶逊于 天然橡胶的性能
耐磨性好	无填料的丁苯胶强度差	耐老化性好	抗回挠、抗撕裂性能差，黏性差
耐热性好	硫化速度慢，硫化促进剂用量较大	加工中不易早期硫化	耐寒性差

表3-25 丁苯橡胶与其他橡胶的耐热性比较

橡胶名称	耐热性/℃	橡胶名称	耐热性/℃
天然橡胶	130	氯丁橡胶	160
丁苯橡胶	140	丁腈橡胶	170
异丁橡胶	150	—	—

长期以来，商品形式的丁苯橡胶一直为块状胶和乳胶，而无粉状丁苯橡胶。在摩擦材料生产工艺中，块状及乳胶态的丁苯橡胶和酚醛树脂的共混有其不方便处，橡胶用量调节也受到一定限制。近年来，国产的纳米级粉状丁苯橡胶已问世，并在摩擦材料行业中进行试用。其价格低于普通块状丁腈橡胶，这给摩擦材料制品生产中对于丁苯橡胶的使用方式带来新的前景。

3）丁腈橡胶

丁腈橡胶是由丁二烯和丙烯腈在水乳液中聚合而成的高分子共聚物。大分子链上含有高键能的—CN基，使它成为耐油和耐溶剂性能好的合成橡胶。并且具有较好的抗拉强度和耐热性。因此适用于要求耐热好、强度高的摩擦材料制品。

丁腈橡胶（NBR）是丁二烯与丙烯腈在乳液中进行共聚所得到的聚合物。聚合物分子结构式如下：

$$\mathrm{+(CH_2-CH=CH-CH_2)_{\mathit{n}}(CH_2-CH)_{\mathit{m}}]_{\mathit{x}}}$$
$$\mathrm{\qquad\qquad\qquad\qquad\qquad |}$$
$$\mathrm{\qquad\qquad\qquad\qquad\qquad CN}$$

丁腈橡胶于1937年首先在德国实现工业生产，突出的优点是耐油及非极性溶剂性能好，主要用于制造耐油橡胶。根据丁腈橡胶中的丙烯腈含量的不同，分为丁腈-40、丁腈-26和丁腈-18几种。这些品种中的数字代表了丙烯腈在丁腈橡胶中的含量，由于丙烯腈中—CN基的极性原因，丙烯腈含量越高，丁腈橡胶的耐油性及耐溶剂性越强，机械性能（抗拉强度、伸长率）也更好，但耐寒性和弹性降低。

丁腈橡胶为无色或淡黄色，无特殊臭味，其主要物理机械性能见表3-26。

表3-26 丁腈橡胶的主要物理机械性能

项目	丁腈-40	丁腈-26	丁腈-18
抗张强度/(kg·cm^{-2})	320～328	294～300	248～250
模数，300%定伸/(kg·cm^{-2})	124～129	106～105	124～142
相对伸长(%)	602～622	662～670	460～462
永久变形(%)	20～30	21～25	9～14
抗撕裂/(kg·cm^{-2})	78～85	70	45～49
邵氏硬度	73～75	70	73～74
回弹率(%)	18	31	42
脆点/℃	-26～-28	-48～-50	-58～-60
硫化橡胶浸入溶剂24h膨胀率(%)	20	38	70

未加填料的丁腈硫化橡胶机械强度为30～45kg/cm^2，加入炭黑后，其强度增加到280～320kg/cm^2。

丁腈橡胶的耐磨性比天然橡胶高30%～45%，耐高温性能比天然橡胶、丁苯橡胶、氯丁橡胶、丁基橡胶都要好，但它在弹性、累积热、耐多次挠曲、抗龟裂、电绝缘性能等方面不够好。

丁腈橡胶对石油、润滑油、脂肪烃及很多有机溶剂都稳定，经硫化的丁腈橡胶对脂肪烃的抗膨胀性很强，但可溶于芳香烃类(如苯类)，在极性溶剂(如含氯溶剂)和酯类(如乙酸乙酯)中，它会不同程度地膨胀或溶解。

表3-27显示丁腈橡胶和天然、氯丁橡胶的硫化橡胶在各种油及溶剂中的体积膨胀率(在室温下八个星期)的比较。

表3-27 丁腈橡胶和天然、氯丁橡胶的硫化橡胶在各种油及溶剂中的体积膨胀率

介质	膨胀率(%)		
	丁腈橡胶	天然橡胶	氯丁橡胶
轻汽油	20	160	—
汽油	40	230	—
柴油	15	120	—
润滑油	4	—	40
石蜡油	3	140	—
变压器油	5	150	—
丙酮	110	—	25
苯	210	370	160

(续)

介质	膨胀率(%)		
	丁腈橡胶	天然橡胶	氯丁橡胶
四氯化碳	220	670	160
松节油	50	300	90
乙醚	50	130	50

丁腈橡胶的硫化性能良好，一般用硫黄硫化，可以在类似于天然橡胶的硫化条件下进行硫化，天然橡胶所用的硫化剂一般也适用于丁腈橡胶。

丁腈橡胶的耐热性和强度优于丁苯橡胶，耐热性和耐磨性优于天然橡胶，而且，丁腈橡胶的溶度参数为 9.3～9.9，比丁苯-30 橡胶的溶度参数(8.48)及天然橡胶的溶度参数(8.25)要高，它和热塑性酚醛树脂的溶度参数(10.50)更接近，即意味着丁腈橡胶和热塑性酚醛树脂有较好的相溶性，两者具有良好的共混效果，故而丁腈橡胶成为摩擦材料中常用的橡胶品种，用于性能要求较高的摩擦材料产品，如轿车盘式制动片、重负荷载重汽车制动片和工程机械摩擦片、城市公交车辆制动片等。

丁腈橡胶在摩擦材料中的使用方式有下列几种：

(1) 丁腈橡胶粉。丁腈橡胶粉为白色弹性粉状物，是将丁腈乳胶经喷雾干燥加工而成。

丁腈橡胶粉的优点是加用方便。它能和树脂、纤维、填料直接在混料机中干态下混合，制成的压塑料可直接进入预成形或热压工序；丁腈橡胶粉在配方中的用量比列基本不受工艺条件的限制，只需根据制品要求的机械强度、硬度及其他性能要求来调节其用量的多少。但因丁腈橡胶粉价格较高，故其用量要考虑成本。

目前，纳米级丁腈橡胶粉已经问世，并在摩擦材料行业中开始试用，它和普通丁腈橡胶粉相比，可以更有效地改进摩擦材料制品的冲击韧性和耐热性。

(2) 块状丁腈橡胶。块状丁腈橡胶通常采用塑炼-混炼的工艺手段与树脂实现共混，然后再和纤维、填料均匀混合，制成压塑料后再制成摩擦片。针对不同的产品，国内有两种路线：

第一种工艺路线和普通的橡胶-树脂热辊炼方法基本相同。将切好并称量的丁腈橡胶生胶块投入炼胶机或炼塑机中进行塑炼，加工到生胶块达到要求的塑炼程度。

将塑炼好的胶片投入温度符合要求规定的炼塑机辊筒间进行热炼，加入热塑性树脂粉、六亚甲基四胺和填料，在 100～120℃温度下进行树脂-橡胶热混炼。

混炼树脂经冷却后为脆性片状物，将其粉碎成胶料粉，在混料机中和纤维、填料混合均匀后制成压塑粉料供热压加工使用，这种工艺通常被用于制成硬质摩擦材料。

第二种工艺路线，是将树脂和橡胶的共混操作以及辊炼胶料与纤维、填料的混合，均在炼塑机上进行。混合好的压塑料进入压制工序热压成制动片，经热处理后即得成品。此工艺的特点是：①压塑料的全部制备过程在炼塑机上完成而不使用混料机；②组分配比中橡胶用量超过树脂的用量，故最后压制成的制动片为软质摩擦材料或软质制动片。

3. 橡胶的硫化

1) 硫化的目的

橡胶的硫化即通过和硫黄或硫化剂的化学反应使线型(包括轻度支链型)的橡胶大分子

变成具有网状(交联)结构的分子,从而使塑弹性的生胶变成具有高弹性的硫化胶,其目的在于改善橡胶制品的物理机械性能。

硫化曲线——整个硫化时间的四个阶段,即硫化诱导阶段、预硫阶段、正硫阶段和过硫阶段所形成的曲线,它反映出随硫化进行过程中橡胶各项物理机械性能变化的情况。

正硫化点——橡胶在硫化过程中,成品的物理机械性能达到最佳时的点称为正硫化点。

硫化平坦线——从正硫化点开始成平坦前进的曲线部分,称为硫化平坦线,硫化平坦线越长对制品越有利。硫化平坦线的平坦性与生胶种类、硫黄用量、促进剂品种及其用量有关。

早期硫化——生胶加工过程中,尚未进行硫化工序前,在辊炼或化胶打浆过程中,由于硫化剂、促进剂的用量、品种选择不当、操作温度过高、操作时间过长等原因,均可能导致出现提前硫化和交联,影响工艺操作进行,严重时胶料老化而报废的现象。

过硫——橡胶硫化时,超过正硫化点后,若继续硫化,制品物理机械性能会逐步下降,称为过硫。

2) 正硫化及其意义

橡胶进行硫化的过程中,硫化初期,其各项物理机械性能会逐步升高,然后趋于平衡,再过一段时间后则会下降。

橡胶硫化前后的物理机械性能变化及比较见表3-28和图3.5。

表3-28 橡胶硫化后性能变化

性质	未硫化橡胶	硫化橡胶	性质	未硫化橡胶	硫化橡胶
可塑性	大	小	硬度	小	大
弹性	小	大	永久变形	大	小
扯断强度	小	大	生热性	大	小
定伸强度	小	大	溶胀度	大	小
伸长率	大	小	—	—	—

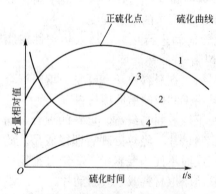

图3.5 橡胶硫化过程中物理机械性能的变化图
1—扯断强度;2—弹性;
3—在汽油中的膨胀;4—硬度

图3.5所示为硫化过程中各项性能的变化,从图中各条曲线的情况可看出:

(1) 扯断强度——天然橡胶的扯断强度随硫化时间的增加而提高,达到最大值后保持一段时间再逐渐降低,大部分合成橡胶的扯断强度则随硫化时间的增加而提高,达到最大值后可保持较长的时间内不变。

(2) 弹性——天然橡胶和合成橡胶的弹性,随硫化时间的增长而增大,达到最大值后,可保持在较长时间内不变。

(3) 伸长率——天然橡胶的伸长率随硫化时间的增加而下降,降到最低后又重新上升。

大部分合成橡胶的伸长率在硫化过程中逐步降低。

(4) 硬度——天然橡胶和合成橡胶的硬度在硫化初期上升较快,到最大值后,就不再上升和降低。

(5) 溶胀度——橡胶的溶胀度在硫化进行过程中,由于交联键的不断形成,溶胀度逐渐降低,但到最小值后又逐渐有所上升。

由上面各条物理机械性能曲线可以看到,硫化过程中各项性能指标的极大值和极小值在时间坐标(横坐标)上是互相接近的,即在某一硫化时间范围内,所得到的硫化橡胶制品,具有各项物理性能的最佳值和最佳使用性能。橡胶在硫化过程中的这个状态称为正硫化,这个硫化时间称为正硫化点或正硫化时间。如果少于正硫化时间,橡胶的各项性能指标未能达到最佳,称为欠硫。超过正硫化时间致使性能显著下降,称为过硫。从曲线上可以看到,在正硫化点前后仍能保持良好性能的一段时间称为硫化平坦性,在硫化平坦性曲线范围的橡胶制品仍有接近正硫化状态的性能。显然硫化平坦曲线越长,硫化平坦性越好,工艺上就越易掌握好操作。

正硫化是硫化过程中的关键,掌握好正硫化点和硫化平坦曲线的规律,以及合适的硫化条件,才能获得性能满意的橡胶制品。

硫化条件包括温度、时间、压力。橡胶的硫化温度一般为130~160℃,硫化罐蒸汽压力为1.5~3.5MPa,硫化时间为2~5h。

4. 橡胶配合剂

摩擦材料中使用橡胶时,所采用的橡胶配合剂与普通橡胶制品基本相同,主要有硫化剂、硫化促进剂、防老剂等。

1) 硫化剂

凡能使天然橡胶和合成橡胶发生硫化作用或交联作用的物质称为硫化剂。

硫化剂包括硫黄、一氧化硫、二氧化硫、有机过氧化物、金属氧化物等,但工业上除了某些特殊橡胶或特殊原因,一般采用硫黄作为硫化剂,主要是因为硫黄的成本低,产量大,价格便宜,硫化效果好,使用方便。

对于一些特殊橡胶或由于某些特殊原因时,才使用其他硫化剂。例如,对于硅橡胶和氟橡胶,须使用有机过氧化物为硫化剂;氯丁橡胶须用金属氧化物作为硫化剂;丁基橡胶须用多硫化物作为硫化剂等。摩擦材料采用的橡胶主要为丁苯橡胶、丁腈橡胶及天然橡胶,均以硫黄为硫化剂,故此处只介绍硫黄。

工业硫黄为淡黄色固体或粉状物,分子式 S,相对密度 1.96~2.07,熔点 114~118℃,不溶于水,稍溶于乙醇、乙醚和苯,溶于二硫化碳,遇火即燃烧(着火点363℃),火焰呈蓝色,燃烧时产生刺激性的二氧化硫气体。

生胶是硫黄很好的溶剂,随着温度升高,硫黄的可溶性增高。冷却时,会形成过饱和溶液,有硫黄粒子析出。

生胶中加入硫黄后,当加热升温到100~140℃时,部分硫黄和生胶分子发生化学反应,使生胶分子产生交联形成网状结构。

硫黄的用量对于一般橡胶制品来说,为1%~3%,这种硫化橡胶称为软橡胶,弹性和伸长率性能较好,摩擦材料中使用硫黄时则要求其尽量提高硫化橡胶的耐热性,故宜增加硫黄用量,因为硫黄用量的增加,可提高橡胶分子链的交联密度,即提高了大分子分解所需的能量,使橡胶耐热性得以改善。为此,摩擦材料中的硫黄用量为橡胶量的2%~20%,

有时甚至达到20%～30%，此时的硫化橡胶实际上属于硬橡胶范畴。硬橡胶的弹性和伸长率低于软橡胶，而耐热性和硬度高于软橡胶。

2) 硫化促进剂

硫化促进剂，简称促进剂，其作用是促进橡胶的硫化作用，缩短硫化时间，降低硫化温度，减少硫化剂用量，并能提高橡胶的物理机械性能。

促进剂分为无机和有机两类，无机促进剂常用的有氧化锌、氧化镁、氧化铅、消石灰（氢氧化钙）等。有机促进剂常用的有秋兰姆类、噻唑类、胍类、硫脲类、胺类等。无机促进剂需用硫黄较多，效率低、硫化橡胶性能较差，物理机械性能和老化性能不理想；而有机促进剂由于促进硫化作用强、硫化橡胶特性好、硫化橡胶的物理机械性能和耐老化性能优良而得到迅速发展，故现在多用有机促进剂。无机促进剂氧化锌属于强助促进剂，故仍经常使用。

促进剂作用机理：

一般认为促进剂与硫黄作用，形成活性硫，从而在较低温度下，以较快的速度使橡胶硫化，进一步细言，即促进剂与橡胶中的硫黄反应后生成不稳定的硫化物，在某些因素影响下，再分解析出活性硫黄，同橡胶发生反应，再生出来的促进剂又和硫黄作用，这样反复进行完成橡胶的硫化促进作用。

氧化锌对多数促进剂有助促进作用，它能使不易溶解和难以分解的促进剂变成锌盐，从而能均匀分散在生胶中。例如，促进剂M和氧化锌作用生成锌盐，锌盐再和硫黄反应生成二硫化物和硫化锌，然后二硫化物分解，放出活性硫，以达到橡胶硫化的目的。

有机促进剂的种类很多，按其化学成分主要可分为：噻唑类；胍类；秋兰姆类；醛胺类。

目前已研制出的有几百种，但工业上实际使用较多的只有四五种。另外，还有少数供特殊用途的品种。

常用的有机促进剂有以下几种：

(1) 促进剂M学名为硫醇基苯并噻唑，它是促进剂中最重要，应用最广的一个品种，化学结构式为

促进剂M为淡黄色粉末，味极苦，相对密度1.42，纯品熔点为177～178℃，商品促进剂M的熔点为165～174℃。不溶于水，溶于酒精、丙酮和碱溶液中。

促进剂M对天然橡胶、丁苯橡胶有加速硫化的作用，用量宜为0.5%～1.5%。硫化临界温度也低，虽然其一般硫化温度在125℃以上，但在橡胶辊炼过程中或化胶打浆过程中，会因温度过高，时间过长发生早期硫化而造成胶料老化报废，故在辊炼操作中，要严格控制工艺条件，注意观察操作现象。

(2) 促进剂DM学名为二硫化二苯并噻唑，化学结构式为

促进剂 DM 为浅黄色粉末，相对密度 1.5，略有苦味，不溶于水、酒精，溶于苯、二氯甲烷等，商品促进剂 DM 熔点 160～178℃，纯品熔点 179～180℃，硫化临界温度为 130℃，促进硫化的效果在促进剂 M 和促进剂 D 之间，促进作用比较温和，有较长而平坦的硫化范围，与氧化锌并用时可增加活性，无污染性，常和其他促进剂并用。

（3）促进剂 D 学名二苯胍，化学结构式为

$$\underset{NHC_6H_5}{\overset{NHC_6H_5}{C=NH}}$$

白色粉末，相对密度为 1.13，无味无毒，有污染性，熔点 145～147℃，硫化临界温度 141℃，其硫化曲线不平坦，常和其他促进剂并用。促进剂 D 能被炭黑吸收，故配方中用炭黑时，应增加促进剂 D 的用量。

（4）促进剂 TMTD 学名为二硫化四甲基秋兰姆，化学结构式为

$$\underset{H_3C}{\overset{H_3C}{>}}N-\underset{S}{\overset{}{C}}-S-S-\underset{S}{\overset{}{C}}-N\underset{CH_3}{\overset{CH_3}{<}}$$

促进剂 TMID 为白色或灰白色粉末，工业上简称促进剂 TT，相对密度为 1.29～1.46，溶于苯、丙酮、氯仿和二硫化碳，微溶于乙醇和四氯化碳，不溶于水和汽油。促进剂 TMTD 属超促进剂，促进效果极高，用量为橡胶的 0.5% 左右，硫化临界温度 100℃ 以上，硫黄用量高时，硫化曲线不平坦，应严格掌握硫化时间，在橡胶辊炼操作或用溶剂化胶打浆过程中，应掌握操作时间，特别是夏季高温季节，更需严格掌握防止早期硫化导致物料报废。

除上述的常用的促进剂外，还有促进剂 TMTM（一硫化四甲基秋兰姆）、促进剂 CZ（环己胺基硫代苯基噻唑）、促进剂 NA-22（乙烯硫脲）、促进剂 808（丁醛苯胺）等。

3）防老剂

（1）橡胶的老化。生胶和硫化橡胶在长期贮存和使用过程中会出现龟裂、发黏、变硬、弹性变差、物理机械性能也逐渐下降的现象，称为橡胶的老化。

橡胶的老化是在氧的作用下进行，故而各种能增大氧的活性因素都能加速老化的进行，如在空气、热、电磁效应、光线作用下，以及在有原子价不定的金属（如铜、铁、锰、钴）存在时，都能使氧的活性增大，从而加速橡胶老化。橡胶老化的过程，实质上是在氧存在下的自动催化氧化过程，反应分为两步进行：

① 橡胶大分子链的双键与氧发生化合反应生成过氧化物。

② 过氧化物在氧原子间的链处裂开，变成氧化物，即橡胶大分子链发生降解。

由于大分子链的降解，会使橡胶的抗拉强度、弹性、伸长率等性能降低，导致橡胶整体性能变差。

（2）防老剂的作用原理。为了防止橡胶的老化，通常往橡胶中加入防老剂，它能防止或延缓生胶和硫化橡胶的氧化过程，阻止其老化，延长其使用寿命。

防老剂分为物理防老剂和化学防老剂两类。

物理防老剂的作用主要是产生不易起化学作用的薄膜状物质，使氧难以渗入橡胶内，从而避免和减少光线和臭氧对橡胶产生的氧化破坏作用。

化学防老剂的作用是在形成过氧化物的初期将其破坏,而防老剂本身因参加反应而被消耗掉。

常用防老剂:

① 防老剂丁,学名为苯基-β萘胺,化学结构式为

防老剂丁为浅灰色粉末,相对密度1.18～1.19,不溶于水,溶于苯、乙醚和乙醇等,商品防老剂丁熔点105℃,纯品熔点108℃。它是最广泛使用的防老剂品种,它对空气和氧的防护作用甚佳,对热和挠屈老化防护性能也很好,在橡胶中的用量一般不超过2%。

② 防老剂甲,学名为苯基-α萘胺,防老剂甲为紫褐色晶体,相对密度1.16～1.17,不溶于水,溶于乙醇、苯、乙醚等,熔点50℃,对空气和热老化都有防护作用,常与其他防老剂混合使用。

防老剂还有其他品种,如防老剂4010(N-苯基-N-环己烷基对苯二胺)、防老剂DOD(4,4-二羟基联苯)等。

3.1.4 橡胶和树脂共混

为使某些材料能获得所需要的性能,经常采用不同的高分子材料共混改性的方法,如将不同材料共混或将不同的橡胶共混、不同的树脂共混。对于摩擦材料而言,要求它既具有较高而稳定的摩擦因数,又要有良好的耐磨性;既要求其有较高的热分解温度,又要求制品材质韧性好,有好的贴合性能和低制动噪声。试验和使用经验表明,用橡胶和树脂进行共混改性,是兼顾这些性能要求的有效的方法。

高分子共混相当于金属熔融过程中,将几种金属冶炼熔合在一起而制成合金,以克服单一材质性能的局限。在高分子领域中对不同的高分子材料共混改性后所得到的新材料可称为"高分子合金",即将经过选择的各种高分子物均匀混合形成新的混合材料,使其具有预期的一些性能。

1. 摩擦材料工业中橡胶和树脂共混的目的

1) 利用橡胶的柔软性和弹性降低制品的硬度和模量

纯酚醛树脂的摩擦材料制品,其洛氏硬度为HRM100～HRM110,加入橡胶后,硬度随之降低至45～90HRM,见表3-29。

表3-29 丁苯橡胶加入量对酚醛树脂摩擦制品硬度的影响

橡胶用量(%)	2	3	5	8	10
布氏硬度/HB	40	37	28	14	11
洛氏硬度/HRM	85	68	60	45	35

在火车合成制动瓦(又称闸瓦)制品方面,弹性模量是要考虑的指标。研究表明,以纯酚醛树脂为粘结剂的火车合成制动瓦的压缩弹性模量约为1.5×10^4,制动瓦与车轮踏面的贴合性差。在使用过程中,长时间的摩擦,使摩擦表面局部接触点上产生过热和高温,使

轮踏面产生热裂纹而损伤车轮，在制动瓦配方中加入橡胶后，能有效地降低制品的压缩弹性模量，从而克服制动瓦热裂纹的产生，见表3-30。

表3-30 橡胶用量对火车制动瓦弹性模量的影响

橡胶用量(%)	压缩弹性模量	橡胶用量(%)	压缩弹性模量
0	1.5×10^4	5	9×10^4

2) 提高制品的冲击韧性

要提高摩擦材料制品的冲击强度性能，除在材料中使用增强纤维材料组分外，利用橡胶的高弹性能，也能提高制品的冲击韧性和抗冲击强度。树脂、橡胶构成材料的基体时，由于橡胶粒子具有弹性，当材料受到冲击力时，材料中由于应力集中产生的裂纹发展到橡胶粒子时就被吸收掉，使裂纹的进一步扩大受到阻碍，从而减缓了材料的破坏程度，在宏观上表现出来是制品抗冲击强度的提高。橡胶的加入量越高，制品的抗冲击强度相应提高，其关系见表3-31。

表3-31 橡胶的加入量对制品抗冲击强度的影响

橡胶用量(%)		0	2	3	4	6	8
制品冲击强度/(dJ·m^{-2})	干法工艺	3.6	3.9	4.4	4.6	5.0	7.5
	湿法工艺	3.1	3.5	3.8	4.0	4.5	6.1

注：制品材质为石棉基鼓式制动片，使用四川5-60级石棉。

3) 减少制动噪声

研究和使用经验表明，制品的材质硬度与制动噪声之间有着相应的关系。材质硬度高，则易引起制动噪声，橡胶的加入降低了材质硬度，并使制品与摩擦副对偶表面间的贴合面积增加，显然有利于减少制动噪声。例如，以橡胶为主要粘结剂制成的软质制动片制品，就属于低噪声或无噪声摩擦材料。但橡胶的耐热性不高，故对制动温度较高的制动片和载重汽车制动片，橡胶加用量一般控制在2%～6%。

除此之外，橡胶的使用还可以达到增摩的效果。例如，橡胶的常温摩擦因数很高，橡胶基摩擦材料在常温下的摩擦因数甚至在0.5以上。这是由于橡胶的柔软性和弹性很好，使橡胶基摩擦材料在制动压力下与对偶表面的贴合性增大，摩擦接触表面的真实接触面积远远大于树脂基摩擦材料，使摩擦力F和摩擦因数μ增大。在橡胶基制动带产品中橡胶用量达到10%～18%，制品硬度非常低，可制成卷状产品，配方中不用加入很多高硬度摩擦性能调节剂，在100～200℃的温度内摩擦因数也可达到0.5以上。

橡胶与酚醛树脂都属于大分子聚合物，在摩擦材料生产中，将橡胶与树脂并用时，两者能否很好混溶，即均匀地混合在一起，无疑对摩擦材料制品和性能起决定性作用，如果混合不均匀，橡胶的改性效果将不能很好发挥，为此需要对橡胶与树脂的混溶问题进行探讨。

2. 共混机理（聚合物的混容性及其混合）

工业上制备橡胶、塑料、粘结剂、清漆及其他各种聚合物材料的工艺实践表明，可以将性能不同的各种聚合物制备成混合物，混合方法有多种。在高于组分玻璃态温度的条件下，借助于开炼机或密炼机或某些混料机几乎可以将任意一对聚合物进行混合(又称掺合)并制成均匀混合物。由于聚合物的黏度高，松弛时间长，所得到的宏观均相体系不会像水和油那样在宏观上相分离，但上述机械手段使聚合物混合的可能性尚不能说明它们的混容性。

两种高聚物(橡胶和树脂)的混合是否能达到共混改性的目的，不是仅用机械混合就能全部解决的，还需要使树脂和橡胶的粒子达到均匀的分布、粒子彼此之间能很好的结合。要求二者粒子能有好的相溶性，要彼此混溶体系中二者粒子有一定大小，就要求树脂和橡胶组分不能完全互溶，例如，增塑剂加入到树脂中之后，属于溶胀过程，二者互溶，只能降低硬度增加塑性，而不能达到共混改性的效果。

有人用热力学相关理论研究橡胶-树脂共混指出：在共混过程中，应实现橡胶粒子的适当析出，使橡胶以粒子形式均匀分布在树脂中，这样当材料受到冲击应力时，应力产生的银纹发展到橡胶粒子后会被吸收掉，从而防止材料裂缝的扩展，由此达到增韧和提高材料冲击强度的目的。同时研究指出，如果两组分的溶度参数 θ_1 和 θ_2 完全相等，则共混时会发生溶胀和溶解，不易析出橡胶微粒，共混增韧的效果不好，当二组分的溶解度参数相差±0.4~0.6时，可以做到热力学混溶性较好，又有利于橡胶粒子的析出，共混效果较好。例如，酚醛树脂与丁腈-40橡胶混溶时，前者溶度参数 $\theta_1=10.5$，后者的 $\theta_2=9.9$，显然将它们两者选择为共混对象能达到较好的共混增韧效果。在摩擦材料产品的生产中，丁腈橡胶被广泛用于许多性能要求较高的制品中，也正说明了这一点。

3. 橡胶和树脂的共混工艺

制动片和离合器片的生产有多种多样的工艺方法，几乎每一种生产工艺方法都要涉及橡胶和树脂的共混均匀性与效果问题，下面就国内常用的一些橡胶-树脂共混方法进行介绍和讨论。

1) 热辊炼法

热辊炼法是目前最常用的生产工艺方法，它属于机械共混法，主要用于鼓式制动片的生产。丁苯橡胶、丁腈橡胶、天然橡胶均适用于酚醛类树脂进行热辊炼共混。

热辊炼法的特点是树脂与橡胶在炼胶机或炼塑机上于加热条件下进行共混。

热辊炼法的工艺步骤如下：

(1) 橡胶塑炼：

① 橡胶塑炼工序的目的。橡胶的优越之处在于它的弹性，但这种弹性特征使橡胶制品在生产过程中带来许多困难，例如，橡胶和其他物料的混合、成形加工等都无法进行，为此需要将生胶在炼胶机上经过机械力作用、热作用或加入某些化学试剂，使生胶弹性降低，可塑性增大，变为容易加工的可塑性状态，这个工艺过程称为塑炼。

橡胶经过塑炼后，达到一定可塑度，使其能满足制品加工过程的要求。例如，塑炼后的橡胶在混炼时能和树脂、配合剂混合均匀，具有成形、压出、压延的工艺操作性；塑炼后的橡胶易被溶剂溶解，制成胶浆，且浆液黏度降低，便于浸渍操作。

② 橡胶的塑炼原理及塑炼过程中的机械化学作用。橡胶的塑炼本质主要是通过开炼机、密炼机或螺杆塑炼机等机械作用，使橡胶反复经受挤压、剪切作用，使橡胶大分子链断裂成较小的分子。它分为两个阶段：

a. 大分子受机械力的作用产生断裂，生成大分子自由基。

b. 由橡胶大分子断裂所产生的自由基引起一系列化学变化。

以天然橡胶为例，其大分子链断裂过程如下：

$$\sim CH_2-C(CH_3)=CH-CH_2-CH_2-C(CH_3)=CH-CH_2 \sim$$

$$\downarrow 机械应力$$

$$\sim CH_2-C(CH_3)=CH-CH_2\cdot \ + \ \cdot H_2C-C(CH_3)=CH-CH_2 \sim$$

（自由基表示方法是用一个圆点于元素符号旁，如—$CH_2\cdot$、$\cdot CH$—，圆点表示空原子价键）

在橡胶塑炼过程中，机械力对大分子链的破坏作用是：炼胶机两个辊筒以不同的速度相对转动，对辊间橡胶料所产生的挤压力和剪切力作用在橡胶分子链上，由于通过多次连续的往复变形，使卷曲的和互相纠缠着的橡胶大分子互相牵扯，变形过程来不及完成，出现所谓"应力松弛"现象，从而使应力集中到某些弱键处，造成大分子链的断裂(图 3.6、图 3.7)，并生成橡胶大分子的自由基。

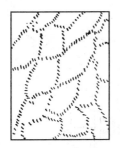

图 3.6 生胶片结构示意图
（橡胶颗粒凝聚蛋白质和树脂成网状组织）

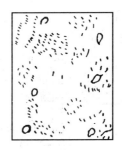

图 3.7 经塑炼的生胶结构示意图
（颗粒和网状组织被破坏）

所产生的大分子自由基会引起进一步的各种化学变化，在通常的橡胶塑炼时，在与氧接触的环境中，引发的氧化反应是最主要的化学反应过程。此外大分子自由基相互间碰撞反应或与橡胶中低分子物质反应，或与其他橡胶分子链反应，产生橡胶的结构化。

由上所述，机械断裂产生的大分子自由基所引起的化学反应可能引起橡胶分子的裂解和结构化两种过程，具体进行方式则和橡胶的结构、性质、温度、周围介质等因素有关。

一般来说，所受到的机械应力越大、塑炼温度越低，塑炼效果越显著。即分子链扯断数目越多，产生的大分子自由基也越多。

温度升高时，生胶的热可塑性增大，流动性增强，当受到机械力作用时，分子链可自由滑动，不易被扯断，因此温度升高时，塑炼效果反而下降。

实验表明，塑炼效果和温度的关系存在有如图 3.8 所示的"U"字形，即随温度升高，塑炼效果逐渐降低，并达到一个最低点，过了最低点后，温度再升高时，塑炼效果将显著增大，此最低点约在 115℃。此种规律的解释是：塑炼效果达到低点时，是机械力的作用与空气中的氧作用最不能发挥作用的时候，当超过该塑炼温度后，由于热与氧的作用所造

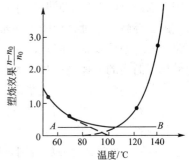

图 3.8 塑炼效果与温度关系
n_0—塑炼前的分子数；
n—塑炼 30min 后的分子数

成的自动氧化反应使橡胶分子链断裂，此种氧化断链作用随温度上升而加剧，因此塑炼效果随温度的升高而增大。

可见，以115℃左右温度为界限，此界限前后的塑炼原理是不同的，低温时的塑炼效果，主要是机械力造成的橡胶大分子链断裂的结果，而高温塑炼时，主要是热和氧的氧化作用导致大分子链断裂。

③ 橡胶塑炼设备及工艺操作。常用的橡胶塑炼工艺，按上述原理分为两种机械塑炼。一种是在开放式炼胶机上进行低温机械塑炼。另一种是在密炼机或螺杆塑炼机上进行的高温机械塑炼。在摩擦材料行业中，绝大多数是使用开放式炼胶机进行低温塑炼，因此此处主要对其进行介绍。

开放式炼胶机，又称开炼机，如图3.9所示，开炼机是一种常用的橡胶加工设备，具有结构简单、操作容易、设备投资少，但生产率较低、工作效率低而劳动强度大、操作环境条件差等，适用于中、小型工厂使用。

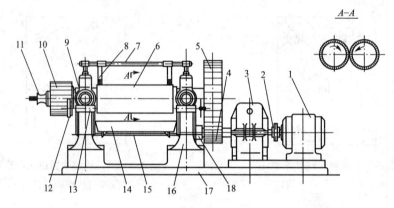

图3.9 开放式炼胶机

1—电动机；2—万向节；3—变速器；4—小齿轮；5—大齿轮；6—辊筒；7—上横梁；
8—挡板；9—蜗轮；10—齿轮；11—冷却装置；12—手轮；13—蜗杆；14—料盘；
15—下横梁；16—机架；17—底座；18—轴承

开炼机的两个相对旋转的辊筒，分别对物料有径向作用力和切向作用力，这两种力的垂直分力将物料拉进辊隙，称为钳取力，水平力对物料进行挤压，称为挤压力。钳取力和挤压力都来自两个辊筒同时作用在物料上的结果。

由于辊筒是热辊，橡胶料在辊压过程中，因受热会变软发黏，因此物料与辊筒的摩擦比较剧烈。当反复辊压时，由于物料与辊筒以及物料内部分子摩擦，使物料的温度升高，物料与辊筒间的摩擦进一步增大并有利于辊压和塑化。物料经过反复挤压延展，各种成分进一步分散均匀。为了强化塑炼，通常两个辊筒的转速不一样，使物料除了受挤压之外，还受剪切和撕裂作用。物料最后包裹在转速较慢或辊筒温度较高的辊筒上。

将生胶块在炼胶机上反复用切刀割下再投入辊筒间或不断地翻动辊上胶片，使胶料具有一定塑性时，再加入橡胶配合剂，使其通过辊筒挤压作用逐渐与胶料混合均匀，同时反复进行薄通操作，薄通的目的，一是加快塑性的提高，二是使橡胶配合剂更好地与橡胶混合。

薄通操作到胶片可塑性达到生产要求后，即将辊距调大，使胶片通过辊间下辊，所得的塑炼胶片打成胶包，供下道热辊炼工序使用。

以 $\phi560$ 开炼机塑炼丁苯橡胶为例，适宜的工艺条件可为：投胶量为 30~35kg，塑炼时间为 10~15min；辊炼时前辊温度为 55~60℃，后辊温度为 50~55℃，二辊转速比为前：后＝1∶1.15~1∶1.23。

④ 塑炼过程中对橡胶的可塑度的要求和测定方法。在橡胶制品工业中，通常要求橡胶在塑炼过程中，弹性减少，塑性增加，塑炼完成后，能具有符合要求的可塑度，以便于进一步加工操作。在摩擦材料制品生产中，大多数情况下，树脂和橡胶两者分别起着主要作用和辅助作用(少数情况下，橡胶承担了主要作用，如软质摩擦材料)，因此，塑炼工艺中对橡胶可塑度的要求，不如橡胶制品工业那么严格。摩擦材料行业主要要求通过塑炼操作后，塑炼胶能在下一步的热辊炼工序中和树脂实现均匀共混；或在软质摩擦材料的冷辊炼过程中和树脂、填料、纤维实现均匀混合；或在化胶工序中能被溶剂很好地溶解并打成胶浆，用于湿法生产工艺。为达到这些工艺的目的，应该了解掌握橡胶的可塑度及其测定方法。

测定橡胶可塑度的方法较多，但并不是测定其真正的塑性，而是测定橡胶黏弹变形的大小，即用不同的使橡胶变形的方法，在适当的温度条件下，测定橡胶的变形速度与应力的关系。国内测定橡胶可塑性所常用的可塑计有两种类型：

a. 压缩型可塑计。即将一定规格尺寸的试片，放在两块平板间，先加一定负荷，测定一定时间后的变形与去除负荷后的变形，或去除负荷后的相对永久变形。这类可塑计有两种：

(a) 德弗可塑计（图 3.10）。将直径与高度约为 10mm±0.3mm 的圆柱体试样，在 80℃±1℃ 恒温箱中预热 20min，然后将试样夹在与其直径相同的平行板间，调整负荷，将试样在 30s 内慢慢压缩至 4mm 高度时所需的质量（g）称为德弗值（又称德弗硬度）。所得数值越大，表示胶料的可塑度越小。然后将负荷去掉，并停放 30s，其弹性恢复部分称为德弗弹性。

一般资料中见到的德弗值即代表可塑性。此种仪器优点是测定范围广，测试迅速，特别适用于合成橡胶。

(b) 威廉姆可塑计。威廉姆可塑计又称威氏可塑计，如图 3.11 所示，所测试样是直径为 16.0mm±0.5mm，厚度为 10mm±0.3mm 的圆柱体。将试样放在温度 70℃±1℃ 下预热 3min，然后将试样置于仪器的上下压板之间，并在 5.000kg±0.005kg 负荷下压缩 3min，测定其厚度。然后去掉负荷，取出试样，在室温下放置 3min，再测其恢复后的厚度。

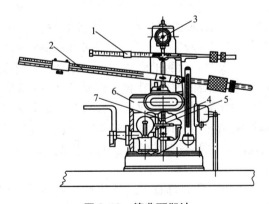

图 3.10 德弗可塑计
1—杠杆(50~100g，100~300g)；2—杠杆(300~1400g，1400~5500g，5500~20000g)；3—测量表；
4、5—加压板；6—恒温箱；7—试样

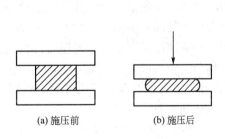

(a) 施压前　　(b) 施压后

图 3.11 威氏可塑计

胶料可塑度按下式计算：

$$P=(h_0-h_2)/(h_0+h_1) \tag{3-6}$$

式中，h_0 为室温下的试样厚度(mm)，h_1 为试样经负荷作用 3min 后的厚度(mm)，h_2 为去掉负荷在室温下恢复 3min 的试样厚度(mm)。

b. 旋转扭力矩型可塑计。这类可塑计主要有门尼黏度计。门尼黏度是一种表示胶料流动性好坏的参数。

门尼黏度计系将胶料填充在此仪器的模腔与转子之间。试验温度为100℃±1℃，胶料在模腔内预热 1min，然后开动电动机，转动 4min，记录百分表上的数值，该数值表示胶料对所加转动力矩的抵抗能力，数值越大表示黏度越大，流动性越差；数值越小，表示胶料流动越好，例如，ML1+4100℃115 表示在 100℃试验温度下，预热 1min，转动 4min 时间的门尼黏度为 115。

(2) 热辊炼。热辊炼的目的是将经塑炼的具有可塑性的塑炼胶，在加热的炼胶机辊筒上和树脂进行均匀混合；同时树脂与固化剂(六亚甲基四胺)也在加热状态下进一步变定固化，使热塑性酚醛树脂在一定的温度条件下转化为热固性酚醛树脂，固化速度缩短到符合压制工艺要求的指标。通过辊炼后的树脂，不但对摩擦材料制品的生产工艺有很大影响，而且对摩擦材料制品的性能也有很大影响。

热辊炼操作通常在开放式炼胶机(开炼机)或炼塑机上进行，首先将已经塑炼好的橡胶放于炼胶机上进行热炼，经几分钟后的热炼，使其基本包辊后，再将称好质量，并已经粉碎成粒径为 3～5mm 的颗粒的热塑性酚醛树脂，投入到辊温已达 90～110℃的开炼机辊筒上，树脂受热后开始熔化，并会粘在辊上，然后按配方要求，投入定量的六亚甲基四胺，随之就熔化在树脂中，经过一段时间的混合与热炼制后，在热塑性酚醛树脂与六亚甲基四胺进行混合及反应的同时，也与橡胶进行了混合。

在辊炼过程中，要不断地翻料，使之更充分的均匀，辊炼时间一般为 5～10min。

辊炼树脂的时间，是树脂辊炼重要的操作控制条件之一。有足够的辊炼时间，才能使树脂和硬化剂有充分的混合机会，达到辊炼的目的，保证辊炼有良好的工艺性能。辊炼时间过短，被辊炼的树脂和六亚甲基四胺混合及两者间相互反应就会不彻底，达不到加入硬化剂的目的。反之辊炼时间过长，则可能会出现树脂流动性变差，失去良好的工艺性能，甚至在炼胶机上产生硬化现象失去使用价值。较好的控制辊炼时间的方法是：当六亚甲基四胺和热塑性酚醛树脂在炼胶机上熔混并开始反应时，树脂的颜色由浅逐渐变深，并变为淡黄色。辊面树脂出现"拉毛"现象，此时即为树脂和硬化剂在辊上的反应终点，被辊炼的树脂应该迅速下辊，并且还要进行迅速冷却。如果"拉毛"过大，并转为消失，树脂表面颜色就会由淡黄色变到深黄色，就表示辊炼树脂开始硬化，这样的辊炼树脂，基本上已经固化。"拉毛"现象不明显时，树脂颜色较浅，说明被辊炼的树脂和硬化剂之间作用尚未能达到所要求的程度。

"拉毛"是炼胶机辊上树脂表面由于受辊加热变软，具有流动性并在辊的转动作用下而形成的一种垂直于辊面的极细小的树脂丝，细如毛发一样。这种现象称为"拉毛"。当这样的毛丝开始消失时，整体的树脂就会出现下流，开始向热固性转化，此时应该用装在炼胶机上的刮刀，将辊上辊炼好的树脂-橡胶共混物刮下来，迅速放在地上铺平冷却，或通过薄片机将其压成厚 5～10mm 的薄片置于料盘中，进行冷却。

冷却后的辊炼树脂胶片为脆硬固体，通常通过粗碎、细碎，将其粉碎制成胶料粉。这种胶料粉可以进入混料工序，在混料机中和纤维、填料混合后制成供压制工序使用的压塑料。热辊炼法的橡胶、树脂共混物主要应用于硬质摩擦材料，其中酚醛树脂为粘结剂的主要成分，橡胶则为辅助成分，橡胶在摩擦材料组分中的用量为2%～5%，5%为橡胶用量的上限，超过此上限后，辊炼好的树脂-橡胶共混体胶料片脆硬性下降，柔软性和弹性增大，致使粉碎操作发生困难，不易制成符合压制工艺要求的压塑粉。

2) 冷辊炼法

冷辊炼法是将粉碎树脂和橡胶置于炼胶机或炼塑机的辊筒间，在不加热条件下进行共混，并且此混炼胶料与其他组分如纤维、填料等均在炼胶机(炼塑机)上实现混合，得到的混合料即压塑料可直接进行成形加工制成产品。

在冷辊炼法工艺中，经共混的树脂和橡胶与纤维、填料于辊筒间均匀混合后，用炼胶(塑)机上的切刀将其切割，得到带状压塑料，只需按长、宽尺寸进行剪裁后，再进行成形加工即可。无须像热辊炼法工艺中那样对辊炼胶料进行破碎和粉碎加工。因此，橡胶加用量可以不受热辊炼法工艺中橡胶用量5%上限的限制，事实上冷辊炼法生产的产品中，橡胶成为粘结剂中的主要成分，而树脂成为辅助成分，所得产品属于软质摩擦材料。

(1) 冷辊炼法工艺步骤：

① 橡胶塑炼。橡胶经塑炼后，弹性降低，可塑性增大，方便于树脂进行辊炼，具体操作方法和上面的热辊炼法的操作工艺相同，只是控制的操作条件不同。

② 辊炼操作。将塑炼橡胶按要求质量称量后，投入炼胶(塑)机中，辊距控制适当，进行辊炼，待橡胶全部包辊后，加入含六亚甲基四胺的酚醛树脂粉，进行初步辊炼，经几次切下打三角包后，使橡胶和树脂继续进行辊炼，然后加入纤维和所用填料与配合剂继续辊炼。注意整个辊炼过程中，控制辊筒表面温度不应超过60℃，以避免橡胶出现早期硫化现象。随着全部组分的加入，辊筒上的物料量大为增加，此时应加大辊筒上挡板宽度到最大(将挡板移到辊筒两端)，并调大双辊间距，以便于辊炼物料能较快通过辊间。在辊炼过程中，应反复用刀切下物料，打成卷包，再投入辊间，并多次薄通，以加快混合速度，随着辊炼的不断进行，物料各组分渐趋均匀，再将辊距调小到2mm左右，用切刀切割下的物料是带状薄片料。由于带宽相当于辊筒两端挡板的宽度，这显然不便于下一步成形加工，因此通常在下料时，用若干把等距间隔的切割刀贴放到辊筒表面，将宽带料片裁剪成若干条(如6～8条)宽度符合产品宽度尺寸或模具内腔尺寸的胶料片。

对于制动带产品，可将这种带状胶料片，直接压型加工。而对于软质制动片产品，需将上述胶料带沿长度方向按模具或产品的长度尺寸要求裁切成条状片料，再叠放于热压模中压制成制动片产品(或将其裁切成条状片料，经冷辊压成形机辊压成带型橡胶料带状，再按产品长度裁切成条状，直接放入热压模中压制成制动片产品)。

冷辊炼法工艺应用于制动片生产的典型例子是制备城市公交车辆用的软质制动片。

(2) 应用实例：

产品材质无石棉型(矿物纤维型)，组分配比范围见表3-32。

生产步骤：

橡胶塑炼→加入树脂、纤维、填料→冷辊炼→下料制条→热压硫化→磨制加工→成品

表 3-32　无石棉型组分配比范围

材料名称	用量(%)	材料名称	用量(%)
橡胶(丁腈或丁苯)	10~15	摩擦调节剂	10~20
2123 树脂	6~10	填料	10~30
FKF 纤维	10~20	—	—

硫化条件：
a. 硫化罐硫化(0.2~0.4MPa，3~4h)。
b. 电烘箱硫化(150~160℃，2~3h)。

这种制动片的摩擦性能经检测结果见表 3-33。

表 3-33　摩 擦 性 能

测验温度/℃ 试验名称	100	150	200	250	300
摩擦因数	0.32	0.36	0.40	0.39	0.36
磨损率/[$10^{-7}cm^3/(N·m)$]	0.14	0.16	0.18	0.25	0.30
抗冲击强度/($dJ·cm^{-2}$)	5.5				
洛氏硬度/HRM	45				
密度/($g·cm^{-3}$)	2.18				

软质制动片的特点是抗冲击强度高，材质硬度低，与制动鼓贴合性好，不易产生制动噪声，使用寿命长，目前在国内城市公交车辆的制动摩擦片上应用较好。

冷辊炼法工艺应用于制动带生产的介绍，将在后面制动带的生产中做详细介绍。

3) 直接混合法工艺

在直接混合法工艺中，橡胶是以橡胶粉的形式与粉状树脂、纤维、填料直接在混料机中混合制成压塑料，此工艺为树脂与橡胶共混工艺中最方便易行的方法。其优点为：

(1) 混合均匀性好，树脂和橡胶粉均可以 100~200^3 的细度，在干态下达到高度混合，改性效果好。

(2) 操作时间短，生产效率高。这个生产工艺和其他干法混料生产工艺相比，省去了橡胶块切割、塑炼、热辊炼和胶料的粉碎或裁切等工序；和湿法混料生产工艺相比，则省去了化胶打浆、湿混合料的加热干燥、破碎等工序，故在摩擦材料生产的各种混料工艺中其操作最为快速简便，若使用立轴式高速混料机，混料时间只需 4~5min，若使用犁耙式混料机，混料时间也只需 15~30min，生产效率比较高。

(3) 橡胶用量比例范围大。此工艺中橡胶料在组分中的用量比例以及它和树脂粉的相对用量比例，可以在摩擦材料组分的粘合剂总用量范围之内，根据生产的不同用途和性能要求任意变动，而不会发生压塑料制备工艺操作的不便或困难。粘合剂既可以树脂为主、橡胶为辅，制成硬质摩擦片；也可以橡胶为主、树脂为辅，制成软质或半软质摩擦片。

由上述可见，直接混合法的优点是很突出的，不过长期以来国内摩擦材料行业所使用的橡胶粉只有丁腈橡胶粉；且价格较高(比丁苯橡胶高出很多)致使摩擦片产品生产成本也较高。此种工艺方法通常用来制造性能要求较高的摩擦材料品种,如轿车盘式制动片、对耐热性和抗冲击强度要求较高的重型车辆制动片、大马力工程机械制动片等。

采用直接混合法工艺,将橡胶粉和树脂粉进行共混制造轿车盘式制动片的应用实例如表 3-34 的组分配比,其产品性能见表 3-35。

表 3-34 组 分 配 比

组分名称	用量(%)	组分名称	用量(%)
丁腈橡胶粉	1~3	多孔性填料	18
树脂粉	7~13	铜纤维	15~25
重晶石(硫酸钡)	10	铁粉	10~14
碳酸钙	10	低成本填料	7~13
摩阻填料	4~10	—	—

表 3-35 产 品 性 能

试验名称 \ 测验温度/℃	100	150	200	250	300	350
摩擦因数	0.37	0.43	0.41	0.38	0.36	0.33
磨损率/$[10^{-7}cm^3/(N \cdot m)]$	0.11	0.18	0.23	0.35	0.51	0.65
抗冲击强度/$(dJ \cdot cm^{-2})$	4.3					
洛氏硬度/HRM	81					

直接混合法工艺制造豪华大巴用无石棉鼓式制动片的组分配比见表 3-36,其性能见表 3-37。

表 3-36 组 分 配 比

组分名称	用量(%)	组分名称	用量(%)
丁腈橡胶粉	2~5	多孔性填料	10~15
树脂粉	12~16	钢纤维	5~10
重晶石(硫酸钡)	10	摩擦粉	3~4
FKF 矿物纤维	20~35	其他填粉	10~15
摩阻填料	2~10	铜丝	2~5

表 3-37 产 品 性 能

试验名称 \ 测验温度/℃	100	150	200	250	300
摩擦因数	0.37	0.38	0.36	0.36	0.32
磨损率/$[10^{-7}cm^3/(N \cdot m)]$	0.27	0.25	0.30	0.36	0.51
洛氏硬度/HRM	83				
抗冲击强度/$(dJ \cdot cm^{-2})$	4.1				

4) 胶浆法共混

胶浆法共混工艺的特点是在化胶机中,将溶剂加入塑炼胶片中,在搅拌过程中,溶剂先将橡胶溶胀,而后再逐步使橡胶溶解,最后制成黏度较大的橡胶浆(有时又称橡胶溶液)这种橡胶浆可和液态树脂或树脂粉、填料、纤维组分在捏合机中进行机械共混。橡胶浆也可以用于浸渍工艺,例如,在缠绕离合器片或编织离合器片的生产中,通过树脂和胶浆的浸渍操作将树脂、胶浆及填料分散、渗透和附着到石棉或非石棉型线、布上,将它制成压制材料(但严格地说,在浸渍工艺操作中,橡胶浆和树脂液是按先后顺序进行浸渍操作,已不属于共混操作)。

胶浆法工艺主要用于丁苯橡胶和天然橡胶,用汽油作为溶剂。丁腈橡胶较少被用于胶浆法工艺,原因是它使用苯或甲苯为溶剂,这两种材料有较大的毒性,对人体健康的危害及对环境的污染不容忽视。其工艺操作过程如下:

(1) 胶浆制备(分两步操作):

① 橡胶塑炼、混炼和打片。塑炼、混炼和打片操作——橡胶塑炼在前面"橡胶塑炼"中已有介绍。将生胶块称量后投入开放式炼胶机。辊筒上挡板间距300～400mm,进行几次薄通后,将挡板距离加宽,辊间距调至2～3mm,辊炼2～3遍后,加入橡胶配合剂进行混炼。

胶料混炼均匀后,调正辊距至0.5～1.0mm,准备下料。用辊筒上的割刀将辊筒上的薄胶片割下来,并可撒些滑石粉、重钙等隔离剂,防止胶片粘连一起,此辊炼薄胶片通过压辊进入切片机,将其切割成20～30mm见方的小胶片,准备进行化胶。切片机结构及切片工艺示意图如图3.12所示。

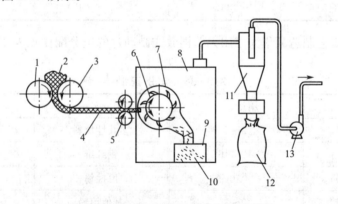

图3.12 切片机结构及切片工艺示意图

1、3—炼胶机前后辊筒;2—混炼胶料;4—胶片;5—喂辊;6—切片机;7—机壳;
8—密闭室;9—胶片箱;10—碎胶片;11—旋风除尘器;12—布袋;13—风机

胶浆法工艺中的塑炼和混炼操作要注意的是:

a. 由于切好的胶片下一步要进入化胶打浆工序,故塑炼胶的可塑性可小一些。且混炼时仅加入基本配合剂(硫化剂、促进剂、防老剂)即可,不必加入其他配合剂。加入填料,可以适当缩短炼胶的时间。

b. 辊温始终控制在40～60℃。

c. 基本配合剂的加入可有两种方法:第一种方法是按先后顺序加入促进剂、防老剂、助促进剂、硫化剂;第二种方法是只加入硫化剂,其他基本配合剂可在化胶打浆时加入。

d. 根据生产经验，建议不必加入硫化促进作用特别大的超促进剂 TMTD，只加用促进剂 M，即可达到效果。在夏季高温季节，可使用促进效果更温和的促进剂 DM，更易掌握操作，避免早期硫化。

e. 出片时要往薄胶片上撒滑石粉或重钙，但要分布均匀，保证切片机切出来的小胶片不会粘在一起，否则会因粘连在一起的胶片厚度较大，溶剂不易渗入胶片内会影响化胶打浆效果。

② 化胶打浆操作。在橡胶生产加工中，生胶或胶料溶解在有机溶剂中，形成高黏度的溶液，称为胶浆。制备胶浆的工艺过程称做化胶（打浆）。

根据生产需要，胶浆可分为"浓胶"和"稀胶"两种：浓胶浆用于搅拌混料工艺，稀胶浆用于浸渍工艺。

生产中对胶浆的要求是：

a. 质量均匀，不得含有未被溶解开的小胶块或胶团，以免使最终的摩擦材料制品中会因有胶块而变成次、废品。

b. 黏度大小合适，对用于搅拌混料工艺的胶浆，必须是有较大的浓度和较高的黏度，若黏度太小，和液态树脂混合搅拌时有可能形成不均匀混合物，不能达到好的共混效果。而对于浸渍工艺的胶浆，黏度必须较稀，以利于浸渍胶液能渗透到石棉或非石棉线、织物内部，过浓的胶浆或过大的黏度，会使这种浸渍渗透产生困难，达不到好的浸渍效果。

橡胶料的溶解过程如下：未经塑炼的橡胶，其微观状态呈球形结构，当它在溶剂中溶解时，需要很长时间。而经过塑炼和混炼的橡胶，其球形粒子已被破坏，在溶剂中溶解速度加快，胶料中的基本配合剂，也随之均匀分散到溶剂整体中。

橡胶是具有高弹性的高分子物质，其溶解过程与低分子物质有所不同。低分子物质在可溶解它的溶剂中，其固体分子因溶解到溶剂中而逐渐离开固体表面，进入溶剂后扩散到整个溶剂的各个部分。而把橡胶放到其溶剂中时，橡胶首先发生溶胀，即溶剂渗透到橡胶内部，使其膨胀，当橡胶达到了最大的膨胀限度后，再逐渐溶解在溶剂中。

在化胶打浆的过程中，橡胶自动进行的溶胀和溶解及机械搅拌作用，使橡胶和溶剂不断的混合，加快其溶胀和溶解速度。制造胶浆的设备通常使用立式圆桶形搅拌机，又称化胶机。

胶浆黏稠度的控制及其测定方法：

在胶浆法工艺中，胶浆黏稠度的掌握是重要的一项，因为用于混料搅拌的胶浆，往往和液态树脂进行共混。而液态树脂有水乳液树脂和酒精溶液两种形式，生产经验表明，树脂黏度和胶浆黏稠度相匹配时，两者共混均匀，效果较好。若树脂黏度过小，橡胶黏度过大或过小，都会造成两者不能混合均匀。而用于浸渍工艺时，胶浆的黏度要小些，才能充分浸渍线或布制品。通常混料搅拌用的胶浆中橡胶和汽油用量比为 1：(3.5～4)，而用于浸渍工艺时，橡胶和汽油用量比为 1：(4～6)。

生产上用黏度计（见图 3.13）来测定胶浆的黏度。

(2) 胶浆和树脂的搅拌共混。使用胶浆和树脂进行混合搅拌的工艺中，树脂一般为液态，包括水乳液树脂（我国称为 2124 热固性酚醛树脂，又称 K-6 树脂）和热固性酚醛树脂的酒精溶液。此种混合工艺在摩擦材料中属湿法工艺，其生产流程为

$$称料 \rightarrow 混合搅拌 \rightarrow 辊压成片 \rightarrow 烘干 \rightarrow 破碎 \rightarrow 压型$$

按配方要求，将各组分称量。先将水乳液树脂投入 ZH-100 真空捏合机，如图 3.14

所示，加入适量的酒精，开机搅拌，水乳液树脂和酒精在搅拌作用下，逐步形成树脂的酒精溶液；投入橡胶浆，继续搅拌，根据树脂和橡胶的混合情况可加入少量汽油，使两者形成均匀混合物；再加入填料，搅拌数分钟，加入纤维等组分并不断搅拌，在整个搅拌过程中，每2～4min要反向搅拌一次，这样反复进行反正转的搅拌方法可以使物料混合的更均匀。一般混料时间为15～30min。

图3.13　NDJ-8S数显黏度计　　　　图3.14　ZH-100真空捏合机

当物料混合均匀后，可结束搅拌，开动捏合机传动系统，将物料从捏合机中放出到料箱中待用。

此种混合料呈大球块状，通常在炼胶机中再辊压成3～5mm厚的片状料，经加热干燥后粉碎成20～30mm见方的小料块，即成为可进行压型的压塑料。

胶浆-树脂搅拌共混工艺操作中影响质量的几个因素：

① 液态树脂和胶浆的黏度匹配性会影响其共混均匀性，两者黏度相匹配时，混合均匀性好，两者不相匹配时，即树脂黏度过大，胶浆黏度小或反之，两者在捏合机搅拌时均匀性就差，甚至分层。通常根据操作经验，在搅拌过程中适当添加酒精或汽油来调节树脂与胶浆的黏度，以得到良好的均匀的混合；

② 搅拌时间对压制成品的抗冲击强度会产生影响。物料捏合机中搅拌时，不断受到桨叶转动对物料产生的挤压和撕裂作用，物料不断形成团块而后又被撕碎，使物料中的纤维组分变短，造成制品冲击强度下降。因此，在满足物料混合均匀的前提下，应缩短搅拌时间，混料搅拌时间长短对石棉制动片的抗冲击强度影响很大，见表3-38。

表3-38　混料搅拌时间对石棉制动片的抗冲击强度的影响

混料时间/min	10	20	30	40	60
抗冲击强度/(dJ·cm^{-2})	4.3	4.0	3.5	3.2	3.0

③ 捏合机中混合好的物料为大块混合料，挥发分含量为6%～10%，必须经辊压成片，加热干燥，挥发分含量减少到工艺指标要求后才能进入热压工序，为此需掌握下面几点：

a. 经加热干燥后，热压要求的压塑料的合适挥发分含量为3%～4.5%，含挥发分量超过5%的压塑料，在热压成形过程中，很容易产生压制品起泡或裂缝现象，造成次、废品；含挥发分量低于3%时，压塑料流动性变差，压制品表面会产生砂眼（又称孔眼、麻眼）、缺边、缺角等缺陷，同样造成次、废品。

　　b. 加热干燥的温度条件，以70～80℃为宜，干燥时间视物料水分含量和辊压片料的厚度不同而不同，一般为2～4h，若温度超过90℃时，物料干燥时间超过1h后，流动性会变差，甚至造成老化，失去热压成形所需的流动性而变成废品；若温度低于65℃时，干燥所需时间太长，生产效率下降。

　　c. 辊压胶片的厚度以1.5～2.5mm为宜，料片过厚，内部水分不易挥发出来，干燥的时间就会过长；有时还造成料片内部干湿度差别较大，当内部干湿程度较好时，而表面已经比较干了，流动性不好，造成压制成形困难；料片过薄时，固然易于干燥，但辊压机上用割刀下料时，会存在一些困难，并且料片占地面积过大。

　　d. 辊压片料为一米多宽的连续料片，需经干燥后粉碎成小块料，才能供热压成形使用。破碎后的小片料的长宽尺寸以20～30mm为宜。块料颗粒直径过大时，往模腔中加料会产生困难，并影响压塑料流动，从而影响压制品的表面会产生缺陷。

　　e. 搅拌共混工艺中，胶浆中含有溶剂汽油，液态树脂有时需加入酒精，这些溶剂均为易挥发和易燃、易爆物质，在捏合搅拌和辊压成片操作时，应注意通风排气，并要注意减少污染。在烘干室中加热时，必须采用间接的蒸汽加热，采用鼓风式干燥及时将水分和汽油、酒精蒸气排空，严禁一切明火，保证生产安全。

　　(3) 挤出法工艺——胶浆和树脂搅拌共混的另一种工艺。挤出法工艺和上述胶浆共混工艺在其组分上的区别，为所用的酚醛树脂为热塑性粉状树脂，工艺过程为：

　　① 将经塑炼、混炼操作后的橡胶，在打片机中打成小薄片，再投入化胶机中化胶打浆，制成胶浆，具体工艺操作条件在前面已有叙述。

　　② 将胶浆、热塑性酚醛树脂粉、填料和纤维加入捏合机中进行搅拌，使物料混合均匀。

　　③ 将混合料投入挤出机。通过挤出机可调规格尺寸的出料口模腔，就可连续不断地挤出成条状物，再按压制片的长度或宽度要求切割成供热压使用的压塑料坯块。

　　④ 毛坯中含有橡胶溶剂，需经加热或自然干燥，以除去溶剂与挥发组分，使之达到符合热压工序要求。

　　⑤ 将毛坯放入液压机的压模中，在加热加压条件下压制成形。

　　挤出法的特点是，配料组分中的橡胶成分的用量比例应不低于摩擦片总组分的15%～18%。而且，橡胶浆中溶剂与橡胶的比例不能太低，这样才能使混合物具有一定的柔软性和流动性，从而在挤出机中顺利挤出毛坯。因此挤出工艺制成的摩擦制品一般为软质摩擦材料或半软质摩擦材料。而以树脂为主要粘结剂组分，仅少量配用橡胶粘结剂的硬质摩擦材料，由于挤出相当困难的原因，就不适宜采用挤出工艺法进行生产。

　　挤出法工艺一般用来制造较薄的轻、微型汽车制动片。

　　5) 胶乳法工艺

　　胶乳法工艺在我国曾于火车合成制动瓦生产中所采用。所用的胶乳为丁苯胶乳，它和树脂的共混采用直接混合法。在捏合机或三轴搅拌机中，将树脂和填料、纤维等材料先进行混合，待基本混合均匀后将含量为40%～50%的丁苯橡胶乳液喷洒到混合料中，继续混合直到物料完全混合均匀。

　　若所用的树脂为液体酚醛树脂，所得的混合料为块状物料，若所用的树脂为粉状的固体树脂，搅拌所得的混合物料是颗粒状的料。可通过加热干燥除去胶乳与树脂带到物料中的水分和挥发物,再进行碎化处理制成小颗粒压塑料进行热压成形做成产品。

在树脂、填料和纤维的混合料中加用胶乳的目的是为了降低制品的弹性模量。胶乳加入量通常为组分总量的2%~5%,火车合成制动瓦若单纯用酚醛树脂作粘结剂,则制品压缩弹性模量可高达 10^5 左右,由于质地过硬,制动瓦工作时与车轮踏面贴合性差,造成局部接触点温度过高,会造成车轮踏面出现"刻度裂纹"(热裂纹),制动瓦表面产生热龟裂。在组分中加入丁苯胶乳后,降低了制品硬度、压缩弹性模量,改善了制动瓦的贴合性,克服了车轮踏面的损伤及制动瓦表面出现的热龟裂等问题。

自20世纪90年代以后,我国丁腈橡胶粉实现了工业化生产和应用,在混料机中,将树脂和橡胶直接混合显然比树脂料和胶乳直接混合操作要方便简单,不必再经过加热干燥、破碎等步骤,而且高细度的粉状树脂与橡胶共混改性效果更好,因此对丁腈橡胶粉的使用越来越广泛,而使用胶乳的直接混合工艺逐渐减少。

3.2　纤维增强材料

纤维增强材料构成摩擦材料的主体,它赋予摩擦制品一定的摩擦性能和足够的机械强度,使其能承受摩擦片在生产过程中的磨削和铆接加工的负荷力以及使用过程中由于制动和传动所产生的冲击力、剪切力、压力、离合器片高速旋转的作用力,避免发生破坏和破裂。

我国有关标准及汽车制造厂根据摩擦片的实际使用工况条件,对摩擦片提出了相应的机械强度要求,如抗冲击强度、抗弯强度、抗压强长、剪切强度、旋转破坏强度等。为了满足这些强度性能要求,需要选用合适的纤维品种,在进行选择时,纤维的增强性能-价格比,是很重要的选择原则,即不但要有好的增强效果,还要有能被市场接受的成本价格,这对无石棉摩擦材料尤为重要,因为只有具有良好的技术经济综合性能的摩擦制品,才能够具有较强的市场竞争能力。

摩擦材料对其使用的纤维组分要求是:

(1) 增强效果好。

(2) 耐热性好,在摩擦工作温度下,不会发生熔融、碳化与热分解现象。

(3) 具有基本的摩擦因数。

(4) 硬度不宜过高,以免产生制动噪声和损伤制动盘(鼓)。

(5) 工艺可操作性好。

由于摩擦材料制品在工作中长期处于高温工况下,一般有机纤维无法承受这种高温条件,故而摩擦材料中多数是应用无机纤维,它们包括天然矿物纤维类,如石棉纤维、纤维状海泡石、坡缕石、硅灰石等;人造矿棉和无机纤维类,如陶瓷纤维、硅酸铝纤维、岩棉、复合矿物纤维、玻璃纤维等;金属纤维类,如钢纤维、铜纤维、铝纤维等。除了无机纤维外,一些有机类纤维也被应用在摩擦材料中,如芳纶,其是属于高性能、高价格的一种耐热及抗拉强度均优良的纤维;碳纤维则用在航空制动片中,或用于其他一些对耐热性能和强度要求高温摩擦材料制品中;其他一些有机纤维,如纤维素纤维、人造有机纤维或合成纤维、植物纤维也多有应用,但主要作为辅助成分被少量使用。

目前,国内外习惯将摩擦材料分为两大类,即石棉摩擦材料和无石棉摩擦材料。

石棉在摩擦材料中至今仍具有不可完全被取代的特性，因为：它可以提供较高的机械强度及良好的耐热性、耐磨性，有相当好的对粘结剂的吸附性等，可使制品获得使用中所必需的各种物理机械性能指标。虽然石棉（石棉粉尘）对环境造成了危害，但因为各种各样的石棉代用材料也不断发现危害环境，所以以石棉为增强材料的石棉系列摩擦材料，由于其具有良好的综合性能与较低的价格，在摩擦材料生产中依然占有一定的地位。

在无石棉摩擦材料方面，根据上述的五项要求，再加上价格成本的要求，可以认为，各种非石棉纤维中很难找到任一种纤维能单独承担代替石棉的角色，较好地满足这多方面的性能要求。钢纤维虽在盘式制动片中可被用作主体纤维，但在鼓式制动片、离合器片中无法单独担任增强组分的角色，因此，在无石棉摩擦材料的组分中，最常采用的是多种纤维的组合使用。在选用纤维时，一个重要的原则是纤维及制品的综合技术经济性能，即合理的性能、价格比。

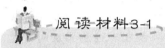
阅读材料3-1

石棉（asbestos）

石棉又称"石绵"，为商业性术语，指具有高抗张强度、高挠性、耐化学和热侵蚀、电绝缘和具有可纺性的硅酸盐类矿物产品。它是天然的纤维状的硅酸盐类矿物质的总称。石棉种类很多，依其矿物成分和化学组成不同，可分为蛇纹石石棉和角闪石石棉两类，蛇纹石石棉又称温石棉，它是石棉中产量最多的一种，具有较好的可纺性能；角闪石石棉又可分为蓝石棉、透闪石石棉、阳起石石棉等，产量比蛇纹石石棉少。石棉由纤维束组成，而纤维束又由很长很细的能相互分离的纤维组成，如图3.15所示。石棉具有高度耐火性、电绝缘性和绝热性，是重要的防火、绝缘和保温材料。

图3.15 石棉

石棉矿床产在超基性岩中或变质白云岩中，在宽几毫米或几厘米的岩石裂隙中形成棉脉，矿体则由群集的棉脉组成。蛇纹石石棉分布广，占石棉总产量的95%。它主要形成于侵入体与白云岩或白云质灰岩的接触带和超基性岩经变质作用形成的蛇纹岩的网状裂隙中。角闪石石棉多在动力变质条件下，由热液提供钠、镁质交换含铁硅质岩而成。最大的纤蛇纹石石棉矿藏位于俄罗斯的乌拉尔山脉。

据美国USGS统计，世界石棉已探明储量2亿吨，主要分布在俄罗斯、中国、加拿大、哈萨克斯坦、巴西、南非和津巴布韦，特别是俄罗斯的乌拉尔地区和加拿大的魁北克地区，合计约占世界总储量的50%。

中国石棉生产始于20世纪50年代初，生产和消费随着国民经济的发展而加快。1996年后，石棉生产由于环保等原因，以及俄罗斯石棉进口的冲击，2003年中国生产石棉33.7万吨，实际上，中国石棉的需求并未减弱，只是进口大大增加了。据统计，目前国内能基本正常生产的大中型石棉矿山及加工企业约31家，其中生产能力超过3万吨的企业有青海茫崖蛇纹石石棉矿（年产8万吨）、新疆巴州石棉矿（年产4万吨）、新疆若羌石棉矿（年产3万吨）；年产两万吨以上的有四川新康、四川石棉矿、青海祁连、辽宁朝阳、甘肃阿克塞石棉矿、甘肃鸣沙石棉矿等。2003年中国石棉实际年生产能力已达45万吨，而实际产量为33万吨左右。中国生产的长纤维石棉少，中短纤维石棉多。

石棉纤维可以织成纱、线、绳、布、盘根等，作为传动、保温、隔热、绝缘等部件的材料或衬料，在建筑上主要用来制成石棉板、石棉纸防火板、保温管和窑垫以及保温、防热、绝缘、隔音等材料。石棉纤维可与水泥混合制成石棉水泥瓦、板、屋顶板、石棉管等石棉水泥制品。石棉和沥青掺和可以制成石棉沥青制品，如石棉沥青板、布（油毡）、纸、砖以及液态的石棉漆、嵌填水泥路面及膨胀裂缝用的油灰等，作为高级建筑物的防水、保温、绝缘、耐酸碱的材料和交通工程的材料。国防上石棉与酚醛、聚丙烯等塑料粘合，可以制成火箭抗烧蚀材料、飞机机翼、油箱、火箭尾部喷嘴管以及鱼雷高速发射器；船舶、汽车、飞机、坦克中的隔音、隔热材料，石棉与各种橡胶混合压模后，还可做成液体火箭发动机连接件的密封材料。石棉与酚醛树脂层压板，可做导弹头部的防热材料。蓝石棉还可作防化学、防原子辐射的衬板、隔板或者过滤器及耐酸盘根、橡胶板等。

石棉污染：世界上所用的石棉95%左右为温石棉，其纤维可以分裂成极细的元纤维，工业上每消耗1t石棉约有10g石棉纤维释放到环境中。1kg石棉约含100万根元纤维。元纤维的直径一般为0.5μm，长度在5μm以下，在大气和水中能悬浮数周、数月之久，持续地造成污染。研究表明，与石棉相关的疾病在多种工业职业中是普遍存在的，如石棉开采、加工和使用石棉或含石棉材料的各行各业中（建筑、船只和汽车修理、冶金、纺织、机械和电力工程、化学、农业等）。

美国环保局已经对一些石棉制品进行限制使用，如1972年颁布的有关禁止喷涂含石棉纤维的耐火涂料的条例。

德国1980—2003年期间，石棉相关职业病造成了1.2万人死亡。法国每年因石棉致死达2000人。美国在1990—1999年期间报告了近20000个石棉沉着病例。

1998年，世界卫生组织重申纤蛇纹石石棉的致癌效应，特别是导致间皮瘤的风险，继续呼吁使用替代品。世界卫生组织还声明，没有认定任何门槛，在此水平之下石棉粉尘不致产生癌症风险。

许多国家选择了全面禁止使用这种危险性物质，包括大多数欧盟成员国（所有成员国到2005年必须禁止一切石棉的使用）和越来越多的其他国家（冰岛、挪威、瑞士、新西兰、捷克、智利、秘鲁、韩国），其他一些国家正在审视石棉的危险，如澳大利亚和巴西。

目前各国均无室内空气石棉浓度的质量标准，一般可以参考最高容许浓度：

中国：温石棉在车间空气中的阈限值为2个纤维/cm³（大约5μm的纤维）。

美国：温石棉、石棉粉尘、铁石棉等六种石棉的加权平均浓度：2个纤维/cm³（大于5μm的纤维）。

致癌性：石棉本身并无毒害，它的最大危害来自于它的纤维，这是一种非常细小、肉眼几乎看不见的纤维，当这些细小的纤维被吸入人体内，就会附着并沉积在肺部，造成肺部疾病，石棉已被国际癌症研究中心肯定为致癌物。

石棉必须被取代

石棉作为一种天然矿物纤维，具有质轻、价廉、分散性好、摩擦磨损性能好、增强效果好等特点，因此在摩擦材料中得到了广泛的应用。从 20 世纪 20~80 年代，石棉基摩擦材料几乎是一统天下。

自从 20 世纪 70 年代，石棉及其高温分解物被确认属于致癌物质后，许多国家对石棉的使用都做出了具体的规定。瑞士及德国规定 1988 年生产的汽车不能使用石棉基摩擦材料。美国也有 10 年内禁止使用石棉的提案。与此同时，石棉粉尘的严格限制必须对除尘设备进行高额投资，致使石棉摩擦材料价格上升。随着汽车科技的进步，汽车的速度越来越高，制动器更小以及盘式制动器的出现，对摩擦材料的性能提出了更高的要求，使用条件也更为苛刻。如今轿车前轮盘式制动温度可达 300~500℃，而石棉在 400℃ 左右将失去结晶水，580~700℃ 时结晶水将完全丧失，同时也失去弹性和强度，已基本失去增强效果。石棉脱水后导致摩擦性能不稳定、损伤摩擦偶及出现制动噪声，因此，石棉基摩擦材料显然不能适应汽车工业和现代社会发展需求将逐步被取代。

➡ 资料来源：http://baike.baidu.com; http://www.bokee.net

3.2.1 石棉纤维

1. 石棉的性质与用途

1) 石棉的化学组成与应用特性

石棉是含水的镁硅酸盐。温石棉的理论化学式是 $Mg_3(Si_2O_5)(OH)_4$，通常将其结构式用 $3MgO \cdot 2SiO_2 \cdot 2H_2O$ 表示，实际上 SiO_2、MgO 通常部分地为 FeO、Fe_2O_3 与 Al_2O_3 等所代替。

石棉的化学成分理论值为：SiO_2 约占 43.35%，MgO 约占 43.65%，H_2O 约占 13.00%。

石棉内的水分可分为结构水与化合水两种情况，一种是以 (OH^-) 根存在；另一种以结晶水方式存在于晶体构造内部。石棉还极易吸附水分，这种吸附水存在于石棉纤维表面。

温石棉的外观为灰白色或黄绿色，相对密度 2.4~2.6，莫氏硬度 2.5，熔点 1520℃，导热系数 $0.13 kcal/(m \cdot h \cdot ℃)$（$1kcal = 4.1868 kJ$），抗张强度高、弹性模量为 $1.624 \times 10^6 kg/cm^2$，纤维成极细管状结构，质柔软，导电性很弱，为很好的热和电的绝缘体，耐碱性强，耐酸性弱。

温石棉在摩擦材料中的应用特性：

温石棉纤维具有较高的强度，这是它的一项宝贵性能。由于石棉是石棉型摩擦材料的主要增强组分，其用量要占制品中总量的 35% 以上，因此石棉纤维强度是构成石棉系列摩擦材料强度的基础。

未经加工的石棉具有很高的抗拉强度，表 3-39 中是温石棉与其他几种材料抗拉强度的比较。

表 3-38 中数据可看出，温石棉的抗拉强度要高于棉纤维和熟铁。

表 3-39 温石棉与其他几种材料抗拉强度

材料	抗拉强度/(kg/cm²)	材料	抗拉强度/(kg/cm²)
温石棉	5600～7000	棉纤维	5110～6230
碳钢	10850	玻璃纤维	7000～14000
熟铁	3360	铁石棉	1120～6300

温石棉的原矿纤维实际上是石棉的纤维束,所以使用前对石棉还要进行机械加工,即所谓原棉处理。处理的主要目的是使选过的石棉能达到使用要求:使石棉纤维束变得较细而柔软,纤维中含砂量较低。但在碾压、开松等加工处理过程中,石棉纤维被不断撕裂开,成为极细的石棉纤维束的同时,在机械外力作用下纤维被不断弯折、扭转而发生变形,受到破坏,致使石棉纤维的强度下降。例如,采用碾压办法把石棉纤维束开解时,碾压时间及碾压后再进行开解的操作,对石棉样品强度的影响见表 3-40。

表 3-40 采用碾压办法开解石棉的物理机械试验结果

加工形式和时间	断裂强度/(kg·cm⁻²)	弯曲强度/(kg·cm⁻²)	受压强度/(kg·cm⁻²)	剪切强度/(kg·cm⁻²)
碾压 5min	380	738	717	566
加一次开解	264	723	709	618
加二次开解	184	429	588	538

我国某石棉矿的石棉,原矿石棉纤维断裂强度未经开解时在 300kg/cm² 左右,而经过机械加工进行开解选棉之后,强度急剧下降。因此对石棉的处理,既要做到石棉纤维开解得越细越好,又要做到石棉纤维的强度损失越小越好。同时,理论又证明,石棉几乎不能被开解成单纤维的矿物。因此对石棉的处理,必须要选择适宜的工艺方法及处理设备。石棉纤维中含有的砂石等杂质,会影响其制品的摩擦性能以及机械强度,所以在处理石棉纤维的过程中,也要同时除去这些砂石,即所谓的除杂。

在石棉摩擦材料生产过程中,对石棉与树脂、填料进行混料操作时,在混料机搅拌桨叶的高速搅拌作用下,石棉纤维也会受到不同程度的损伤,搅拌时间越长,损伤也越重,即制品的抗冲击强度和其他机械强度(抗拉强度、弯曲强度)降低,表 3-41 中显示混料时间对摩擦制品抗冲击强度的影响。

表 3-41 混料时间对摩擦制品抗冲击强度的影响

混料时间/min	5	10	20	30
制品抗冲击强度/(dJ·cm⁻²)	5.0	4.8	4.3	3.7

注:混料机主轴转数 500r/min,石棉为芒崖 5-60 级石棉。

由上述可知,在温石棉原棉加工处理过程以及生产摩擦材料的过程中,都要注意机械处理对石棉纤维造成损伤的问题,既要做到符合原棉加工要求,混料均匀,又要尽量减少和避免纤维损伤和制品强度降低的情况。

石棉品种、纤维长度、用量对制品性能的影响:

不同的石棉品种,其制品性能也有所不同。同一等级不同品种的石棉纤维强度是不相同的，硬结构和半硬结构石棉的强度要高于软结构石棉，用它所做的摩擦材料制品的冲击强度也有明显的差别。表3-42是使用同样五级石棉的制动片的抗冲击强度比较。

表3-42 同一等级不同品种的石棉的制动片的抗冲击强度

石棉品种	芒-5	新疆-5	吕梁-5	涞源-5	川-5	康-5	陕南-5
制品抗冲击强度/(dJ·cm^{-2})	4.8	4.2	4.3	3.8	3.9	3.3	4.0

因此可以根据不同制品的性能要求，选择使用不同品种的石棉。

石棉纤维长，其摩擦材料制品的冲击韧性增大，抗冲击强度高，四级石棉的纤维长度长于五级和六级石棉，前者的制品抗冲击强度高于后者。但因四级石棉价格较高，故仅少量用于制造离合器面片，一般不用于制动片中，制动片使用的石棉主要为五、六级。

石棉纤维对摩擦材料制品的摩擦因数影响不大，但短纤维制品的磨耗略高于长纤维的制品。

石棉在组分中的用量比例增加，制品机械强度也明显增高。石棉用量的增加，对摩擦因数的影响不大，而对磨耗量会有所增加。

2) 温石棉的性质

(1) 耐热性。石棉纤维加热到110℃，2/3的吸附水会析出，纤维的抗拉强度降低10%左右；超过368℃时，吸附水全部析出。纤维的抗拉强度降低20%左右，此过程纤维质量损失3%~4%，不过这种变化是可逆和暂时的，石棉在正常环境温度和湿度下，经过3~4天后就能从空气中吸收水分，从而恢复原有的机械强度和水分；当加热温度超过450℃时，其结晶水开始逸出，机械强度逐渐下降；510℃以上时，以OH$^-$存在的这部分结构水，逐渐全部逸出，而逸出后的结构水不能恢复。失去水分的石棉纤维变脆，机械强度也全部失去，用手可将其搓成粉末。

石棉在受热过程中的质量变化如图3.16所示。图3.17中显示出石棉布在受热升温过程中，350℃以前，纤维中的吸附水析出时，抗拉强度只有轻微下降；当受热温度达400℃以上(400~600℃)，由于结晶水和结构水的逸出，导致强度急剧下降；至700℃时，全部结构水逸出，石棉纤维完全丧失强度。

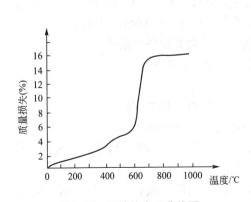

图3.16 石棉热失重曲线图

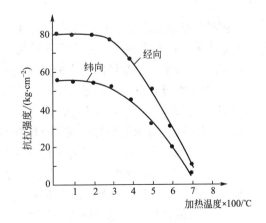

图3.17 石棉布(纯石棉)受热后抗拉强度变化

对石棉纤维耐热性的另一个直观了解，是测定石棉在加热升温过程中纤维抗拉强度的下降程度，被测样品可采用石棉纱线，也可以采用石棉布。

(2) 纤维细度。温石棉的单纤维很细。通常所说的石棉纤维，实际上是指石棉纤维束的集合体。由于石棉纤维极细，只有通过电子显微镜才能测量其单纤维直径。石棉纤维直径约为人头发的1/2500。石棉纤维极难加工成石棉单纤维，随着石棉纤维加工越细，其表面积也越大，吸收能力也越强，但其强度在加工过程中受到的损失也越大。

石棉纤维与其他纤维的直径比较，见表3-43。

表3-43 石棉纤维与其他纤维的直径

纤维种类	纤维直径/mm	每毫米所含纤维数	纤维种类	纤维直径/mm	每毫米所含纤维数
温石棉	0.000026	33400～55100	羊毛	0.02	50
棉花	0.001	1000	人造丝	0.007	130
玻璃纤维	0.007	143	尼龙	0.007	135
人头发	0.04	24	—	—	—

从表3-41中可见，石棉纤维比一般天然纤维和有机纤维细得多，因而它具有很大的表面积及吸附性。这种性质使石棉纤维在摩擦材料生产工艺中和树脂、填料混合时，具有很好的分散性和吸附能力，容易形成均匀混合物。

(3) 可纺性。石棉纤维性柔韧，抗拉强度较高，具有可纺性，因此可以用其纺制成石棉纱、线、绳、布带及其他棉纺织品。但由于石棉单纤维表面比较光滑平坦，既不像棉花表面那样有好的卷曲度，也不像羊毛纤维那样表面有粗糙鳞片层，因而石棉纤维之间的摩擦力和抱合力比较小，可纺性不如棉花、麻和羊毛。所以在石棉纺织时经常加入少量棉花，以提高石棉的可纺工艺性。

石棉纺织制品可很好地被树脂溶液或橡胶溶液浸渍。在摩擦材料生产中，用石棉线、石棉布、带，进一步生产制成离合器面片（缠绕型和布基离合器片），工业和工程机械用的线质和布质制动片、石棉布基制动带、层压型和编织型石油钻机制动瓦等产品。

摩擦材料制品生产中，石棉在使用前都应对其质量进行检验，检验项目包括：纤维长度、粉尘含量、砂粒含量、水分、烧失量及外观杂质等。质量控制项目具体为：

① 石棉纤维中，不允许混有木屑、纸屑、金属、石块或其他外来杂质。
② 石棉中水分含量不应超过2%，如若超过应将其除去后再使用。
③ 烧失量(700℃，1h)不应大于13%。
④ 石棉中不应有未松开的石棉束，砂粒和粉尘含量应符合我国家标准规定。
⑤ 石棉纤维长度具体等级及筛析标准应符合我国石棉分级标准。

石棉的等级和质量要求系依我国石棉质量标准GB/T 8071—2008《温石棉》进行。该标准根据选矿方法将石棉分为手选与机选两大类石棉。

① 手选石棉是用手工选出的石棉块和纤维束，通常分为四个级别，用特-1级、特-2级、手选-1级、手选-2级表示。其规格见表3-44。

表 3-44 手选石棉规格

级别	牌号	纤维长度/mm	主体纤维(%)	砂石含量(%)
特-1级	特-1	≥100	60	2
特-2级	特-2	≥60	60	2.5
手选-1级	手-1	≥19	60	5.0
手选-2级	手-2	≥9	60	10

② 机选石棉是经机械加工选出的石棉纤维，有纵纤维石棉和横纤维石棉两类，根据其纤维形状、结构分为硬、半硬、软三种。用选棉机械选后的石棉进行分级，一般机选纵纤维石棉通常分为六个等级，即机选一级、二级、三级、四级、五级、六级石棉；机选横纤维石棉分为四个等级，即机选三级、四级、五级、六级。

摩擦材料行业使用的石棉是机选石棉类，主要使用三级、四级、五级、六级等石棉。我国对石棉分级规定了湿式分级与干式分级两种方法，而摩擦材料行业通常使用干式分级方法。

2. 石棉线

石棉线是用石棉纤维经过纺制手段加工制成的一种最简单的石棉纺织制品，具有一定捻度和强度。

石棉线有干法与湿法两种生产工艺。其中干法生产工艺为机纺工艺生产；湿纺生产工艺又可分为直接干燥凝固法、化学凝固法及热水凝固法等多种工艺方法。其中化学凝固法已经在我国形成了一定的生产规模。

石棉线生产石棉摩擦材料生产成本高、工艺复杂，使用石棉线生产摩擦材料受到一定限制，它主要用于对机械强度要求较高的摩擦材料制品。

石棉线主要性能：

(1) 线密度数：长度为1m的石棉线的质量，即

$$N_t = m/L \times 1000 \quad (3-6)$$

式中，N_t 为线密度数；m 为线质量(g)；L 为线长度(m)。

(2) 断裂强力：在拉伸负荷作用下断裂时所需的力，以 kgf(1kgf=9.80665N)表示。

(3) 捻度：长度 10cm 的石棉线的捻数，称为捻度。

(4) 烧失量：石棉线在高温炉中于 750~800℃ 的温度下，灼烧 1h 后所损失的质量与其灼烧前质量之比，以"%"表示。

1) 机纺石棉线

机纺石棉线是目前国内生产采用较为普遍的一种石棉线生产方法。机纺石棉线，简称机纺线，主要生产设备是梳棉机，基本采用毛纺生产的双联梳毛机，但对其中车部分进行了改造，以适应梳理石棉的技术要求。

石棉线的强度，主要受使用的石棉原料的等级及纺制工艺等的影响。石棉纤维越长，它所制成的石棉线强度也越高，反之则越低。石棉线的捻度越大越有利于石棉线提高强度，但是捻度过大的石棉线则容易形成"螺丝转"，反而会影响石棉线的使用。

石棉线的股数，相同纱支的石棉线，股数多则强度高。但是股数越多单纱支数越大，生产困难越多，成本也越高。因此生产中要适当地制定石棉线的生产工艺参数，如支数、

股数、捻度等。

机纺石棉线的缺点是生产成本高，所需的中、长石棉纤维资源也紧缺，生产环境粉尘污染较大。

2）湿纺石棉线

湿纺，顾名思义，是在湿态条件下将石棉纤维纺制成石棉线。其生产工艺是：将石棉纤维用水浸泡，同时加入有机或无机的石棉表面活性材料，成为石棉纤维浆状黏稠物，然后在水中凝结成石棉线条，制成的石棉线即湿纺石棉线。

湿纺石棉线的生产简单过程：先用表面活性剂将石棉纤维在水中浸泡、松解，然后经过搅拌、打浆，将石棉纤维制成石棉棉浆后，再通过成膜机，将棉浆制成薄膜，去掉表面活性剂后就成为所需的石棉棉条。

这种方法制成的石棉棉条无捻，而且石棉棉条中含有较多的水，要经干燥除去水分，用纺车纺制成石棉单纱，进而制成石棉线。

湿纺石棉线工艺最大的特点是采用了在水中，通过有机或无机的化学原料，使石棉纤维成浆，并在水中凝固成条的方法。因此不用很长的石棉纤维，同时由于采用湿法作业，在生产过程中彻底清除了石棉粉尘危害，是一种具有广泛前途的生产方法。此法目前存在的主要问题是对石棉种类的选择性太强，国内仅有少数石棉矿的石棉适用这种工艺要求，使该工艺发展受到一定影响，同时该工艺生产方法中使用水量较大，造成污水排放量较多，这是今后生产实践中逐步要解决的课题。

3）石棉线技术要求

目前我国石棉线技术要求执行 JC/T 221—2009《石棉纱线》和 JC/T 222—2009《石棉绳》。

石棉线根据用途的不同，石棉线的技术指标控制也不相同，指标的检验项目为：

（1）烧失量：将石棉线在 750～800℃温度下灼烧一定时间，测定其质量损失，然后按下式计算出质量百分数，即

$$烧失量(\%)=\frac{烧前重-烧后重}{烧前重}\times100\% \qquad (3-7)$$

烧失量表示石棉线在一定温度条件下的耐热性能。纯石棉的烧失量为 13%～16%，通过测定烧失量，则可表明石棉线中石棉的含量，也是其耐热程度。一般认为：

耐热 250℃，烧失量 32%；

耐热 350℃，烧失量 24%；

耐热 450℃，烧失量 19%；

耐热 520℃，烧失量 16%。

（2）断裂强力：是石棉线工艺性能和产品性能要求中最为重要的一项技术指标。

拉力低，不能满足生产工艺要求，会影响生产，其制品强度也低。所以拉力高低，不仅是生产工艺要求，也是影响产品性能的一项重要指标。一般石棉线拉力要求在 1.5kg 以上，但有些制品要求石棉线拉力为 3.5kg 或更高。

拉力是通过拉力机测定的。测定方法是将石棉线夹在拉力机的夹具上，然后以标准规定的速度，进行测定。待石棉线拉断时的最大负荷，即为该石棉线的拉力。在试验中要注意不能改变石棉线的捻度状态，否则测定的拉力值不准确。

其他技术要求如线密度、经纬线密度、宽度和厚度尺寸可查阅标准内容。

3. 石棉线织物——石棉布和编织带

石棉线织物，是指用于制造编织类石棉摩擦材料用的石棉线编织而成的一类石棉织物。这种织物，在结构上可以分为两类：

第一类是纵横交织或成经纬交织的编织物，第二类是无横向交织的编织物。

也可以将石棉编织物分为有纬编织和无纬编织两类：

石棉织物类型	无纬编织（无横向交织）			有纬编织（纵横交织）			
结构形式	方圆编织物	缠绕编织物	扭编织物	单层纬	双层纬	多层纬	
产品	石棉盘根	离合器片	石棉绳	石棉布	隔膜石棉布	半交叉，如树脂制动带	全交叉，如钻机制动瓦

1) 单层纬织物

单层纬织物的代表产品即石棉布，它是将经线、纬线在织布机上交织而成。是生产石棉摩擦材料使用最广泛的一种石棉编织物。例如，用以制造石棉汽车制动摩擦片、离合器摩擦片、石棉布橡胶制动带等。这类织物中最为广泛使用的是大眼布，又称网格布。大眼布是由经线和纬线交织后形成孔眼很大的一种石棉布，孔眼约为 2mm×3mm，布的厚度约为 2～3mm，烧失量一般控制在 32%～38%。

大眼布的织造工艺是先将石棉线团挂在织布机后的线架上（根据密度要求布团），也可以按石棉布的密度要求打成经轴，作为石棉布的经线。再将选用的石棉布纬线打好纬管，作为织造石棉布用的纬线，在织布机上进行织造。由于是单层纬线结构，因此织造工艺控制较简单。

石棉布的质量要求我国石棉布的标准按 JC/T 210—2000 执行。

① 按所用石棉纱线加工工艺分为两种，见表 3-45。

表 3-45　石棉纱线加工工艺

种类代号	加工工艺
SB、SD	由干法工艺生产的石棉纱、线织成的石棉布
WSB、WSD	由湿法工艺生产的石棉纱、线织成的石棉布

② 石棉布按原料组成分五类：

1 类——未夹有增强物的石棉纱、线织成的布。

2 类——夹有金属增强丝(铜、铅、锌或其他金属丝及合金丝)的石棉纱、线织成的布。

3 类——夹有有机增强丝(棉、尼龙、人造丝等)的石棉纱、线织成的布。

4 类——夹有非金属无机增强丝(玻璃丝、陶瓷纤维等)的石棉纱、线织成的布。

5 类——用 1～4 类布中的两种或两种以上的纱、线织成的布。

石棉布按烧失量分为六级，见表 3-46。

摩擦材料用的石棉布主要为 B 级和 S 级。

③ 石棉布的断裂强力(N)要求，见表 3-47。

表 3-46 石棉布按烧失量分级

分级代号	烧失量(%)	分级代号	烧失量(%)
4A 级	≤16.0	A 级	24.1~28
3A 级	16.1~19.0	B 级	28.1~32.0
2A 级	19.1~24.0	S 级	32.1~35.0

表 3-47 石棉布的断裂强力要求

种类	厚度/mm	B 级 常温		S 级 加热后	
		经向/N	纬向/N	经向/N	纬向/N
SB	2.0	461	216	137	69
	2.5	490	215	147	78
	3.0	588	294	176	88

2) 多层织物——编织带

有些石棉摩擦材料的成品厚度较厚，如石油钻机制动瓦厚度要求在 30~40mm，比石棉布要厚几倍甚至十几倍。如果使用石棉布生产超厚石棉摩擦材料，则就要使用数层石棉布叠压的方法生产制品。这种由数层垒压的生产方法，就是所说的层压法。层压法石棉摩擦材料的主要缺点是在使用过程中，由于受摩擦热的影响，容易出现分层、起泡。若是在使用工况条件要求更苛刻时，这种层压方法的制品，就不能很好满足使用要求了。因此希望能够织造出较厚的石棉线织物，使织造成为一个整体，即织物厚度要达到制品厚度的尺寸要求。这样就能够从结构上避免了分层、起泡的问题，从而比较彻底的解决了使用石棉布层压结构制品出现的分层、起泡问题。因为它结构上就是一个完整的整体。

石棉多层织物，又称编织带，它是将纬线和经线通过编织工艺的特殊结构设计，通过织布机使经线和纬线交织在一起，成为一个特厚的整体石棉线织物。其特点是，通过织造处理，使数千根石棉线，织造成特厚的一个编织整体，其织造工艺较为复杂。它将织机通常的投梭、拉梭的喂线方式改变成箭杆式喂线方式，解决了在较小的开交状态下喂入纬线的关键。另外，这种编织特厚织物的编织机，只要将普通编织机经适当改进，使织机织物链结构进行相应的调整，就可以实现织造 8~9 层纬线的织物，织出厚度 40mm 左右的特厚型石棉线编织物。

在织造多层纬结构时，为满足技术上的要求，可采用各种组织构成。复杂的多层织造结构，是在普通平纹结构的基础上变化过来的组织结构。

平纹组织结构的石棉纱线交织次数最多，而它的经纬线循环却最少，所以能够简化织造时的上机工作量。所以平纹组织结构上最常用的基础组织结构，当然也是特厚型石棉编织物的基础结构。

多层组织结构的基本要求是：

(1) 接结的外观一致。

(2) 接结的循环最小。

(3) 接结点分布均匀。

(4) 接结后各层连接牢固。

(5) 织造组织结构应保持织造完整，不得缺经少纬，织造时松紧均匀。

把多层纬线连接起来，成为一个织造整体的接结方法，这是生产多层纬织物的关键。例如，厚度为32mm的一个产品，就可采用8～9层纬线，全交叉结构织造而成。

在多层纬石棉线织物织造时，每层纬线的织层纬线，都使用2片棕，如织造时结构要求4层纬线时则要采用8片棕，织造结构为6层纬线时则要12片棕，同样织造结构要求9层纬结织物时则要用18片棕。

经线循环数，为棕片数乘以纬线层数。如织造7层纬线织物时，则经线循环数为98次，再如织9层纬线织物时，经线循环次为162次。了解经线循环次数，对在织造过程中如何投入纬线是非常重要的。

各种织造编织带的结构，在相关产品生产工艺中将予以介绍。

3.2.2 天然矿物纤维

1. 纤维海泡石

海泡石（sepiolite）是一种富镁纤维状硅酸盐黏土矿物总称。

海泡石的化学式为 $Mg_8[Si_{12}O_{30}](OH)_4 \cdot 12H_2O$。外观为淡白色或灰白色，硬度2～2.5，密度2.2g/cm³。纤维海泡石的化学成分和含量见表3-48。

表3-48 纤维海泡石的化学成分和含量

成分	SiO_2	MgO	Al_2O_3	CaO	L.O.I
含量(%)	56.14	24.9	0.7	1.7	15

注：L.O.I. 为杂质限度。

热液性纤维海泡石经松解加工后，纤维束径为0.2～7.0μm，而以1μm最为常见。束径与长度比为1:60～1:100，属斜方晶体系或单斜晶系。

纤维海泡石的拉伸强度较低，仅为石棉的1/4～1/10，因此它不能像石棉那样单独承担摩擦材料的增强功能。通常在摩擦材料配方中，将纤维海泡石和其他纤维，如钢纤维、矿棉等混合使用来达到制品强度要求。

纤维海泡石的晶体结构属链状结构。在链状结构中含有层状结构类型的小单元，属2:1型层；这种单元层与单元层之间的孔道较大，可达3.8×9.8Å（1Å=10^{-10}m），因此，纤维海泡石具有很大的比表面积和孔隙度，比表面最大可达150m²/g，这使得海泡石有很强的吸附性、脱色性和分散性。它在摩擦材料生产工艺中，具有下面的特性：

(1) 高的比表面积和孔隙度，使海泡石与树脂、填料接触时能产生很好的界面效应，其实质是发生了范德华力的物理吸附，因此在混合搅拌过程中，能很好地吸收粘结剂和填料，表现为良好的浸润性，并能和填料均匀地混合。

(2) 海泡石晶道孔隙结构，具有"分子筛"作用，当高聚物粘结剂受热分解时，产生的小分子气体和液体物可暂聚在孔道内，而不滞聚在摩擦表面，这有利于减少热衰退的程度。

(3) 海泡石的巨大内、外表面积，使其吸水性强，易吸潮，故在生产过程中需注意保持海泡石原料的干燥,避免出现压制起泡现象。

海泡石有分阶段失水的特点,小于240℃时,脱去吸附水和沸石水;240~430℃脱去一半结合水,430~700℃脱去另一半结合水,升至860℃后开始脱去以OH^-存在的化合水,晶体结构遭到破坏而失去强度。

纤维海泡石的外观色泽、纤维直径以及诸多性能(相对密度、硬度、比表面积、吸附性、分散性、耐热性等),在摩擦材料制品生产中的工艺性能等与石棉很相似,故可较方便地作为石棉的代用材料来使用。现已在许多摩擦材料生产厂中被普遍应用,但由于热液型纤维状海泡石矿脉常充填于碳酸盐岩、蛇纹岩等富镁岩裂隙中,使海泡石纤维中有时混杂有纤蛇纹石棉,在用纤维海泡石制造无石棉摩擦材料时,需特别加以注意。

国内某摩擦材料厂研制的纤维海泡石摩擦材料,其性能指标如下:

① 摩擦性能:见表3-49。

表3-49 纤维海泡石摩擦材料摩擦性能

温度/℃		100	150	200	250	300	350
摩擦因数	升温	0.45	0.42	0.42	0.46	0.43	0.36
	降温	0.41	0.40	0.39	0.41	0.41	
磨损率/[$10^{-7}cm^3/(N \cdot m)$]		0.15	0.16	0.25	0.35	0.48	

② 物理机械性能:

冲击强度>4.5(dJ/cm^2);

弯曲强度>40(N/mm^2);

最大应变>6($\times 10^{-3}$mm/mm);

布氏硬度20~30HB。

2. 针状硅灰石

硅灰石(wollastonite)是一种无穷链状的偏硅酸钙矿物,化学式为$CaSiO_3$,化学成分理论组成为CaO 48.3%、SiO_2 51.7%,莫氏硬度4~5、密度2.8g/cm^3,外观为灰白色针状纤维物。

硅灰石耐酸、耐碱、耐化学腐蚀,热稳定性好,熔点为1540℃,不含吸附水和结晶水,在900℃时仍很稳定,除此之外,硅灰石还具有湿膨润性低,吸油率低的特点。

硅灰石的一项重要性能是长径比,针状硅灰石的长径比一般为6~20,长径比与硅灰石的增强作用有密切的关系。长径比越大,增强作用也越好,用于摩擦材料的硅灰石长径比以大于15为最好。

我国某硅灰石矿的针状硅灰石的基本技术指标见表3-50。

表3-50 针状硅灰石的基本技术指标

指标名称	指标	指标名称	指标
筛分析	-18目	密度/(g·cm^{-3})	2.9
长径比	>15	松散密度/(mL/100g)	>160

注:-18目表示物料通过18目筛网。

国内有人对针状硅灰石的增强作用作了基础性能试验,用硅灰石 80% 与树脂 20% 的配比,配制后按常规工艺进行压制和热处理,制成的制动片其抗冲击强度为 3~3.2dJ/cm², 相当于六级石棉的增强效果。研究认为,硅灰石可和少量强度好的纤维,如玻璃纤维、芳纶纤维等制造具有足够强度的摩擦材料制品。

针状硅灰石的纤维长度较短,平均为 1mm 左右,少数有达到 2mm 的。质地较脆,在加工过程中易断裂,故增强作用不如其他纤维。按摩擦材料三元组分的常用配比即粘结剂:纤维:填料=20:40:40(质量百分比),制品的抗冲击强度应在 2.0dJ/cm² 左右。由此可见,针状硅灰石只能作为辅助增强组分配合其他主体纤维使用。我国硅灰石矿产资源丰富,原料易得,价格又较其他材料便宜,因此针状硅灰石为许多摩擦材料厂广泛采用。

针状硅灰石除了增强作用外,还兼具增摩作用,对摩擦材料的常温摩擦因数和高温摩擦因数均有提高的作用,且此种增摩作用,随其用量比例加而提高。

含针状硅灰石制动片性能试验结果见表 3-51。

表 3-51 含针状硅灰石制动片性能试验结果

纤维名称	性能 \ 试验温度/℃	100	150	200	250	300	抗冲击强度/(dJ·cm⁻²)	洛氏硬度/HRM
新康 5-60 石棉	摩擦因数	0.307	0.399	0.372	0.390	0.402	2.8	93.8
	磨损率/[10⁻⁷cm³/(N·m)]	0.165	0.514	0.263	0.180	0.624		
硅灰石	摩擦因数	0.567	0.636	0.668	0.668	—	2.06	95
	磨损率/[10⁻⁷cm³/(N·m)]	0.299	0.373	0.206	0.223	—		

由此可见,硅灰石具有较强的增摩作用,但实际使用中对于针状硅灰石在摩擦材料中的用量一般为 15%~20%,原因是硅灰石的质地较硬,能形成较高的摩擦因数,用量高时会导致噪声的产生和加大,这一点是要注意避免的。

3. 纤维状水镁石

水镁石(brueite)又称"氢氧镁石"化学组成为 $Mg(OH)_2$、硬度 2.5、相对密度 2.35,是一种高含镁矿物。其中 MgO 的理论含量 69%,含金属镁 41.6%。

水镁石通常产于蛇纹岩中,主要作为炼镁矿石,制造耐火材料等制品,纤维状水镁石是水镁石的一个品种,它质地较脆,长度相当于六级至四级石棉纤维的长度,但机械强度方面远低于石棉。近几年来被一些摩擦材料厂用于石棉代用材料。有的厂将纤维水镁石和纤维海泡石以 1:1 比例混合使用在盘式片和粘接型鼓式片中制成无石棉摩擦材料制品,取得较好效果,并实现了正式生产应用。

国内有的摩擦材料厂将水镁石纤维按下述配方设计,性能结果见表 3-52。

配方设计:水镁石纤维 20%~40%;其他纤维 5%~10%;粘结剂 10%~20%;摩擦性能调节剂 20%~40%。

表 3-52 水镁石纤维配方摩擦材料性能

温度/℃		100	150	200	250	300	350
摩擦因数	升温	0.36	0.38	0.41	0.40	0.36	0.36
	降温	0.40	0.39	0.39	0.40	0.36	
磨损率/[×10^{-7} cm³/(N·m)]		0.17	0.23	0.23	0.24	0.45	0.54
硬度/HRM		\multicolumn{6}{c}{40}					
抗冲击强度/(dJ·cm^{-2})		\multicolumn{6}{c}{4.3}					

水镁石矿物在岩石中常与石棉矿物共生，因此水镁石纤维中有时可能伴有少量石棉，这是使用中需要注意的问题。

3.2.3 人造矿物纤维

1. 玻璃纤维

玻璃纤维是目前应用得较广泛的一种增强材料。早在20世纪60年代国外就有用玻璃纤维全部或部分替代石棉的报导，但国内大量应用玻璃纤维来制造摩擦片才有十多年的时间。用玻璃纤维制成的摩擦片与石棉纤维摩擦片相比，有较高的抗冲击强度，但不足之处它的硬度偏高，容易损伤对偶金属材料。所以，在摩擦材料基体中，采用模量较低的改性树脂及橡胶共混，有益于改善制品的硬度。

玻璃纤维按原料组成可分为碱性与特种两种；碱性玻璃纤维又可分为无碱、中碱、低碱玻璃纤维三种。主要品种如下：

(1) E玻璃纤维。E玻璃纤维即铝-硼-硅玻璃，几乎不含碱，也就是常说的无碱玻璃纤维，它具有优良的绝热性能，还有优良的化学阻抗和较高的强度。

(2) A玻璃纤维。A玻璃成分中含有碱，强力和模量均较低。

(3) C玻璃纤维。C玻璃纤维亦称碱石灰玻璃纤维，也就是常说的中碱玻璃纤维，性能介于E玻璃、A玻璃之间，但其化学阻抗极佳。

(4) R(或s)玻璃纤维。R玻璃具有较高的抗拉强度，主要应用于航空、航天领域。

(5) K玻璃纤维。K玻璃纤维即耐碱玻璃纤维，在生产中加有一定比例的二氧化铝，要求严格的拉丝技术，因此生产成本高，价格高。

(6) D玻璃纤维。D玻璃具有高的非传导性能，主要应用于高频技术方面。

(7) M玻璃纤维。M玻璃具有较高的弹性模量。

玻璃纤维按单丝直径可分为粗纤维(单丝直径30μm)、初级纤维(单丝直径20μm)、中级纤维(单丝直径10~20μm)、高级纤维(单丝直径3~9μm)。

目前用于摩擦材料中的玻璃纤维一般是中碱或无碱玻璃纤维即C玻璃纤维或E玻璃纤维。直径为初级纤维或中级纤维。

玻璃纤维按形态有两种形式：一种是连续玻璃纤维，主要用于缠绕型离合器片等，另一种是短切玻璃纤维，主要用于制动片等。

玻璃纤维的制法主要有玻璃球法与直接熔融法。

玻璃球法又称坩埚拉丝法，是将砂、石灰石和硼酸等玻璃原料混合后，在大约1260℃

熔炉中熔融后流入造球机制成玻璃球，合格的玻璃球再在坩埚中熔化拉丝。

直接熔融法又称池窑拉丝法，即在熔炼炉中熔化了的玻璃直接流入拉丝炉中拉丝。省去了制球工序，提高了生产效率、降低了生产成本，是广泛采用的方法。

拉丝的生产过程是，熔融玻璃在铂金坩埚拉丝炉中，借助自重从漏板孔中流出，快速冷却并借助绕丝筒以 1000～3000m/min 线速度转动，拉成直径很小的的玻璃纤维。单丝经过浸润剂槽集束成原纱。原纱经排纱器以一定角度规则地缠到绕纱筒上。原纱的粗细与单丝直径及漏板孔数有关；单纱直径与熔融玻璃的温度和黏度、拉丝速度有关。短丝的生产是用长丝切制而成。

玻璃纤维的浸润剂在生产及使用中起着重要的作用，可使纤维润滑、消除静电以及改善纤维与树脂的粘结性等。通常使用的浸润剂分为纺织型浸润剂与增强型浸润剂。

纺织型浸润剂在我国普遍采用是石蜡型浸润剂。它是由石蜡、油、凡士林、硬脂酸、固化剂和水等乳化而成，适用原纱的加捻、并股及整经、纺织等。但这类浸润剂不利于纤维与树脂的紧密结合，所以不适用摩擦材料的使用。如果要使用的话，就要通过对玻璃纤维的热处理，处理后玻璃纤维的强度会降低。

增强型浸润剂有乙酸乙烯型浸润剂、聚酯型浸润剂、硅烷型浸润剂等。浸渍过增强型浸润剂的玻璃纤维具有与树脂粘结作用好的特点，比较适合用在摩擦材料中。

玻璃连续纤维与其他无机或有机纤维复合捻制成混纺线，在缠绕离合器面片、编织型非石棉制动带、编织型石油钻机制动瓦中被大批量应用；短切定长纤维适用于干法生产工艺的制动片的生产，但在混料中有时还有混料结团的现象，影响其大批量的使用。现已开发出"特殊超短切玻璃纤维"，用于非石棉摩擦材料取得了很好的效果，克服了混料结团的生产工艺问题。

超短切玻璃纤维在中、重型载重汽车用鼓式制动片中的应用实例，见表 3-53，其性能见表 3-54。

表 3-53 超短切玻璃纤维在中、重型载重汽车用鼓式制动片的应用实例

组分名称	用量(%)	组分名称	用量(%)
树 脂	15～25	金属纤维	5～15
橡 胶	2～3	摩擦调节剂	25～40
超短切玻璃纤维	5～25	填 料	20～30

表 3-54 产品性能

温度/℃	100	150	200	250	300
摩擦因数	0.44	0.46	0.48	0.45	0.44
磨损率/$[\times 10^{-7} cm^3/(N \cdot m)]$	0.22	0.27	0.36	0.62	0.71
硬度/HRM	65				
抗冲击强度/$(dJ \cdot cm^{-2})$	4.2				

2. 复合矿物纤维

复合矿物纤维在无石棉摩擦材料中主要用于非金属型摩擦片或少金属型摩擦片。

在无石棉摩擦材料的生产中，钢纤维型的摩擦材料一直被长期使用在对于机械强度要求不太高的盘式制动片和小型汽车用的粘接型鼓式制动片中。但对于机械强度要求较高的大型车辆使用的铆接型鼓式制动片，使用单一纤维作为摩擦片的增强组分从技术经济方面即性能、价格比的角度考虑是有困难的，人们往往采用多种纤维的组合使用来达到实际生产和使用的要求。

复合矿物纤维即是基于这种考虑，在生产过程中，将不同的天然矿物纤维和人造矿物纤维组合在一起，以这种复合型纤维为主体增强组分的摩擦片在机械强度、摩擦性能、耐热性、工艺可操作性和产品的成本价格等多方面可基本满足非石棉型摩擦片的实际生产和使用要求。

复合矿物纤维(FKF 纤维)是一种包含多种矿物纤维，并根据用途不同，可加有少量有机纤维及其他增强成分的摩擦材料用纤维产品。

1) FKF 纤维的特点

(1) 外观为灰黄或灰白色纤维，有柔软感。

(2) 耐热性高于石棉。

(3) 其摩擦与磨损性能符合摩擦片使用性能要求。

(4) 其增强效果可满足盘式制动片和粘结型鼓式制动片的机械强度要求。若再加入其他少量纤维进行增强，则可满足轻、中、重型载重汽车的铆接型鼓式制动片的机械强度要求。

(5) 价格合适，低于大部分非石棉型纤维。

因此，FKF 纤维具有较合理的技术经济综合性能，可以在摩擦材料的增强组分中可作为主体纤维使用。通常 FKF 复合矿物纤维在盘式制动片中的用量比例可为 10%～20%；在载重汽车的铆接型鼓式制动片中用量比例可达 20%～35%。

2) FKF 纤维的技术性能

(1) 化学组成，见表 3-55。

表 3-55 复合矿物纤维化学组成

成　分	SiO_2	Al_2O_3	CaO	MgO	Fe_2O_3	C
质量比例(%)	40.0～43.0	16.0～18.0	14.0～16.0	5.0～7.0	3.0～5.0	4.0～6.0

(2) 烧失量：800℃，1h，≤10%。

(3) 松散密度：0.13～0.20g/cm³。

(4) 水分含量：≤3%。

(5) 纤维直径：0～20μm。

(6) 纤维长度分布见表 3-56。

表 3-56 复合矿物纤维的纤维长度分布

筛孔径/目	6	40	60	满底
筛余量(%)	≥40	≥12	≥5	≥30～50

FKF 复合纤维与树脂粉、填料在一起混合时，有一定的操作条件要求，由于产生静电和强吸附的原因，它们在搅拌过程中会形成微小的团块，造成混料不均匀的情况，为此

要求混料时产生强烈的搅拌分散作用,将纤维团块打散开来,达到混均的分散效果。

混料操作条件如下:

主轴转速800~1000r/min,机身内壁装有若干块挡板,以此达到良好的分散效果。有的混料机还在内壁上装有高速(2500~3000r/min)搅刀,更有助于将纤维团块打散开来。对于犁耙式混料机,由于其主轴转速较慢(200~300r/min),故FKF纤维的用量比例宜减少,建议采用10%~20%。

3) FKF纤维在摩擦片中的应用实例

(1) 中、重型载重汽车用鼓式制动片的成分,见表3-57。

表3-57 中、重型载重汽车用鼓式制动片成分

组分名称	用量(%)	组分名称	用量(%)
树脂	14~15	金属纤维	5~8
橡胶	2~3	摩擦调节剂	15~20
FKF纤维	30~35	填料	20~23

其制品的性能见表3-58。

表3-58 中、重型载重汽车用鼓式制动片制品性能

性能\纤维名称	试验温度/℃	100	150	200	250	300
FKF	摩擦因数	0.41	0.38	0.42	0.39	0.37
	磨损率	0.12	0.20	0.18	0.24	0.35
抗冲击强度/(dJ·cm^{-3})		3.8				
硬度/HRM		72				

(2) 轿车用盘式制动片实例见表3-59。

表3-59 轿车用盘式制动片实例

组分名称	用量(%)	组分名称	用量(%)
树脂和橡胶	10~12	其他纤维	2~5
FKF纤维	13~25	摩擦调节剂及填料	60~65
钢纤维	0~8	—	—

其制品的性能见表3-60。

表3-60 轿车用盘式制动片制品的性能

温度/℃	100	150	200	250	300	350
摩擦因数	0.37	0.40	0.40	0.39	0.37	0.35
磨损率/[×10^{-7}cm^3/(N·m)]	0.21	0.29	0.39	0.45	0.65	0.81
硬度/HRM	70					
抗冲击强度/(dJ·cm^{-2})	2.7					

3. 其他人造矿物纤维

1) 硅酸铝纤维

采用硬质黏土熟料或焦宝石为原料,经电阻炉熔融,采用喷吹成纤工艺制成。根据使用要求可对纤维喷胶。

硅酸铝纤维具有较好的机械强度,优良的热稳定性及化学稳定性,热导率低。

硅酸铝纤维的技术指标(表3-61)。

表3-61 硅酸铝纤维的技术指标

品名		普通型	高铝型
颜色		白	洁白
纤维长度/mm		5~10	5~10
纤维直径/μm		2~3	2~3
岩珠含量(%)		≤15	≤15
工作温度/℃		1000	1260
化学组成/(%)	Al_2O_3	44	52~54
	$Al_2O_3+SiO_2$	96	99
	Fe_2O_3	<1.2	0.2
	Na_2O+K_2O	≤0.5	0.2

2) 岩棉

岩棉是将天然玄武岩、辉绿岩及部分矿渣经高温炉熔融后,采用离心喷丝工艺制成的纤维,根据使用要求,可喷胶或不喷胶。

岩棉的价格低廉,但机械强度低是其缺点。

国产岩棉的技术要求如下:

(1) 外观:灰色或灰黄色纤维。

(2) 纤维长度:<3mm。

(3) 含水量:<5%。

(4) 根据需要,可喷胶或不喷胶。

荷兰LAPINUS公司的岩棉产品技术要求如下:

(1) 纤维直径:5~6μm。

(2) 比表面:0.20m²/g。

(3) 纤维长度:平均长度125~650μm。

(4) 岩珠(<125μm):<0.1%~5%。

(5) 表面:有多种表面处理。

(6) 密度:2.7g/cm³。

(7) 莫氏硬度:6.0。

(8) 熔点:>1000℃。

(9) 烧失量:<0.3%。

(10) 化学成分：

SiO_2 46%；Al_2O_3 13.5%；CaO 17.7%；MgO 9.7%；FeO 7.0%；其他 6.1%。

加拿大飞宝公司的摩擦材料所用的矿棉具有高纯纤维含量、抗张强度好、高温热稳定等特性。技术特性如下：

(1) 颜色：暗白色。
(2) 长径比：25∶1以上。
(3) 密度：2.7～2.9g/cm³。
(4) 莫氏硬度：6.0。
(5) 纤维直径：4～20μm。
(6) 纤维长度：150μm。
(7) 非纤维含量：3%～35%。
(8) 抗张强度：80000psi（磅每平方英寸，1磅=0.4536kg，1平方英寸=6.4516×10⁻⁴m²）。
(9) 熔点：>1100℃。
(10) 工作温度：≥815℃。
(11) 化学组成：Si：40%～50%；Ca：15%～25%；Al：10%～16%；Mg：5%～10%；其他：6%～10%。

3.2.4 有机纤维

1. 英特纤维 ETF

英特纤维 ETF 原名 Interfiber 纤维，是美国英特纤维（Interfiber）公司于1987年开发的纤维，又名纤维素纤维。

颜色：灰色。

平均纤维宽度：20μm。

纤维长度：0.4～0.7mm。

筛分析：65%～75%通过100目筛孔。

密度：1.1g/cm³。

含水量：3%。

含油率：7.9%。

比表面积：6～7m²/g。

ETF 纤维是一种木质纤维，我国一些摩擦材料公司，自20世纪90年代以来，从美国引进的生产配方中都采用 ETF 纤维，用量范围通常为2%～5%，其优点是：

(1) 作为增强组分代替其他纤维组分。

(2) 由于木质纤维对粉状物料的吸附性较好，能帮助各种原料均匀分布在混合料之中。

(3) 能在成品未成形之前，加强各原料之间的结合力，例如，在盘式片或鼓式制动片生产过程中，含有 ETF 纤维的预成形毛坯呈现较好的强度，能改善预成形工序的工艺操作性能。

国产的纤维素纤维已于20世纪末问世，现已在国内许多摩擦材料制品厂得到广泛使用。

2. 芳纶纤维

芳纶的化学名称是聚对苯二甲酰对苯二胺纤维（PPTA），由美国杜邦（Dupon）公司于1966年首先研制成功，美国杜邦公司该产品的商品名称是开夫拉（Kevhr）纤维，荷兰阿克苏（Akzonohel）公司的商品名称是特华纶（Tworon）。此外还有日本帝人公司生产的Technora纤维和俄罗斯生产的Armoc纤维都具有类似结构。

发达国家早在20世纪70年代就开始在摩擦材料中使用芳纶纤维，英国BBA公司以Don和Mintex牌号生产芳纶型摩擦材料，德国贝拉尔公司成功地研制出含有芳纶的低噪声制动片。

芳纶纤维的苯环对位联结有酰胺基团，形成棒状刚直性大分子链结构，分子排列规整，结晶度和取向性很好，故而强度和模量很高，并有很好的耐高温性。

芳纶纤维的突出优点在于它是一种热稳定性非常好的有机纤维。它在180℃下，可长期使用；在200℃，5h的强度下降仅10%；在300℃，50h的强度下降50%。初始热分解温度高达500℃，而且加热至分解也不熔融。这一点对摩擦材料特别重要，绝大部分天然纤维、人造纤维和合成纤维等有机纤维的共同特点是耐热性低，初始热分解温度只为200~300℃，部分人造纤维和部分合成纤维在达到热分解温度前会先软化而后呈现黏流态，即发生熔融，这些变化都会使摩擦材料的摩擦因数产生热衰退，而使用芳纶纤维不会对摩擦材料造成这种影响。

摩擦材料所使用的芳纶纤维有短切纤维和芳纶浆粕，用得最多的是芳纶浆粕，芳纶浆粕是将芳纶长纤维切断成短纤维，再研磨使其高度微原纤化，表面呈蓬松的毛羽状，沿纤维轴向排列许多微原纤，形成很大的表面积，因而具有良好的吸附型，能被树脂和填料很好地浸润和结合。

芳纶浆粕的物理机械性能大致见表3-62。

表3-62 芳纶浆粕的物理机械性能

指标名称	指标	指标名称	指标
密度/($g·cm^{-3}$)	1.41~1.44	伸长率(%)	4~6
抗拉强度/($10^3 kg·cm^{-2}$)	14~20	比表面积/($m^2·g^{-1}$)	5~8
杨氏模量/($10^4 kg·cm^{-2}$)	45~50	热分解温度/℃	500

芳纶纤维除了具有一般无机型工程纤维（玻璃纤维、石棉纤维、钢纤维）的高强度、高弹性模量、耐热，还质地柔软、密度低、比表面积大、吸附性好等优点以外，还具有如下优点：①低、高温的摩擦因数稳定、磨损小；②增强效果好，有较好的抗冲击强度；③产品密度低；④制品硬度低，制动噪声低，不损伤制动对偶。

芳纶浆粕用于中型载重汽车用的NA0型鼓式制动片（非石棉、少金属型制动片）的应用实例见表3-63。

将各组分在转速为800r/min的立轴式高速混料机中混合4min，待纤维都分散均匀无微小团块存在后出料。将混合料压制、热处理后得到制动片制品，其性能见表3-64。

芳纶浆粕在半金属型盘式制动片中的应用实例，见表3-65。

表 3-63 芳纶浆粕应用实例

组分名称	用量(%)	组分名称	用量(%)
树脂	14	钢纤维	5
丁腈橡胶粉	3	芳纶纤维	1.5
矿物纤维	30	摩擦调节剂及填料	40

表 3-64 摩擦性能(在 D-MS 定速式摩擦试验机上测试)及其他性能

性能 \ 温度/℃	100	150	200	250	300	400
摩擦因数	0.44	0.38	0.40	0.38	0.36	0.40
磨损率/$[10^{-7} cm^3/(N·m)]$	0.13	0.19	0.16	0.17	0.25	—
抗冲击强度/$(dJ·cm^{-2})$	4.1					
HRM 硬度	76					

表 3-65 芳纶浆粕在半金属型盘式制动片中的应用实例

组分名称	用量(%)	组分名称	用量(%)
树脂和胶浆	9~11	普通摩擦调节剂及填料	30~20
钢纤维	20~24	减摩剂	7~9
芳纶浆粕	1.5	多孔性填料	20~25
高摩阻填料	6~9	—	—

将各配方成分在犁耙式混料机中混合 15~30min,得到分散均匀的混合料,在 160℃ 下热压,于烘箱中热处理,最高温度为 190℃,将得到的制品测试性能结果列于表 3-66。

表 3-66 摩擦性能(在 D-MS 定速式摩擦试验机上测试)

性能 \ 温度/℃		100	150	200	250	300	350
摩擦因数	升温	0.33	0.35	0.36	0.34	0.35	0.36
	降温	0.32	0.36	0.35	0.36	0.38	—
磨损率/$[10^{-7} cm^3/(N·m)]$		0.17	0.22	0.36	0.35	0.35	0.48

将上述样品在 Chase 摩擦试验机上按 SAEJ661a 测试结果如下。

产品级别:FF 级。

正常摩擦因数 μ_N:0.423。

热摩擦因数 μ_H:0.406。

第一次衰退最高温度289℃时摩擦因数 μ_{288}：0.345。
第二次衰退最高温度289℃时摩擦因数 μ_{343}：0.392。
质量磨损率：2.36%。
厚度磨损率：2.11%。

芳纶纤维和许多有机纤维一样，在混料机中混合搅拌时，会产生静电现象而结团，混合好的压塑料中可见微小团块，并由于树脂粉和填料不能很好地渗散到团块中形成均匀分散，压制后的摩擦片表面呈现大小不等的浅色斑点，影响到产品的性能均匀性和外观质量。有资料介绍，芳纶纤维表面带负电，其值约为-4.5nC/g，开松后负电值增加到-10.8nC/g。因此，在混料配方中加入一定量的带正电性的细粉状填料，有助于芳纶纤维表面呈中性，例如，在芳纶纤维混料过程中，加入炭粉等类似填料，其用量与芳纶用量为2∶1左右，可得到较好的效果。另外，混料机的结构也对解决芳纶纤维结团现象至关重要。在20世纪60～70年代就出现了带有高速切削刀片（chipper）的强力混料机，即犁耙式混料机（plough mixer），很好地解决了芳纶纤维的混料分散问题。我国自20世纪90年代初期从北美引进，并得到广泛应用。

3. 其他有机类天然、合成纤维

1) 棉纤维

棉纤维是摩擦材料中应用较早的一种天然纤维。现仍然用于一些需用长纤维类增强材料的摩擦材料中，如缠绕型汽车用离合器面片等制品。

棉纤维的主要成分是纤维素。在正常情况下含有6%～8%的水分。完全失去水分的棉纤维的成分组成见表3-67。

表3-67 完全失去水分的棉纤维的成分组成

成分名称	含量(%)	成分名称	含量(%)
纤维素	94.5	含氮物	1～1.2
蜡质	0.5～0.6	矿物	1.14
果胶质	1.2	其他	1.36

由以上成分中可以出看，棉纤维是一种近于纯纤维素的纤维。

棉纤维的主要性能为：

(1) 吸湿性：棉纤维的吸湿能力随着空气中相对湿度的增长而增长，最高含水量可达20%。

(2) 保温性：棉纤维的结构决定了它是热的不良导体，因而棉纤维具有良好的保温性能。

(3) 棉纤维在日光照射下会逐渐氧化、变脆、强力降低。

(4) 棉纤维的耐热性是有限的。一般在110℃棉纤维失去所含水分；120℃时，纤维颜色发黄；温度达到150～160℃时，纤维素分解；250℃变为暗褐色，温度再升高则会引起燃烧。

(5) 棉纤维具有良好的耐碱性，但耐酸性较差。

2) 麻纤维

麻纤维是从麻类植物的茎部或叶子中剥下来的纤维。麻种类较多,按其特性可分为两大类:一类是从植物茎部剥下来的韧皮纤维,质地柔软,常称为胶质纤维,其中含木质素较多的如苎麻、亚麻等,质地柔软可做纺织原料;另一类是从植物叶身或叶鞘中剥取的管束纤维,其质地粗硬,如剑麻、马尼拉麻等,不易做纺织原料,但其韧力强、耐水性好,最适宜做绳索、渔网等。

麻纤维的主要成分见表 3-68。

表 3-68 麻纤维的主要成分 %

纤维种类	纤维素	果胶与木质素	水溶性物质	脂肪与蜡质	灰分	水分
苎麻	78~79	6.0	6.9	1~1.5	0.6	6.0
黄麻	64~65	22~24	1.2	0.4	0.7	10
亚麻	80	3.0	4.0	2.5	0.7	8.5
大麻	77	9.5	2.5	0.6	0.8	10

麻纤维的主要性能如下:

(1) 麻纤维在天然纤维中强度最大,其中强度最大的是苎麻纤维,它的强度相当于棉花的 8~9 倍。

(2) 麻纤维是热的不良导体。在干热的情况下,以大麻的耐热性最好。在湿热情况下,以苎麻的耐热性最好。

(3) 麻纤维具有吸湿性,其吸湿性由麻的品种和空气中相对湿度的不同而异。

3) 聚乙烯醇纤维

聚乙烯醇纤维是以聚乙烯醇为主要原料,经溶解、纺丝、热定型、切断、打包制成的高强度高模量短切纤维,又称维纶。

维纶产品具有高强度、高模量、低伸度、分散性好的优点,并有耐磨损、耐酸、碱、盐的特点,在长时间高温下,强度损失比其他有机纤维低,可应用于各种增强材料,该种纤维分高强高模型和普通型,质量指标见表 3-69。

表 3-69 维纶质量指标

项 目	指 标	
	高强高模型	普通型
干断裂强度/(CN/dtex)	>11	>3
干断裂伸度(%)	6.0~8.0	—
杨氏模量/(CN/dtex)	>290	>150
耐热水性/℃	>104	—
长度偏差/mm	±0.5	±0.5
纤度/dtex	2.0±0.3	1.7~3.0

注:长度可为 4mm、5mm、4~6mm、6mm、8mm。

维纶纤维的特点是干断裂强度比一般合成纤维高,见表 3-70。

表 3-70 维纶纤维的干断裂强度

纤维名称	聚乙烯醇高强高模	强力锦纶	强力涤纶	腈纶	强力氯纶	强力丙纶
干断裂强度/(CN/dtex)	>11.0	5.2~8.4	5.6~7.9	2.2~4.4	2.9~3.5	2.6~7.1

聚乙烯醇高强高模短切纤维被广泛用于水泥增强材料，可代替石棉制成高强度水泥制品，它可制成高强度的绳索、安全网及工业纺织用品，长丝可制成轮胎帘子线、橡胶增强材料。近年来，聚乙烯醇纤维(维纶)被用于摩擦材料制品中作为辅助增强的组分。

3.2.5 碳纤维

碳纤维是将某些有机纤维，如聚丙烯腈纤维、醋酸纤维素等在惰性气体中，经高温(1200~3000℃)处理使其碳化而制成。

碳纤维相对密度为 1.0~2.0，纤维直径 8~10μm，熔点 3650℃。

碳纤维是一种新型非金属材料。它和它的复合材料具有高强度、高模量、耐高温、耐磨、耐腐蚀、抗蠕变、导电、传热、密度小和热膨胀系数小等优异性能。碳纤维型树脂复合材料的比模量比钢和铝高五倍，比强度也高出三倍。在 2000℃ 以上的高温惰性环境中，碳纤维材料是唯一强度不降低的材料。

碳纤维按性能分为低模量和高模量两种类型。弹性模量低于 $1.05\times10^6 kg/cm^2$ 为低模量碳纤维；弹性模量高于 $1.4\times10^6 kg/cm^2$ 为高模量碳纤维，两者的强度性能见表 3-71。

表 3-71 碳纤维的强度性能

类型	抗拉强度/($10^3 kg\cdot cm^{-2}$)	弹性模量/($10^6 kg\cdot cm^{-2}$)
低模量碳纤维	4.9~11.9	0.7~1.05
高模量碳纤维	14~35	1.4~7.0

碳纤维属于聚合物碳类，是将有机纤维在高温下经固相反应转变为纤维状的无机碳化物，由于人们至今未找到溶解碳元素的溶剂，而要使碳熔融，则必须要在 100 个大气压和 3900℃ 以上高温条件才能实现，因此不可能直接从元素碳按着一般制造合成纤维或矿物纤维的溶液成丝或熔融成丝的工艺方法来制造碳纤维，故而目前工业上碳纤维是用有机纤维的碳化来制取。

碳纤维制造的主要步骤如下：

聚丙烯腈纤维→预氧(预氧化)→高温碳化(在惰性气体中高温处理)→碳纤维

碳纤维的价格在摩擦材料所用的增强纤维材料中，比较昂贵，这是由于：①聚丙烯腈纤维本身价格不低；②经过预氧化处理和高温碳化处理工艺后，在这两个阶段工艺中的物料损失，导致碳纤维的成本较高。因而碳纤维在摩擦材料中一般用于性能较高的高档产品，如飞机制动片，以及某些要求高温摩擦性能相当稳定，磨耗低的制品。

在降低碳纤维摩擦材料的成本方面，摩擦材料生产企业一般从两个途径着手，一是使用成本相对较低的预氧丝作增强材料，二是使用价格较聚丙烯腈低的沥青纤维制造沥青基碳纤维。

用于碳化的有机纤维必须要满足下列几项主要要求：
(1) 碳化过程中纤维不熔融，即仍能保持纤维形状，这是最为首要的条件。
(2) 碳化后对原料来说碳化收率较高，这对于控制制造成本来说具有重要的意义。
(3) 成品碳纤维的力学性能良好，产品为长丝时，原丝也是稳定的连续长丝。
碳纤维制品的生产工艺流程如图 3.18 所示。

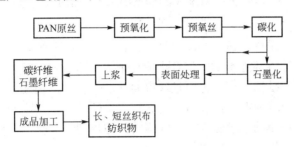

图 3.18　碳纤维制品的生产工艺流程图

目前具有工业意义的原丝，有聚丙烯腈纤维、沥青纤维和人造纤维三大类。从人造纤维制取高力学性能的碳化纤维，必须进行高温牵伸石墨化，技术难度较大，设备复杂，制造成本高，因此除部分保留作为制造烧蚀材料外，已逐步被收缩淘汰。由聚丙烯腈纤维制造的碳纤维具有优良的力学性能——高强度、高模量、断裂伸长度好，成为碳纤维中最主要的品种。沥青基碳纤维的原料丰富，碳化收率高，产品价格相对较低，有很广泛的应用范围。

1. 聚丙烯腈基碳纤维

聚丙烯腈基碳纤维，简称 PAN 纤维，工业上由聚丙烯腈纤维制造碳纤维的主要步骤为：第一步将丙烯腈纤维进行预氧化，制成热稳定性好的预氧丝；第二步预氧丝的碳化，除去预氧丝中的非碳成分（H、O、N 等），生成含碳量约为 95% 的碳纤维；第三步碳纤维的石墨化，生成石墨纤维。

1) PAN 纤维预氧化

在制取碳纤维的过程中，为了保持纤维原丝的形态，在碳化前必须使 PAN 纤维预先稳定化，形成热稳定性好的梯形结构的聚合物，使它在热处理时不会熔融，采用的工艺方法是空气预氧化工艺，在 220℃ 左右条件下进行热处理，在此过程中，PAN 纤维发生如下化学反应：

(1) 氰基环化聚合，生成不熔融的梯形结构。此种梯形结构的聚合物，一个链断开时不会像线性聚合物那样使整个聚合物分子量降低，即使几个链开，只要不是同时发生在同一环内，分子量也不会降低。只有一个环内两边的两个链同时断裂开，大分子链才会断裂，而使分子量降低，这种概率通常很小，因此这种梯形聚合物，即预氧丝不会熔融，梯形结构断开前其分子量和力学性能保持不变，故能在保持纤维形状下热解并形成碳纤维。
PAN 纤维热处理时形成梯形结构的示意过程如图 3.19 所示。

(2) 脱氢反应：未环化的聚合物链或环化的杂环会因为氧的作用，发生脱氢反应，其结果是使预氧丝具有耐燃性。

(3) 氧化反应：预氧化操作中，温度通常控制为 200～250℃，分两段温度区间热处理效果更好，例如，第一段为 180℃，4.5h，第二段为 220℃，6h。提高预氧化温度，可缩短预氧化时间，提高生产能力。

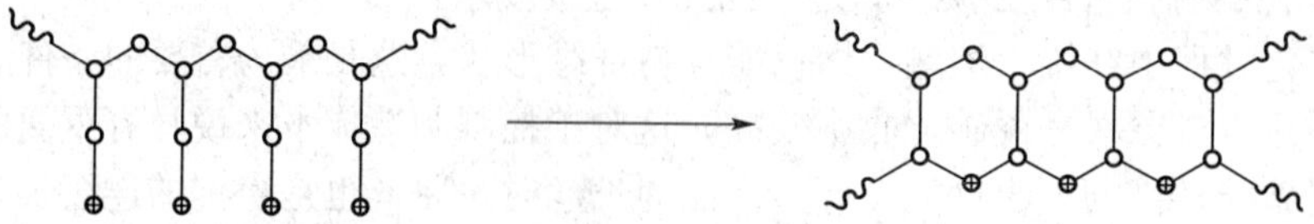

图 3.19　PAN 纤维热处理时形成梯形结构的示意过程
○—碳原子；⊕—氮原子

在预氧化时，对纤维施加适当的牵伸张力，使 PAN 分子保持对纤维轴的取向，对于碳纤维获得好的力学性能甚为重要。预氧化炉有箱式和隧道式两种，加热方法多采用电阻式加热。箱式炉用于间歇法生产。将原丝丝束缠在框架上，由框架保持纤维定长，由于热处理时，纤维丝束会收缩而产生内应力，使保持定长的预氧丝达到经受张力的目的。隧道式预氧化炉用于工业规模的连续法生产，纤维的伸缩程度及经受的牵伸张力由张力调节辊控制，也可由前后传动轴的线速度之差来调节。

PAN 纤维的密度为 $1.18g/cm^3$ 左右，经预氧化后，预氧丝的密度增加到 $1.4g/cm^3$ 左右。

2) 预氧丝的碳化

碳化工艺通常在高纯度的惰性气体保护下，将预氧丝加热到 1000～1800℃，以除去其中的非碳成分（H、O、N 等），生成含碳量为 95% 左右的碳纤维。惰性气体多使用高纯度氮气，其作用是防止预氧丝氧化，它也是排除热分解产物和传递热能的介质，碳化时必须处于高密封状态，防止因空气进入使碳与氧反应而导致纤维烧断。

预氧丝的碳化过程是在碳化炉中进行。碳化炉中沿长度方向从低温至高温分成几个温度段，预氧丝以一定速度（通常为 5～8m/min）通过碳化炉，碳化时间为数分钟，起始低温为 400℃ 左右，最高温度在 1200～1500℃。

预氧丝经碳化后制成的碳纤维成品具有如下性能：密度 $1.7g/cm^3$，抗拉强度 $(1～2)\times10^4 kg/cm^2$，杨氏模量 $(1～1.7)\times10^6 kg/cm^2$。

3) 碳纤维的石墨化（石墨纤维）

石墨纤维是指预氧丝加热至 2000～3000℃ 的纤维，实际上，一般经常把碳纤维和石墨纤维统称为碳纤维，在石墨化过程中，聚合物结构转化为类似石墨层面的组织，石墨纤维和碳纤维的区别在于结晶态碳的比例增加，模量增强，断裂伸长变小，完全转变为脆性材料，纤维密度增大，达到 $1.8g/cm^3$，比电阻减少，从碳纤维的半导体性质转化到接近导体的性质。高性能的碳纤维和石墨纤维很少单独使用，一般都用于复合材料，为了提高其主体树脂的粘结性，要进行表面处理，以提高层间剪切强度。

2. 沥青基碳纤维

沥青基碳纤维主要有各向同性沥青基碳纤维和中间相沥青基碳纤维。

1) 各向同性沥青基碳纤维

沥青是含有多种芳烃的混合物，其化学组成和结构较为复杂。沥青的含碳量为 91%～96.5%，平均分子量在 400 以上，具有可塑性，能纺制成纤维，经氧化后可使其不熔化，再进行碳化则可得到碳纤维。

许多天然及合成的有机物，在无氧存在时，处于氮气或二氧化碳等惰性气体中，并于 300～500℃ 温度内进行热处理，可制成沥青状物质，例如，聚氯乙烯（PVC）粉末在 400℃

的氮气中加热30min，得到PVC沥青，收率为29%。这种聚氯乙烯沥青，在室温下为黑色光亮的固体，在150℃以上，逐步软化，200℃以上成为黑色黏稠液体，具有可纺性，可制成沥青纤维。通常采用挤压式或离心式熔融纺丝工艺将其制成沥青纤维，其类型按产品需要分为连续长丝型和短纤维两种。

沥青纤维若不经过不熔化处理，而直接在氮气中加热进行碳化操作是不行的，纤维会软化熔融，无法保持纤维形状，因而碳化前必须进行不熔化处理，不熔化处理可采用气相氧化或液相氧化，气相氧化所用的氧化性气体有臭氧、氧气、空气、SO_3、SO_2、N_2O_5、NO_2等，液相氧化所用的氧化性液体有硝酸、硫酸、高锰酸钾溶液等。气相氧化比较容易操作，一般将沥青纤维在空气中70~80℃处理1~3h，然后再加热到220~260℃，进行热处理，这样制成的沥青纤维在高温碳化时便具有不熔化性。然后将此沥青碳纤维在惰性气体中进行碳化，通常升温速度在1000℃以下为5℃/min，然后在此温度保持15~30min。在1000℃以上温度升温速度控制50℃/min。碳化最终温度可达1200~1400℃。这样制成的碳纤维性能为：抗拉强度$0.87×10^4 kg/cm^2$，杨氏模量$0.45×10^6 kg/cm^2$。

与聚丙烯腈纤维的碳化工艺相似，在沥青纤维碳化过程中，也应施加张力牵伸，碳纤维的强度随着张力负荷的增加而大大提高，研究表明，PVC沥青纤维的强度可增加40%，模量可增加25%。

沥青碳纤维在施加张力的条件下于2800℃进行石墨化处理，制得沥青基石墨纤维其强度和模量显著高于沥青基纤维。强度增至$1.53×10^4 kg/cm^2$，模量增至$3.75×10^6 kg/cm^2$。

2) 中间相沥青基碳纤维

中间相沥青基碳纤维，又称各相异性沥青基碳纤维，它属于高力学性能的碳纤维。它与各向同性沥青基碳纤维的工艺制造方法的区别在于使工业沥青以液相碳化的方式生成中间相沥青，所制成的沥青纤维具有各向异性的性能。

其制造方法为将工业沥青(煤焦油沥青或石油沥青)加热到350℃以上，发生热分解、热脱氢、热缩聚反应，生成分子量大，热稳定的液相多核芳烃化合物，它们是有机物向碳过渡的中间物，故称为中间相。这种中间相沥青物在500℃温度下，进行熔融纺丝，制得中间相沥青碳纤维，再进一步石墨化，则制得石墨纤维，其物理性能见表3-72。

表3-72 中间相沥青基碳纤维物理性能

物理性能名称	指标	物理性能名称	指标
密度/($g·cm^{-3}$)	1.41~1.44	伸长率(%)	4~6
抗拉强度/($10^3 kg·cm^{-2}$)	14~20	比表面积/($m^2·g^{-1}$)	5~8
杨氏模量/($10^4 kg·cm^{-2}$)	45~50	热分解温度/℃	500

3.2.6 金属纤维

摩擦材料中经常使用的金属纤维主要有铜纤维、钢纤维、铝纤维及锌纤维等。金属纤维作为一种材料，它的化学、物理和机械性质，一般接近于块状材料的性质。

金属纤维的生产方法，主要采用机械加工法。机械加工法可分为两种方法，即拉细法

(如拉丝)和金属体的机械分割法(如纵切、拉削、刮削、切削)。

摩擦材料生产使用的金属纤维还有连续纤维与短金属纤维两种类型。其中短金属纤维应用量较大。而在金属纤维中，钢纤维和铜纤维应用最多。

1. 钢纤维

钢纤维是用低碳钢为原料，经机械加工而制成的有一定长度的、截面积不规则的、超细金属丝(钢纤维)，呈棉花状，故称为钢棉。主要用于摩擦材料替代石棉作为增强材料。在半金属类摩擦材料中使用的较多。

钢纤维在20世纪80年代欧美国家开始大量使用于半金属摩擦材料中。目前，它一直是无石棉摩擦材料中使用的主要纤维材料之一。

摩擦材料所使用的钢纤维的技术规格如下：

(1) 化学组分见表3-73。

表3-73 钢纤维的化学组分　　　　　　　　　　　　　　　　%

C	Si	Mn	S	P
0.07～0.12	≤0.10	≤1.25	≤0.04	≤0.10

(2) 当量直径：40～75μm。

(3) 长度分级见表3-74。

表3-74 钢纤维的长度分级

筛号/目	14	20	40	70	100	满底
筛上物含量(%)	0～1	0～5	5～15	15～30	5～25	45～65

(4) 松散密度：0.8～1.1g/cm³。

2. 铜纤维

铜纤维又称铜丝。摩擦材料中经常使用的有紫铜(纯铜)和黄铜(铜锌合金)两种材质。其中以黄铜使用最多。铜纤维是用铜棒经拔丝加工而制成的，直径为0.15mm。

铜丝连续纤维主要用于摩擦材料中各种纺织型增强纤维，如铜丝石棉线、铜丝混纺纱以及近几年来发展的缠绕离合器面片用的铜丝包芯纱等，作用是提高它们的抗拉强度。短切铜丝通常加工成4～8mm长度，用于各类制动片和短切纤维型离合器面片制品，以及在有些摩擦块中作为补强成分。

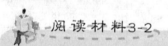

阅读材料3-2

纤维增强聚合物基摩擦材料的研究进展

1. 摩擦材料的研究现状

近年来的研究绝大部分集中在非石棉有机摩擦材料方面。在代替石棉的纤维中，除了钢纤维外，目前比较多见的有玻璃纤维、碳纤维、芳纶纤维以及这些纤维相混合的混杂纤维。当在摩擦材料中同时采用两种或两种以上纤维时，称为混杂增强。这一形式能充分发挥各纤维的优点，满足材料的性能要求。刘震云等研究了钢纤维、芳纶纤维、铜纤维、针状硅灰石等混杂纤维增强材料对摩擦材料的摩擦磨损性能及硬度、冲击韧度和三点弯曲性能的影响。肖翠蓉等用钢纤维和芳纶浆粕混杂作增强材料，所制得摩阻材料的强度、模量适中，导热性较好，摩擦性能良好。

1) 玻璃纤维增强非石棉摩擦材料

玻璃纤维的特点是硬度高、热稳定性较好、与树脂亲和性好、价格低廉，玻璃纤维发展历史较长，其表面处理工艺和粘结剂的研究已比较成熟。因此，玻璃纤维是早期无石棉摩擦材料中使用较多的纤维，以玻璃纤维为增强材料的无石棉摩擦材料已在汽车工业的一定范围内得到应用。

以环氧树脂、聚醚树脂等作为基体的玻璃纤维摩擦材料都表现出很高的磨损率，有的甚至超过未增强材料的磨损率。一般认为，造成高磨损率的原因是由于玻璃纤维的热传导率很差，从而使摩擦表面和次表层的温度很高且具有极高的温度梯度，聚合物在此高温下软化和分解使纤维和基体的粘结程度减弱。除此之外，玻璃纤维硬度过高而塑性极差也是造成高磨损率的原因之一，同时也会对偶件产生擦伤和磨损。降低玻璃纤维的硬度和采用适当的改性树脂可以改善玻璃纤维摩擦材料磨损率大及热稳定性差等缺点。玻璃纤维增强材料对负荷、滑动速度及制动温度等因素反应较敏感。在重载、高速及高温下，摩擦因数变化明显，不稳定。因此，单一的玻璃纤维作为增强材料的摩擦材料很难满足高速制动下的高温摩擦学性能要求。

2) 碳纤维增强非石棉摩擦材料

碳纤维增强复合材料以其高的比强度、比刚度、轴向拉伸强度和耐磨性，优异的耐高温性能和低的热膨胀系数，良好的导电性、导热性、抗疲劳性和良好的尺寸稳定性等优点，已在航天航空、汽车、机械电子等领域作为高强度耐高温材料，显示出巨大的应用潜力。碳纤维具有润滑和抗犁削阻力的作用，含量低时减摩作用较大，含量高时抗犁削阻力的作用较大。碳纤维的长度则影响摩阻材料的摩擦磨损性能和工艺性。碳纤维的类型(高模量和超高模量)对摩擦材料的摩擦磨损特性有较大的影响，而纤维的排列方向和摩擦过程中界面第三体对摩擦因数和磨损率影响甚小。

碳纤维增强复合材料还具有良好的恢复性能，而且在高温及高滑动速度下碳纤维增强材料比玻璃纤维增强材料有更高的摩擦因数和较低的磨损率。碳纤维最突出优点是高温摩擦稳定性好、磨损率低。因此，作为摩擦材料常用在飞机和赛车制动器上。

3) 芳纶纤维增强非石棉摩擦材料

芳纶纤维(Kevlar 纤维)是一种芳族酰胺有机人造纤维，其一般特征是具有相当高的强度、中等的模量、很小的密度、耐磨、耐热、高温下尺寸稳定好，其主要特征是在非复合形式下具有高韧性，没有碳纤维与玻璃纤维所呈现的脆性，因此非常适合用于高温高摩擦下的摩擦材料，也最有希望取代石棉成为下一代摩擦材料的增强材料。用于摩擦材料的 Kevlar 纤维主要有 6～13mm 的短纤维和 2～5mm 的浆粕形式的纤维。Loken 针对 Kevlar 纤维在搅拌中容易结团难以分散的问题进行了研究，结果表明，搅拌混合有一最佳时间，搅拌时间过长反而会引起结团而造成纤维在混合物中的不均匀分散。对不同长度、形态及排列方向的模压Kevlar纤维摩擦材料的试验研究表明，Kevlar 纤维增强的摩擦材料具有较高的摩擦因数，而其耐磨性好于石棉摩擦材料，在高温下具有和半金属摩擦材料相近的耐磨性。

Kevlar 纤维最早由美国杜邦公司研制，并开发出性能优良的摩擦材料。但由于 Kevlar 纤维的制造工艺和处理工艺复杂，特别是工业化生产时纤维分散较困难，且价格昂贵，因此在国内生产和推广受到了限制。

4）几种新型纤维增强非石棉摩擦材料

徐欣等将剑麻纤维应用于制备摩擦制动复合材料。研究结果表明，经过改性处理的剑麻纤维增强的摩擦材料摩擦因数适中，随温度波动小，是一种理想的石棉替代纤维。剑麻纤维是一种植物纤维，属于可再生资源，可自然降解，不会污染环境。因此，其应用前景被专家大为看好。

张力等基于国内汽车摩擦材料行业的现状和生产成本的考虑，选用 FKF 纤维为主体增强纤维，改性酚醛树脂为基体，研制出 FKF 纤维增强新型制动摩擦材料。性能研究结果表明，新型摩擦材料的摩擦因数适宜且稳定，耐磨性能好，是一种理想的汽车摩擦材料。FKF 纤维是将多种天然矿物纤维和人造矿物纤维组合在一起制成，耐热性高于石棉，价格低于大部分非石棉纤维。

2. 摩擦材料制动摩擦磨损机制

虽然关于摩擦材料的摩擦磨损机制研究很多，但由于摩擦材料中成分和组织以及材料性能的复杂性，迄今为止还没有一个公认的理论能解释摩擦过程中摩擦磨损现象的机制，例如，在低负荷和低温下，主要磨损机制既有认为是磨料磨损的，也有认为是黏着磨损或疲劳磨损的。一般来说，摩擦材料与金属对偶件可出现五种磨损类型，即磨粒磨损、黏着-撕裂磨损、疲劳磨损、热磨损和宏观剪切磨损。

摩擦初期一般产生磨粒磨损。Gopal 等认为磨粒磨损造成的磨损率与磨粒大小和滑动方向上的纤维取向有关，而摩擦因数则由于犁沟作用，随磨粒大小的变化而变化。由磨粒磨损造成的磨屑在界面压力和摩擦力作用下，由于有机成分较多而相互粘结，形成了摩擦界面转移膜并粘结于两摩擦副表面。转移膜的成分由有机物、填料和金属元素组成，它们在表面分布不均匀，易形成弥散分布的大块膜，对材料的摩擦稳定性不利。同时多次摩擦会产生加工硬化，使转移膜与基体材料的结合减弱，在摩擦过程中容易成片脱落，导致材料的磨损增大形成黏着-撕裂磨损和疲劳磨损。随着温度的增高，有机物降解而发生热磨损。热磨损包括一系列使原子之间结合不断破坏的物理作用与化学反应，如高温分解、氧化、熔化、蒸发和升华等。这些反应速率都随温度上升呈指数增加。宏观剪切磨损是由于摩擦热使材料产生的突然失效过程，一般出现在高温制动条件下。

由于对磨损机制的认识不尽相同，且各种磨损机制都未能完全解释各种材质和工况下的摩擦学现象，所以很难建立摩擦磨损的计算模型与公式。目前已有的公式大部分是基于某种磨损机制而建立的，或是根据特定的试验条件而建立的经验公式。

3. 国外摩擦材料行业的发展趋势及国内外存在的差距

自 20 世纪 80 年代以来，半金属摩擦材料和各种非石棉摩擦材料的研制改进工作，取得了很大的发展，国外新型非石棉半金属摩擦材料的专利技术多见诸报道。随着工业技术的不断发展，相关新型材料生产的工业化进程也在不断加快，新材料成本不断降低，粘结剂性能进一步改善以及计算机技术在工艺配方研究方面的应用，必然促进摩擦材料工艺配方研究上的多样化和最佳化,最大限度地满足和适应汽车工业及相关工业对摩擦材料的要求。

国内与国外存在的主要差距:

(1) 缺少强大的研究发展机制,如目前国内几家大型的中外合资企业,其生产工艺设备都是引进国外的新技术、新装备,但其技术研究发展机构都在国外,国内合资企业很少有自己的知识产权的产品问世,发展缺少活力,其技术水平的发展受到了很大的限制。国内几家大型企业虽然有一定的研发能力,但由于与市场接轨能力不强,资金短缺,对新技术、新材料、新工艺、新设备的研究和发展亦不乐观。

(2) 缺少加入WTO后迎接挑战的大型企业集团。国内企业无论从资金上和技术实力上都无法同国外企业集团相比,虽然工厂星罗棋布,但规模偏小、缺技术、缺资金,使一些成熟的新技术、新材料、新工艺、新设备不能发挥作用。因此,如何将有限的资金利用起来,组建大型企业集团,发挥各自的优势是一个值得研究的问题。

(3) 国外在摩擦材料生产上十分重视采用先进的工艺设备和计算机控制技术,积极采用新技术、新材料、新工艺,不仅产品产量高,而且产品外观、质感和性能都十分稳定。

由于摩擦材料生产相对来说工艺简单、投资较少,只要有几个配方、几台设备即可进行生产,因此国内出现了众多的摩擦材料企业。据保守估计,国内现有大小企业500家左右,从而导致市场过度竞争,整个摩擦材料行业显得不景气。总体而言,摩擦材料行业和国外相比,存在10~20年的差距,主要表现在专业化程度不高,产品质量很不稳定,工艺水平落后,生产装备简陋,摩擦材料企业小、抗风险能力差,企业产品同质化现象严重,因此,很难形成有国际影响的产品品牌,也就很难在国际竞争中站稳脚跟。

▶ 资料来源:田农,薛忠民,张佐光. 纤维增强聚合物基摩擦材料的研究进展[J]. 润滑与密封,2009(2)

3.3 填 料

填料(filler)是组成摩擦材料的三大组分之一,包括多种摩擦性能调节剂和其他配合剂,它的主要作用是对摩擦材料的摩擦磨损性能进行多方面的调节,使摩擦材料制品如制动片、离合器面片等能更好地满足各种工况条件下的制动和传动功能的要求。

1. 填料在摩擦材料中的作用

在摩擦材料制品中,使用填料的目的,即填料在摩擦材料制品中的作用,主要有以下几个方面:

(1) 改善制品的摩擦性能(摩擦因数、磨损率)。
(2) 改善制品外观质量、刚度、硬度、制动噪声及密度。
(3) 提高制品的加工性能与制造工艺性能。
(4) 控制制品热膨胀系数、收缩率,增加产品尺寸的稳定性。

(5) 改善制品的导热性。

(6) 降低生产成本。

在摩擦材料的配方设计时,从众多的填料中,选用符合摩擦材料制品性能要求的填料,就必须要首先掌握和了解填料的性能,以及它在摩擦材料各项性能中所起的作用。正确地选用填料,对决定摩擦材料的性能以及在制造工艺上,都是非常重要的。

填料的堆砌密度对摩擦材料的性能影响很大。摩擦材料的不同的性能要求,对填料的堆砌密度的要求也是不同的。例如,使用增量填料,是为了增加数量(重量),节省制造制品的原材料,降低产品成本,所以在生产中希望加入的填料数量越多越好。这就希望填料堆砌达到最大密堆砌。

对于为了保证摩擦材料的某些性能,如为了提高摩擦材料的导热性,生产中就希望以最小的填料数量使制品获得较好的导热性,这就希望填料的堆砌达到最小密堆砌。

填料在堆砌过程中,最大颗粒的堆砌决定了体系的总体积。体系中的颗粒之间存在着大量的空隙,如果将较细的颗粒填充到这些空隙中,其体系的总体积不会改变。而此时又加入更细的颗粒时,其颗粒之间仍然存在着空隙,这些空隙再被更细的颗粒填充,使用充填的颗粒越来越细,直至无穷小,此时体系的总体积等于填料的真实体积。

所以应用特定的颗粒粒径分布,可以获得填料的最大的密堆砌体系,此时在摩擦材料中使用的基体树脂量最少。相反应用单一粒径的颗粒填料,就可以得到最小密砌体系,此时摩擦材料中使用的基体树脂量最多。

2. 填料的应用概况和分类

在摩擦材料中应用的填料多种多样,有自然界的天然矿物,也有人工合成的物质;有无机的、有机的、有粉状的、也有颗粒状的,还有工业废物等。各生产企业根据不同的产品性能配方要求,选择不同的填料。

填料按化学成分来分类,可分为无机填料、金属、有机填料。

(1) 无机填料:摩擦材料中的填料大部分属此类,其中有天然矿物和人造物质。天然矿物主要为自然界中各种非金属矿物,常用的有长石、重晶石、三氧化二铁、四氧化三铁、方解石、硅藻土、硅灰石、滑石、云母、铬铁矿、硫化锑、白云石、菱镁矿、蛭石、铝矾土、锆英石、石英粉、刚玉、萤石、冰晶石、氧化镁、氧化锌、二硫化钼、沉淀硫酸钡、石墨、炭黑、氧化铝、碳化硅、氧化铜、铁红、铁黄、铁黑、铬绿、铬黄等。

(2) 金属:摩擦材料使用的金属物,有黄铜屑、黄铜粉、紫铜粉、还原铁粉、海绵铁粉、铸铁粉、铝粉、铅粉等。

(3) 有机填料:有机填料有轮胎粉、沥青、腰果壳油摩擦粉、橡胶粉、胺基酯粉等。

此外,摩擦片生产中产生的磨尘等粉料,也可以作为填料物使用。

按填料对摩擦材料性能的作用,可将填料分为:

(1) 增摩(摩阻)填料:大部分的无机填料和部分金属为增摩填料,它们的莫氏硬度通常在3以上,在摩擦材料中使用它,可起到提高摩擦因数的作用。

(2) 减摩填料:减摩填料包括二硫化钼、石墨、滑石、云母、炭黑、铅与铜及其氧化物。它们的莫氏硬度通常在3以下,在摩擦材料中使用它,可起到降低摩擦因数,提高摩擦稳定性和耐磨性,减少制动噪声的作用。还有一些材料,加入到摩擦材料中,如硬脂酸锌等,也可起到降低摩擦因数的作用,对工艺中的流动性能也有一定的好处,但用量一定要严格掌握,因为过量的使用,会影响制品的热稳定性。

(3) 有机摩擦粉:有机摩擦粉的作用是提高材料的摩擦因数稳定性和耐磨性,还可降低制品的硬度,有益于减少制动噪声。

由于摩擦材料中使用的填料种类繁多,作用各异,各种影响因素错综复杂,很难精确地定量估算出填料在摩擦材料中的作用效果。可以根据各种填料的基本性能,通过大量基础试验,了解其对摩擦材料各项性能的影响,再针对某种摩擦材料制品的性能要求。进行系列配方试验,确定该制品配方中各种填料组分的规格及合理用量。

3.3.1 填料特性与摩擦材料性能的关系

摩擦材料中使用的填料的各种性能,如硬度、粒度、密度、比表面积、化学组成、热性能、导热系数、热物理与热化学效应等,与摩擦材料的性能有密切的关系,在诸多性能中,硬度与粒度对材料的摩擦磨损性能影响最大,关系最为密切。

1. 填料的硬度对摩擦因数与磨损率的影响

摩擦磨损性能是摩擦材料中最重要的一项性能指标。制动片和离合器面片的制动和传动的功能好坏主要表现在其摩擦磨损性能上,要求摩擦材料在不断变化的工况条件(温度、速度、压力、道路气候状况)下能保持较稳定的摩擦因数和较小的磨损,这样的制品具有稳定的工作性能和较好的使用寿命。这些都要通过填料——摩擦性能调节剂来完成。

摩擦材料使用的填料习惯用莫氏硬度来表示,分为十级,一些常用填料和有关材料的莫氏硬度见表 3-75。

表 3-75 一些常用填料和有关材料的莫氏硬度

硬度值	填料名称	相应的其他材料
1	滑石、石墨、蛭石、水云母	橡胶及部分软塑料
2	白云母、高岭土、石棉、硫化铅、石膏、硫化锑	手指甲、塑料
3	方解石、黄铜、碳酸钙、硫酸钡、白云石、重晶石	塑料
4	氟石,霞石、铁、萤石、碳酸镁、菱镁矿	钢铁
5	玻璃、氧化镁、氧化铁、硅灰石、铬铁矿	钢铁
6	长石、四氧化三铁、金红石	—
7	氧化铝、锆英石、硅石(石英)	—
8	黄玉、刚玉、	
9	碳化硅	
10	金刚石	

在增摩填料(摩阻填料)和减摩填料(润滑填料)中,增摩填料是摩擦性能调节剂的主要部分。不同的增摩填料的增摩作用也不相同。有的填料在较低的温度下(如 200℃)具有较好的增摩作用,称为常用增摩填料,它们的莫氏硬度大约为 3~6,有的填料则可在较高的温度下(250~350℃)具有较好的摩擦因数,这类填料称为高温增摩填料,它们的莫氏硬度通常在 7 以上,属于高硬度填料。

根据摩擦黏着理论可知，摩擦因数与材料的剪切强度有直接关系，即高剪切强度的材料具有较高的摩擦因数。

材料的莫氏硬度是一种抗刮伤能力的比较。可用一种材料去刮另一种材料的表面来测定，实质上就是两种材料表面质点摩擦时，彼此剪切强度的比较和反映。材料的莫氏硬度高，其剪切强度也高，故而摩擦材料应用的各种填料的莫氏硬度越高，它与对偶摩擦时，具有的摩擦因数也越高。

填料的粒度形状能够影响摩擦材料的摩擦表面特性即影响摩擦与磨损性能。一般地说，填料颗粒粗糙且刚硬，在与对偶表面进行滑动摩擦时，嵌入对偶表面深，产生的剪切力大，在摩擦材料中能够起到增加摩擦因数的作用。也可以说，当颗粒不规则，且硬度比基体高时，则有利于提高摩擦材料的摩擦因数。另一方面，在摩擦过程中，嵌入对偶表面的硬颗粒填料受剪切力大，会被切下除去，特别是颗粒较大的填料，这一效应更为明显。也就是说，在制品中使用的填料颗粒越大，则制品的磨耗也越大。

莫氏硬度在 6 以上的填料，属于硬质填料，其增摩效果好于一般增摩填料，但其硬度已超过钢铁，使用时需控制用量和粒度。过大的填料用量和填料粒度，会造成过高的摩擦因数，刮伤金属对偶，以及制动噪声。一些特殊的高硬度填料，如氧化铝、刚玉等，只需使用很少量就可使摩擦因数上升。其影响可见表 3-76、表 3-77。

表 3-76 长石粉的粒度对制品摩擦因数的影响

粒径/目	40	80	120	200
摩擦因数	0.60	0.52	0.50	0.46
对偶磨损情况	划伤、沟槽明显	划伤、沟槽明显	不明显	不明显

表 3-77 氧化铝粉用量对制品摩擦因数的影响

试验项目与条件 组分用量	摩擦因数				
	100℃	250℃	300℃	350℃	380℃
0.2	0.30	0.31	0.25	0.19	0.14
0.5	0.31	0.30	0.26	0.23	0.18
1.0	0.32	0.31	0.28	0.26	0.20
1.5	0.35	0.35	0.31	0.32	0.28
2.0	0.37	0.39	0.35	0.36	0.32
4.0	0.39	0.40	0.38	0.38	0.35

由上面表中数据可看到，制品的摩擦因数随硬质填料用量及粒度的增大而增高，高温摩擦调节剂性能也更好。高硬度填料如氧化铝、碳化硅等对改进高温摩擦因数效果更好。但特别要注意的是随着填料硬度及粒度的增加，对金属对偶的刮伤和制动噪声的问题不容忽视。

日本有人对填料硬度与其用量及克服热衰退的问题作过研究，并提出了下面的关系式：

$$(硬度)^2 \times 体积分数 \geqslant 25$$

此式表明，硬度越高的填料，较少的用量就能达到克服热衰退的要求，如对石英粉或锆英石，其莫氏硬度为7，其用量只要0.5%（体积分数）即够。按实际使用经验，石英粉或锆英石的用量应为3%以上，但上式反映的规律是合理的。

式中采用体积分数是合理的，因为填料在摩擦材料表面上起作用的是其比表面积大小，而其值的大小和体积分数有关。

莫氏硬度为2或1时的低硬度填料，在摩擦材料中经常被用作减摩填料。这类填料分为两种，一种是各向同性的晶体物质，主要是软金属如铜、黄铜、铅、铝等；另一种是各向异性的具有晶体结构的非金属矿物，如石墨、二硫化钼、滑石、云母等。它们的特点是剪切强度低，特别是有各向异性晶形的非金属矿物，它们具有片状或层状晶体结构，如鳞片石墨，其结构特点是层与层之间距离较大，它的同一平面层内的相邻碳原子间距离为1.42Å（1Å=10⁻¹⁰m），以较强的共价键相连，而层与层的碳原子间距离为3.41Å，以比较弱的范德华力（分子力）相连，如图3.20所示。当对晶体的层施加平行于层面的作用力时，层与层间抗剪切力低，容易产生滑动。根据摩擦理论，石墨与金属对偶摩擦时，构成摩擦力的剪切项较小，故而石墨的摩擦因数很低，仅为0.04～0.12。

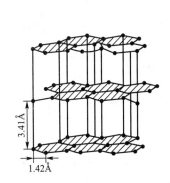 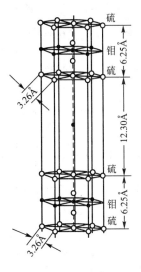

图 3.20　石墨的晶体结构模型　　　图 3.21　MoS₂ 的晶体结构模型

二硫化钼的晶体也属于各向异性，具有层状结构，如图3.21所示。每一层的基本厚度为6.25Å，同层内的硫原子间距为3.26Å，以强的化学键相连。两层之间距离为12.30Å，S—S以弱的分子引力（范德华力）相作用。已知化学键的键能有50～150kcal/mol（1kcal=4.1868kJ），而分子间范德华力只有0.5～5kcal/mol。故二硫化钼与石墨相似，层与层间抗剪切力很低，摩擦因数很小。

综上所述，石墨、二硫化钼和其他低硬度的减摩填料在和金属对偶摩擦时，由于剪切强度低，因而表现出低的摩擦因数并且磨损也很小。可以通过掌握减摩填料的用量来调节摩擦材料制品在不同的温度范围时摩擦因数的高低，提高制品的耐磨性。

2. 填料对制品物理和机械性能的影响

1）填料对制品硬度的影响

填料对摩擦材料物理性能的影响之一就是使摩擦材料的硬度增大，即使其弹性模量增加(还称杨氏模量或体积模量)。摩擦材料制品的硬度对其实际使用中的性能效果影响甚大,对于汽车制动片来说,适宜的硬度范围为洛氏硬度40～90HRM。硬度过高是不希望的,一般认为较低的制品硬度,如洛氏硬度在40～70HRM更好些,它有利于制动操作的平稳舒适、减少制动噪声和对盘、鼓的损伤。而调节制品硬度手段除了降低基体树脂的硬度外,也可在不损害摩擦因数的前提下,选用低硬度填料如橡胶粉、轮胎粉,上面所述的莫氏硬度低于2的是各种非金属矿物和软金属,以及某些有机材料。

使用填料对制品表面硬度影响十分明显。干法工艺制品比湿法工艺制品硬度高的重要原因之一,就是因为选用的填料与实际上填料用量的提高。一般地说莫氏硬度为1时,所对应的布氏硬度为5以下,莫氏硬度为2时,所对应的布氏硬度为6～20。

2) 对抗张强度的影响

不同的填料,往往会对摩擦材料抗张强度产生不同的影响,在摩擦材料中,每一种填料的颗粒都会被一定数量的纤维、粘结剂所分隔及均匀地包裹。若假定在这种材料中间无气泡或空间等条件下,当施加张力时,这些基体区段被拉伸,并从填料颗粒上被拉开。因此使用过量的填料会使材料断裂强度较低。所以为了获得较高强度的摩擦材料,就要选择填料颗粒间空间较大能容纳更多的支撑负荷的基体材料。

使用大颗粒填料比小颗粒填料,在基体上产生的应力要更集中更大些。因此若在其他条件相同的情况下,使用平均粒径较小的填料,制成的摩擦材料有较高的强度。

各种填料对产品的增强作用影响,依次为

$$纤维 > 片状 > 球状$$

选用增强材料的强度,一般选用自身强度高的填料。另外,要考虑增强纤维与树脂的粘接作用。为解决填料的增强作用,往往采用两个措施,即:①通过偶联剂对填料进行表面处理,增加表面活性;②增加树脂对填料的润湿能力。

3) 对冲击强度的影响

提高抗冲击强度,对摩擦材料来说,是很重要的。但实际上,目前还不易确定能在试验条件下模拟实际工况条件的试验方法。

已确知基体中的包容物起应力集中剂的作用。这种包容物,在柔性上必须与基体有很大的不同。因此晶粒、空穴、颗粒、纤维、切口及裂纹都起应力集中剂的作用,这里仅考虑颗粒粒状填料。当颗粒比基体的柔性大时,会延缓和阻止材料中因应力而产生的微细裂纹(银纹)的扩大,从而使抗冲击强度提高,韧性改性就是这类例子。但是,生产摩擦材料最常用的一些填料,多数为高模量的硬性材料,实际上不能拉伸,因此使摩擦材料的脆性增加。如果比起基体来说,由于加入填料使摩擦材料的内聚强度有所改进时以及填料颗粒能在与冲击应力垂直的更大面积上分散冲击应力作用的话,那么冲击强度就会有所提高。例如,使用金属纤维类填料,提高了制品强度,就属这类作用。

4) 对热膨胀的影响

在摩擦材料中加入填料之后,能够影响其热膨胀系数。其原因是填料在不同方向具有不同的热膨胀系数。填料与基体热膨胀系数的不同,导致了在室温下产生内应力,而且由于填料颗粒取向不同,内应力也不相同。

在生产中对热膨胀系数可以根据混合规则来估算,作为模具设计时的参考,其计算公式为

$$\alpha = \alpha_1 V_m + \alpha_2 V_f \tag{3-8}$$

式中，α 为热膨胀系数；α_1 为基体热膨胀系数；α_2 为填料热膨胀系数；V_m 为基体体积分数；V_f 为填料体积分数。

表 3-78 为一些填料的热膨胀系数 α 的数值。

表 3-78　一些填料的热膨胀系数 α 的数值

填料名称	α 值($\times 10^{-6}/℃$)	填料名称	α 值($\times 10^{-6}/℃$)
石灰石	10	硅灰石	6.5
碳酸钙	10	珍珠岩	8.8
高岭土	8	氧化铝	4~5
滑石	8	石棉	0.3
长石	6.5	重晶石	10

由于片状和纤维状填料的取向具有很大的差别，所以采用不同取向的片状或纤维状填料，其制品的热膨胀系数也会有很大的差别。模压后的基体会发生很大的热膨胀，所以热压后的制品已难收回原模腔；而基体发生很大的热膨胀，要以内应力的形式释放出来，使产品产生变形，表现在摩擦材料热压后的翘曲变形现象。

一般地说，使用低密度填料，有利于降低制品的热膨胀及改善翘曲变形。

5) 对制动噪声的影响

降低和克服制动噪声，是摩擦材料工作者必须要考虑的问题。现在随着社会经济的发展，轿车已成为所有车辆中的主要品种，人们对汽车制动片制动噪声的要求越来越严格，我国有关的汽车制动试验标准中，也制定了对制动片的制动噪声标准。制动噪声产生的原因是相当复杂的，它不仅和摩擦片有关，也和其对偶材料——制动盘与制动鼓有关，以及与制动盘或鼓的总成结构和安装状态等因素有关，同时还和使用的条件、环境、制动操作等都密不可分。但主要方面还应从摩擦片去研究，从摩擦片的组分角度出发，选用填料时要考虑的是：

(1) 控制硬质填料的用量和粒度，避免过高的摩擦因数和制品硬度。

(2) 适当多加用一些硬度范围在 3~4 的摩阻填料和低硬度减摩填料。

(3) 使用具有多孔结构或疏松结构的填料，这类填料常用的有人造石墨、煅烧焦炭、膨胀蛭石、海绵铁粉、硅藻土、软木粉等。它们的中空结构使其具有良好的吸附性，能减少制动操作时摩擦副共振的形成，吸收制动摩擦所产生的噪声，这类多孔性材料经多年使用，其有效性已得到大家的共识。

6) 填料对制品密度及密实度的影响

由于在鼓式制动片和盘式制动片中填料的用量，多达总组分的 40%~70%，又因为填料品种多种多样及它们密度的差异，故填料对制品的密度影响是明显的。传统的石棉型制动片的密度为 1.9~2.1g/cm³。而半金属型制动片，由于使用钢纤维和铁粉，而且填料用量占组分的 60%~70%，其制品的密度可达 2.4~2.6g/cm³。又如缠绕型离合器面片，为了达到 10000r/min 甚至 12000r/min 以上的旋转破裂强度，除使用高强度的纤维纱线外，还可使用密度小的填料，以降低离合器面片的密度，使其密度可达 1.6~1.7g/cm³，这类离合器片具有优良的旋转破裂强度。

多孔性填料的使用，能降低制动片的密度，容易形成疏松结构的摩擦表面，它有利于提高摩擦材料表面的自洁性能，减少碳化层连续相的形成，在摩擦过程中不断磨去旧的工作面，产生新的表面层，从而减轻热衰退程度和减少制动噪声。

7) 合理使用填料对制品成本的影响

在保证产品性能的前提下，合理地使用填料降低产品成本，以提高产品的性能-价格比，加强产品市场竞争力，其意义是明显的，利用填料来降低成本有两种手段：

(1) 有一类矿物填料，既有一定的摩擦因数，价格又低，常被人们采用。这类填料有高岭土、石灰粉、方解石、重晶石、长石、萤石、硅灰石、硅藻土等，还有摩擦片在磨制加工后产生的粉尘，也可以再利用。它们在制品组分中用量一般为10%~25%（质量）范围，这样可有效地降低产品成本。

(2) 用低密度填料和多孔结构填料，可达到降低成本的效果。例如，对于无石棉制动片、半金属型制动片的密度通常为 $2.5g/cm^3$，而以矿物纤维为增强基材的非金属型制动片的密度仅为 $2.1g/cm^3$ 左右，在配方设计时可以做到两者的原材料成本基本相同。

现用实例进行比较：如生产一种尺寸为 200mm×120mm×15mm 的制动片，用两种材质，半金属和非金属，配方设计成本要求在 6000 元/吨，前者密度为 $2.5g/cm^3$，后者密度为 $2.1g/cm^3$。半金属制动片每片质量为 20×12×1.5×2.5＝900g，则原材料成本为 0.900×6＝5.4元；非金属制动片每片质量为 20×12×1.5×2.1＝720g，则原材料成本为 0.720×6＝4.32元，两者相比，后者每片原材料成本为前者的80%，即低密度的非金属制动片，要比高密度的半金属材质原材料成本低20%，在这两种材质制动片销售价格相同的情况下，密度低的制动片比之高密度的制动片的经济效益要好些，这是十分明显的。

3. 磨尘填料

磨尘，即在生产摩擦材料过程中，由磨削工艺下来的废弃物。

在摩擦材料的生产过程中，无论使用什么工艺方法生产，最后都必须要经过磨削加工，来达到制品的尺寸要求，而经磨削就要产生粉尘废料。这种粉尘要经专用的设备予以收集，对这种粉尘一般称磨尘。

磨尘的数量很大，约占摩擦材料总产量的10%，目前全国磨尘产量达5000t以上，这种粉尘还具有质量轻、对环境有害的特点，随便扔弃会形成公害，因此对其处理应用是一个重要的工业课题。

实际上，这种废弃物可以作为摩擦材料的一种重要的、新的填料，并已在目前生产中得到了较为广泛的应用。

1) 磨尘的特性及其对制品性能的影响

磨尘能否利用的关键，主要取决于磨尘被利用的性能及其对制品性能的影响，及对生产工艺的影响。磨尘的来源，是从摩擦材料上磨削下来的，其组成成分和其性能都是可知的。磨削是一种简单的机械作用，磨尘在这种机械磨削过程中未发生质的变化。经测定，磨尘热性能（如烧失量）和制品的热性能（如烧失量）相同。且磨尘是颗粒状，其中增强材料成分仍为纤维状，适用干法摩擦材料的生产技术要求，使用也很方便。在某种意义上说，磨尘由于已受一定的温度与压力作用，还有助于相对提高制品的摩擦热稳定性。

作为填料用的磨尘对制品性能的影响规律，基本符合其他填料在摩擦材料中的作用规律。如在摩擦材料组成成分中，随着磨尘用量的增加，制品强度则明显降低。与其他矿物填料不同的是，制品表面硬度随着磨尘用量的增加，表面硬度反而降低。磨尘用量增多，制品磨耗也增大。因此，在摩擦材料生产中，磨尘用量应通过试验来确定。

2) 利用磨尘的工艺方法

经过砂轮磨削所产生的磨尘，在其利用之前还要进行除杂处理。目的是除掉磨尘中可能含有在其磨削过程中混入的砂粒及磨尘中的外来杂质。

磨尘的处理方法很简单。在现用磨尘收尘装置中，使磨尘通过一个旋风分离器处理，就可以达到目的。一是收集了磨尘，二是进行了除杂。然后用尘袋将其装起来备用或者由管路通过气体输送到粉尘利用场地的集尘器装储备用。

(1) 经处理过的磨尘可以直接以填料形式在生产混料时直接加入，即在混制摩擦材料压塑料时，按配方规定的投料量，经称量后直接投入混料机中。这种使用方法简单，是利用磨尘的一种最为理想的方式。其主要缺点是可造成粉尘的二次扬起，因此在使用时，要注意环境粉尘问题。

(2) 针对粉尘扬起问题，以及直接使用的性能变化，对性能要求较高的制品，可以采取将粉尘制成颗粒状填料，再进行混料。尽管这种方法较为复杂，然而制成的制品性能很好，摩擦性能得到很大的改善和提高，甚至对于干法工艺存在的热膨胀问题，也有很大的好处。这种方法是先将粉尘、填料(可按制品性能要求而选择)加入粘结剂(有机或无机粘结剂)，制成规格为 3～5mm 的颗粒，经固化后，就可在混料时使用。例如，采用这种方法制成的火车制动瓦，性能可调性很好，而且解决了初速摩擦力矩过大，造成制动曲线不平滑的难题。

在摩擦材料生产中应用磨尘，经实践证明是一举多得的措施。它不但降低了生产成本，也减少了公害，做到了变废为宝，化害为利，实现了综合利用。

3.3.2 增摩填料

增摩填料又称摩阻材料，一般具有一定的硬度和剪切强度，而且具有较好的摩擦因数。摩擦材料中，使用量较大的增摩填料的莫氏硬度为 3～5，如重晶石、碳酸钙、铁粉等填料。它们可以使摩擦材料制品具有较好的摩擦因数，不会损伤对偶材料表面，也不会产生明显的制动噪声。莫氏硬度为 5～6 的填料属硬质填料，粒度以 $160～300^{\#}$ 为宜，用量不宜过大。通过试验和实际使用表明，其用量超过 6%～7% 后，会在制动噪声和损伤对偶表面方面产生负面作用。莫氏硬度超过 7 的填料属于高硬度填料，很少用量就会产生明显的增摩效果，但应严格控制用量，以防止造成噪声、损伤对偶表面和磨损过大。生产中常用的增摩填料有以下几种。

1. 重晶石

重晶石(barite)，化学成分为 $BaSO_4$，白色或灰黄色，相对密度大(4.4～4.6)，因而得名。莫氏硬度 2.5～3.5，属斜方晶系。化工用重晶石的品级划分按 $BaSO_4$ 的含量分为 Ⅰ级 96%、Ⅱ级 90%、Ⅲ级 85%，摩擦材料行业用的重晶石，其规格多为 90%～95%。国家标准规定其细度为 200 目筛余量不大于 3%，325 目筛余量不大于 5%。

重晶石是使用最广泛的摩擦材料用填料，它能使摩擦因数稳定，磨耗小，特别在高温下，它能形成稳定的摩擦界层，能防止对偶材料表面擦伤，使对偶表面磨得更光洁。

沉淀硫酸钡系化学合成产品，由可溶性钡盐和硫酸经复分解反应制成，相对密度 4.4～4.5，性能与重晶石矿物相同，但它不含二氧化硅等矿物杂质，有利于减少制动噪声，故虽然其价格高于重晶石,仍经常被用于制动噪声要求较高的制品,如轿车盘式制动片中。

2. 硅灰石

硅灰石(wollastonite),属于钙质偏硅酸盐矿物,化学成分为 $CaSiO_3$,莫氏硬度 $4.5\sim5.5$,相对密度 $2.75\sim3.1$,熔点 1540℃,属三斜晶系,晶体常沿 Y 轴延伸成针状和杆状,呈玻璃光泽,商品有针状硅灰石和硅灰石粉两种。

硅灰石具有较好的增摩效果,加之价格便宜,故目前使用最多,在美国 GG 级品种制动片中,其用量可高达 14% 之多。但由于其质地较硬,使用时应注意制动噪声。

针状硅灰石的长径比范围为 $(6\sim20):1$,具有增强作用,增强效果随长径比的增大而增加,在无石棉摩擦材料中,针状硅灰石常作为辅助增强组分使用。

3. 萤石

萤石(fluorite),又名氟石,系卤族矿物,化学成分为 CaF_2,莫氏硬度 4.0,相对密度 $3.0\sim3.2$,熔点 1360℃,属等轴晶系。

摩擦材料中所用的萤石的 CaF_2 含量,通常为 85%~95%。萤石具有良好的低温和高温增摩效果,且价格便宜,故可在组分中使用的比例较高。CaF_2 含量较低的萤石,会含有较高的 SiO_2 杂质,按我国质量标准为三级品的萤石 CaF_2 含量为 85%,所含 SiO_2 杂质为 14%,一级品萤石的 CaF_2 含量为 95%,SiO_2 杂质为 4.5%。实际使用中,低品级的萤石在摩阻材料组分中用量较大时,有时易引起噪声,这是要注意的。

4. 铁粉

铁粉莫氏硬度 4.0,相对密度 7.80,熔点 1535℃。在摩擦材料中常用的品种有还原铁粉、铸铁粉。还原铁粉主要用在半金属摩擦材料中,和钢纤维一起构成金属组分。

5. 氧化铁

氧化铁包括三氧化二铁(红色)、三氧化二铁水解物(橙色)、四氧化三铁(黑色)以及它们的混合物。在摩擦材料中主要使用红色和黑色氧化铁。

1) 铁红(Fe_2O_3)

铁红为暗红色粉末或块,莫氏硬度 5~6,相对密度 5.12~5.24,熔点 1565℃,不溶于水,溶于酸。铁红用于载重汽车鼓式制动片较多,其作用对提高制品的常温摩擦性能有利并有着色作用,使用量一般为 3%~5%。

2) 铁黑(Fe_3O_4)

铁黑为红黑或蓝黑色粉末,莫氏硬度 5.5~6.5,相对密度 5.18,熔点 1538℃,不溶于水、醇、醚,溶于酸。铁黑用于汽车盘式制动片较多,其作用对提高制品的摩擦性能有利并有着色作用,在配方中用量为 4%~12%,对制动后期摩擦力要求较高的摩擦制品如合成制动瓦,其用量稍高。

6. 铬铁矿粉

铬铁矿粉(chmmite),化学成分为 $FeCr_2O_4$,呈灰褐色,莫氏硬度 5.5,相对密度 4.3~4.6,属等轴晶系,熔点 1535℃。

铬铁矿粉具有较好的低温和高温增摩效果。在摩擦材料中常用的铬铁矿粉的 Cr_2O_3 含量为 25%~40%,Cr_2O_3 含量越高,增摩效果越大,使用时应注意控制其用量和粒径,适宜的用量应不超过7％，粒径细度在200#以上。过多的用量和过粗的粒径固然能提高摩擦因数，但也会导致磨损明显增大。

7. 长石

长石(feldspar)是钾、钠、钙、钡等碱金属或碱土金属的铝硅酸盐矿物，分别称为钾长石、钠长石、钙长石、钡长石等。常用的是钾长石和钠长石，它们化学成分分别为$KAlSi_3O_8$和$NaAlSi_3O_8$，属三斜晶系。

长石粉价格便宜，属于硬质填料，是摩擦材料中常用的增摩填料，硬度高，增摩效果显著，但其用量过大或粒径过大时，摩擦因数可高达0.6左右，制动噪声增大，这在使用中应特别注意。

8. 氧化铝

氧化铝(alumina)，化学式为Al_2O_3，白色粉末状，莫氏硬度7.0，相对密度3.9～4.0，属高硬度填料，是增摩效果最有效的填料之一，故被摩擦材料行业广泛使用，特别有助于提高高温摩擦因数，使用时需严格控制其用量及粒度，通常要求其粒度在325#以上，用量超过3％时负面影响增大。

铝矾土是自然界中最普遍的氧化铝类天然矿物，常使用经煅烧的铝矾土，Al_2O_3含量为60％～80％或更高时的增摩效果较好。

9. 锆英石

锆英石(zircon)，为正硅酸锆，化学成分为$ZrSiO_4$，莫氏硬度7～8，相对密度4.0～4.9，属正方晶系，一般为棕色或浅灰色。

锆英石为高硬度填料，增摩效果良好，粒径宜为325#以上，目前应用于盘式片中较多，使用纯度65％左右的锆英石可获得较好的摩擦因数，且制动噪声又较小。

10. 石英岩

石英岩(siliearenite)，简称为沙岩(sandstone)，是自然界中最常见、最普遍的硅质矿物原料之一，主要成分是石英，化学成分为SiO_2，呈白色，莫氏硬度7，相对密度2.65，属六方晶系。

石英岩是高硬度填料，普通的沙子即为石英岩成分，摩擦材料行业用的石英粉要求细度很高，它虽具有很好的增摩作用，但也容易造成明显的制动噪声和划伤对偶面，故在摩擦材料行业中对它的使用并不太多。

11. 刚玉

刚玉(corundum)化学成分为Al_2O_3，莫氏硬度8～9，相对密度3.9～4.1，三方晶系。刚玉色泽白或棕，称为白刚玉或棕刚玉，刚玉属特硬质矿物，其增摩作用超过氧化铝，极少用量就可产生良好的增摩效果，使用细度宜为300～800#。

12. 金红石与钛铁矿

金红石(rutile)与钛铁矿(timenite)，是最有工业价值的含钛矿物。金红石化学成分为TiO_2，褐红色或黑褐色，金刚石光泽，莫氏硬度6，相对密度4.2～4.3，属正方晶系；钛铁矿化学成分为$FeTiO_2$，铁黑色，金刚石光泽，莫氏硬度5～6，相对密度4.72，属三方晶系。

金红石与钛铁矿属较好的增摩填料。

13. 硫化锑

硫化锑化学式为 Sb_2S_3，莫氏硬度 2，相对密度 4.1~4.6，灰黑色固体粉状，有金属光泽，是由辉锑矿经精选和化学提纯而得，其中 Sb_2S_3 含量不小于 90%。

硫化锑的熔点为 548℃，属于熔点较低的软金属硫化物，它在高温下会产生与烧结陶瓷材料相类似的烧结作用，形成无机粘结剂，可减少有机粘结剂用量。因此，国内外有的盘式片配方中，由于加用了硫化锑，树脂用量仅为 7%~8% 甚至更低（如 5%~6%）即可。

使用硫化锑对减少摩擦因数的热衰退、降低制品的高温磨损都有好处，并且硫化锑的硬度较低，也可以减少制动片的制动噪声。

14. 蛭石

蛭石(vermiculite)，化学成分为 $Mg \cdot (H_2O)[Mg_3 \cdot (AlSiO_3O_{10})(H_2O)]$，是一种层状结构的含镁的水铝酸盐次生变质矿物，外形似云母，因其受热失水膨胀时呈挠曲状，形态似水蛭，故称蛭石。

蛭石莫氏硬度 1~1.5，相对密度 2.2~2.8，熔点 1320~1350℃，呈珍珠或油脂光泽，含水量 7%，有很好的吸声性能，蛭石在 800~1000℃ 下焙烧 0.5~1min，体积可迅速增大 8~15 倍，最高达 30 倍，颜色变为金黄色或银白色，生成一种质地疏松的膨胀蛭石，密度为 100~130kg/m^3，膨胀蛭石目前被广泛用于摩擦材料中，特别是盘式制动片中，它质地较软，具有中空结构，相对密度轻，吸音性优良，可有效地降低制动噪声，并降低制品的密度。

15. 人造石墨

人造石墨(synthytic graphite)，化学成分为：C，密度 2.0g/cm^3。

人造石墨具有多孔结构，有吸附性，对改善热衰退、减少制动噪声有一定的效果。我国在 20 世纪 90 年代以前，很少有人使用人造石墨，自 90 年代后国内一些摩擦材料企业引进盘式制动片的生产技术和配方后，人造石墨开始被摩擦材料企业使用，现在已得到了广泛使用。

人造石墨的粒度大小对其使用性能有一定影响，通常认为合适的粒径大小为 20~60 目，国外有的厂家有时选用 1~2mm 粒径的人造石墨。

16. 焦炭

焦炭(coke)，化学成分为 C，密度 1.97~2.15g/cm^3。

摩擦材料所用的焦炭粉多为石油焦炭，也有用煤焦炭的。煅烧焦炭具有疏松的结构，被认为能降低制动噪声。

常用的粒径为 20~60#，粒径大的效果较好。

17. 沸石

沸石(zeolite)，是一种架状含水的碱或碱土金属硅铝酸盐矿物，一般化学成分为 $A_mB_pO_{2p}$，其中 A 为 Ca、Na、K、Ba、Sr 等阳离子；B 为 Al、Si。沸石莫氏硬度 5~5.5，相对密度 1.92~2.80，无色。

沸石的结晶水和一般结构水（—OH 基）不同，由于它作为水分子存在，故沸石水在特定温度下加热，脱水后晶格结构不受破坏，原水分子的位置仍留有空隙，形成海绵晶格似的结构，具有将水分和气体再吸入空隙的特性，当温度升高时，沸石空隙变大而可让分子进入，冷却时进入的分子被截留在空隙内并长期保留，直至加热释放。

沸石的这种特性被称为"分子筛"。国外专利中在摩擦材料组分中加用沸石，利用它来吸收制动高温下树脂热分解放出的气态和液态小分子物，达到减少热衰退的目的。

18. 石灰石

石灰石（limestone），是由方解石组成的一种碳酸盐类沉积岩，化学成分为 $CaCO_3$，莫氏硬度 2～4，相对密度 2.65～2.8。

石灰石在摩擦材料中常作为低成本填料使用。

19. 高岭土

高岭土（kaolinite），化学成分为 $Al_4[Si_4O_{10}](OH)_8$，有软质高岭土和硬质高岭土之分，前者莫氏硬度 1～2，后者莫氏硬度 3～4，相对密度 2.6，摩擦材料用的属软质高岭土。高岭土在摩擦材料中常作为低成本填料使用。

20. 硅藻土

硅藻土（diatomite），是一种生物成因的硅质沉积岩，主要由古代硅藻遗体组成，化学成分主要为 SiO_2，SiO_2 通常占 80％以上，最高可达 94％。硅藻土中的 SiO_2 在结构、成分上与其他矿物岩石中的 SiO_2 不同，它是有机成因的无定形蛋白矿物，称为硅藻质氧化硅（diatomlte silica）。硅藻土外观为浅黄或浅灰色，质软，多孔而轻，相对密度 1.9～2.3，莫氏硬度 1～1.5，松散密度 0.3～0.5g/cm^3，孔隙度达 80％～90％，吸水性强，能够吸附为自身质量的 1.5～4.0 倍的水。硅藻土的特殊孔隙结构表现在四个方面：即堆密度 0.2～0.6g/cm^3；孔体积 0.4～1.4cm^3/g；比表面积 19～65m^2/g；孔半径 $(500～8000)\times 10^{-10}$m，硅藻土是热、电、声的不良导体。

硅藻土的耐热性很好，熔点为 1400～1650℃。

综上所述，硅藻土具有孔隙度大、吸附性强、质轻、松散密度小、熔点高、耐热好；隔热、吸音；化学性能稳定等特点，在摩擦材料的组分中适当加些硅藻土，可获得减少制动噪声和减少热衰退的效果。

21. 白云石

白云石（dolomite），是碳酸盐类岩石，化学成分为 $CaMg(CO_3)_2$，理论化学成分为 CaO 占 30.4％，MgO 占 21.7％，CO_2 占 47.9％，外观为灰白色，与石灰岩相似，相对密度 2.8～2.9，莫氏硬度 3.5～4.0，晶体结构为菱面体。

白云石加热到 700～900℃时，分解为二氧化碳和氧化钙、氧化镁的混合物。

白云石可作为降低摩擦材料生产成本的填料用。

22. 铝矾土

铝矾土即铝土矿（bauxite）。铝土矿通常是指包括三水铝石、一水硬铝石、一水软铝石以及其他矿物的混合体，其化学成分变化较大，Al_2O_3 含量为 40％～75％，摩擦材料行业常用的为高铝矾土，其氧化铝含量为 60％以上。

铝土矿中几种主要矿物的矿物特性见表3-79。

表3-79 铝土矿中几种主要矿物的矿物特性

矿物特性	矿物名称		
	三水铝石	一水软铝石	一水硬铝石
化学式	$Al_2O_3 \cdot 3H_2O$	$Al_2O_3 \cdot H_2O$	$Al_2O_3 \cdot H_2O$
Al_2O_3含量(%)	65.4	85	85
结晶水含量(%)	34.6	15	15
晶系	单斜	斜方	斜方
莫氏硬度	2.5~3	3.5	6~7
密度/(g·cm^{-3})	2.43	3	3.3~3.5
光泽	玻璃	玻璃	玻璃
颜色	白、灰绿、浅红	白、黄白	白、黄褐、浅紫

铝矾土在摩擦材料中主要起到常温增摩和高温增摩作用。在铝矾土所含各种矿物中发挥增摩作用的主要是一水硬铝石,它的莫氏硬度为6~7,剪切强度很高,故能提高摩擦因数。摩擦材料行业中常使用经煅烧的铝矾土,呈灰色,增摩效果尤佳,但需控制用量和细度,以免磨损过大和损伤对偶表面。

我国的铝土矿在世界上名列前茅,主要为一水硬铝石铝土矿,该类型占全部矿储量的84%。铝矾土的低价格和优良的增摩效果,使它成为各摩擦材料厂广泛使用的增摩填料。

23. 冰晶石

冰晶石(cryolite),化学成分为Na_3AlF_6,其中含氟54.3%、钠32.9%、铝12.8%,属单斜晶系,呈灰白色或灰黄色,玻璃光泽,莫氏硬度2~3,相对密度2.95~3.0。

冰晶石的主要成分是氟化钠,它和工业氟化钠都被作为良好的增摩填料,用于摩擦材料中。它和萤石(氟化钙)相比,具有较低的磨损率,但价格较高。

萤石和冰晶石在摩擦材料中,是少数的硬度不高但具有高增摩效果的填料品种之一。

24. 泡沫铁粉

泡沫铁粉(porous iron powder),又称海绵铁粉(spongy iron powder)是将铁粉在1500℃以上的高温炉里加入发泡剂,使铁粉变的疏松多孔,其化学成分为:Fe>95%,C≤(0.015%~0.04%)。

泡沫铁粉的物理性能:

(1) 外观:灰色、松散、多孔状粉末。

(2) 松散密度:1.8~2.0g/cm³。

(3) 粒度:-40#~+120#。

(4) 水分:<1%。

泡沫铁粉用于摩擦材料中,可调节摩擦性能,使摩擦因数稳定,相对于还原铁粉,它的密度较小,它的多孔结构有利于减少半金属摩擦材料制品在使用中的制动噪声。近年来,有的研究部门在无石棉火车制动瓦中用泡沫铁粉代替钢纤维组分,制品的机械强度和摩擦性能都达到较好的效果。

25. 不生锈铁粉

不生锈铁粉(rust resistance iron powder)是为解决加用普通铁粉的摩材制品在储存、使用过程中，特别是阴雨天、黄梅季节或沿海地区使用时制品表面容易生锈，影响制品使用性能的问题而研制开发的产品。

不生锈铁粉的技术要求：

(1) 外观：黑色粉末。
(2) 含铁量：68%～74%。
(3) 细度：100#～300#。
(4) 含水量：<2%。
(5) 抗锈腐蚀性：在5%NaCl溶液中浸泡24h无锈斑。

3.3.3 减摩填料

在摩擦材料中使用的减摩填料包括两类材料，一类是莫氏硬度为1～2的具有各向异性晶形的非金属矿物，如石墨、二硫化钼、滑石、云母等；另一类是软金属，如铅、铜、锌等，它们的特点是硬度很低，剪切强度低，故而具有低摩擦因数和低磨损的特性。

1. 石墨

石墨(graphite)的化学成分为C，是碳的同素异形体，色泽为铁黑或钢灰，有金属光泽，划痕呈光亮黑色，有滑腻感。

石墨质软，莫氏硬度1～2，相对密度2.1～2.3，具有良好的导电、导热和耐高温性能，其导电性比一般非金属矿物高一百多倍，导热性超过钢、铁、铅等金属材料。石墨熔点达3850℃左右，因此耐高温性能极为优良。

石墨属六方晶系，形状呈六角板状或鳞片状，石墨矿物的晶体结构越完整、越规则，上述的特性就越明显。在石墨的晶体里，层与层的碳原子作用力要比层内弱得多，当受到与层平行方向的切向力时，层与层间容易滑动，故而其摩擦因数较低，一般为0.05～0.19，是工业上广泛应用的一种较好的减摩材料。

工业上将石墨矿物分为晶质(鳞片状)和隐晶质(土状或称无定形)两大类，通常称它们为鳞片石墨和土状石墨。

鳞片石墨是摩擦材料中使用最广泛的一种减摩填料。鳞片石墨结晶较好，晶体粒径大于1μm，一般为0.05～1.5mm，有的可达5～10mm。我国标准中，鳞片石墨分为高纯石墨(纯度99.9%～99.99%)、高碳石墨(纯度94%～99%)、中碳石墨(纯度80%～93%)、低碳石墨(纯度50%～79%)四种。摩擦材料制品一般使用固定碳含量为80%～90%的中碳石墨，合适的粒径为50#～90#。

土状石墨一般呈微晶集合体，晶体粒径小于1μm，只有在电子显微镜下才能观察到其晶形，光泽较暗淡，减摩作用不如鳞片石墨，但因其价格较低，故也在摩擦材料中得到应用。

2. 二硫化钼

二硫化钼(MoS_2)的外观为灰黑色，莫氏硬度为1～1.5，相对密度为4.7～4.8，熔点为1185℃。

二硫化钼晶形属六方晶系,具有各向异性的性质。

二硫化钼晶体受到平行于层面的切向力作用时,剪切强度很低,故具有较低的摩擦因数,一般为0.03~0.15。它是工业常用的固体润滑剂。

二硫化钼在349℃以下可长期使用,快速氧化温度为423℃,氧化产物为MoO_3和SO_2,留下的MoS_2的摩擦因数高达0.5~0.6,二硫化钼的这个特性在摩擦材料行业中,被用作高温增摩调节剂,但其价格很高,用量受到了限制,一般是用于高档摩擦材料制品中,如某些为汽车主机厂配套(OEM)使用的轿车盘式制动片配方就使用了MoS_2。

3. 滑石

滑石(talc)是一种含水的具有层状结构的硅酸盐矿物,化学成分为$Mg_3[Si_4O_{10}](OH)_2$,属单斜晶系,矿物形态有片状、纤维状和集合体块状。

滑石外观以灰白、白色为主,也有淡红、浅蓝、灰绿等,呈脂肪或珍珠光泽,有滑腻感,莫氏硬度为1,相对密度为2.7~2.8,熔点在1300~1400℃。

滑石具有良好的滑润、耐热、抗酸碱、绝热及对油类良好的吸附性等特点。

4. 云母

云母(mica)是层状含水铝硅酸盐矿物,为$K_2O—Al_2O_3—SiO_2—H_2O$四元化合物。云母矿物种类很多,常用的为白云母$[KAl_2(Si_3AlO_{10})(OH,F)_2]$、金云母$\{KMg[Si_3AlO_{10}](OH,F)_2\}$等。

云母呈片状,有弹性和剥分性,莫氏硬度为2~3,相对密度为2.8~2.9,有一定的减摩作用和很好的耐热性绝缘性。

5. 金属

纯铜、黄铜、铅、锌、铝中,常用于摩擦材料中的是黄铜、纯铜和纯铝。除了在低温具有一定的减摩作用外,在高温时也有减摩性能,但需注意其熔点与摩擦材料的工作温度相匹配。另外在高温时其金属氧化物会使摩擦因数升高。国内外常用的金属减摩填料有铜和铝的粉状或切屑物。高档轿车的制动片中常加用5%~8%的黄铜粉(或屑)。

摩擦材料中加用金属的另一个作用是有利于提高制品的热传导性和降低摩擦表面的温度。

3.3.4 有机类填料

有机类填料又称有机摩擦粉,它们加用在摩擦材料中,起着降低制品硬度和模量,提高制品的柔韧性,改善摩擦因数的稳定性,有利于减少制动噪声的作用,但由于它们的耐热性较低,在制动摩擦的工作温度下会发生热分解,造成摩擦性能的下降,因此用量不宜过多,需加以控制。常用的有机类填料包括:腰果壳油摩擦粉、粉状橡胶、轮胎粉、胺基酯粉等。

1. 腰果壳油摩擦粉

腰果壳油摩擦粉是用腰果壳油在催化剂存在下,自身发生聚合反应,生成腰果壳油聚合物。再在固化剂作用下进一步固化成不熔不溶产物,经粉碎加工而制成。

外观:褐色粉状物。

粒度分布：40目含量35％；60目含量35％；100目含量30％。

腰果壳油摩擦粉是国内外摩擦材料行业广泛使用的有机填料，其主要作用是改善摩擦因数的稳定性，降低磨损。详述见本书"粘结剂"中腰果壳油改性酚醛树脂一节内容。

2. 粉末橡胶

粉末橡胶又称橡胶粉，包括丁腈橡胶粉和丁苯橡胶粉。按制造方法又可分为普通橡胶粉和纳米型橡胶粉。

1) 普通橡胶粉

普通橡胶粉见表3-80。

表3-80 普通橡胶粉

项目	丁腈-40橡胶粉	丁苯-26橡胶粉
丙烯腈含量(％)	40	26
细度/目	60～160	60～160
品种	交联型	交联型

2) 纳米型橡胶粉

纳米型丁腈橡胶粉牌号VP-401，为全硫化型。

纳米型丁苯橡胶粉牌号VP-101，为全硫化型。

橡胶粉在摩擦材料中既作为粘合剂，又起到有机填料的作用。它和树脂粉在机械混合作用下形成均匀的树脂-橡胶粘合剂，克服了纯酚醛树脂质地脆硬的缺点，降低了制品的硬度和模量，提高了制品的冲击韧性。纳米型橡胶粉由于粒径微细(小于100nm)，在材料组分中可达到很好的均匀分散程度，比普通橡胶能更有效地提高制品冲击强度，并可减少组分中粘合剂用量配比。

3. 轮胎粉

轮胎粉又称橡胶屑，是将废旧轮胎的胎面胶除去帘子线后，粉碎加工而成。其成分为天然硫化橡胶和丁苯硫化橡胶。

外观：黑色胶粉(屑)。

细度：20～40#。

摩擦材料中加用轮胎粉能有效地降低制品的硬度，有利于减少制动噪声，更由于轮胎粉价格远比其他各种有机填料便宜，因此长期以来，它一直为摩材生产企业广泛使用。

4. 胺基酯

胺基酯是类似橡胶粉的一种粉状材料，它是经复杂的反应将胺的化合物聚合成为弹性与韧性较好的粉状物。胺基酯作为摩擦材料中一种新型特殊有机填料，对解决摩擦材料制品一些技术性能，如制品的摩擦稳定性与耐热性、耐磨性、机械强度等均有一定影响，对减少制动噪声也有比较明显的作用。

3.3.5 表面改性剂

摩擦材料的三大组分粘结剂、纤维增强材料和填料中，粘结剂与其他组分结合的好坏直接影响制品的摩擦及物理机械性能。由于各组分的表面物理化学性质如表面晶体结构和官能团、表面润湿性、表面能、表面吸附和反应特性等差异很大，相容性差，为改善粘结剂与其他组分尤其是与增强组分的表面结合，人们常通过改善或改变材料的表面性质，在性质差异很大的材料表面之间架一个"中间桥梁"，促进粘结剂与表面改性剂之间以及表面改性剂与其他组分之间的结合，从而获得良好的表面结合。

用于对物质进行表面改性的材料或助剂称为表面改性剂。

含有机粘结剂的摩擦材料多采用有机表面改性剂，有机表面改性剂的种类较多，应用很广，目前，摩擦材料主要使用偶联剂类。

1. 偶联剂的作用原理

偶联剂是一种具有两性结构的物质，他们分子中的一部分基团可与无机矿物材料表面的各种化学基团反应，形成强有力的化学键；另一部分基团则具有亲有机物的性质，可与有机高分子发生化学反应或形成物理缠绕，在无机矿物与有机高分子间形成具有特殊功能的"中间桥梁"，从而把两种性质差异很大的材料牢固结合起来。

偶联剂是应用最广泛的表面改性剂，它适用于各种不同的有机高分子和无机矿物材料的复合材料体系。目前工业上常用的偶联剂按其化学结构分为硅烷类、锆类、有机铬络合物和钛酸酯类。

2. 摩擦材料常用偶联剂

摩擦材料常用的偶联剂有有机硅烷类和锆类。

1) 有机硅烷偶联剂

有机硅烷偶联剂（简称硅烷偶联剂）是研究最早且应用最广的偶联剂，最初是由美国联合碳化物公司为发展玻璃纤维增强塑料而开发的。硅烷偶联剂的通式为 R_nSiX_{4-n}，式中 R 代表与聚合物分子有亲和力或反应能力的活性官能团，如氨基、乙烯基、环氧基、氰基、甲基丙烯酰氧基等，X 代表能够水解的烷氧基（如甲氧基、乙氧基）或氯有机基团，在复合材料中使用的硅烷偶联剂大多 $n=1$，即通式简化为 $RSiX_3$。在与无机矿物表面发生偶联作用时，X 基首先水解形成硅烷醇，然后再与矿物表面的羟基反应，实现了无机矿物表面的有机化，使体系中两组分产生较强的界面结合。

硅烷偶联剂与树脂反应的同时，树脂本身也在起化学反应，如果偶联剂与树脂的反应速度过慢或树脂本身的反应速度很快，则偶联剂与树脂的反应机会变得很少，只有一部分偶联剂与一部分树脂起反应。所以，偶联剂的偶联效果与合成树脂的反应速度有关。一般说来，偶联剂中活性基团的活性越大，与树脂反应的机会就越多，偶联效果就越好。

每一种硅烷偶联剂都有一定的适用范围，例如，KH-550 对呋喃树脂特别是呋喃尿醛树脂的增强效果好；对于酚醛树脂较有效的是苯氧基硅烷。硅烷偶联剂加入量通常为树脂的 0.2%～0.5%（质量分数）。摩擦材料中常用硅烷偶联剂及其适用的树脂基体见表 3-81。

硅烷偶联剂应封存于深色瓶中，密封要好，以防止在空气中逐渐水解缩合以及防止见光发生化学反应，导致偶联效果减弱。

随着硅烷偶联剂发展，开发出一些新型硅烷偶联剂，如耐高温硅烷偶联剂（在硅原子上直接带有芳环的硅烷偶联剂，其热老化效果显著提高）、过氧化型硅烷偶联剂（含有过氧基的硅烷偶联剂，它与无机端的反应不是通过水解而是通过氧化物的热裂解进行的，可通过过氧键裂解产生的自由基与有机或无机物质发生反应）、阳离子型硅烷偶联剂（对许多热固性和热塑性树脂都有效果，对许多有机硅酸盐材料或金属也有活性作用）等。

表 3-81 摩擦材料中常用硅烷偶联剂及其适用的树脂基体

商品名	化学名	结构式	适用树脂基体
ND-42	苯胺甲基三乙氧基硅烷	⟨⟩—NHCH$_2$—Si(OC$_2$H$_6$)$_3$	酚醛树脂,环氧树脂,尼龙,聚碳亚胺
ND-24	己二胺基甲基三乙氧基硅烷	H$_2$N(CH$_2$)$_6$NHCH$_2$Si(OC$_2$H$_6$)$_3$	酚醛树脂,环氧树脂
KH-580	γ-巯基丙基三乙氧基硅烷	HS(CH$_2$)$_2$Si(OC$_2$H$_6$)$_3$	酚醛树脂,环氧树脂,聚氨酯,PVC
KH-590（国外为 A-189）	γ-巯基丙基三甲氧基硅烷	HS(CH$_2$)$_3$Si(OCH$_3$)$_3$	酚醛树脂,环氧树脂,聚氨酯,PVC,合成橡胶
KH-550（国外为 A-1100）	γ-胺丙基三乙氧基硅烷	H$_2$N(CH$_2$)$_3$Si(OC$_2$H$_6$)$_3$	酚醛树脂,环氧树脂,三聚氰胺,PVC
KH-843（国外为 A-1120）	胺乙基胺丙基三甲氧基硅烷	H$_2$N(CH$_2$)$_2$NH(CH$_2$)$_3$Si(OCH$_3$)$_3$	酚醛树脂,环氧树脂,聚酰亚胺,PVC

2) 锆类偶联剂

锆类偶联剂的主要品种、技术指标及适用范围列于表 3-82。

表 3-82 锆类偶联剂的主要品种、技术指标及适用范围

指标	国外型号	美国 Cavedon 化学公司					
		A	C	C-1	F	M	S
主要技术指标	有效成分含量(%)	24.5	22.7	24.1	25.7	17.5	22.9
	有机络合物含量(%)	12~14	10~12	10~12	12~14	5.5~6.5	10~12
	有机官能团	氨基	羟基	羟基	脂肪酸	甲基丙烯酸	巯基
	金属含量(%)	4.2~4.5	4.5~5	4.5~5	4.2~4.5	4~4.5	4.5~5
	性状	有醇气味,无色透明液体	有醇气味,淡黄色半透明液体	有醇气味,淡黄色透明液体	有醇气味,淡黄色透明液体	有醇气味,淡黄色透明液体	有醇气味,无色半透明液体
	相对密度	0.923	0.937	0.974	0.920	1.00	0.950
	沸点/℃	70	68	70	69	78	70
	pH 值(2%水溶液)	4	3.8	4.2	4.5	3.5	4.1

(续)

指标\国外型号		美国 Cavedon 化学公司					
		A	C	C-1	F	M	S
适用范围	物料	对氢氧化铝、碳酸钙、高岭土、二氧化硅、二氧化钛等有表面改性与偶联效果	对氢氧化铝、碳酸钙、高岭土、二氧化硅、二氧化钛等有表面改性与偶联效果	对氢氧化铝、碳酸钙、高岭土、二氧化硅、二氧化钛等有表面改性与偶联效果	对氢氧化铝、碳酸钙、高岭土、二氧化硅、二氧化钛等有表面改性与偶联效果	对氢氧化铝、碳酸钙、高岭土、二氧化硅、二氧化钛等有表面改性与偶联效果	对炭黑、氢氧化铝、碳酸钙、高岭土、二氧化硅、二氧化钛等有表面改性与偶联效果
适用范围	树脂	环氧、尼龙及其他能与氨基反应的树脂	—	—	聚乙烯、聚丙烯等聚烯烃树脂	聚乙烯、聚丙烯、聚丁二烯、聚氨酯等	—

锆类偶联剂是美国 Cavedon 化学公司最先于 1983 年开发的一类新偶联剂，它是含两种有机配位基的铝酸锆低分子无机聚合物，一种配位基可赋予偶联剂良好的羟基稳定性和水解稳定性，另一种配位基可赋予偶联剂良好的有机反应性。锆类偶联剂的特点是能显著降低填充体系的黏度，提高分散性，不但可用于碳酸钙、高岭土、氢氧化铝和二氧化钛等，而且对二氧化硅、炭黑也有效，价格仅为硅烷偶联剂的一半。

3. 用硅烷偶联剂进行表面处理的方法

用硅烷偶联剂进行表面处理的方法对无机矿物材料的表面处理主要有下面两种方法：

1）前处理法

前处理法是一种对无机矿物材料预先涂敷处理工艺，即在无机矿物材料与树脂混合之前，先对矿物进行预处理，使矿物表面覆盖一层偶联剂。如混料机处理，球磨机包覆处理，流态化磨机处理等。

2）迁移法

迁移法是一种整体处理工艺，即将树脂先加入捏合机中，再将矿物和改性剂一起加入其中进行混合处理，借偶联剂从树脂胶液中向矿物表面迁移作用与矿物表面发生反应，产生偶联作用。

迁移法的优点是工艺操作简便，不需要庞大复杂的处理设备，也不消耗能量。但迁移法的效果要差于前种方法，因为在有树脂存在的情况下，偶联剂受到稀释，且还可能因树脂的作用而相互结块，从而影响偶联效果。

4. 偶联剂的使用方法及注意事项

1）硅烷偶联剂

硅烷偶联剂与水的作用是偶联作用的基础，大部分硅烷经水解后为水溶性，故常用水作稀释剂配成溶液使用。溶液的 pH 值对硅烷的稳定性有很大影响，一般来说，酸性和碱性都促进水解，但碱性条件下水解的硅烷有时形成硅醇的碱金属盐，再进行偶联时，很难将碱从材料表面除去，故一般采用酸性溶液水解硅烷。常用的酸有盐酸、醋酸、月桂酸等。需要注意的是，再调整酸碱性促进水解的同时，也促进了硅醇之间的相互缩合，形成没有偶联活性的缩合物，且因其分子量大，不溶于水，易从溶液中析出。因此，对水解产物易缩合的硅烷，其水溶液应在使用前临时配制。

2) 锆类偶联剂

锆类偶联剂均为液体，使用方法主要有如下几种：

(1) 直接加入到矿物的水悬浮液或非水浆料，用高速混合机械搅拌混合。

(2) 先将偶联剂溶解在溶剂中，再混入矿物料中。

(3) 先将偶联剂配制成低级醇溶液，在高速混合机中与矿物料直接混合（时间约 15min，温度约 70℃）。

(4) 将偶联剂直接加入到树脂中，再与无机物料混合。

阅读材料3-3

树脂基汽车复合摩擦材料的磨损机理

摩擦材料的摩擦磨损性能直接关系到产品的安全性和使用寿命，因此，很有必要加强新型树脂基半金属复合摩擦材料磨损特性的研究，为新型复合摩擦材料配方优化及生产工艺的进一步完善提供理论基础和实验依据。本文着重研究一种以酚醛树脂为粘接相、MoS_2 作润滑相的钢纤维增强复合材料与灰铸铁滑动摩擦的摩擦磨损特性，并对其磨损机理进行探讨。

1. 实验

该复合摩擦材料的组成（质量分数）如下：30% 钢纤维及 1% 黄铜纤维，9% MoS_2，13% 酚醛树脂和丁腈橡胶，其余为作填料的 $BaSO_4$、Sb_2S_3、$FeCr_2O_4$、CaF_2 及少量 Al_2O_3 等。原材料按比例配好后，充分混合均匀，在 160℃ 左右和 35 MPa 压力下热压成形，再经 160℃ 热处理 16 h，机加工成尺寸为 25mm×25mm×5mm 的方片试样。在 D-MS 定速摩擦试验机上用 HT200 灰铸铁（硬度为 HB170～HB210）作对偶，分别在 80、150、250、350℃ 下进行摩擦磨损试验，测定摩擦因数和磨损率，并在 X-650 扫描电子显微镜下观察磨屑的形貌。

2. 结果与讨论

1) 摩擦磨损性能

图 3.22(a)、(b) 分别为摩擦副在不同温度下的摩擦因数和磨损率。该复合材料的摩

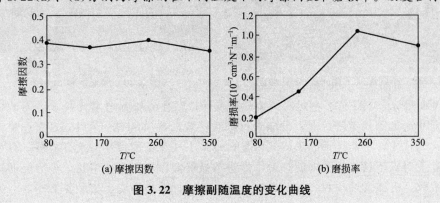

图 3.22 摩擦副随温度的变化曲线

擦因数比较稳定，80~260℃始终保持为0.35~0.40，260~350℃时有所降低，说明该复合材料产生了一定的热衰退。而磨损率则随温度升高明显增大，到350℃高温时略有下降，同时在摩擦实验中摩擦副在350℃高温下产生较强烈的振动，并伴有较大的噪声。

2）磨屑形貌

不同摩擦实验温度下磨屑的SEM形貌如图3.23所示。

可以看出，较低温度下（150℃以下）磨屑颗粒的大小相差很大，在细小的磨屑颗粒群中明显存在一些特大块状颗粒，尤其是在150℃时，大片状颗粒较多；在80℃时，除大块的颗粒外主要是很多细小颗粒，对比明显。而试验温度升高到250℃以上时，磨屑大小较均匀，但总体上比80℃时的细小磨屑尺寸要大，而且很多颗粒呈小薄片状，出现这种现象，可做如下分析讨论：

（1）一般认为，摩擦材料在低温时的磨损主要是黏着磨损和磨粒磨损。复合材料中的金属成分（如钢纤维）与铸铁直接接触，在一定的压力下滑动时，摩擦界面中的钢纤维与铸铁之间的铁原子易发生黏着，粘接点被反复剪切、黏着，就有可能形成磨屑而脱落，使细小的钢纤维被拔出或部分被撕裂，铸铁材料也可能被黏着、撕脱，从而造成磨损、形成磨屑。黏着较严重的部位撕脱的磨屑较大，同时，也很容易撕落粘接点周边的摩擦材料，形成块状脱落，如图3.23(a)中的大颗粒所示。另一方面，由于摩擦温度比较低，未达到材料中有机组分的分解温度，因而树脂粘结剂仍起着很好的粘结作用，颗粒、纤维间结合牢固，此时相对较硬的对偶表面上的微凸体可能会嵌入摩擦材料表面较软的部位，如有机物部分，随着滑动的进行在这些软基体材料上犁出沟槽，如图3.24(a)所示，并由犁出、脱落的细小颗粒形成细小的磨屑，如图3.23(a)所示，细小磨屑如果不能及时从摩擦对偶接触面排出，就可能会在摩擦界面之间反复碾磨而重新黏附到材料表面，形成结合力不太大的层状附着物。

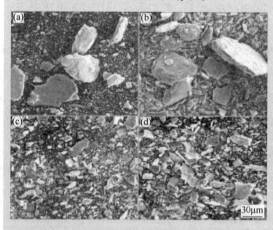

图3.23 不同温度下磨屑的SEM形貌

图3.24 磨屑颗粒SEM形貌

（2）由图3.23(b)可以看到，摩擦材料在150℃时的粗大磨屑比较多，而其形状与80℃磨屑中的大颗粒有所区别，类似于材料破碎后的碎片，说明在150℃复合摩擦材料的剥落比较严重，可能是由于没有及时排出的细小磨屑在摩擦界面反复碾磨，黏附在摩擦表面，并形成不稳定的界面膜。由于摩擦不够稳定，应力分布不均，受力大的地方容易产生裂纹，并随滑动过程的进行逐渐扩展，致使材料局部发生破裂甚至碎化，从而产生图3.23(b)所示的磨屑形貌。

(3) 图3.23(c)表明，摩擦材料在250℃时的磨屑分布比较均匀，但其颗粒比80℃时的细小磨屑要大，而且很少有低温时的大颗粒。这是因为，在250℃时摩擦材料表面已基本形成了一层比较均匀致密的表面膜，大大减少了金属组分与铸铁对偶的直接接触面积，因而使黏着作用大大减弱，这既降低了黏着磨损，又能稳定摩擦因数。另一方面，此时由于达到了酚醛树脂有机物的热分解温度，有机物发生热分解，导致酚醛树脂对复合材料中的其他材料粘结作用大大降低，这对复合材料的磨损性能有很大的影响，图3.22(b)也反映出在该温度下的磨损率很大。温度越高，热分解越严重，对材料磨损性能的影响也就越大。在该温度下的磨损主要是由于树脂高温粘结作用逐步失效后引起表面材料脱落的磨损。

(4) 高温(350℃以上)时的磨屑形貌与250℃时的类似，如图3.23(d)所示。但此时薄片状磨屑明显增多。这是因为在高温下有机物的热分解加剧，使其粘结性能大大减弱，造成颗粒脱落、钢纤维被拔出或脱落；同时，薄的表面膜在热应力作用下性质发生变化，可能会破裂，与摩擦材料的黏着减弱，在剪切力作用下会从材料表面剥落而成为薄片状的磨屑，如图3.23(d)、图3.24(b)所示。表面膜的破裂、剥落会降低摩擦稳定性，增大磨损，并容易产生剧烈振动和噪声，本实验即遇到此种情况。另据文献报道，MoS_2在高温下氧化成为MoO_3，从而影响其在高温状态下的润滑作用。这也是摩擦副在高温摩擦磨损的一个重要影响因素。

▶ 资料来源：苏堤，罗成，潘运娟. 树脂基汽车复合摩擦材料的磨损机理［J］. 粉末冶金材料科学与工程，2007(4)

小　　结

含有机粘结剂的摩擦材料属于高分子多组分复合材料，它包括三部分：以高分子化合物为粘结剂；以无机、有机、金属类纤维为增强组分；以填料为摩擦性能调节剂或配合剂。

树脂基摩擦材料用改性酚醛树脂作主要粘结剂，热塑性酚醛树脂通过加固化剂(化学作用)和加热(物理作用)使其硬(固)化而起粘结作用；热固性酚醛树脂通过加热使其硬(固)化。橡胶基摩擦材料用丁腈橡胶或丁苯橡胶作主要粘结剂，通过硫化使橡胶硬(固)化而起粘结作用。

纤维增强材料构成摩擦材料的基体，它赋予摩擦制品一定的摩擦性能和足够的机械强度。现代摩擦材料制品已不用石棉，而用海泡石、针状硅灰石、坡缕石等纤维状矿物；不含石棉的复合纤维，有机纤维和碳纤维等；少用或不用金属类纤维和填料。

填料包括多种摩擦性能调节剂和其他配合剂，它的主要作用是对摩擦材料的摩擦磨损性能进行多方面的调节，按其主要功用分为增摩类(如重晶石、蛭石、长石、石英石、铁粉等)、减摩类(如石墨、二硫化钼、云母等)、性能调节剂(如腰果壳油摩擦粉、粉状橡胶等)、低成本填料(如轮胎粉、磨尘等)。

各种组分的选择搭配是一个比较复杂的问题，选择原材料的主要依据是制品的使用性能要求，它是在分析制品工作条件和失效形式的项目中提出来的，即分析制品在工作过程中所受负荷的性质、负荷的类型和大小，制品的工作环境、温度和介质的性质，此外还应考虑制造工艺、维护和经济性等方面的要求。必须合理科学地选配各组分的品种和用量。

表面改性是通过改善或改变材料的表面性质，在性质差异很大的材料表面之间架一个"中间桥梁"，促进粘结剂与表面改性剂之间以及表面改性剂与其他组分之间的结合，从而获得良好的表面结合。摩擦材料中主要使用偶联剂来起到上述作用，常用的有硅烷偶联剂和锆类偶联剂。

● 经典研究主题

♯ 组分对制品摩擦因数稳定性和耐磨性的机理
♯ 多体系复合摩擦材料的结构优化和配方优化
♯ 新型粘结剂的开发
♯ 新型原材料的开发
♯ 纳米摩擦材料原料的研发
♯ 新型表面改性剂的研发

一、选择题

1. 如果你选择盘式制动片的粘结剂，你会用（　　）。
  A. 纯酚醛树脂　　　　　　　　B. 改性酚醛树脂或耐高温树脂
  C. 丁腈橡胶　　　　　　　　　D. 乳胶
2. 如果你选择摩擦材料制品用短纤维，你会选（　　）。
  A. 石棉　　　　　　　　　　　B. 纤维状无机矿物
  C. 有机纤维　　　　　　　　　D. 金属纤维
3. 摩擦材料制品的各种原材料所起的作用主要受下列因素的影响（　　）。
  A. 原材料的理化性能　　　　　B. 规格及用量
  C. 制品生产工艺　　　　　　　D. 价格
4. 摩擦材料制品中最常使用的减摩原材料是（　　）。
  A. 鳞片石墨　　　　　　　　　B. 二硫化钼
  C. 滑石　　　　　　　　　　　D. 云母
5. 对模压型摩擦材料制品，增摩类组分（填料）通常选择的有（　　）。
  A. 重晶石　　　　　　　　　　B. 蛭石
  C. 硅灰石　　　　　　　　　　D. 泡沫铁粉
  E. 长石　　　　　　　　　　　F. 石灰石
  G. 氧化铝　　　　　　　　　　H. 锆英石

二、思考题

你会在本章基础上找到下面问题的解答：

1. 简述摩擦材料制品组分的构成及其主要作用。
2. 为什么热固性酚醛树脂可不加固化剂而通过加热就可以使其硬(固)化,从而形成粘接膜?
3. 为何软质摩擦材料制品用橡胶作主要粘结剂?
4. 纤维类组分(原材料)的品种有很多,在摩擦材料制品中常用的有哪些?它们的理化性能如何?
5. 为什么高硬度增摩组分的用量和粒度(规格)要严格控制?
6. 为了控制制品的密度和降低制动噪声,就制品配方的构成而言,你认为应有哪些组分?为什么?

三、案例分析

根据以下案例所提供的资料,试分析:

(1) 从表3-83的数值中可以得出五组配方中增强纤维有何不同?
(2) 根据所学知识,对表3-84各组配方的摩擦因数(μ)测试结果进行分析。
(3) 从表3-85的磨损率(ΔW)可看出什么?

分析案例

多纤维增强汽车制动器摩擦材料的研制

目前增强纤维的种类很多,但却没有一种纤维能够完全在成本、性能上取代石棉,因此国内外近年来的研究逐渐从单一纤维转向了混杂纤维的研究。两种或两种以上的纤维进行混杂增强,不仅可以降低成本,还可以充分发挥每一种纤维的优点,弥补相互的缺陷,使性能更加完善,更加优异。

1. 实验

1) 实验材料

基体:腰果壳油改性的酚醛树脂(modified phenolie resin)。

增强纤维:芳纶浆粕(kevlar pulp)、玻璃纤维(glass fiber)、硅灰石纤维(grammite)、六钛酸钾晶须(potassium titanate whiskers);其中芳纶浆粕的质量指标为:长度0.7~1.5mm,直径12μm,密度1.44g/cm³,分解温度约500℃,由上海英嘉特种纤维材料有限公司提供;硅灰石纤维为调兵山针状硅灰石有限公司生产,其长径比大于20∶1;六钛酸钾晶须是淡黄色针状晶体,堆密度为0.4~0.8g/cm³,含水量小于等于0.8%,莫氏硬度为4,由上海捷晔复合材料有限公司提供。

填料(fillers):氧化铝(Al_2O_3)、氧化铁(Fe_2O_3)、蛭石、石墨、摩擦粉、硫酸钡、焦炭等。五种配方的摩擦材料的组成见表3-83。

表3-83 配方的摩擦材料的组成(质量分数)　　　　%

Materials composition	1°	2°	3°	4°	5°
Kevlar pulp	1	1	3	3	1
Glass fiber	6	12	12	12	12
Potassium titanate whiskers	5	10	5	10	15
Modified phenolie resin	8	8	8	12	12
Grammite	6	6	12	12	12
Fillers	74	63	60	51	48

2) 试样压制工艺

压制温度160℃；压制压力30MPa；保温保压时间60s/mm；热处理时缓慢升温至180℃，然后保温12h。

3) 实验方法

在 XD-MSM 定速式摩擦试验机上，按 GB 5763—1998 标准进行摩擦磨损性能实验；用 XHR-150 型塑料洛氏硬度计测定试样硬度；用 XJ-50Z 型组合式冲击试验机测定试样的冲击强度，试样尺寸：55mm×10mm×6mm。摩擦盘材质为 HT250 灰铸铁，珠光体组织，硬度为 HB180~HB220。试样摩擦面积为 25mm×25mm×5mm。

2. 实验结果

1) 力学性能

表 3-84 为五种试样的硬度和冲击强度测试结果。

表 3-84　硬度和冲击强度测试结果

试样编号	1°	2°	3°	4°	5°
HB 硬度	76	83	88	90	103
冲击强度/($kJ·m^{-2}$)	2.22	3.57	3.15	4.12	4.8

2) 摩擦磨损性能

定速式摩擦磨损实验结果见表 3-85。

表 3-85　定速式摩擦磨损实验结果

配方号	摩擦因数 μ						磨损率 $\Delta W/(10^{-7} cm^3·N^{-1}·m^{-1})$					
	100℃	150℃	200℃	250℃	300℃	350℃	100℃	150℃	200℃	250℃	300℃	350℃
1°	0.33 0.35	0.36 0.4	0.42 0.42	0.44 0.43	0.42 0.42	0.36 —	0.12	0.1	0.16	0.27	0.32	0.51
2°	0.41 0.36	0.43 0.42	0.46 0.46	0.47 0.5	0.46 0.51	0.47 —	0.17	0.12	0.25	0.35	0.41	0.53
3°	0.39 0.42	0.46 0.45	0.46 0.47	0.49 0.48	0.51 0.48	0.45 —	0.16	0.13	0.18	0.28	0.4	0.5
4°	0.43 0.42	0.45 0.44	0.48 0.47	0.49 0.48	0.47 0.47	0.44 —	0.23	0.38	0.29	0.29	0.39	0.45
5°	0.42 0.42	0.45 0.44	0.47 0.46	0.5 0.48	0.45 0.47	0.42 —	0.13	0.10	0.15	0.27	0.4	0.32

资料来源：王红侠，姚冠新. 多纤维增强汽车制动器摩擦材料的研制 [J]. 润滑与密封，2008(10)

第 4 章

摩擦材料组分的配方技术

本章知识框架

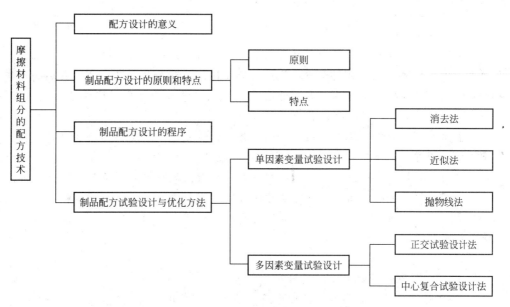

本章学习目标与要求

▲ 掌握多因素变量试验设计中的正交试验设计法；
▲ 掌握单因素变量试验设计中的0.618法、平分法、分批试验法；
▲ 熟悉中心复合试验设计法；
▲ 熟悉制品配方设计的原则和特点；
▲ 熟悉制品配方设计的程序；
▲ 了解配方设计的意义及单因素变量试验设计中的其他方法。

导入案例

试验设计(design of experiment，DOE)，也称为实验设计。试验设计是以概率论和数理统计为理论基础，经济地、科学地安排试验的一项技术。试验设计自20世纪20年代问世至今，其发展大致经历了三个阶段：即早期的单因素和多因素方差分析、传统的正交试验法和近代的调优设计法。从20世纪30年代费希尔(R. A. Fisher)在农业生产中使用试验设计方法以来，试验设计方法已经得到广泛的发展，统计学家们发现了很多非常有效的试验设计技术。20世纪60年代，日本统计学家田口玄一将试验设计中应用最广的正交设计表格化，在方法解说方面为试验设计的更广泛使用作出了众所周知的贡献。

试验设计在工业生产和工程设计中能发挥重要的作用，主要有：
(1) 提高产量。
(2) 减少质量的波动，提高产品质量水准。
(3) 大大缩短新产品试验周期。
(4) 降低成本。
(5) 试验设计延长产品寿命。

在工农业生产和科学研究中，经常需要做试验，以求达到预期的目的。例如，在工农业生产中希望通过试验达到高质、优产、低消耗，特别是新产品试验，未知的东西很多，要通过试验来摸索工艺条件或配方。如何做试验，其中大有学问。试验设计得好，会事半功倍，反之会事倍功半，甚至劳而无功。

如果要最有效地进行科学试验，必须用科学方法来设计。所谓试验的统计设计，就是设计试验的过程，使得收集的数据适合于用统计方法分析，得出有效的和客观的结论。如果想从数据作出有意义的结论，用统计方法做试验设计是必要的。当问题涉及受试验误差影响的数据时，只有统计方法才是客观的分析方法。这样一来，任一试验问题就存在两个方面：试验的设计和数据的统计分析。这两个课题是紧密相连的，因为分析方法直接依赖于所用的设计。

问题：
1. 摩擦材料制品的配方试验设计有何特点？
2. 什么是试验设计的因素？单因素或多因素的试验设计与优化方法主要有哪些？

资料来源：http://baike.baidu.com

4.1 配方设计的意义

根据特定的摩擦材料制品(简称制品)的摩擦性能需要、物理性能要求、使用工况、原料的供给和价格等数据，科学地确定参与构成摩擦材料制品的各种原料的用量比例，这种制品原料的配比就是配方。所谓配方设计，就是应用一定计算方法，根据原料成分、性能和对配方的规格要求等，对产生配方中各原料比例的一种运算过程。

配方设计是摩擦材料制品生产过程中的关键环节，对产品质量和成本有决定性的影响，此外合理的配方又是保证加工性能的关键。因此配方设计是一项专业性很强的技术工作。

配方设计的过程，应该是有关摩擦与磨损、高分子材料和矿物材料等的各种基本理论的综合应用过程，是各种组分结构与性能关系在实际应用中的体现。配方设计过程绝不是各种原材料的经验搭配，而是在了解各种配合原理的基础上，充分发挥整个配方系统的系统效果，从而得到最佳的配比关系。配方设计人员应该具有厚实的摩擦学、高分子物理、高分子化学、无机化学、工程材料、制品生产工艺原理基础，并能自觉熟练地应用。

尽管各种配方性能要求千变万化，但是在各种性能与组分构成之间却存在着某种规律性。这种规律可以反映配方设计中的某种趋势，也可以确定一定的定量范围，所以在配方设计工作中应该注意积累一些基础数据，并注意拟合一切可能的经验，这对今后的配方设计工作和理论研究工作都有借鉴和指导意义。大量的经验规律可反映某些内在的规律性，因此在平时的配方设计工作中经常归纳、收集、总结数据关系，也是一种很有价值的工作。一个称职的配方工艺人员，不仅能实现生产中的配方设计，还应能在工作中经常归纳、收集、总结数据关系，自觉地研究各种配方与性能的基本规律。

总之，配方设计工作是很有实际意义的工作，其目的是要建立摩擦和材料学理论与制品配方性能之间的有机联系，从而满足各种实际要求。摩擦材料制品的配方设计需要做的工作很多，要在短时间内完成较大的工作量，必须运用各相关学科的先进技术和理论，使配方设计工作彻底从凭经验工作的落后状态中摆脱出来。

4.2 摩擦材料制品配方设计的原则和特点

4.2.1 摩擦材料制品配方设计的原则

制品配方设计的目的在于使产品达到优质高产，因此配方设计人员的任务主要是寻求各种配合剂的最佳配比组合，使摩擦材料制品的性能、成本和工艺可行性三方面取得最佳的综合平衡。为了达到这些目标，配方设计者必须要将有机化学、非金属矿物学、工程材料学、高分子物理、制品生产工艺原理、数理统计理论、电子计算机等知识结合起来，自觉地灵活运用，用最少的物质消耗、最短的时间、最少的工作量，通过科学的制品配方设计方法，掌握原材料配合的内在规律，设计出实用配方。

设计制品配方有多种方法，一般都应遵从如下几个原则：

1. 科学性原则

1）满足制品使用性能需要

首先必须满足对制品摩擦性能的要求，制品在实际使用工况期间内，必须有足够的使用性能；其次保持制品使用性能的稳定性和寿命。

制品性能与制品配方组分是互相依赖、相互影响的，一定的性能必须配合选择相对应的组分及比例。例如，盘式制动片选择耐高温的改性酚醛树脂以减小或克服热衰退，而不能选择纯酚醛树脂。这就要考虑制品的功用、类型、结构、批量、技术要求和使用环境，还要考虑全价性和平衡性。

2) 搞清有关原材料的物理化学和结构特点

搞清有关原材料的成分、常温和高温物理特性、状态、规格（大小）、内部结构、对产品品质的影响及其规律、有无毒性等。

3) 注意配合对产品品质的影响

同一原料对不同制品的适应性和性能作用有时会有很大影响，如丁腈橡胶在硬质摩擦材料制品中起辅助粘结剂、降低噪声及制品密度的作用，而在软质制品中却作主要粘结剂和柔软剂，配方人员必须清楚。

4) 注意各种原料的用量限制

有些原料如增磨物料，如用量过多和规格大，就会造成制品磨损过大、对偶件的伤损增加、制动噪声也会变大，所以就算价格再低也需限制用量，如长石粉、硅灰石粉、氧化铝粉等。

5) 低成本原料多种搭配

一般地说，就地取材不仅充分利用当地资源，而且运输消耗少，成本低。多样搭配使各种原料相互取长补短，以最低成本达到制品标准的要求。实践中使用原材料的种类既不要太少也不要太多，太少了不宜搭配性能平衡，太多了生产和管理麻烦。

6) 添加剂的使用

添加剂主要包括一些脱模剂、着色剂等。这些物料的用量很小且对制品使用性能的影响可忽略。

7) 借鉴典型配方不可生搬硬套

在制品配方设计或新产品配方设计时，难免要借鉴现有的典型配方，但切不可生搬硬套。

2. 经济性原则

为降低产品成本，需考虑：

(1) 在满足制品使用性能的前提下，尽可能选用价格较低的原材料。

(2) 开发本地原材料资源，就近取材。

(3) 配方适应生产过程简单、生产率高、生产周期短、能耗与材料消耗少、投资较少的工艺方法。

3. 合法性原则

国家颁布的产品标准有两种，一种是推荐标准，另一种是强制执行标准。在强制执行标准中，有些指标是判定合格指标，有些是参考指标。设计配方时必须考虑并且满足全部判定合格指标，尽管有些标准已旧甚至过时，但不满足这些标准就是不合法。

4.2.2 摩擦材料制品配方设计的特点

为了便于理解和讨论，首先说明两个术语：

因素——影响产品性能指标的因素，也称因子，如原材料、工艺条件等。

水平——每个因子可能处于的状态称为水平，水平可以是原材料的品种、用量或者是工艺参数等。

1. 制品配方设计是多因素(子)的试验问题

一个摩擦材料制品配方起码包括粘结剂、增强纤维、增磨物料、减磨物料、性能调节物料、低成本填料等基本组分，即一个合理的制品配合体系应该包括粘结剂体系、增强体系、减摩体系、性能调节体系、低成本填料体系五大基本部分。制品配方设计除单因素和双因素变量设计外，更多的情况下是解决多因素变量问题。

2. 制品配方设计是水平数不等的试验问题

制品配方试验中，因子的水平数往往不等。运用拉丁方或正交表设计试验时，通常每个因子的水平数是相等的，这样在安排试验时将出现麻烦。例如，进行这样一个配方设计：减摩物料(主要有石墨和二硫化钼)的品种作为一个因子，需试验两种减摩物料，即减摩物料这个因子有两个水平，而为一个因子，需试验两种减摩物料，即这个因子有两个水平，而其他的因子(如增强物料)则有多个水平，那么在运用正交表设计配方时，必须使用多水平数不等的试验问题。虽然这样做使配方设计的试验安排和数据的计算分析显得复杂多了，不过以纸面上的配方设计和试验结果计算的麻烦去换取人力、物力和时间还是合算的。

3. 制品配方中各种原材料之间的交互作用较多而且强烈

所谓交互作用，即配方中原材料之间产生的协同效应和加和作用。例如，各种性能调节剂与增强物料之间、粘结剂和增强物料之间的交互作用都很显著。

一般配方设计时，对于这种交互作用有两种处理方法：

(1) 充分注意这种交互作用，在试验设计时尽可能周到地考虑其作用和影响，甚至可以把它作为一个因子去处理。

(2) 避开交互作用大的因子，把一对交互作用大的因子分别安排在不同的两组试验中，使同组试验的因子保持相对的独立性，以避免强烈交互作用的干扰，从而使数据分析简单容易。

4. 工艺因素有时对制品配方设计起决定性影响

为了避免工艺因素的影响，同一批配方试验要固定同一条件的工艺操作，否则将干扰统计分析，使数据的分析陷入混乱。如果使起决定作用的工艺条件作为一个独立的因子参与试验设计，那么配方人员平日积累的实践经验就十分重要了，否则试验结果就是一堆杂乱无章的数据，没有什么内在的规律性可循。

配方、工艺条件、原材料、设备、产品结构之间存在着强烈的依存和制约关系。它们之间的关系如图4.1所示。

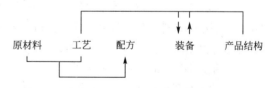

图 4.1 配方设计与其他各环节的关系

5. 制品配方设计中必须尽可能排除试验误差

一个配方试验必定要通过原料配制、试样制备、测试等过程。试验结果的误差包括原材料称量的误差；加料程序的误差；工艺参数如温度、时间和压力的误差；测试方法及计量误差等一系列误差的整合结果(积累误差)。经过繁杂的试验过程得出的试验结果误差必然较大。如果误差的影响大于配方设计中任何一个因子的影响，则整批试验就只好作废。由此可见，严格控制好配方试验的每一个步骤是获得规律性结果的关键，也是对数据进行数学分析的前提条件。

6. 配方经验规律与统计数学相结合

引进统计数学、线性规划、运筹学等方法最优化计算的制品配方设计，必须与配方经验规律相结合，方能发挥最佳效能，得出最优配方。不少论文中往往只强调数学的作用，不提配方人员本身的理论知识和经验，显然是十分片面的。整个配方设计不管采用什么方法，都要建立在对所用原材料十分熟悉的基础上，建立在丰富的制品配方经验的基础上，否则将归于失败。

实践证明：运用数学工具科学地设计配方，必须要有丰富的专业知识和配方经验为依据。

4.3 制品配方设计程序

在进行具体的配方设计之前，按常规应该充分了解所要解决的问题是什么，是提高制品的性能还是降低产品的成本，还必须弄清所用原材料的品种、质量、生产工艺和生产设备、试验测试仪器等基本情况，然后按以下程序进行配方设计。

1. 搜集市场信息，确定产品性价

设计产品配方前一般应收集如下信息：

1) 搜集原材料信息

制品原材料信息最重要。制品最佳状态往往要求原材料多样化、品种数量多，然而采购能力和费用、仓储能力和费用、生产工人的操作水平、出现差错的概率等因素则要求原材料种类要少。在确定可用哪些原材料及其用量限制时，一般考虑：①有哪些原材料可用？质量和价格怎样？存货量多少？货源供应稳定性如何？②可用原材料的成分、理化特性（如原来的粘结剂品种；经过改性后的品种；最近市场上新出现的品种；它们各自的性能、特点、长处、短处、加工成形时注意事项等）、适应性如何？规格（状态）？对产品品质的影响？③原材料含有毒或有害物质吗？市场可接受的原材料最大用量和最少用量分别是多少？④可用原材料的加工特性、理化特性在加工过程中的变化情况是怎样的？⑤各种原材料在现用制品配方中的用量？等等。

2) 生产加工和技术装备方面

原有的生产加工方法和技术装备；最近新发展的生产加工方法和技术装备；先进技术和加工的方法；表面处理和装饰的方法等。

3) 成形模具方面

原来的模具状况；新近改革的模具；模具结构的变化；模具材料和加工的变化等。

4) 使用的例子

现市售制品的性能、材料、成本、样式等，现有的优缺点以及竞争对手的质量、售价、特点、所处市场位置和发展潜力如何？用户的新要求如用户要求该产品期限、产品数量、一般性能、特殊要求，厂里原材料供应情况（紧缺否）、厂生产能力、生产效率、产品性能指标达到情况，市场需求行情，产品使用的环境（指环境温度、湿度、压力、化学介质、电磁场状况、灰尘等）等。

5) 确定产品性价

产品性价的定位或设计目标是决定产品品质和价格最重要的因素。企业产品的性价定位取决于多种因素,如产品性能要求、市场情况、原辅材料费用、企业技术力量、工艺技术条件、生产成本、用户的需求等。

2. 基础配方(基本配方)设计

基础配方是配方设计的基础,在此基础上再拟定出其他各种配方。因此作为配方设计的程序,首先应从基础配方着手。基础配方是配方设计的基础,在此基础上再拟定出其他各种配方。因此作为配方设计的程序,首先应从基础配方着手。基础配方是以原材料的试验鉴定为目的,通过基础配方可找出原材料及助剂对物性指标的影响规律,确定哪个原材料是起主要作用的,哪些原材料除了各自的单独作用外,它们之间还产生协同效应和加和作用;哪种助剂只对某一性能起单独作用,哪种助剂与别的助剂之间还产生协同作用、加合作用或反作用;这种综合效果有多大,对制品的某性能而言是综合效果为主;还是因子的单独作用为主;等等。

一般基本配方是专供研究或检验新制品原材料、新助剂用的配方,采用通常传统的配合量且尽可能简单,目的是为了对比、研究,分析其理论作用。

如某盘式制动片的基本配方见表4-1。

表4-1 盘式制动片的基本配方

序 号	名 称	规 格	用量(%)
1	改性酚醛树脂	200目	10~20
2	金属纤维	直径0.10~0.15mm,长度3~10mm	10~25
3	非金属纤维	单丝纤度为0.3~1.0mm	15~20
4	增摩物料	70~200目	30~40
5	减摩物料	16~40目	10~15
6	性能调节物料	20~100目	15~20
7	低成本填料	16~100目	10~15

基本配方可以直接应用于生产中,但效果不理想,或者是某专项性能不符合用户要求,或者是生产成本太高,或者是不适用于该生产设备,而适用于其他成形工艺的设备等,为此必须进行生产配方研究及设计。

3. 性能配方(技术配方)

为达到某种性能要求而进行的配方设计,其目的是为了满足产品的性能要求和工艺要求,提高某方面的特性等。性能配方应全面考虑配方各物理性能的搭配,以满足某制品使用条件要求。

4. 生产配方(实用配方)

生产配方是在前两种配方试验的基础上,结合实际生产条件所作的实用投产配方。实用配方要全面考虑工艺性能、体积成本、设备条件等因素,最后选出的实用配方应能够满足工业化生产条件,应使产品的性能、成本、长期连续工业化生产工艺达到最佳的平衡。

一般在设计生产配方之前,先在基本的配方基础上进行一些小试,调整某些因素,使之逐渐完善。为检验配方是否合理,可采用所谓"三模块"设计方案。

1) 第一模块内容

(1) 原(材)料选择。

指配方内容:粘结剂体系、金属纤维体系、非金属纤维体系、增摩物料体系、减摩物料体系、性能调节物料体系、低成本填料体系、添加剂体系等原材料。有些材料如云母、蛭石等可能同属几个体系,这要视其在制品中所起作用的主次。

各种原(材)料的选择是一个比较复杂的问题,选择原材料的主要依据是制品的使用性能要求,它是在分析制品工作条件和失效形式的项目中提出来的,即分析制品在工作过程中所受负荷的性质、负荷的类型和大小、制品的工作环境、温度和介质的性质,此外还应考虑制造工艺、维护和经济性等方面的要求,在有些场合还要考虑导热性、热膨胀系数、吸水吸油性及其他特殊要求。摩擦材料的摩擦性能和耐磨性是重要的选材依据,摩擦性能和耐磨性是材料的硬度、韧性、互溶性、耐热性、耐蚀性等的综合性质,不同类型的磨损,由于其磨损机理不同,可能侧重要求上述性质中的某一方面或几方面。根据要求选取几种材料进行综合评定,对于重要的和大批量生产的制品还要通过各种试验来验证。

在选择原材料时,除要依据原材料的优缺点外,还应考虑以下几方面:制品成本有所下降,质量有所减轻,外观性能有所提高,生产效率得以提高,容易装配,能延长材料寿命并降低维修管理费用,或是只是作为一种新型材料出现。

综合上述各种因素,选择原材料之后,还不能说已经完成任务了,还应该再根据社会需要、市场的要求、不断更新材料,以求优质产品的出现。

(2) 生产工艺条件。包括:工艺方法(干法或湿法,模压成形还是编制成形)、温度、压力、时间、生产质量水平等。能使生产工序简单,生产率高,质量更加稳定化。

配方人员应在分析所用原料的基础上,根据其基本物化特性、加工方法、条件等一切可用手段来进行配方设计。

2) 第二模块

第二模块指结构和形态分析内容:光学显微镜照片、电子显微镜照片、差热分析图谱、内部结构分布等。成分组成的内容有红外光谱分析、裂解色谱分析、质谱分析、热分析、核磁共振谱分析等。内部结构分布的表征内容电子显微镜分析、射线显微镜分析、探伤分析等。

3) 第三模块

第三模块指性能指标内容:摩擦性能、磨损率、抗剪切强度、抗弯曲强度、抗冲击强度、密度、硬度、吸水率、吸油率、热膨胀性等。

上述三模块设计方案的特点是,在第一模块和第三模块之间有意识地添加了一个第二模块,这就改进了传统的研究方法,也就是说强调了理论根据,减少了试验工作的盲目性和工作量,是寻求结构与性能之间关系的有效而简便的方法。

例如,在性能调节剂的填充、增强物理改性中,为设计出一个理想的改性制品配方,首先要考虑的是改性的均匀程度,即分散性能如何,这时可借助于扫描电子显微镜及能谱仪来检验改性效果。观察合格后,再进行常规物理性能测试,得到生产配方。

图4.2列出了生产配方的拟定程序。

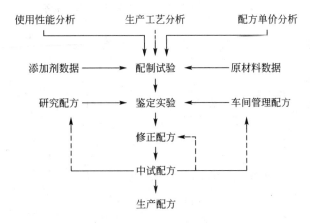

图 4.2 生产配方的拟定程序

4) 生产配方的表示形式

生产配方的表示形式有（以盘式片为例）：

第一种是以质量份数来表示的配方，即以某一组分（通常是质量最少组分）的质量为基数（常取为1），其他组分的质量份数便可得到。这种配方表示称为基本配方，常用于实验室中。

第二种是以质量百分数来表示的配方，即各种组分用量都以质量百分数来表示。这种配方可以直接从基本配方导出。这种配方形式常用于计算原材料成本。

第三种是符合生产使用要求的质量配方，称为生产配方。

取配料的总质量等于的混料机容量，每个组分的生产质量用下列公式计算，即

$$Q_i = QN_i/N \quad (4-1)$$

式中，Q 为混料机容量（一次混料量，kg）；N_i 为第 i 个组分的质量份数，$i=1, 2, 3, \cdots n$；N 为总质量份数。

【例 4-1】 生产某盘式制动片，其基本配方见表 4-2，混料机一次混料容量是 80kg，试设计该盘式片的生产配方。

解：(1) 由基础配方选择的原材料如下：

① 粘结剂：改性酚醛树脂，质量百分比为 15%。
② 金属纤维：钢纤维 22%，铜屑 3%。
③ 非金属纤维：复合纤维 6%，坡缕石 6%，针状硅灰石 8%。
④ 增摩物料：蛭石 6%，泡沫铁粉 7%，氧化铝 3%，钾长石 3%，重晶石 4%。
⑤ 减摩物料：鳞片石墨 7%。
⑥ 性能调节物料：丁腈橡胶粉 3%，云母 5%。
⑦ 低成本填料：磨尘 2%。

原材料的规格参照现有生产产品。

(2) 原材料的质量份数确定。取磨尘质量百分比为基数，质量份基数为1。

(3) 设计计算生产配方。由混料机一次混料容量 80kg 及式(4-1)得出生产配方，则生产配方的设计结果见表 4-2。

表 4-2 某盘式制动片生产配方的设计结果

序号	原材料	规　格	质量份数	质量百分数（%）	生产配方/kg
1	改性酚醛树脂	200 目	7.5	15	12
2	钢纤维	直径 0.10mm，长度 3～5mm	11	22	17.6
3	铜屑	1.5～3mm	1.5	3	2.4
4	蛭石	16～40 目	3	6	4.8
5	复合纤维	单丝纤度为 0.3～1.0mm	3	6	4.8
6	坡缕石	20～60 目	3	6	4.8
7	云母	16～40 目	2.5	5	4
8	针状硅灰石	75～160 目	4	8	6.4
9	泡沫铁粉	40～120 目	3.5	7	5.6
10	氧化铝	200～325 目	1.5	3	2.4
11	钾长石	200～325 目	1.5	3	2.4
12	重晶石	200～325 目	2	4	3.2
13	鳞片石墨	16～40 目	3.5	7	5.6
14	丁腈橡胶粉	200 目	1.5	3	2.4
15	磨尘	160～200 目	1	2	1.6
	合　计		50	100.0	80

4.4　制品配方试验设计与优化方法

4.4.1　制品配方单因素变量试验设计

制品配方单因素变量设计所考虑的问题是，在所讨论的变量区间内，确定哪一个变量的性能最优。当某一变量被确定后，其他的因素或条件就暂不考虑或视为不变，常用的寻优方法主要有两类：消去法和近似法。

1. 消去法

消去法原理：

一般假定 $f(x)$ 是制品的物化性能指标，它是变量区间中单峰函数，即 $f(x)$ 在变量的区间 $[A, B]$ 中只有一个极值点，这个点就是所寻求的物化性能最佳点 C。通常用 x 表示因素取值，$f(x)$ 表示目标函数。根据具体问题要求，在该因素的最优点上，目标函数取最大值、最小值或某种规定的要求，这些都取决于该制品的具体情况。

在寻找最优试验点时，常利用函数在某一局部区域的性质或一些已知的数值来确定下一个试验点。这样一步步搜索、逼近，不断消去部分搜索区间，逐步缩小最优点的存在范围，最后达到最优点。

搜索的方法很多，如黄金分割法、平分法（等间隔分割法）、裴波那契法等。衡量这些方法好坏的标准是，能用最少的试验次数，使区间缩小到允许误差之内。下面分别介绍几种常用的方法。

1) 黄金分割法（0.618法）

黄金分割法是根据数学上黄金分割定律演变来的。

黄金分割定律：设线段为 L，将它分割成两个部分，长的一段为 x，如果分割的比例满足以下关系：

$$L/x = x/(L-x) = 1/\lambda$$

则这种分割称为黄金分割，其中 λ 为比例系数，由上式得

$$x^2 + Lx - L^2 = 0$$

即

$$(x/L)^2 + (x/L) - 1 = 0$$
$$\lambda^2 + \lambda - 1 = 0$$

解得：$\lambda = 0.618033988\cdots$

所以
$$x \approx 0.618L$$

黄金分割点在线段总长度的 0.618 处，故此法又称 0.618 法。

其具体做法是：先在配方试验范围 $[A, B]$ 的 0.618 点作第一次试验，再在其对称点（试验范围在 0.382 处）作第二次试验，比较两点试验的结果（指制品的物理机械性能），去掉"坏点"以外的部分。在剩下的部分继续取已试点的对称点进行试验，再比较，再取舍，逐步缩小试验范围。应用此法，每次可以去掉试验范围的 0.382，因此，可以用较少的试验配方，迅速找出最佳变量范围，即

$$x_1 = A + 0.618 \times (B-A) \tag{4-2}$$
$$x_2 = A + B - x_1$$

线段示意：

```
        |————|——|————|
        A   x₂  x₁   B
      （小点）      （大点）
```

如果 A 为试验范围的小点，B 为试验范围的大点，式(4-2)可通俗地写成

$$第1点 = 小点 + 0.618 \times (大点 - 小点) \tag{4-3}$$
$$第2点 = 大点 + 小点 - 第1点$$

式(4-2)和式(4-3)称为对称公式。

用 $f(x_1)$ 和 $f(x_2)$ 分别表示在 x_1 和 x_2 两个试验点上的试验结果，如果 $f(x_1)$ 比 $f(x_2)$ 好，则 x_1 是好点，于是把试验范围的 $[A, x_2]$ 消去，剩下 $[x_2, B]$。

线段示意：

```
              |——————————|
        A    x₂   x₁     B
```

如果 $f(x_1)$ 比 $f(x_2)$ 差，则 x_2 是好点，就应消去 $[x_1, B]$，剩下 $[A, x_1]$。

线段示意：

```
        |——————————|
        A    x₂   x₁     B
```

对上述判断剩下的部分继续应用对称公式取点进行试验，根据试验结果再比较，再取

舍,逐步缩小试验范围直到找出最佳点。

如果 $f(x_1)$ 与 $f(x_2)$ 一样,则可同时消去 $[A, x_2]$ 和 $[x_1, B]$,留下中间段 $[x_2, x_1]$,然后在范围 $[x_2, x_1]$ 继续应用对称公式取点进行试验。

黄金分割法的每一步试验都要根据上次配方试验结果而决定取舍,所以每次试验的原材料及工艺条件都要严格控制,不得有差异,否则无法决定取舍方向,使试验陷入混乱。该法试验次数少,较为方便,适用推广。

2) 平分法(对分法)

如果在试验范围内,目标函数是单调的,要找出满足一定条件的最优点,可以用平分法。平分法和黄金分割法相似,但平分法逼近最佳范围的速度更快,在试验范围内每次都可以去掉试验范围的一半,而且取点方便。

对分法的应用条件:①要求制品物化性能要有一个标准或具体指标,否则无法鉴别试验结果好坏,以决定试验范围的取舍;②要知道原材料的性能及其对制品物化性能的影响规律。能够从试验结果中直接分析该原材料的量是取大了或是取小了,亦作为试验范围缩小的判别原则。

该法与黄金分割法相似,不同的只是在试验范围内每个试验点都取在范围的中点上,根据试验结果,去掉试验范围的某一半,然后再在保留范围的中点做第二次试验,再根据第二试验结果,又将范围缩小一半,这样逼近最佳点范围的速度很快,而且取点也极为方便。

3) 分数法(裴波那契法)

分数法又称裴波那契法,也是适合单峰函数的方法。

先介绍裴波那契数列:

1, 1, 2, 3, 5, 8, 13, 21, 34, 55, 89, 144, …用 F_0, F_1, F_2, …依次表示上述数串,它们满足递推关系:

$$F_n = F_{n-1} + F_{n-2} \quad (n \geqslant 2)$$

当 $F_0 = F_1 = 1$ 确定之后,整个数列就完全确定了。

如果以上述数列中的前一个数为分子,后一个数为分母,则可得到一批渐进分数:1/2, 2/3, 3/5, 5/8, 8/13, 13/21, 21/34, …

实际中由于某种条件的限制,如配方试验范围是由一些不连续的、间隔不等的点组成,试验点只能取某些特定数时,只能做几次配方试验。在此情况下,采用分数法较好,如只能做一次试验,就用 1/2。其精确度即这一点与实际最佳点的最大可能距离为 1/2;如只能做两次试验则用 1/2、2/3,其精确度为 1/3,做几次试验就用 F_n/F_{n+1},其精确度为 $1/F_{n+1}$。式中,F_n 为裴波那契数列的数。

分数法是先给出试验点数,再用试验来缩短给定的试验区间,其区间长度缩短率为变值,其值大小由裴波那契数列决定。

分数法与和 0.618 法不同之处在于先给出试验点数(或者知道试验范围或精确度,这时试验总数就可以算出来)。在这种情况下,用裴波那契法比 0.618 法方便。分数法以 n 次试验来缩短给定的试验区间,与 0.618 法不同,它的区间长度缩短率为变值,其值大小由裴波那契数列决定。

4) 爬山法(逐步提高法)

爬山法适合于工厂小幅度调整配方,生产损失小。其方法是:先找一个起点 A,这个起点一般为原来的生产配方,也可以是一个估计的配方。在 A 点向该原材料增加的方向 B 点做试验,同时向该原材料减少的方向 C 点做试验。如果 B 点好,原材料就增加;如果 C 点好,原材料就减少。这样一步步改变,如爬到 W 点,再增加或减少效果反而不好,则 W 点就是要寻找的该原材料的最佳值。一般来说,越接近变量的最佳范围,制品性能随原材料的变化越缓慢。

选择起点的位置很重要,起点选得好,则试验次数可减少;选择步长大小也会直接影响试验配方的效果,一般先是步长大一些,待快接近最佳点时,再改为小的步长,这些都直接与配方人员本身的实践经验有关。

和其他方法比较,爬山法接近最佳范围的速度慢,但适宜大生产中的配方作小范围内的调整,较为稳妥可靠,对生产影响较小。此法对配方人员的经验依赖性很大,经验丰富的设计者往往经过几次调整便能奏效。

2. 近似法

前面讲的 0.618 法、平分法、分数法等有个共同的特点,就是要根据前面的试验结果安排后面的试验。这样安排试验的方法称为序贯试验法,它的优点是总的试验数目少,缺点是试验周期长,可能要用较多时间。

与序贯试验法相反,也可以把所有可能的试验同时都一次安排下去,根据试验结果,找出最好点,这种方法称为同时法。同时法的优点是试验总时间短,缺点是总的试验次数比较多。

近似法常用的有均分分批试验法和比例分割分批试验法。

1) 均分分批试验法

如果把试验范围等分若干份,在每个分点上做试验,就称为均分。

均分分批试验法是每批试验配方均匀地安排在试验范围内,将其试验结果比较,留下好结果的范围,在这留下的部分,再均分成数份,再做一批试验,这样不断做下去,就能找到最佳的配方质量范围,在这个窄小的范围内,等分点结果较好,又相当接近,即可中止试验。这种方法的优点是试验总时间短、快,仅总的试验次数较多。

例如,每批做四个试验,可以先将试验范围 $[A, B]$ 五等分,在其四个分点 x_1, x_2, x_3, x_4 处做四个试验,即

$$A \quad x_1 \quad x_2 \quad x_3 \quad x_4 \quad B$$

将四个试验结果比较,如果 x_3 点好,则去掉小于 x_2 和大于 x_4 的部分,留下 $[x_2, x_4]$ 的范围。然后将 $[x_2, x_4]$ 的范围再六等分,在未做过试验的四个分点上再做四个试验。这样不断地做下去,就能找到最佳的配方变量范围,在这个窄小的范围内等分的点结果较好又互相接近,即可中止试验。

$$x_2 \quad x_3 \quad x_4$$

对于一批做偶数个试验的情况,均可仿照上述方法进行。假设做 n 个试验(n 为任意正整数),则将试验范围均分为 $(n+1)$ 份,在 n 个分点 x_1, x_2, x_3, $\cdots$, x_i, $\cdots$, x_n 上,做 n 个试验,如果 x_i 最好,则保留 $[x_{i-1}, x_{i+1}]$ 部分,去掉其余部分。将留下部分均分为 $(n+2)$ 份,在未做过试验的 n 个分点上再做试验,即将 n 个试验均匀地安排在好点的两旁,这样继续做下去,就能找到最佳的配方变量范围。用这个方法,第一批配方试验后范

围缩短为 $2/(n+1)$，以后每批试验后都缩短为前次留下的 $1/(n+1)$。

2) 比例分割分批试验法

比例分割分批试验法与均分分批试验法相似，不同的只是试验点不是均匀划分，而是按一定比例划分。该法由于试验效果、试验误差等原因，不易鉴别。所以一般工厂常用均分分批试验法。但当原材料添加量变化较小，而制品的物化性能却有显著变化时，用该法较好。

比例分割分批试验法是将第一批试验点按比例地安排在试验范围内。

以每批做四个试验为例，第一批试验在 5/17、6/17、11/17、12/17 四个点上进行；第二批试验将留下的好点所在线段六等分（共有五个分点）。在没有做过试验的四个分点上进行试验；以下每批四个试验点也总是在上次留下的好点两侧，按比例地均匀安排试验，如此继续下去。第一批试验后，范围缩短为 6/17，以后每批试验都缩短为前次留下的 1/3。

从效果上看，比例分割分批试验法比均分分批试验法好，但是由于比例分割分批试验法的试验点挨得太近，如果试验效果差别不显著的话，就不好鉴别。因此这种方法比较适用于当因素变动较小时，而制品性能却有显著变化的情况，如新型性能调节剂的变化量试验。

3. 抛物线法

在用其他方法试验已将配方试验范围缩小以后，如果还希望深化，进一步精益求精，这时可应用抛物线法。

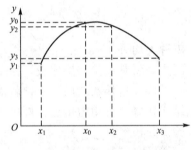

图 4.3　二次抛物线

这种方法是利用做过三点试验后的三个数据，作此三点的抛物线，以抛物线顶点横坐标作下次试验依据，如此连续进行试验。它是用二次函数去逼近原来的函数，并取该二次函数的极值点作为新的近似点，即利用三个点上的函数值来构造二次函数。确切地说，在 x_1、x_2、x_3 三点上各试验的数据 y_1、y_2、y_3（见图 4.3），写出三点 (x_1, y_1)、(x_2, y_2)、(x_3, y_3) 的抛物线方程，即

$$y=\frac{(x-x_2)(x-x_3)}{(x_1-x_2)(x_1-x_3)}y_1+\frac{(x-x_1)(x-x_3)}{(x_2-x_1)(x_2-x_3)}y_2+\frac{(x-x_1)(x-x_2)}{(x_3-x_1)(x_3-x_2)}y_3$$

不难找出抛物线的极值点 x_0，即

$$x_0=\frac{1}{2}\cdot\frac{y_1(x_2^2-x_3^2)+y_2(x_3^2-x_1^2)+y_3(x_1^2-x_2^2)}{y_1(x_2-x_3)+y_2(x_3-x_1)+y_3(x_1-x_2)}$$

以 x_0 为近似目标函数最优点，下一个试验在 x_0 处，x_0 的试验结果记为 y_0，再用 (x_0, y_0) 和它相近的两点构造二次多项式，求近似最优点，直至满足一定精度为止。

4.4.2　制品配方多因素变量试验设计

摩擦材料制品品质的好坏很大程度上是由配方设计所决定的，因此在新产品开发或产品改良的设计阶段要十分重视，当然设计的好产品要成为真正的高品质产品，在生产过程

中还得有合理的工艺参数，为此经常需要进行试验，从影响产品质量的一些因素中去寻找科学的原材料搭配、合理的工艺参数搭配等，这便是多因素的试验设计问题。

在实际的制品配方试验设计中，经常要同时考虑几个因素，只考虑一个因素变量往往不行，这时就要采用多因素变量设计方法。多因素试验遇到的最大困难是试验次数太多，让人无法忍受。例如，有十个因素对产品性能有影响，每个因素取两个不同状态进行比较，那么就有 $2^{10}=1024$ 个不同的试验条件需要比较，如每个因素取三个不同状态比较的话，就有 $3^{10}=59049$ 个不同的试验条件，由于人力、物力、财力的限制，特别是时间的约束，不可能通过全面试验来达到认识事物内在规律的目的，因此只能从中选择一部分进行试验。选择那些条件进行试验十分重要，这便是试验设计。一个好的试验设计，可通过少量试验获得较多的信息，达到试验的目的。试验设计的方法有许多，比较常用的有正交试验设计法和中心复合试验法。

4.4.2.1 正交试验设计法

正交试验设计法是利用"正交表"选择试验的条件，并利用正交表的特点进行数据分析，找出最好或满意的试验条件。

1. 正交表

正交试验设计法的关键是合理选择正交表，常用的正交表有20多种。

1）正交表的特点、记号和性质

(1) 特点：特制的表格，按正交表安排试验，各因素各水平的搭配是均衡的。

(2) 记号 $L_n(m^k)$ 标准记法，其中：

L 为正交表；m 为各因素（子）水平数（即状态数），$m=2,3,4,\cdots,m$；n 为行数，此表可安排要做的试验次数为 n；k 为表中列数，表示因素（子）个数，$k=1,2,3,\cdots,k$。

常见正交表有以下几种：

2水平：$L_4(2^3)$，$L_8(2^7)$（见表4-3），$L_{12}(2^{11})$；

3水平：$L_9(3^4)$（见表4-4），$L_{27}(3^{13})$；

4水平：$L_{15}(4^5)$；

混合水平：$L_8(4\times 2^4)$，$L_{18}(2\times 3^7)$。

表4-3 正交表 $L_8(2^7)$

试验号 \ 列号	1	2	3	4	5	6	7
1	1	1	1	1	1	1	1
2	1	1	1	2	2	2	2
3	1	2	2	1	1	2	2
4	1	2	2	2	2	1	1
5	2	1	2	1	2	1	2
6	2	1	2	2	1	2	1
7	2	2	1	1	2	2	1
8	2	2	1	2	1	1	2

表 4-4　正交表 $L_9(3^4)$

试验号\列号	1	2	3	4
1	1	1	1	1
2	1	2	2	2
3	1	3	3	3
4	2	1	2	3
5	2	2	3	1
6	2	3	1	2
7	3	1	3	2
8	3	2	1	3
9	3	3	2	1

(3) 性质：

① 各因素（每列）水平的均衡性（即每列中每个数字重复次数相同）。

② 每两个因素（两列）水平搭配（水平数对）的均衡性（即任意两列的同行数字对重复次数相同）。

2) 正交表类别

一类正交表的行数 n，列数 k，水平数 m 间有如下关系：

$$n = m^j (j=2, 3, 4, \cdots), \quad k=(n-1)/(m-1) \quad (4-4)$$

如 2 水平正交表 $L_4(2^3)$、$L_8(2^7)$、$L_{16}(2^{15})$ 等；3 水平正交表 $L_9(3^4)$、$L_{27}(3^{13})$；4 水平正交表 $L_{16}(4^5)$ 等，这类正交表不仅可考察各因子对试验指标的影响，还可考察因子间交互作用的影响。

另一类正交表的行数 n，列数 k，水平数 m 间不满足式（4-4）中的两个关系，此类正交表往往只能考察各因子对试验指标的影响，而不能考察因子间的交互作用。如 2 水平正交表 $L_{12}(2^{11})$、$L_{20}(2^{19})$ 等；3 水平正交表 $L_{18}(3^7)$、$L_{36}(3^{13})$ 等；混合水平正交表 $L_{18}(2 \times 3^7)$、$L_{36}(2^3 \times 3^{13})$ 等。

2. 无交互作用的正交设计与数据分析

下面通过一个例子来阐述利用正交表安排实验设计与进行数据分析的步骤：

【例 4-2】 某半金属盘式制动片的配方组成见表 4-5。

表 4-5　半金属盘式制动片的配方组成　　　　　　　　　　　　　　g

组分	改性酚醛树脂	钢棉	海泡石纤维	碳化硅	石墨	二硫化钼	填料
用量	15~20	30~35	5~9	10~15	8~10	10~15	15~20

希望通过正交试验以找出最佳搭配使低温（150℃）和高温（350℃）的摩擦因数高而且磨损率低，从而优化配方。

1) 试验的设计

在安排正交试验时，一般应考虑以下几个步骤：

(1) 明确试验目的，确定试验指标。在本例中试验目的是高的摩擦因数（μ）和低的磨损率（V）。

(2) 明确试验指标。试验指标用来判断试验结果的好坏，在本例中用摩擦因数和磨损率作为考察指标，摩擦因数高而且磨损率低就表明试验结果好。

(3) 确定要考虑的因素及其水平。实验前首先要分析影响指标的因素是什么，每个因素在试验中取哪些水平（状态）。经专业人员分析研究，在本例中确定七个因素和两种水平，见表 4-6。

表 4-6　正交试验因素与水平　　　　　　　　　　　　　　　　　　　　　　g

因素	改性酚醛树脂	钢棉	海泡石纤维	石墨	二硫化钼	碳化硅	填料
水平 1	20	30	9	8	3	15	15
水平 2	15	35	5	10	5	10	20

(4) 选用合适的正交表，安排试验。根据实验所考察的因素及其水平数，使用 $L_8(2^7)$（见表 4-3）；将各因素和水平填入表中对应格，用它来安排实验。从正交表 $L_8(2^7)$ 可见，需作八个不同试验条件的试验，它们是一起设计好的且具有均衡搭配的性质。

2) 进行试验，测定和记录试验指标

有了试验计划就可按其进行试验。按表 4-6 各因素试验材料的配比称量、混合后，在模压和热处理工艺参数相同的条件下，制作成八对试样；在 D-MS 型定速摩擦材料试验机上测定 150℃ 和 350℃ 的摩擦因数和磨损率，并记录试验指标填入表 4-7。

表 4-7　正交试验计划与结果

试样	各组分加入量/g							测试结果			
	树脂	钢棉	海泡石纤维	石墨	二硫化钼	碳化硅	填料	μ		$V/[10^{-7}\text{cm}^3/(\text{N}\cdot\text{m})]$	
								150℃	350℃	150℃	350℃
1	20	30	9	8	3	15	15	0.46	0.24	0.21	2.27
2	20	30	9	12	5	10	20	0.43	0.26	0.24	2.30
3	20	35	5	8	3	10	20	0.46	0.24	0.30	2.42
4	20	35	5	12	5	15	15	0.42	0.27	0.28	1.95
5	15	30	9	8	5	15	20	0.45	0.28	0.25	2.05
6	15	30	5	12	3	10	15	0.42	0.25	0.19	2.11
7	15	35	9	8	5	10	15	0.45	0.27	0.20	1.89
8	15	35	9	12	3	15	20	0.47	0.30	0.22	1.92
μ_{150} 极差	0.005	0.01	0.015	0.02	0.015	0.01	0.015				
V_{150} 极差 $/[10^{-7}\text{cm}^3/(\text{N}\cdot\text{m})]$	0.043	0.028	0.038	0.008	0.013	0.008	0.033				
μ_{350} 极差	0.023	0.013	0.008	0.013	0.013	0.018	0.013				
V_{350} 极差 $/[10^{-7}\text{cm}^3/(\text{N}\cdot\text{m})]$	0.243	0.138	0.138	0.038	0.088	0.133	0.118				

为了避免实现某些考虑不周而产生系统误差，因此试验的次序最好是随机化，这可用抽签的方式决定，如用8张同样的纸，分别写上1～8，然后混乱后依次取出，如果依次摸到：2，4，5，6，8，1，7，3，则先做2号试验，再做4号试验，最后做3号试验。

此外，在试验中还应可能避免因操作人员的不同，仪器设备的不同等引起的系统误差，尽可能使试验中除所考察的因素外的其他因素固定。

3) 结果分析，得出结论

(1) 直接观察法(数据的直观分析)。

① 寻找最好的试验条件(用数据的"极差"分析)。

a. 树脂(因素 X_1)取哪个水平(用量)。首先看表 4-7 的树脂列(即第一列)，有四个试验都采用树脂(因素 X_1)的1水平进行试验，其他组分(因素 X_2, X_3, …, X_7)的两个水平都各参加了两次试验，对树脂(因素 X_1)1水平的四个试验结果的和与平均值分别为

$$Y_{1x1}(\mu_{150}) = 0.46 + 0.43 + 0.46 + 0.42 = 1.77$$
$$Y_{1x1}(V_{150}) = 0.21 + 0.24 + 0.30 + 0.28 = 1.03$$

式中，$Y_{1x1}(\mu_{150})$ 为树脂(因素 X_1)1水平150℃时摩擦因数的四个试验结果之和；$Y_{1x1}(V_{150})$ 为树脂(因素 X_1)1水平150℃时磨损率的四个试验结果之和。

平均值为

$$Y_{11}(\mu_{150}) = 1.77/4 = 0.4425$$
$$Y_{11}(V_{150}) = 1.03/4 = 0.2575$$

同样，树脂(因素 X_1)的2水平也有四个试验，其他组分(因素 X_2, X_3, …, X_7)的两个水平也都各参加了两次试验，对树脂(因素 X_1)2水平的四个试验结果的和与平均值分别为

$$Y_{1x2}(\mu_{150}) = 0.45 + 0.42 + 0.45 + 0.47 = 1.79$$
$$Y_{1x2}(V_{150}) = 0.25 + 0.19 + 0.20 + 0.22 = 0.86$$

式中，$Y_{1x2}(\mu_{150})$ 为树脂(因素 X_1)1水平150℃时摩擦因数的四个试验结果之和；$Y_{1x2}(V_{150})$ 为树脂(因素 X_1)1水平150℃时磨损率的四个试验结果之和。

平均值为

$$Y_{12}(\mu_{150}) = 1.79/4 = 0.4475$$
$$Y_{12}(V_{150}) = 0.86/4 = 0.215$$

150℃：摩擦因数 μ_{150} 的极差即不同水平对应的试验结果均值的最大值与最小值之差。

μ_{150} 的极差：$|Y_{11}(\mu_{150}) - Y_{12}(\mu_{150})| = |0.4425 - 0.4475| = 0.005$

V_{150} 的极差：$|Y_{11}(V_{150}) - Y_{12}(V_{150})| = |0.2575 - 0.215| = 0.0425 \approx 0.043$

同理可得

$$Y_{1x1}(\mu_{350}) = 0.24 + 0.26 + 0.24 + 0.27 = 1.01$$
$$Y_{1x1}(V_{350}) = 2.27 + 2.30 + 2.42 + 1.95 = 8.94$$
$$Y_{11}(\mu_{350}) = 1.01/4 = 0.2525$$
$$Y_{11}(V_{350}) = 8.94/4 = 2.235$$
$$Y_{1x2}(\mu_{350}) = 0.28 + 0.25 + 0.27 + 0.30 = 1.10$$
$$Y_{1x2}(V_{350}) = 2.05 + 2.11 + 1.89 + 1.92 = 7.97$$
$$Y_{12}(\mu_{350}) = 1.10/4 = 0.275$$
$$Y_{12}(V_{350}) = 7.97/4 = 1.9925$$

350℃：μ_{350}的极差：$|Y_{11}(\mu_{350})-Y_{12}(\mu_{350})|=|0.2525-0.275|=0.0225\approx0.023$

V_{350}的极差：$|Y_{11}(V_{350})-Y_{12}(V_{350})|=|2.235-1.9925|=0.2425\approx0.243$

由上可知，平均值 $Y_{11}(\mu_{150})$、$Y_{12}(\mu_{150})$ 和 $Y_{11}(\mu_{350})$、$Y_{12}(\mu_{350})$ 以及 $Y_{11}(V_{150})$、$Y_{12}(V_{150})$ 和 $Y_{11}(V_{350})$、$Y_{12}(V_{350})$ 之间的差异只反映了树脂的两个水平间的差异，因为这四组试验条件除树脂的水平有差异外，其他组分（因素 X_2，X_3，…，X_7）的条件是一致的，所以可通过比较这两组平均值的大小看出树脂水平的好坏。

从以上数据可知：

150℃：树脂的 2 水平好，因摩擦因数 μ_{150} 大且磨损率 V_{150} 小；

350℃：也是树脂的 2 水平好，因摩擦因数 μ_{350} 大且磨损率 V_{350} 小。

b. 钢棉及其他组分（因素 X_2，X_3，…，X_7）。钢棉及其他组分分列表 4-7 第二～第七列，每一组分（因素 X_i）都各有四个试验，其他组分（因素 X_2，X_3，…，X_7）的两个水平也都各参加了两次试验，与树脂组分数据分析同理可得到：

a）钢棉：

$Y_{21}(\mu_{150})=1.76/4=0.44$， $Y_{21}(V_{150})=0.89/4=0.2225$，

$Y_{21}(\mu_{350})=1.03/4=0.2575$， $Y_{21}(V_{350})=8.73/4=2.1825$；

$Y_{22}(\mu_{150})=1.80/4=0.45$， $Y_{22}(V_{150})=1.00/4=0.25$，

$Y_{22}(\mu_{350})=1.08/4=0.27$， $Y_{22}(V_{350})=8.18/4=2.045$；

μ_{150} 极差 0.01，μ_{350} 极差 0.013；

V_{150} 极差 0.028，V_{350} 极差 0.138。

从以上数据可知：

150℃：钢棉的 1 水平好，因摩擦因数 μ_{150} 与 μ_{350} 相差不大，而磨损率 V_{150} 较小；

350℃：钢棉的 2 水平好，因摩擦因数 μ_{350} 大且磨损率 V_{350} 小。

综合来看，盘式制动片对高温的摩擦性能要求要好，故钢棉应选 2 水平。

b）海泡石纤维：

$Y_{31}(\mu_{150})=1.81/4=0.4525$， $Y_{31}(V_{150})=0.87/4=0.2175$，

$Y_{31}(\mu_{350})=1.07/4=0.2675$， $Y_{31}(V_{350})=8.38/4=2.095$；

$Y_{32}(\mu_{150})=1.75/4=0.4375$， $Y_{32}(V_{150})=1.02/4=0.255$，

$Y_{32}(\mu_{350})=1.04/4=0.26$， $Y_{32}(V_{350})=8.53/4=2.1325$；

μ_{150} 极差 0.015，μ_{350} 极差 0.008；

V_{150} 极差 0.038，V_{350} 极差 0.038。

从以上数据可知：

150℃：海泡石纤维的 1 水平好，因虽然摩擦因数 μ_{150} 略小，但磨损率 V_{150} 小；

350℃：也是海泡石纤维的 1 水平好，因摩擦因数 μ_{350} 大且磨损率 V_{350} 小。

c）石墨：

$Y_{41}(\mu_{150})=1.82/4=0.455$， $Y_{41}(V_{150})=0.96/4=0.24$，

$Y_{41}(\mu_{350})=1.03/4=0.2575$， $Y_{41}(V_{350})=8.63/4=2.1575$；

$Y_{42}(\mu_{150})=1.74/4=0.435$， $Y_{42}(V_{150})=0.93/4=0.2325$，

$Y_{42}(\mu_{350})=1.08/4=0.27$， $Y_{42}(V_{350})=0.86/4=2.07$；

μ_{150} 极差 0.02，μ_{350} 极差 0.008；

V_{150} 极差 0.013，V_{150} 极差 0.088。

从以上数据可知：

150℃：石墨的1水平稍好，因摩擦因数 μ_{150} 大且磨损率 V_{150} 略大；

350℃：石墨的2水平好，因摩擦因数 μ_{350} 大且磨损率 V_{350} 小。

综合来看，盘式制动片对高温的摩擦性能要求要好，故石墨应选2水平。

d) 二硫化钼：

$Y_{51}(\mu_{150})=1.81/4=0.4525$，　$Y_{51}(V_{150})=0.92/4=0.23$，

$Y_{51}(\mu_{350})=1.03/4=0.2575$，　$Y_{51}(V_{350})=8.72/4=2.18$；

$Y_{52}(\mu_{150})=1.75/4=0.4375$，　$Y_{52}(V_{150})=0.86/4=0.2425$，

$Y_{52}(\mu_{350})=1.79/4=0.27$，　　$Y_{52}(V_{350})=8.19/4=2.0475$；

μ_{150} 极差 0.015，μ_{350} 极差 0.013；

V_{150} 极差 0.013，V_{350} 极差 0.133。

从以上数据可知：

150℃：二硫化钼的1水平好，因摩擦因数 μ_{150} 大且磨损率 V_{150} 小；

350℃：二硫化钼的2水平好，因摩擦因数 μ_{350} 大且磨损率 V_{350} 小。

综合来看，盘式制动片对高温的摩擦性能要求要好，故二硫化钼应选2水平。

e) 碳化硅：

$Y_{61}(\mu_{150})=1.80/4=0.45$，　　$Y_{61}(V_{150})=0.96/4=0.24$，

$Y_{61}(\mu_{350})=1.09/4=0.2725$，　$Y_{61}(V_{350})=8.19/4=2.0475$；

$Y_{62}(\mu_{150})=1.76/4=0.44$，　　$Y_{62}(V_{150})=0.86/4=0.2325$，

$Y_{62}(\mu_{350})=1.79/4=0.255$，　$Y_{62}(V_{350})=8.72/4=2.18$；

μ_{150} 极差 0.01，μ_{350} 极差 0.018；

V_{150} 极差 0.008，V_{350} 极差 0.133。

从以上数据可知：

150℃：碳化硅的1水平好，因摩擦因数 μ_{150} 大，但磨损率 V_{150} 略大；

350℃：碳化硅的1水平好，因摩擦因数 μ_{350} 大且磨损率 V_{350} 小。

f) 填料：

$Y_{71}(\mu_{150})=1.75/4=0.4375$，　$Y_{71}(V_{150})=0.88/4=0.22$，

$Y_{71}(\mu_{350})=1.03/4=0.2575$，　$Y_{71}(V_{350})=8.22/4=2.055$，

$Y_{72}(\mu_{150})=1.81/4=0.4525$，　$Y_{72}(V_{150})=1.01/4=0.2525$，

$Y_{72}(\mu_{350})=1.03/4=0.27$，　　$Y_{72}(V_{350})=8.69/4=2.1725$；

μ_{150} 极差 0.015，μ_{350} 极差 0.033；

V_{150} 极差 0.013，V_{350} 极差 0.118。

从以上数据可知：

150℃：填料1水平的摩擦因数 μ_{150} 略小，而磨损率 V_{150} 较低；

350℃：填料2水平的摩擦因数 μ_{350} 略大，但磨损率 V_{350} 略高。

综合来看，盘式制动片对高温的摩擦性能要求要好，故填料应选2水平。

综上各组分水平试验数据可知使摩擦性能达到较佳的条件是：

树脂$_2$(15)，钢棉$_2$(35)，海泡石纤维$_1$(9)，石墨$_2$(12)，二硫化钼$_2$(5)，碳化硅$_1$(15)，填料$_2$(20)。

质量百分数为：

树脂13.5%，钢棉31.5%，海泡石纤维8.1%，石墨10.8%，二硫化钼4.5%，碳化硅13.5%，填料18.1%。

② 各组分对指标影响程度大小的分析。这可从各组分的"极差"来看，该值大的话，则改变这一因素的水平会对指标造成较大的变化，所以该因素对指标的影响大，反之，影响就小。

在本例中各因素的极差见表4-7，可知：

a. 150℃时组分对摩擦因数μ和磨损率V的影响。

摩擦因数μ的极差有：$R_4 > R_3 = R_5 = R_7 > R_2 = R_6 > R_1$；

磨损率V的极差有：$r_1 > r_3 > r_7 > r_2 > r_5 > r_4 = r_6$；

说明在温度不高的情况下，石墨对摩擦因数μ的影响较大，其次是海泡石、二硫化钼和填料，树脂的影响最小。

在温度不高的情况下，树脂对磨损率V的影响较大，其次是海泡石，再次是填料和钢棉，石墨和碳化硅的影响很小。

b. 350℃时组分摩擦因数μ和对磨损率V的影响。

摩擦因数μ的极差有：$R_1 > R_6 > R_2 = R_4 = R_5 = R_7 > R_3$；

磨损率V的极差有：$r_1 > r_2 > r_5 = r_6 > r_7 > r_4 > r_3$；

说明在温度较高的情况下，树脂对摩擦因数μ的影响较大，其次是碳化硅，再次是钢棉、石墨、二硫化钼和填料，海泡石的影响最小。

在温度较高的情况下，树脂对磨损率V的影响较大，其次是钢棉，再次是二硫化钼和碳化硅，海泡石和石墨的影响很小。

为直观起见，可将每个因素不同水平下试验结果的均值画成一张图，以便观察比较。

（2）用综合评分选出最好的试验条件（搭配）。为了从八组试验中选出最好的搭配，需将四个指标之转化为一个指标即综合评分，用每一次试验的得分（各项指标相应的得分数之和）来代表这一试验结果。各项指标的打分标准设定：在八组试验中摩擦系数最高的给8分，最低的给1分；而磨损率则相反，最低的给8分，最高的给1分。本例的试验结果得分见表4-8。同时还要考虑个指标的重要程度，乘以适当的系数作为权数，如较高温度时的指标比较低温度时的更重要，因此将350℃的权数定为5，150℃的权数定为1。

表4-8 综合评分表

试样	各组分的加入量/g							测试结果						综合分
	树脂	钢锦	海泡石	石墨	二硫化钼	碳化硅	填料	150℃			350℃			
								μ	得分	$V/[\times 10^{-7} \text{cm}^3/(\text{N}\cdot\text{m})]$	得分	μ	得分	$V/[\times 10^{-7} \text{cm}^3/(\text{N}\cdot\text{m})]$	得分	
1	20	30	9	8	3	15	15	0.46	7	0.21	6	0.24	2	2.27	3	38
2	20	30	9	12	5	10	20	0.43	3	0.24	4	0.26	4	2.30	2	37
3	20	35	5	8	5	15	20	0.46	7	0.30	1	0.24	2	2.42	1	23
4	20	35	5	12	3	10	15	0.42	2	0.28	2	0.27	6	1.95	6	64
5	15	30	5	8	5	10	15	0.45	5	0.25	3	0.28	7	2.05	5	68
6	15	30	5	12	3	15	20	0.42	2	0.19	8	0.25	3	2.11	4	45
7	15	35	9	8	3	10	20	0.45	5	0.20	7	0.27	6	1.89	8	82
8	15	35	9	12	5	15	15	0.47	8	0.22	5	0.30	8	1.92	7	88

根据打分标准,每一组试验的综合评分为:

综合评分＝第一个指标的得分值×第一个指标的权数＋…＋第四个指标的得分值
×第四个指标的权数

如第5组试验的综合评分:$5×1+3×1+7×5+5×5=68$。

各组试验的综合评分见表4-8,可见第八组的综合评分最高(88分),故第八组试验搭配最好。转换为质量百分数,即树脂13.9%,钢棉32.4%,海泡石纤维7.4%,石墨11.1%,二硫化钼2.8%,碳化硅13.9%,填料18.5%。与上述"极差"分析的结果基本一致。

由于综合评分的打分标准和权数的确定有一定的随机性和模糊性,因此其评分结果存在一定的模糊性。

(3) 数据的方差分析。在数据直观分析中是通过极差的大小来评价各因素对指标影响的大小,那么极差要小到什么程度可以认为该因子水平变化对指标值已经没有显著的差别了呢?为回答这一问题,需要对数据进行方差分析。对于数据的方差分析可查看有关专著。

4) 验证试验

上述所找到的最佳搭配(树脂13.5%,钢棉31.5%,海泡石纤维8.1%,石墨10.8%,二硫化钼4.5%,碳化硅13.5%,填料18.1%)其试验结果为八次试验中摩擦性能最好的。但在实际问题中分析所得的最佳试验条件不一定在试验中出现,为此通常需要进行验证试验,看它是否为真,是否稳定。

3. 有交互作用的正交设计与数据分析

在多因素试验中,除了单个因素对指标有影响外,有时两个因素(如 A、B)不同水平的搭配对指标也会产生影响。比如,当因素 A 取不同水平时,因素 B 的不同水平的试验指标值出现不稳定变化(即或增加或减小或增减的比值不恒定),如果这种影响存在就称为因素 A 与 B 的交互作用,用 $A×B$ 表示。

有交互作用的正交设计和数据分析与无交互作用的正交设计和数据分析的方法及步骤是相同,只是对交互作用的处理有相应的办法:

1) 把交互作用作为因素考虑

如某试验中有四个因素 X_1、X_2、X_3、X_4 要考虑,根据分析和经验因素 X_1 与因素 X_2 对试验指标有较大影响,试验中需考察它们的交互作用 $X_1×X_2$,因此把交互作用 $X_1×X_2$ 视为一个因素来考虑,这样该试验就要考察五个因素即 X_1、X_2、X_3、X_4 和 $X_1×X_2$。

2) 交互作用这个因素在正交表中的列号由交互作用表来确定

假设正交表选用 $L_8(2^7)$,则对正交表 $L_8(2^7)$ 的交互作用表见表4-9,其他正交表的交互作用表可查有关文献。

在安排正交表 $[L_8(2^7)]$ 的列时,应把存在交互作用的两个因素放到任意两列上,如现将因素 X_1 与因素 X_2 分别放在正交表的第1和第2列上,然后从 $L_8(2^7)$ 交互作用表上查出这两列的交互作用列,现查得第1、2列的交互列为第3列,则在正交表的第3列上放(标以) $X_1×X_2$,再将剩下的因素分别放在其他的空白列上,这样正交表上的因素就安排完毕,见表4-10。

表 4-9 $L_8(2^7)$ 的交互作用表

列号	1	2	3	4	5	6	7
	(1)	3	2	5	4	7	6
		(2)	1	6	7	4	5
			(3)	7	6	5	4
				(4)	1	2	3
					(5)	3	2
						(6)	1
							(7)

表 4-10 安排有交互作用因素的正交表 $L_8(2^7)$

对应因素 试验号	X_1	X_2	$X_1 \times X_2$	X_3	X_4			试验结果
列号	1	2	3	4	5	6	7	
1	1	1	1	1	1	1	1	
2	1	1	1	2	2	2	2	
3	1	2	2	1	1	2	2	
4	1	2	2	2	2	1	1	
5	2	1	2	1	2	1	2	
6	2	1	2	2	1	2	1	
7	2	2	1	1	2	2	1	
8	2	2	1	2	1	1	2	

如果除因素 X_1 与因素 X_2 交互作用外，因素 X_1 与因素 X_4 也有交互作用 $X_1 \times X_4$，则从表中再查出第 1、4 列的交互列为第 5 列，则在正交表的第 5 列上放（标以）$X_1 \times X_4$，再将剩下的因素分别放在其他的空白列上，各因素在正交表上的安排见表 4-11。

表 4-11 安排有交互作用因素的正交表 $L_8(2^7)$

对应因素 试验号	X_1	X_2	$X_1 \times X_2$	X_3	$X_1 \times X_4$	X_4		试验结果
列号	1	2	3	4	5	6	7	
1	1	1	1	1	1	1	1	
2	1	1	1	2	2	2	2	
3	1	2	2	1	1	2	2	
4	1	2	2	2	2	1	1	
5	2	1	2	1	2	1	2	
6	2	1	2	2	1	2	1	
7	2	2	1	1	2	2	1	
8	2	2	1	2	1	1	2	

在因素有交互作用的场合，在选择正交表时要为交互作用留有位置（即表选大一些），以便于今后的数据分析。另外，在正交表的列号上不要出现一个因素与一个交互作用，或两个因素，或两个交互作用的混杂现象。

3) 对交互作用显著的处理

对交互作用显著的要计算两个因素水平的不同搭配下数据的均值，再通过比较得出哪种组合为好。

下面举例说明有交互作用的正交设计与数据分析：

【例 4-3】 为考察热压工艺参数（模具温度 155～165℃，保压时间 8～12min 和压力 20～25MPa）和树脂含量对某型号盘式制动片的高温摩擦因数和磨损率的影响，需进行试验。经专业人员分析及其经验，树脂含量和保压时间的交互作用对高温摩擦因数和磨损率也有较大的影响，因此本试验中还需考察交互作用 $X_1 \times X_2$。

解：

(1) 目的和指标。试验目的是考察制动片高温摩擦因数和磨损率，摩擦因数高和磨损率低就好。

(2) 因素和水平的确定。试验中要考察的因素及水平见表 4-12。

表 4-12 试验中要考察的因素及水平表

因素	树脂含量(X_1/%)	保压时间(X_2)/min	模具温度(X_3)/℃	压力(X_4)/MPa
水平 1	14	8	155	20
水平 2	17	10	165	25

(3) 选用正交表。在本例中所考察的因素都是 2 水平的，所以选用 $L_8(2^7)$ 正交表，交互作用可看作有一个 2 水平的因素，故本例可看成有五个 2 水平因素，因此 $L_8(2^7)$ 正交表是合适的。

(4) 安排试验（即试验计划）。将因素 X_1（树脂）和 X_2（时间）分别放在正交表 $L_8(2^7)$ 的第 1、2 列，由表 4-9 $L_8(2^7)$ 的交互作用表，得出交互作用 $X_1 \times X_2$ 安排在正交表第 3 列，其他任意放，见表 4-13。

表 4-13 试验安排表

对应因素	树脂	时间	$X_1 \times X_2$	温度	压力		测试结果(350℃)	
列号 试验号	1	2	3	4	5	6	7	μ	$V/[10^{-7} \text{cm}^3 /(\text{N}\cdot\text{m})]$
1	1	1	1	1	1	1	1	0.25	2.85
2	1	1	1	2	2	2	2	0.27	2.35
3	1	2	2	1	1	2	2	0.31	2.30
4	1	2	2	2	2	1	1	0.33	2.25
5	2	1	2	1	2	1	2	0.26	2.80
6	2	1	2	2	1	2	1	0.26	2.65

(续)

对应因素\列号 试验号	树脂 1	时间 2	$X_1 \times X_2$ 3	温度 4	压力 5	 6	 7	测试结果（350℃） μ	$V/[10^{-7}cm^3/(N \cdot m)]$
7	2	2	1	1	2	2	1	0.27	2.57
8	2	2	1	2	1	1	2	0.28	2.45
μ_1 均值	0.29	0.26	0.2675	0.2725	0.275	0.28	0.2775		
μ_2 均值	0.2675	0.2975	0.29	0.285	0.2825	0.2775	0.28		
极差	0.0225	0.0375	0.0225	0.0125	0.0075	0.0025	0.0025		
V_1 均值/$[10^{-7}cm^3/(N \cdot m)]$	2.4375	2.6625	2.555	2.63	2.5625	2.5875	2.58	—	
V_2 均值/$[10^{-7}cm^3/(N \cdot m)]$	2.6175	2.3925	2.5	2.425	2.4925	2.4675	2.475		
极差	0.18	0.27	0.055	0.205	0.07	0.12	0.105		

有了试验计划便可进行试验并记录结果，这同上段所述。

本例试验结果见表 4-13。

(5) 最佳条件的选择。对影响显著的因素，可比较两个水平下数据均值得到最佳水平，从表 4-13 可知，温度取 2 水平(165℃)为好；对影响不显著的因素压力则取 1 水平(20MPa)为好，这样可降低能耗、延长模具寿命。

交互作用对摩擦因数的影响显著，先要计算两个水平的不同搭配下数据均值，再通过比较得出哪种水平组合为好。$X_1 \times X_2$ 的四种搭配下的数据均值见表 4-14。

表 4-14 $X_1 \times X_2$ 的四种搭配下的数据均值

因素	X_{11}	X_{12}
X_{21}	(0.29+0.26)/2=0.275	(0.26+0.2675)/2=0.26375
X_{22}	(0.29+0.2975)/2=0.29375	(0.2975+0.26)/2=0.27875

由表 4-14 可知，因素 X_1 与 X_2 的搭配以 $X_{11}X_{22}$ 即树脂 14%、时间 10min 为好，故最佳条件为：树脂 14%，保压时间 10min，模具温度 165℃，压力 20MPa。

4.4.2.2 中心复合试验设计法

前述的 0.618 法、平分法、分批试验法等仅适应于单因子的配方设计。正交试验设计法虽可用于制品配方的多因素变量，但计算烦琐、未很好利用先进的计算工具。

中心复合试验设计法是回归分析中一种行之有效的方法。所谓回归分析，简言之就是一种处理配方变量与因子之间关系的统计数学方法。通过某种制品性能的响应方程式(回归方程式)建立起自变量(配方组分)和因变量(制品的摩擦性能)之间的联系。显然，用数学式表达的这种联系，不但有质的相互关系，而且有量的相互关系。

这种回归分析法，主要为解决以下几个方面的问题：

（1）首先确定几个特定的配方因子变量之间是否存在相关性，如果没有相关性，则就只好单独处理每个因子问题，如果存在相关性，则可找出合适的数学表达式。

（2）再根据用户提出的几种制品性能指标值，预测出制品性能指标的范围，这两种都可以进行某种控制而达到一定的精确度。

（3）另外还要找出这些因子之间的相互关系，找出哪些因子是重要的，哪些因子是次要的，哪些因子是可以忽略的。通过方程式求出所需性能的配方因子最佳组合，画出某种性能的等高线等。

国内外已出版了这方面的专著，现只就其应用作一般性介绍。

1. 中心复合试验设计法（回归分析法）简介

1）数学模型

实践表明：制品的性能和组分配方用量的关系，在一定范围内可以用一个完全的二次多项式表示，其通式为

$$y = b_0 + \sum b_i x_i + \sum b_{ii} x_i^2 + \sum b_{ij} x_i x_j$$

式中，$i \neq j$。

对二变量：

$$y = b_0 + b_1 x_1 + b_2 x_2 + b_{11} x_1^2 + b_{22} x_2^2 + b_{12} x_1 x_2$$

对三变量：

$$y = b_0 + b_1 x_1 + b_2 x_2 + b_3 x_3 + b_{11} x_1^2 + b_{22} x_2^2 + b_{33} x_3^2 + b_{12} x_1 x_2 + b_{13} x_1 x_3 + b_{23} x_2 x_3$$

式中，y 为因变量，代表制品的性能，如摩擦因数、磨损率、强度等；x 为自变量，代表配方中组分的用量，如粘结剂、增强纤维、调节剂、石墨等的用量，右下角的数字代表某一具体组分；b 为回归方程式系数，对某一试验制品的具体方程式来说为一常数，右下角的数字与 x 右下角的数字相对应。

2）方程式系数的回归

为叙述问题方便起见，取二因素变量的配方试验为例，并假设性能关系式为二次函数，即

$$y = b_0 + b_1 x_1 + b_2 x_2 + b_{11} x_1^2 + b_{22} x_2^2 + b_{12} x_1 x_2 \tag{4-5}$$

要确定这个性能方程式，就要得出六个回归系数：b_0、b_1、b_2、b_{11}、b_{22}、b_{12}。显然至少必须做到六次相互独立的试验。对 n 次试验，则

$$y_1 = b_0 + b_1 x_{11} + b_2 x_{21} + b_{11} x_{11}^2 + b_{22} x_{21}^2 + B_{12} x_{11} x_{21} + \varepsilon_1$$

$$y_2 = b_0 + b_1 x_{12} + b_2 x_{22} + b_{11} x_{12}^2 + b_{22} x_{22}^2 + b_{12} x_{12} x_{22} + \varepsilon_2$$

$$\vdots$$

$$y_i = b_0 + b_1 x_{1i} + b_2 x_{2i} + b_{11} x_{1i}^2 + b_{22} x_{2i}^2 + b_{12} x_{1i} x_{2i} + \varepsilon_i$$

$$\vdots$$

$$y_n = b_0 + b_1 x_{1n} + b_2 x_{2n} + b_{11} x_{1n}^2 + b_{22} x_{2n}^2 + b_{12} x_{1n} x_{2n} + \varepsilon_n$$

式中，ε_i 表示误差和其他随机因素对性能的影响。假设得到的回归方程为

$$y_{回} = b_0 + b_1 x_1 + b_2 x_2 + b_{11} x_1^2 + b_{22} x_2^2 + b_{12} x_1 x_2 \tag{4-6}$$

对于每一组变量 x_{1i}，x_{2i}，由式（4-6）可以确定一个回归计算值 $y_{回i}$，即

$$y_{回i} = b_0 + b_1 x_{1i} + b_2 x_{2i} + b_{11} x_{1i}^2 + b_{22} x_{2i}^2 + b_{12} x_{1i} x_{2i} \tag{4-7}$$

实际试验值 y_i 与 $y_{回i}$ 之差

$$y_i - y_{回i} = y_i - b_0 - b_1x_{1i} - b_2x_{2i} - b_{11}x_{1i}^2 - b_{22}x_{2i}^2 - b_{12}x_{1i}x_{2i}$$

表征了试验值 y_i 与回归方程偏差程度。对于所有的 x_{1i}、x_{2i}，若 $y_{回i}$ 与 y_i 偏差越小，则回归方程和所有的试验点拟合得越好。显然所有试验值 y_i 与回归计算值 $y_{回i}$ 的偏差平方和为

$$\sum(y_i - y_{回i})^2 = \sum(y_i - b_0 - b_1x_{1i} - b_2x_{2i} - b_{11}x_{1i}^2 - b_{22}x_{2i}^2 - b_{12}x_{1i}x_{2i})^2 \quad (4-8)$$

式(4-8)为全部试验值与回归方程的偏差程度，可见偏差平方和是回归系数 b_0、b_1、b_2、b_{11}、b_{22} 和 b_{12} 的函数，成功的回归是回归系数 b_0、b_1、b_2、b_{11}、b_{22} 和 b_{12} 使偏差平方和为最小，即

$$Q(b_0, b_1, \cdots, b_{12}) = \sum(y_i - b_0 - b_1x_{1i} - b_2x_{2i} - b_{11}x_{1i}^2 - b_{22}x_{2i}^2 - b_{12}x_{1i}x_{2i})^2 = 最小 \quad (4-9)$$

这就是最小二乘法处理方法。根据极值原理，可用下列线性方程组求解回归系数，即

$$\frac{\partial Q}{\partial b_0} = -2\sum_{i=1}^{n}(y_i - b_0 - b_1x_{1i} - b_2x_{2i} - b_{11}x_{1i}^2 - b_{22}x_{2i}^3 - b_{12}x_{1i}x_{2i})$$
$$= 0 \quad (4-10)$$

$$\frac{\partial Q}{\partial b_1} = -2\sum_{i=1}^{n}(y_i - b_0 - b_1x_{1i} - b_2x_{2i} - b_{11}x_{1i}^2 - b_{22}x_{2i}^2 - b_{12}x_{1i}x_{2i})x_{1i}$$
$$= 0 \quad (4-11)$$

$$\frac{\partial Q}{\partial b_2} = -2\sum_{i=1}^{n}(y_i - b_0 - b_1x_{1i} - b_2x_{2i} - b_{11}x_{1i}^2 - b_{22}x_{2i}^2 - b_{12}x_{1i}x_{2i})x_{2i}$$
$$= 0 \quad (4-12)$$

$$\frac{\partial Q}{\partial b_{11}} = -2\sum_{i=1}^{n}(y_i - b_0 - b_1x_{1i} - b_2x_{2i} - b_{11}x_{1i}^2 - b_{22}x_{2i}^2 - b_{12}x_{1i}x_{2i})x_{1i}^2$$
$$= 0 \quad (4-13)$$

$$\frac{\partial Q}{\partial b_{22}} = -2\sum_{i=1}^{n}(y_i - b_0 - b_1x_{1i} - b_2x_{2i} - b_{11}x_{1i}^2 - b_{22}x_{2i}^2 - b_{12}x_{1i}x_{2i})x_{2i}^2$$
$$= 0 \quad (4-14)$$

$$\frac{\partial Q}{\partial b_{12}} = -2\sum_{i=1}^{n}(y_i - b_0 - b_1x_{1i} - b_2x_{2i} - b_{11}x_{1i}^2 - b_{22}x_{2i}^2 - b_{12}x_{1i}x_{2i})x_{1i}x_{2i}$$
$$= 0 \quad (4-15)$$

要获得较满意的回归结果，试验次数 N 必须适当大于回归系数的个数。

一次多元、二次多元和三次多元方程式都可以按照这种方法进行回归。

3) 试验点的设计

在科研、生产实践中，由于各方面的原因人们往往要求以较少的试验建立精度较高的回归方程。这就需要按数理统计原理合理安排试验点，它不仅可使在每个试验点上获得的数据含有最大的信息，从而减少试验次数，而且使数据的统计分析具有较好的性质。

回归试验设计自 20 世纪 50 年代初产生以来，内容不断丰富，有回归的正交设计、回归的旋转设计等。为在性能预报和寻找最优配方的过程中排除误差干扰，推荐在一次方程回归时用正交设计，二次方程回归时用旋转设计。这些设计具有旋转性，能使在与中心点距离相等的点上预测值的方差相等。

在试验设计时，首先必须根据实践经验和初步预想，确定各因素的变量范围，然后进行线性变换，按设计表安排试验。还必须在中心点做一些重复试验，以便确定回归方程拟合好坏的 F 检验。

(1) 一次回归的正交设计。一次回归的正交设计主要是运用 2 水平正交表，如 $L_4(2^3)$、$L_8(2^7)$ 等见表 4-15、表 4-16。

表 4-15　$L_4(2^3)$ 表

试验号	x_1	x_2	$x_1 \cdot x_2$
1	1	1	1
2	1	−1	−1
3	−1	1	−1
4	−1	−1	1

表 4-16　$L_8(2^7)$ 表

试验号	x_1	x_2	x_3	$x_1 x_2$	$x_1 x_3$	$x_2 x_3$	$x_1 x_2 x_3$
1	1	1	1	1	1	1	1
2	1	1	−1	1	−1	−1	−1
3	1	−1	1	−1	1	−1	−1
4	1	−1	−1	−1	−1	1	1
5	−1	1	1	−1	−1	1	−1
6	−1	1	−1	−1	1	−1	1
7	−1	−1	1	1	−1	−1	1
8	−1	−1	−1	1	1	1	−1

如图 4.4 所示，$L_4(2^3)$ 和 $L_8(2^7)$ 的试验点分别在正方形和正方体的顶点上，并可在中心点安排几次重复试验，重复次数可任意取。

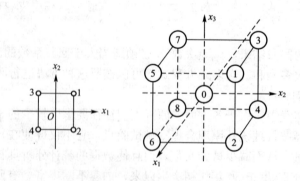

图 4.4　$L_4(2^3)$ 和 $L_8(2^7)$ 一次回归的正交设计试验点

一次回归的正交设计既具有正交性，又具旋转性。

(2) 二次回归的旋转设计。对于二因素二次回归方程，只要选平面正五角形、正六角形、正八边形等的顶点作为试验点，同时在中心点再补充几次重复试验，就可得到二因素的二次旋转设计。中心点重复试验次数 M_0 不受限制。表 4-17 和图 4.5 给出了正八边形的二因素二次回归设计安排。

表 4-17 二因素二次回归设计的试验点

试验号		x_1	x_2
M_1	1	1.414	0
	2	1	1
	3	0	1.414
	4	−1	1
	5	−1.414	0
	6	−1	−1
	7	0	−1.414
	8	1	−1
M_0	9	0	0
	10	0	0
	⋮	⋮	⋮
	N	0	0

如果适当地选取中心点试验次数，则可使二次旋转设计具有正交性或通用性。正交旋转设计使回归系数的计算大为简化，但是却要增加中心点的试验次数。通用旋转设计的特点是预报值的方差不仅在与中心点距离(ρ)相同的点相等，而且在区间 $0 < \rho < l$ 内基本保持一个常数。这对性能预报的方便性和准确性是相当有利的。

只要在表 4-17 的设计中，取 $M_0 = 8$，则可获得二因子二次正交旋转设计；取 $M_0 = 5$，则可获得二因子二次通用旋转设计。

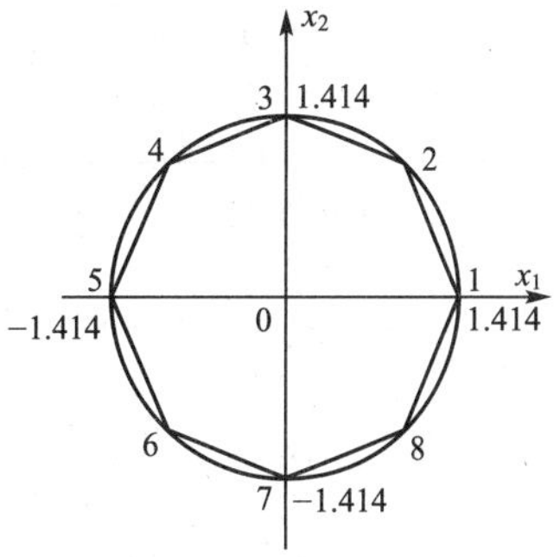

图 4.5 二因素二次回归设计的试验点

4) 显著性检验(方差分析)

回归所得的性能方程式是否符合变量 y 与 x_i 之间的客观规律，还得进行 F 显著性统计检验(即进行方差分析)。根据显著性检验(方差分析)，可以判断除 x_i 外是否还有影响 y 的不可忽略的因素，y 与 x_i 之间的数学模型是否正确，换言之，就是回归方程是否拟合得好。

对于试验数据的显著性检验可看有关专著。

一般来说，可用一个完全的二次多项式表示制品性能与组分用量的关系，然后再求出数个回归系数，进行线性变换，按设计表安排试验，在中心点作重复试验，再进行显著性统计检验。若有问题，改变数学模型进一步研究。

2. 中心复合试验设计法举例

以两变量配方试验设计为例。在这一试验设计中，配方中有两种组分同时变量，具体的实施步骤如下：

1) 制定水平及基本配合量

将二变量试验点设计简化,用三个水平即-1、0、+1来表示其用量,组分的实际用量和水平的关系是:

组分实际用量=0 水平用量+水平×间距

例如:设第一个变量(x_1)树脂的 0 水平为 1 份,间距为 0.5 份,则+1 水平的实际用量为 1+1×0.5=1.5 份,-1 水平的实际用量为 0.5 份。设第二个变量(x_2)增摩组分的 0 水平为 2 份,间距为 1 份,则+1 和-1 水平的实际用量分别为 3 份和 1 份,如表 4-18 所示。

表 4-18 二变量的水平与用量份数

水平 组分	-1	0	+1	间距
x_1(树脂)	0.5	1	1.5	0.5
x_2(增摩组分)	1	2	3	1

变量 0 水平用量和间距的选择,要从配方知识或探索试验的数据出发,考虑到最优的用量范围和变量范围。间距的选择要适当,太小了达不到试验的目的,太大了方程式的可靠性降低。

2) 配方设计

按表 4-19 进行配方设计。表中的横列代表 9 个需试验的配方。

表 4-19 配方编号及变量基本用量

配方编号 组分	1	2	3	4	5	6	7	8	9
x_1 水平基本用量	-1	-1	-1	0	0	0	+1	+1	+1
x_2 水平基本用量	-1	0	+1	-1	0	+1	-1	0	+1

3) 性能测试

按表 4-19 的配方进行试验,将所测的性能数据列入表 4-20。

表 4-20 试验所测性能数据

配方编号 性能	1	2	3	4	5	6	7	8	9
摩擦因数	y_1	y_2	y_3	y_4	y_5	y_6	y_7	y_8	y_9

上述九个试验配方的测试一定要准确,尽量减少各种试验误差。为此要求试验时做到如下两点:第一,试验的工艺参数及装备应相同,以减少工艺条件的影响;第二,九个试验试样应同批测试,同机测试,同一人测试,因为这是试验设计计算结果的基础。如果测试数据误差过大,整个试验设计将归于失败。

4) 计算回归系数

测得全部试验性能数据后,由式(4-10)~式(4-15)求解回归系数,可得表 4-21 回归系数 b 的计算式。

表 4-21　回归系数 b 的计算式

性能＼配方编号	1	2	3	4	5	6	7	8	9
摩擦因数	y_1	y_2	y_3	y_4	y_5	y_6	y_7	y_8	y_9

$b_0 = -(y_1+y_3+y_7+y_9)/9 + 2(y_2+y_4+y_6+y_8)/9 + 5y_5/9$

$b_1 = (-y_1-y_2-y_3+y_7+y_8+y_9)/6$

$b_2 = (-y_1-y_4-y_7+y_3+y_6+y_9)/6$

$b_{11} = (y_1+y_2+y_3+y_7+y_8+y_9)/6 - (y_4+y_5+y_6)/3$

$b_{22} = (y_1+y_3+y_4+y_6+y_7+y_9)/6 - (y_2+y_5+y_8)/3$

$b_{12} = (y_1+y_9-y_3-y_7)/4$

由回归系数可得到表示该性能与组分用量关系的回归方程式，即

$$y_{回i} = b_0 + b_1 x_{1i} + b_2 x_{2i} + b_{11} x_{1i}^2 + b_{22} x_{2i}^2 + b_{12} x_{1i} x_{2i} \tag{4-16}$$

式中，$i=1,2,3,\cdots,9$，即配方编号。

5) 计算性能值

有了回归系数和回归方程式，把 x_1 和 x_2 的水平值代入方程式（注意不能把用量的绝对值代入，只能代入水平数 -1、0、+1）即可得到该配方的计算性能值。首先计算九个经过试验配方的性能值，把计算值与实测值进行对比。如试验测试准确，计算无误，则计算值与实测值十分接近。如果计算值与实测值两者相差较大，就要仔细检查计算是否正确，测试数据是否反常，只有两者十分接近的情况下，方可继续。

6) 作性能等高线

为了更好地利用所得到的回归方程式，可作出性能等高线图。利用性能等高线图只需通过部分试验，把函数（性能）的个别值找出来，画出等高线，从等高线的变化即可得到试验变量与性能变化的规律。关于等高线原理，请参阅有关专著。

7) 作组分用量与性能关系曲线

根据性能计算值可作出当 x_2 为 -1 水平、0 水平、+1 水平时，x_1 用量与性能的关系；以及当 x_1 为 -1 水平、0 水平、+1 水平时，x_2 用量与性能的关系。

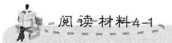
阅读材料 4-1

新型摩擦材料配方设计及优化

摩擦材料是由增强体、基体、填料（摩擦性能调节剂与填充料）等多元组分配合而成的复合材料，其性能不仅受组分材料性能的影响，同时也受制于组分的配比。因此，配方设计一直是提高复合材料性能的主要途径。目前，主要采用正交试验设计法进行配方设计及优化。此法可缩短新材料研制周期，具有试验点少、计算简便、易于分析等特点。

但在生产中，由于摩擦材料的组分较多，影响因素复杂且组分之间、组分与条件之间存在着相关性，因此配方人员仍较多凭经验进行调配。对于摩擦材料，每种组分的比例是在 0 与 1 之间变化的非负值，其相加总和等于 1，性能指标将主要取决于组分材料的配比，而与混料的总量无关，这应属于特殊条件约束下的回归混料设计问题。作者在

新型摩擦材料研制中，在基础配方基础上，采用 Scheffe 回归模型进行配方设计和模糊优化。此法缩短了新型摩擦材料的研制周期，有助于科学、合理地获得综合性能优良的新型摩擦材料。

1. 混料配方设计

1) 性能指标确定

评价摩擦材料性能的主要指标是强度、摩擦因数的稳定性及耐磨性。因此，选定冲击强度、摩擦因数和磨损量为试验指标。本试验只考虑五个主要因素：冲击强度、摩擦因数、磨损率、密度和硬度。其中摩擦因数的考核指标有：中速中等比压下的摩擦因数、速度特性、压力特性、抗衰退性及恢复性。

2) 混料配方设计

选定作者研制的一新型摩擦材料配方作为试验基础配方，其主要组分为 Kevlar 纤维、蛭石、改性树脂以及多种填料。

设 $x_i(i=1, 2, \cdots, p)$ 是第 i 种组分的百分比，则满足

$$x_i \geqslant 0 \quad (i=1, 2, \cdots, p) \tag{4-17}$$

$$\sum x_i = 1 \tag{4-18}$$

由于式(4-17)中的限制，在全部 p 个混料中，只有 $p-1$ 是独立的，可以在一定范围内任意变化，当 $p-1$ 个分量的值确定时，剩余的一个分量也就随之确定。因此，此混料问题不能等同于一般的回归设计。否则由于式(4-18)的限制将引起回归信息矩阵的退化，所以对于这一类问题可采用 Scheffe 典型多项式回归模型进行设计。

设 Kevlar 纤维含量为 x_1，蛭石含量为 x_2，树脂含量为 x_3，填料含量为 x_4，由设计经验并考虑综合性能和成本因素，确定约束条件为

$$\left. \begin{array}{l} 0.01 \leqslant x_1 \leqslant 0.05 \\ 0.30 \leqslant x_2 \leqslant 0.55 \\ 0.14 \leqslant x_3 \leqslant 0.18 \\ 0.35 \leqslant x_4 \leqslant 0.65 \\ x_1+x_2+x_3+x_4=1 \end{array} \right\} \tag{4-19}$$

用满足约束条件式(4-19)的混料问题的任一配方进行配方设计。配方号，1；质量分数：Kevlar 纤维 0.01、蛭石 0.50、树脂 0.14、有机无机填料 0.35。

2. 新型摩擦材料性能测试与评价

1) 新型摩擦材料性能测试

硬度、密度和冲击强度：按 GB/T 5766—2007 摩擦材料洛氏硬度测定法、JC/T 685—2009 密度测定法、GB 5765—1986 摩擦材料冲击强度测定法，分别在 XHR—150 型洛氏硬度计上、采用液体静力测量法、在 XCJ—4 型冲击强度试验机上进行性能试验，测试结果见表 4-22 和表 4-23。

表 4-22 新型摩擦材料的力学物理性能

配方号	硬度 HRC	密度/(g·cm^{-3})	冲击强度/(dJ·cm^{-2})
1	20	1.72	3.57

表 4-23　新型摩擦材料的摩擦磨损性能

配方号	$\mu_{连续}$									$\mu_{衰退}$	$\mu_{恢复}$	磨损率 /(10^{-3}cm/次)
	900r/min			1500r/min			2100r/min			1500 r/min	900 r/min	
	2MPa	4MPa	5MPa	2MPa	4MPa	5MPa	2MPa	4MPa	5MPa	4MPa	4MPa	
1	0.310	0.327	0.318	0.305	0.372	0.321	0.302	0.366	0.349	0.422	0.414	1.40

2) 摩擦材料综合性能评价

对每种配方材料的性能评分，本试验考虑了五个主要因素。其中摩擦因数有五个考核指标，故采用二层次综合评判。设性能因素集合：$V=\{冲击强度，摩擦因数，磨损率，密度，硬度\}=\{v_1, v_2, v_3, v_4, v_5\}$；其中：$v_2=\{中速中比压摩擦因数，速度特性，压力特性，抗衰退性，恢复性\}=\{v_{21'}, v_{22'}, v_{23'}, v_{24'}, v_{25'}\}$

第一步，分别计算第二层次的评判结果：取评语集合为 $U'=\{好，差\}=\{u_1, u_2\}$。

设 $R'=\{r_{ij'}\}$（$i=1, 2; j=1, 2, 3, 4, 5$）是从 v_2 到 U' 的模糊关系，即是一个 Fuzzy 子集，r_{ij} 表示被评者作第 i 种评语在第 j 个因素达到的可能程度。如果已得出评判结果 $R^\#$，给"好"、"差"的权数分配为 $A^\#=(a_1, a_2)$ 及摩擦因数因素的权数分配为 $A_*=(a_{1*}, a_{2*}, a_{3*}, a_{4*}, a_{5*})$，则综合评判为 $B^\#=A^\# \cdot R^\#=(b_1, b_2, b_3, b_4, b_5)$。

其中

$$b_j = \sum_{i=1}^{i} a_i r_{ij}, \quad \sum_{i=1}^{2} a_i = 1, \quad \sum_{i=1}^{2} a_{i*} = 1$$

被评者总成绩为

$$W_{总} = [a_{1*}, a_{2*}, a_{3*}, a_{4*}, a_{5*}] \cdot [b_1, b_2, b_3, b_4, b_5]^T = \sum_{i=1}^{2} a_{i*} b_i$$

式中，$a_{1*} b_1$ 表示被评者在"中速中比压摩擦因数"方面的成绩，记作 $W_{中}=a_{1*} \cdot b_1$；$a_{2*} b_2$ 表示被评者在"速度特性"方面的成绩，记作 $W_{速}=a_{2*} \cdot b_2$；$a_{3*} b_3$ 表示被评者在"压力特性"方面的成绩，记作 $W_{压}=a_{3*} \cdot b_3$；$a_{4*} b_4$ 表示被评者在"抗衰退性"方面的成绩，记作 $W_{衰}=a_{4*} \cdot b_4$；$a_{5*} b_5$ 表示被评者在"恢复性"方面的成绩，记作 $W_{恢}=a_{5*} \cdot b_5$。

对 1# 配方材料进行 Fuzzy 综合评价：在所有中速（1500r/min）中比压（4MPa）下的摩擦因数中，0.414 为最大，其为"好"的评价定为 1，则 1# 在 1500r/min、4MPa 下的摩擦因数值 0.372 为"好"的评价就为 0.90；对于速度特性，当压力一定时，在 900r/min、1500 r/min、2100r/min 下的最大摩擦因数与最小摩擦因数的差值小于 0.08，则为"好"的评价定为 1，若大于 0.08，为"好"的评价就为 0；同理，对于压力特性，当速度一定时，在 2MPa、4MPa、5MPa 下的最大摩擦因数与最小摩擦因数的差值小于 0.08，则为"好"的评价定为 1，大于 0.08，为"好"的评价就为 0；衰退试验时，当 1500r/min、4MPa 下的摩擦因数值大于效能试验时相同条件下的摩擦因数值时，则抗衰退性为"好"的评价为 1，否则为 0；恢复试验时 900r/min、4MPa 下的摩擦因数值，大于效能试验时相同条件下的摩擦因数值，则恢复性为"好"的评价为 1，否则为 0。对于 1# 材料，就"好"这个评价等级，关于以上五个因素应得评价向量为 (0.90, 1, 1, 1, 1)；就"差"这个评价等级，关于以上五个因素应得评价向量为 (0.10, 0, 0, 0, 0)。于是可得评价矩阵：

$$\begin{bmatrix} 0.90 & 1 & 1 & 1 & 1 \\ 0.10 & 0 & 0 & 0 & 0 \end{bmatrix}$$

对相应的各评价等级，分别给其加权数为 $A' = (0.80, 0.20)$，则有：$B = A \cdot R' =$ $(0.80, 0.20) \cdot \begin{bmatrix} 0.90 & 1 & 1 & 1 & 1 \\ 0.10 & 0 & 0 & 0 & 0 \end{bmatrix} = (0.74, 0.80, 0.80, 0.80, 0.80)$。

又设各因素相应的权数分配为：$A^* = (0.25, 0.15, 0.15, 0.25, 0.2)$，最后得被评者 1# 的总评分为：$W_总 = (0.25, 0.15, 0.15, 0.25, 0.2) \cdot (0.74, 0.80, 0.80, 0.80, 0.80)^T = 0.785$。

同理，可得此配方其他性能评价成绩（见表 4-24）。

表 4-24 综合性能评分

配方号	冲击强度评分	摩擦系数评分	磨损率评分	密度评分	硬度评分
1	3.57	0.785	0.714	0.276	0.03

接着分别计算第一层次的评判结果。

综合性能评分的五个主要因素的结果，见表 4-24。其中：冲击强度评分为冲击强度的实测值；摩擦因数评分为 $W_总$；磨损率评分为磨损率的倒数；密度评分为 2，密度实测值；硬度评分为 23，硬度实测值/100。

这一层次采用加权评分的经典综合评判法。作者考虑到诸因素在评价中所处的地位不同，分别给予冲击强度、摩擦因数、磨损率、密度、硬度这五个因素的权重分别是 5，4，3，3，3。则此配方材料的性能综合总评分为 24.05。

由上可知，$x_1 + x_2 + x_3 + x_4 = 1$，只要 x_1，x_2，x_3 确定，则 x_4 就唯一确定，故可设 Scheffe 多项式的回归模型为：$Y = a(0)x_1 + a(1)x_2 + a(2)x_3 + a(3)x_1x_2 + a(4)x_1x_3 + a(5)x_2x_3$。

考虑到计算方便，按 1 号配方的 $x_1 = 0.1$、$x_2 = 5.0$、$x_3 = 1.4$、$Y = 24.05$ 代入上述过程，用最小二乘法计算，得：$a(0) = 52.4519018$；$a(1) = -0.0900075$；$a(2) = -5.0693224$；$a(3) = -0.4177964$；$a(4) = -13.4156828$；$a(5) = 0.2284098$。

采用上述性能评价方法对其进行综合评分，结果见表 4-25。综合总评分值 30.155 与预测值 29.99784 之差为 0.16，证明回归效果较好。

表 4-25 最优配方的综合性能评分

配方号	冲击强度	摩擦因数	磨损率	密度	硬度
2	4.26	0.7865	1.667	0.216	0.02

为了验证此新型摩擦材料的实际使用性能，对研制的 2 号配方材料进行试样台架试验。依 QC/T 282—1999"轿车制动器性能要求"和 QC/T 564—2008《乘用车制动器性能要求台架试验方法》以及德国大众公司标准 PV3212"盘式制动器台架试验"进行试验。试

验设备：JF132 型 Krauss 惯性台架试验机，台架试验结果见图 4.6 及表 4-26。分析图 4.6 和表 4-26 可知，新型摩擦材料的摩擦磨损值都处于标准(PV3212)规定的公差范围内。磨合性能好，摩擦工作性能足够且稳定，热衰退及热恢复性能好，磨损小。

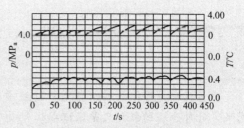

图 4.6 制动台架试验结果

表 4-26 摩擦性能试验结果

类别	工作摩擦因数 μ_N	最大摩擦因数 μ_{max}	最小摩擦因数 μ_{min}	冷却摩擦因数 μ_1	衰退摩擦因数 μ_f	平均磨损量 W/mm
试验片	0.378	0.473	0.324	0.348	0.324	0.12~0.16
PV3212	0.35	0.60	0.25			0.25

* 大众公司要求：μ_m 为 0.315~0.38。

则回归方程为

$$Y = 52.4519018x_1 - 0.0900075x_2 - 5.0693224x_3 - 0.4177964x_1x_2 - 13.4156828x_1x_3 + 0.2284098x_2x_3$$

实测值与回归之差为：$yy(1) = 0.7847401$。

以上结果显示，回归效果较好。

3. 摩擦材料配方最优化

为求以上目标函数的极大点和极大值，即求目标函数 $f(X) = -Y$ 的极小点和极小值，约束条件为：$0.01 \leq x_1 \leq 0.05$；$0.30 \leq x_2 \leq 0.50$；$0.14 \leq x_3 \leq 0.18$。采用多变量约束函数的复合形法求最优化（计算程序略），得计算结果为：$x(1) = 0.0500000E+00$，$x(2) = 0.0500000E+01$，$x(3) = 0.0160000E+01$，$Z = -0.29997846E+02$。即目标函数的极小点为：$x_1 = 0.05$、$x_2 = 0.50$、$x_3 = 0.16$，极小值为 -29.99784，则对应 Y 的极大值为 29.99784，极大点为 $x_1 = 0.05$、$x_2 = 0.50$、$x_3 = 0.16$。

以 $x_1 = 0.05$、$x_2 = 0.50$、$x_3 = 0.16$、$x_4 = 0.29$，即配方为：Kevlar 纤维 5%、蛭石 50%、树脂 16%、填料 29%，按相同的工艺条件压制成形，所得材料的摩擦磨损性能见表 4-27。

表 4-27 最优配方摩擦材料的摩擦磨损性能

配方号	$\mu_{连续}$									$\mu_{衰退}$	$\mu_{恢复}$	磨损率 /(10^{-3}cm/次)
	900r/min			1500r/min			2100r/min			1500 r/min	900 r/min	
	2MPa	4MPa	5MPa	2MPa	4MPa	5MPa	2MPa	4MPa	5MPa	4MPa	4MPa	
2	0.335	0.390	0.359	0.359	0.376	0.358	0.324	0.366	0.338	0.402	0.420	0.60

资料来源：曹献坤，杨晓燕. 新型摩擦材料配方设计及优化 [J]. 非金属矿，2004(4)

小 结

配方设计是摩擦材料制品生产过程中的关键环节,对产品质量和成本有决定性的影响,此外合理的配方又是保证加工性能的关键。因此配方设计是一项专业性很强的技术工作。

摩擦材料制品配方设计应遵循科学性、经济性和合法性原则。

摩擦材料制品配方设计具有:设计属多因素(子)和水平数不等的试验问题;各种原材料之间的交互作用较多而且强烈;工艺因素有时对制品配方设计起决定性影响;必须尽可能排除试验误差;经验规律与统计数学相结合等特点。

制品配方设计的一般程序包括:搜集市场信息,确定产品性价;基础配方(基本配方)设计;性能配方(技术配方)设计;生产配方(实用配方)设计。

制品配方单因素变量设计所考虑的问题是,在所讨论的变量区间内,确定哪一个变量的性能最优。当某一变量被确定后,其他的因素或条件就暂不考虑或视为不变。

制品配方试验设计与优化方法分单因素变量试验设计和多因素变量试验设计,当变量被确定后,其他的因素或条件就暂不考虑或视为不变。

制品配方单因素变量设计所考虑的问题是,在所讨论的变量区间内,确定哪一个变量的性能最优。消去法中常用 0.618 法(黄金分割法)和平分法,近似法中常用均匀分批试验法。

在实际的制品配方试验设计中,经常要同时考虑几个因素,只考虑一个因素变量往往不行,这时就要采用多因素变量设计方法。制品配方多因素变量试验设计与优化方法较常用的有正交试验设计法和中心复合试验法。

正交试验设计法的实施步骤:试验的设计(明确目标和指标、确定因素和水平、选用正交表和安排试验);进行试验,测定和记录试验指标;结果分析及得出结论。

中心复合试验法的实施步骤:试验点设计(制定水平及基本配合量);配方设计;进行试验,测定和记录数据;计算回归系数;计算性能值;结果分析及得出结论。使用中心复合试验法进行制品配方多因素变量试验设计与优化需较多的统计数学基础和理论。

- 经典研究主题
  ♯ 多体系复合摩擦材料的配方优化
  ♯ 摩擦材料制品配方现代优化设计方法
  ♯ 统计技术的应用

习 题

一、选择题

1. 摩擦材料制品配方设计应遵循的原则有(   )。

A. 科学性原则 B. 经济性原则
C. 合法性原则 D. 标准化原则
2. 下列单因素变量试验设计与优化方法中，属于消去法的有（ ）。
A. 0.618法（黄金分割法） B. 平分法
C. 均匀分批试验法 D. 爬山法
3. 摩擦材料制品的生产配方（实用配方）表主要包括（ ）。
A. 组分名称 B. 规格
C. 用量 D. 工艺参数
4. 正交试验设计法和中心复合试验法在实施过程中，不同的方面在（ ）。
A. 试验设计 B. 试验，测定和记录数据
C. 结果分析及得出结论 D. 数据的处理方法

二、思考题

你会在本章知识的基础上找到下面问题的答案：
1. 摩擦材料制品的配方设计有何特点？
2. 为什么有了基础配方还要设计生产配方？
3. 试用0.618法（黄金分割法）对某一型号摩擦材料制品配方中的某一组分进行探索。
4. 比较一下正交试验设计法和中心复合试验法的优缺点。
5. 试用正交试验设计法优化某一型号的摩擦材料制品的配方。

三、案例分析

根据以下案例所提供的资料，试分析：
(1) 由材料中回归方程式(2)与完全的二次多项式回归方程有何不同？
(2) 什么是H Scheffe典型多项式回归模型？有何特点？

制动摩擦材料混杂纤维的配方设计及优化

对制动摩擦材料的配方设计，多数采用普通正交试验设计，选择几种对摩擦材料性能影响较大的组分作为试验因素，规定试验水平，最后通过正交试验设计计算，利用方差分析，找到理想的水平组合定为理想的配方。这一方法有时能得出很满意的结果。但是正交试验设计不能在一定试验范围内，确定变量之间的相互关系及其相应的回归方程。本文作者采用H Scheffe典型多项式回归模型进行混杂纤维的配方设计，寻找混杂纤维制动摩擦材料中各种纤维的最优配比，以期得到综合性能优良的混杂纤维增强制动摩擦材料。

1. 混杂纤维组分的配方设计
1) 纤维组分配方设计

摩擦材料的性能指标主要取决于组分材料的配比，这属于特殊条件约束下的回归混料设计问题，本文作者主要针对纤维增强组分进行配方设计，填料和粘接剂的组成成分和比例固定，采用H Scheffe混料设计方法进行配方优化。

选定的增强纤维为Kevlar、钢纤维、针状硅灰石、纤维状坡缕石，设Kevlar含量为x_1（质量分数，下同）、钢纤维含量为x_2、针状硅灰石含量为x_3、纤维状坡缕石含量为x_4，考虑综合性能和成本因素，

确定约束条件为

$$\begin{cases} 1 \leqslant x_1 \leqslant 6 \\ 12 \leqslant x_2 \leqslant 24 \\ 8 \leqslant x_3 \leqslant 16 \\ 5 \leqslant x_4 \leqslant 12 \\ x_1 + x_2 + x_3 + x_4 = 38 \end{cases} \quad (4-20)$$

满足式(4-20)条件的混料问题选用极端顶点设计方法进行配方设计,见表4-28。

表4-28 混杂纤维增强制动摩擦材料增强纤维配方

配方号	E1	E2	E3	E4	E5	E6	E7	E8	E9	E10	E11	E12	E13	E14	E15
x_1	1	1	6	1	1	1	9	5	2	3	1	5	3	2	3
x_2	12	12	12	24	17	16	19	12	15	16	4	16	15	16	15
x_3	16	13	15	8	8	16	8	16	13	12	13	12	12	13	13
x_4	9	12	5	5	12	5	2	5	8	7	10	5	8	7	7

2) 制备工艺与测试方法

原材料的预处理:将各种纤维和填料放置在烘箱内在120℃烘1h;将树脂放置在烘箱内在60～70℃烘0.5h。工艺条件:压制温度(160±5)℃;压制压力(25±3)MPa;保温保压时间60s/mm,在热压开始阶段每隔10s打开模腔排气3～5次;热处理温度分别为100、120、140、170℃,其时间分别为1、2、3、4h。

测试方法:采用咸阳新益摩擦密封材料设备研究所生产的XD-MSM型定速式摩擦试验机,测试制动摩擦材料在100、150、200、250、300、350℃各个温度下摩擦因数μ。摩擦盘用材质HT250灰铸铁(金相组织为珠光体,硬度为180～220HB),转速为480～500r/min,正压力为1225N。

3) 混杂纤维回归方程的建立

由于摩擦因数是评价制动摩擦材料的一个最重要的性能指标,因此取编号为E1~E15个配方不同温度下摩擦因数μ的变异系数$\hat{y}$为评价指标。不同配方摩擦因数的变异系数见表4-29。

表4-29 不同配方摩擦因数的变异系数

配方号	摩擦因数μ						变异系数(%)
	100℃	150℃	200℃	250℃	300℃	350℃	
E1	0.53	0.49	0.46	0.42	0.41	0.36	13.68759
E2	0.51	0.49	0.46	0.4	0.35	0.39	14.50866
E3	0.47	0.46	0.41	0.34	0.31	0.27	21.85138
E4	0.46	0.5	0.4	0.36	0.4	0.35	14.10415
E5	0.5	0.5	0.45	0.37	0.39	0.33	15.44011
E6	0.48	0.51	0.49	0.44	0.39	0.3	18.08656
E7	0.53	0.5	0.44	0.35	0.29	0.28	26.94033
E8	0.45	0.48	0.43	0.36	0.29	0.23	26.30444
E9	0.47	0.49	0.45	0.39	0.34	0.32	17.24651
E10	0.52	0.51	0.42	0.36	0.37	0.35	18.07277

(续)

配方号	摩擦因数 μ						变异系数（%）
	100℃	150℃	200℃	250℃	300℃	350℃	
E11	0.46	0.5	0.48	0.41	0.37	0.33	15.66076
E12	0.47	0.5	0.47	0.42	0.35	0.34	15.80154
E13	0.48	0.5	0.47	0.41	0.36	0.37	13.84381
E14	0.47	0.49	0.46	0.35	0.33	0.26	23.68828
E15	0.5	0.52	0.4	0.38	0.41	0.38	14.37548

由混料条件决定了回归混料设计中的数学模型。摩擦性能的回归方程采用下面的形式，即

$$\hat{y} = a_0 + \sum_{i=1}^{4} a_i x_i + \sum_{i<j} a_i x_i x_j \tag{4-21}$$

这就是要求的非线性回归方程。

利用 SPSS 采用逐步回归（Stepwise）的方法，求得回归方程为

$$\hat{y} = 99.802 - 4.297 x_1 - 2.745 x_2 - 5.128 x_4 + 0.274 x_1 x_2 - 0.46 x_1 x_4 - 0.102 x_2 x_3 + 0.199 x_2 x_4 \tag{4-22}$$

2. 混杂纤维的配方优化

为了获得混杂纤维最佳配比，需对方程式(4-22)进行优化求最小值。采用多因素约束函数的复合形法，利用 SPSS 对式(4-22)求最优值。计算后得各组分含量为 $x_1 = 2.73$，$x_2 = 15.4$，$x_3 = 12.53$，$x_4 = 7.33$，求得摩擦因数变异系数 $\hat{y}$ 的最小值为 13.306。

以 Kevlar 2.73%，钢纤维 15.4%，硅灰石 12.53%，纤维状坡缕石 7.33%的优化结果按照相同工艺条件研制编号为 OP 的最优配方制动摩擦材料，最优配方摩擦材料的摩擦性能见表 4-30。

表 4-30 最优配方 OP 摩擦材料的摩擦性能

温度 T/℃	100	150	200	250	300	350
摩擦因数 μ	0.48	0.48	0.43	0.43	0.44	0.38

通过分析，该最优配方摩擦材料摩擦因数的变异系数为 7.763。试验值比预测值小，这种方法为摩擦材料的研究和试验起到一定的理论指导。

资料来源：闫建伟，何林，管琪明，申荣华. 制动摩擦材料混杂纤维的配方设计及优化[J]. 润滑与密封，2007(5)

第 5 章
模压型摩擦材料制品生产工艺

本章知识框架

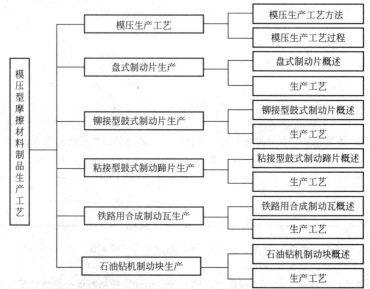

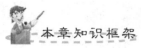本章学习目标与要求

▲ 掌握模压型制品生产工艺过程的基本作业模块；
▲ 掌握模压型制品的投料计算和工艺参数确定；
▲ 熟悉制品模具的构成和种类；
▲ 熟悉盘式制动片和鼓式制动片的生产工艺；
▲ 熟悉铁路用合成制动瓦和石油钻机制动块生产工艺；
▲ 了解模压生产工艺方法分类；
▲ 了解模压型制品的种类及主要特征。

导入案例

摩擦材料的生产过程主要分为配方筛选和批量生产两个阶段。接到订单并明确了产品性能要求后,首先要选择适用的配方,对现有配方进行调整或研制新配方。经过测试证明能满足用户要求后,投入批量生产。摩擦材料生产过程的主要环节包括:

(1) 材料检验:对拟采用的原料进行必要的检验,并针对其物理化学指标特性对配方中的比例进行必要的调整。

(2) 配料:按配方确定的比例对原料进行计量。目前常用的有人工计量和计算机自动配料系统自动计量两种方式,后者先进可靠。

(3) 混料:将配好的原料进行混合。混料可分为湿法混料,半干法混料。常用的混料机有三轴螺旋式、二轴式、犁耙式等,以犁耙式最为常用。

(4) 压制成形:分为一步成形法和二步成形法。一步成形法就是将料装入模具,直接热压成形;二步法则先将原料预压成毛坯,再装入热压模热压定形。

(5) 热处理:为了节省热压时间,提高热压机工作效率,热压成形后摩擦材料中的树脂等有机组分的化学效应并不完全充分,所以要进一步在一定的温度下先完成热处理过程。常用的设备是能够编程进行稳定控制的热处理箱。

(6) 外形加工等:对产品外观进行必要的修整加工,如磨表面、倒角、喷漆、装附件、印商标、包装等。

摩擦材料的生产过程如图 5.1 所示。

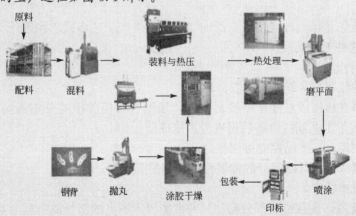

图 5.1 摩擦材料的生产过程

一般认为,经过上述过程得到的摩擦材料,其摩擦磨损特性已经确定,后续加工能改变外观而不能改变性能。但是一种叫做"表面烧蚀处理"的工序有助于摩擦材料工作初期性能的稳定。所谓烧蚀处理就是在出厂前将摩擦材料表面经过 600~700℃ 高温的烧焦处理,使表面有机物迅速分解气化,防止制动初期的热衰退和气垫的产生。一般烧蚀表面深度 1~2mm。

问题:

1. 是否所有模压型摩擦材料制品的生产过程都一样?为什么?
2. 什么是模压型摩擦材料制品?其突出特点是什么?

资料来源:http://www.bokee.net

5.1　模压生产工艺

各类机械中尤其是运载机械，其制动和传动的摩擦材料制品，如盘式制动片、鼓式制动片、铁路用合成制动瓦、石油钻机制动块、离合器等。这些摩擦材料制品中绝大部分在生产中必须有(压制)模具且模具模腔的形状和尺寸与制品一致，故把它们统称为模压型摩擦材料制品。

由于模压型摩擦材料制品的生产原料为粉状和短纤维或碎屑状，即属颗粒状材料，因颗粒状材料兼有液体和固体的双重物理特性，即整体具有一定的流动性和每个颗粒本身的塑性，人们利用这种特性来实现颗粒状材料的模压成形，以获得所需产品。

5.1.1　模压生产工艺方法

模压型摩擦材料制品生产工艺传统上分为干法生产工艺和湿法生产工艺两大类，其划分基础在于在压塑料(指在模压成形前的混合料)制备工序中所使用的粘结剂——树脂(或橡胶)是干态形式还是液态形式。

1. 干法生产工艺

干法生产工艺即在压塑料制备(又称混料)工序中所使用的粘结剂——树脂(或橡胶)是干态粉状形式。

干法生产工艺是国内外应用最广泛的摩擦材料生产工艺形式。我国于20世纪60年代期间开始采用这种工艺形式。

此工艺的特点是：

(1) 制得的压塑料为纤维粉状混合料。

(2) 压塑料在热压成形操作中投料方便，压塑料在模腔中易分布均匀，流动性较好，并可以采用预成形工艺制成冷坯后再进行热压成形。

(3) 工艺较简单、产品性能可调性好。

(4) 混料过程中，纤维组分的伸展性好，制品强度高。

(5) 制品成本低。

由于这些优点，现在绝大部分制动片和性能要求不高的部分离合器片均采用干法工艺来制备压塑料。

但是和湿法工艺相比，干法工艺在压塑料制备、预成形和热压成形的操作过程中会产生较多飞扬的粉尘并对环境产生污染。因此，加强操作过程中的自动化、连续化和密闭化，使生产环境达到环保要求，是干法生产必须要重视和解决的问题。

2. 湿法生产工艺

湿法生产工艺即在压塑料制备(又称混料)工序中所使用的粘结剂——树脂(或橡胶)呈液态形式。

湿法工艺的压塑料制备过程中无粉尘飞扬，故对人体健康和环境不会造成危害和污染，适用于各类摩擦材料制品生产，但压塑料制备工序多(混料→辊压→干燥→破碎→返润)、时间长、能耗大、装备投资较大等。

湿法工艺包括直接混合法、浸渍法两类。在直接混合法中，液态形式的树脂为树脂溶液或水乳液树脂，液态形式的橡胶为胶浆或胶乳；树脂和橡胶直接在捏合机中进行混合。在浸渍法工艺中，液态形式的树脂为树脂溶液（通常是以酒精为溶剂），液态形式的橡胶为橡胶浆（通常以汽油为溶剂）；树脂和橡胶通过浸渍方式浸渍到纱、线、布、编织带形式的纤维增强材料上。

5.1.2 模压生产工艺过程

5.1.2.1 模压生产工艺基本作业模块

模压生产工艺过程的基本作业模块（工艺流程）如图 5.2 所示。

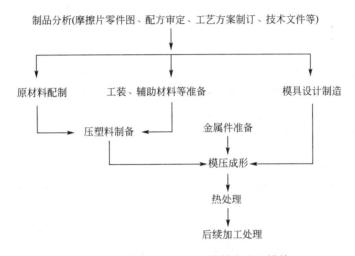

图 5.2 模压生产工艺过程的基本作业模块

模压型摩擦材料制品因其功用、材质、结构、批量、技术要求等各不相同，在实际生产中，实现或完成某个（或某些）具体工艺过程或工序（尤其是压塑料制备）的手段（或方法）就有所不同。下面就各个基本作业模块进行阐述。

5.1.2.2 制品分析

在确定具体的模压型摩擦材料制品干法生产工艺前，须对其进行技术经济分析。技术经济分析一般程序可用下列框图表达，如图 5.3 所示，分项简要阐述如下。

1. 确定分析目标

确定目标以前，先要了解有关制品的各种背景材料，明确主客观的要求，弄清楚分析对象的名称或题目、需要解决的问题，最后应得出的结论等等。

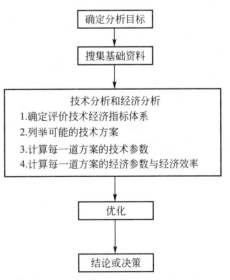

图 5.3 制品技术经济分析框图

2. 搜集基础资料

按照资料的形式可分为主要资料、技术经济资料和辅助资料。

1) 主要资料

主要资料包括产品的产量、品质、售价、成本、生产技术设备、工模具、生产率、各种原辅材料的消耗量、各项有关技术经济指标、厂房、场地、可供发展的条件等。主要资料是进行技术分析和经济分析必不可少的重要资料。

2) 技术经济资料

有关产品的零件图、成形件图、现场技术、国内外生产过程、设备、模具、生产工时定额、材料消耗量等属于技术资料，各种消耗材料的价格、现场生产的成本组成和数据、各类生产人员的工资级别、固定资产和流动资金数、生产和经营过程中的各种费用和税率等属于经济资料。

3) 辅助资料

辅助资料是指与分析对象有关的国内外情况，如国内外同种或同类型产品的品质、水准、加工技术、设备供应等技术或经济信息，以此作为分析对比的参照体系或参照数据，也可以供拓宽思路，拟订各种可能的技术方案的参考。

资料搜集的广度和深度以及资料数据的翔实可靠是分析结果准确可靠的基础。

3. 技术分析

根据确定的分析目标和搜集到的主要资料、技术经济资料等，就可进行技术分析。首先要选定技术经济指标，作为评定成形技术生产经济效果及其技术先进性程度的主要依据。

由于评价对象不同，如工厂、车间设计方案、现场生产技术方案、新技术选用程度等，所以采用的技术经济指标也不相同。技术经济指标大体可分为两类：价值指标和实物指标。

价值指标是评价技术经济效果的主要指标，包括生产成本（成形件成本、零件成本）、基建（新建或改建）、投资及回收期、年度利润等，它从整体上反映了评价对象的优劣。实物指标是计算价值指标的依据，包括材料利用率、成形件（零件）的劳动消耗量（台时或工时）、燃料或动力消耗等。实物指标只能评价单向指标的优劣，但它有助于提出具体改进措施。

为了使所分析的结论正确可靠，要用穷举法描述所有可能的或可供选择的技术方案。

技术分析的最后一步是计算技术参数。技术参数主要包括：材料利用率、成形力或成形功、主要设备的型号规格、配套设备、生产率、模具尺寸和消耗量、动力和燃料消耗量、各种辅助材料的消耗量、生产工人、生产面积、废品等。

4. 经济分析

在技术分析以后进行经济分析，首先计算经济参数，从而确定经济效益。

经济参数包括利润率、投资回收期、内部收益率、劳动生产率以及出口创汇能力等。

5. 优化

最简单的优化方法是排队、选优。先将各方案按某一选定的评价指标数值大小排队，当评价指标较多时，可设定综合方法排队，将指标体系中的各个项目按相对数值或规定分数等级评分,按各指标在选优过程中的重要程度设定加权值,然后用加权评分法积分,然后再按积分的多少排队。

分析过程中有许多数据是估计的,有一定的局限性,从而使一些参数的计算值带有不确定性。为了避免这些因素的影响,减少分析结论失真的程度,使方案选优的结论不致背离实际,所以要进行敏感性分析。

敏感性分析是利用改变敏感因素的设定值来计算技术经济指标参数,说明如该因素发生变化时,评价结论相应发生的变化情况。

技术经济分析的敏感因素有：生产批量、材料消耗量、材料价格、生产率、模具价格、模具寿命和设备价格等。

此外,并不是所有因素或特征都可以定量表示的,有许多不能定量表示的定性因素往往对决策判断和论证过程有很大影响,如对环境的影响、对社会发展的影响、对产品品质的影响、对地区发展经济的贡献、还有能源(设备)供应的可能性、资金筹措的难易程度、技术的可靠性等。通过对这些因素分析,可以得到更为全面的认识,把定性和定量分析有机结合起来,综合评价,可以避免或减少片面性。

通过技术方案的选优可以得出一个理想的或最优的方案。由于种种条件的限制,最优方案即使很好,但在现有条件下也不一定能实现,如资金短缺、投资过大的方案行不通。又如电力短缺,用电的方案虽然经济,不得不舍弃而采用其他燃料等。

6. 结论或决策

经过上述技术经济分析的全过程,就能得到一个较为科学、全面、切实可行的技术方案。

一般而言,成本最低的方案,其经济效果自然较好。成本最低的含义为成形件成本最低或零件成本最低。通常在进行成形件技术分析、设备选择、能源选用、生产经济批量的确定等工作时,计算成形件成本、比较成本高低即可鉴别方案的优劣。通常先进的技术和高效设备常与巨额的投资相伴随,纵使成本低、利润高,由于投资过大,决策者难下决心；这时候应更加认真分析比较各种技术方案的投资效果,比较投资回收年限、投资在项目寿命期内实际收益的大小和比率,按投资的效益高低评价技术方案的优劣。

5.1.2.3 模具设计制造

模具是模压型摩擦材料制品的重要工艺装备,在很大程度上决定着产品质量和生产效率,对投资费用、操作的难易程度、维护检修等也有影响。

1. 模具的组成

虽然模压型摩擦材料制品品种较多,模具的结构千差万别,但它们仍有一些共同的特征。

模具主要由工作部分、定位导向部分、推件卸料部分、支承和连接部分、温控部分等组成。

(1) 工作部分：直接执行技术意图,它的形状和尺寸主要取决于所制工件的形状和尺寸,一般由凸模和凹模(上模和下模)两个主要零件组成,这两部分的型面有严格的相对位置(或间隙均匀)要求,这是模具的最重要的部分。

(2) 定位导向部分：保证制坯在模具上有一个正确的加工位置和上下模有精确的相对位

置(或间隙均匀)，常用零件有：定位钉、定位板、导正销、导柱、导套、导板和锁定销等。

(3) 推件卸料部分：将成形工件和废料从模具中推出的机构，分刚性的、弹性的、液压的和气动的几种。

(4) 支承和连接部分：起支承和连接工作部分的作用，常用零件有上、下模板(座)以及螺钉和销钉等。

(5) 温控部分：调节模具工作部分的工作温度，它由加热和循环调节控制系统构成。

由于模具的共同特征，除工作部分外，模具其他部分的零件，如上、下模板和导柱、导套等已成为标准化组件，有厂家专业化生产，可直接选用。

模具的通用技术要求：

(1) 模具的结构应满足模压成形过程的要求，模具零件的技术性能要好。

(2) 模具零件的制作应符合零件图要求，即它的材料、硬度、尺寸、形位公差及表面粗糙度等要符合图纸要求。

(3) 凸、凹模(或上、下模)应保持精确的相对位置(间隙均匀)。

(4) 分型面(或分模面)应设置合理，即能顺利地分型或有利于成形。

(5) 一般各零件的定位底平面应与运动方向保持垂直，即上、下模板(座)、上以及下模的两底面和固定板等应有平行度要求。

(6) 模具的闭合高度(或长度)应与压力机的装模高度(或长度)相适应。

(7) 模具应在生产条件下进行试验(试模)，保证制出的产品符合品质要求，并且生产率高和成本低。

模压型摩擦材料制品(又称摩擦片)的形状较简单且尺寸不大，故设计时摩擦片模具结构的合理性、可靠性、寿命及生产效率显现出重要意义。

2. 模具用材料及模具制造

模具材料(指工作部分材料)的选择对于模具的正常使用、模具的寿命和模具成本影响较大。在选材时应综合考虑模具的种类、制件数量、制件材料和制件复杂程度等因素，而对于模具材料本身，则要考虑它的力学性能、耐磨性、耐热性、热变形、淬透性、机械加工性、价格和供货情况等。对在室温下成形的模具，其材料的高温性质没有特殊要求，但要求在室温下有高硬度、高耐磨性和足够的韧度，常用的钢号有 T8A、CrWMn、Cr12、Cr12MoV 等；对在一定温度下进行工作的模具钢，要求其耐热性好、韧度和耐热疲劳性好，常用的钢号为 5CrNiMo、5CrMnMo、3Cr2W8V 等。

尽管模具工作部分的使用目的和条件不同，结构上也存在较大的差别，然而，它们的制造加工过程却大致相同。一般可分为：①模坯外形加工；②模具工作型面加工；③模具装配和检验。模坯外形的加工比较简单，可在车床、刨床、钻床、铣床和平面磨床、万能外圆磨床等通用机械加工设备上进行；模具工作型面(凸模外工作面和凹模模腔)一般较为复杂，精度和表面粗糙度要求又高，加工比较困难，除通用机械加工外常需进行特种加工和钳工修整。

5.1.2.4 原材料的配制以及工装、辅助材料等的准备

1. 配料与设备

按照配方确定的原料和比例进行计量的过程称为配料。配料可分为人工配料和自动配料。人工配料即由操作人员手工完成原料的选择与称量，其优点是设备投资少，缺点是计

量误差不易控制,形态相类似的原料易搞错。为了克服人工配料的缺点,出现了电子配料秤和自动配料系统。

电子配料秤与常用的电子秤的结构基本相同,但在内部软件设计上考虑了摩擦材料配方的特点。这种电子秤可以存储多种配方。选定配方后,设定称量的总量,则显示器会顺序显示每一种料的代号与理论质量。操作员按照所显示的原料代号将原料放入秤上的容器中,直至达到显示的质量并满足误差要求,显示器才能显示下一种原料的代号与质量,从而达到严格控制称量误差的目的。配料秤可以配置打印机,将产品批号、配方号、称量理论值、实际值、误差值等信息打印出来供存档。

自动配料系统则是仓储与计量的机电一体化系统。自动配料系统具有配方保密性好、便于管理、计量准确、自动化操作、环保性好的特点,已经被越来越多的摩擦材料企业所采用。

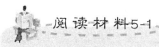
阅读材料5-1

自动配料系统

摩擦材料(制动片)全自动配料计算机控制系统主要由:三层钢平台、若干个储料仓、自动配料车、各种形式的给料机、犁耙式混料机和高性能的除尘系统等组成,如图5.4所示。该系统由中控室内的上位机通过无线通信方式指挥装在称量车上的下位机(称重控制仪表)实现称量车的无人驾驶。本系统可全自动根据摩擦材料配方要求控制移动配料称量车自动在36个料仓下完成2～15种物料的摩擦材料计量配料,到4个排料口自动卸料,然后按照摩擦材料混料工艺进行自动混料,从而实现摩擦材料加料、计量、排料、混料的全自动控制。上位机操作使用汉字菜单和图形显示,屏幕动态显示移动配料称量车位置,动态显示配料质量,自动监测系统是否正常,整个摩擦材料配料线状态在工控计算机屏幕上可一目了然,系统还可记录打印各次配料结果,打印日报表、月报表,计算机最多存储100个配方;系统单次配料物料总数达15种,计量精度和配料效率高。

图5.4 JF-700型自动配料系统

资料来源:http://www.wxxl.com.cn

2. 工装、辅助材料等的准备

再进行配料工序前，需根据工艺要求准备好相应的工装、辅助材料等，如操作台、盛料桶、工艺性能添加剂等。

5.1.2.5 压塑料制备（又称混料）

1. 干法压塑料制备工艺

干法生产工艺中的压塑料制备又分直接混合法和辊炼法两种。直接混合法生产工艺中，干态形式的粘结剂为粉状树脂或粉状橡胶（如丁腈橡胶粉末），两者在混料机中与其他组分材料进行混合。在辊炼法工艺中，干态形式的粘结剂为粉、块状树脂和块状橡胶，两者在炼胶机或炼塑机上通过辊炼实现混合。

1）直接混合法工艺

直接混合法为各种压塑料制备方法中最简单方便的一种工艺方法。在此工艺中，树脂为热塑性酚醛树脂或其改性树脂的粉状物，俗称树脂粉。橡胶可采用粉末状丁腈橡胶（丁腈橡胶粉）或橡胶屑（轮胎粉），许多鼓式制动片和短纤维型离合器面片配方中考虑到降低原料成本，则使用丁苯橡胶改性或腰果壳油改性的热塑性酚醛树脂粉，而无须使用价格较贵的丁腈橡胶粉。

在直接混合法中，将树脂粉、橡胶粉、填料和纤维投加到混料机中，进行充分搅拌，达到均匀混合后，将物料放出，得到粉状的混合物料，此种压塑粉料即可被用来模压成形，制成制动片和离合器片等。

直接混合法中使用的粉状树脂通常为商品树脂粉，适宜的技术指标应为：细度140～200目、固化速度（150℃热板）35～45s、六亚甲基四胺含量7％～10％、流动距离40～80mm、软化点95～110℃、挥发分含量不大于1.5％、游离酚含量不大于3％。

上述使用丁腈橡胶粉的配方制品较典型的有轿车盘式制动片、其他对耐热性和冲击强度要求较高的制动片以及低硬度材质制品都可以采用这种工艺制造，在进行配方设计时，丁腈橡胶粉的加用比例可根据产品性能的需要方便调整，而不会产生工艺操作的不便。

树脂粉、橡胶粉与填料、纤维组分，经配料后投加到混料机中进行充分混合，制成干态的压塑粉料。此项操作步骤对热辊炼工艺和直接混合法工艺操作是一样的。这样制成的压塑粉料然后进入预成形和热压成形工序，经压制成形制成制动片和离合器片。

干法工艺压塑料制备的混料设备目前国内常用的主要有三种类型：辊筒式混料机、立轴式高速混料机和犁耙式混料机。

（1）辊筒式混料机。辊筒式混料机的形式结构简单，造价低，使用也方便。它的构造是，由一根带有数根垂直于轴的搅拌辊的轴和相对旋转的辊筒筒皮组成。在电动机的带动下，使其相互相对旋转，这样，装入筒内的各种材料，在筒内反复翻动，相互混合，从而达到各种物料混合均匀的目的。

混合机运转转速，是决定混料质量与生产能力的重要参数。混料机的投料量，经生产实践证明，最适宜的投料量为混料机容积的1/3～1/4。

混料机的转速过高，尽管有益于混料效率，但是由于过高的转速则容易引起物料飞扬，形成尘害，使生产环境变坏。也会造成密度不同的物料相互不易混料均匀，发生分离现象。当然过低的旋转转速，会降低生产效率。所以辊筒转速一般为筒身 30～50r/min，带有数根搅拌棒的轴的转速为筒身转数的 2.5～3.5 倍为宜。

这种混料机结构简单，操作容易，应用比较广泛，其缺点是生产效率较低，压塑料质量也不太好，操作比较笨重，粉尘较大，生产作业环境不够好，目前已较少使用。

(2) 立轴式高速混料机。

立轴式高速混料机比较适用于干法生产工艺，由于搅拌机主轴转数较高，通常为 400～700r/min，故称高速混料机。高速混料机的作用原理是，由物料进口放入的物料，通过在高速旋转的叶浆形成的气流冲击下，使物料气流又形成了旋涡状，而使物料在短时间内进行了充分的分散和混合，达到混料的目的。

国产的 XL622 型立式高速混料机(见图 5.5)有 300L 和 400L 两种规格。

高速混料机效率很高，每 3～5min 就可以完成一筒物料的搅拌(60～100kg)，分散性好，物料混合较匀，排料速度快，平均 10～30s 可排完料。

高速混料机自动化程度较好，适用于摩擦材料的大批量生产，设备的密封性也较好，所以生产作业环境的粉尘较小。但相对来说，高速混料机结构比较复杂，造价较高。

上述立轴式混料机适用于石棉、钢纤维、无机纤维与树脂和填料混合。对于有些不易分散的人造矿棉和有机纤维，改进型立轴式高速混料机具有更好的混料效果。

图 5.6 为 XL634 型无石棉混料机(改进型立轴式高速混料机)。该机吸收犁耙式混料机和立式高速混料机的优点，机身内壁装置几块挡板，配置上、下两组搅拌浆叶，具有搅拌效果好、混合材料均匀、开松程度高、不损伤纤维且对材料的密度差异不敏感等特点。该混料机主轴转速 800～1000r/min。

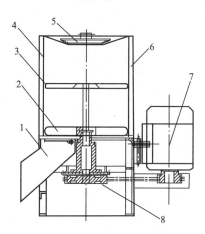

图 5.5　XL622 型立式高速混料机

1—出料口；2—下搅刀叶片(上抛浆)；
3—上搅刀叶片(搅拌浆)；4—出料
机构；5—进料口；6—料筒；
7—电动机；8—传动带机构

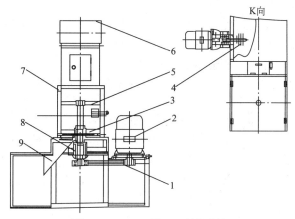

图 5.6　XL634 型无石棉混料机

1—传动带机构；2—电动机；3—上抛浆；4—高速搅刀及气压密封；5—搅拌浆；
6—进料口；7—夹层料筒；8—主轴及气压密封；9—出料斗

(3) 犁耙式混料机（Litffold 混料机）。多年生产实践证明，犁耙式混料机能够解决大部分无石棉型矿物纤维及有机纤维与填料、树脂的混合均匀。

阅读材料 5-2

犁耙式混料机

犁耙式混料机由德国 Ludige 公司设计，其特点是将犁和耙的原理组合在一起，靠犁头的作用完成混合功能，靠耙的作用完成破碎和松散功能，如图 5.7、图 5.8 所示。

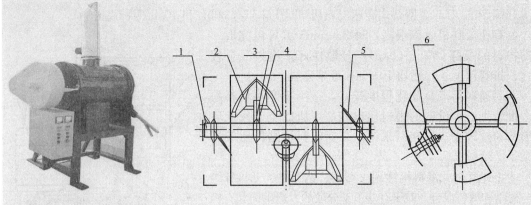

图 5.7　JF840 型犁耙式混料机　　图 5.8　犁耙式混料机结构原理图
1—主轴；2—主犁刀；3—犁柄；4—固定套；5—侧犁刀；6—高速搅刀

犁耙式混料机一般由一圆形桶组成，配有犁刀与搅刀，可产生三维切变效果，用于打碎块状物，广泛应用于盘式制动片、轿车制动蹄、卡车鼓式片、摩托车制动蹄、离合器片等的混料。

用途：犁耙式混料机能够快速、高效地混合流体及低黏性纤维、粉末、原材料、颗粒等。它可用于摩擦材料、化学、医药、食品等工业领域。

特点：具有经过减速机驱动的主轴和与电动机直接相连的搅刀；适用于粉末的分散与小批量混合；适用于较大批材料以及黏性材料时，传动驱动能够显示其低速以及高转矩性；恒定速度可通过数字转速表显示，确保精确生产；可选择无级变速控制；采用碳钢或不锈钢材料；气动密封；容量 200～2000L。

→ 资料来源：http://www.bokee.net

(4) 桨式混料机。桨式混料机由德国 EIRICH 公司设计，广泛用于铸造型砂的混合，由于其原理非常适合造粒，所以被用于造粒式工艺的混料。桨式混料机的结构原理如图 5.9 所示，被混物料装在一个立式倾斜的筒内，筒可以以一定转速转动，在筒内偏离中心的合适位置设有一高速转动的搅拌桨轴，在图示的运动状态下，原料被充分混合。当加入适量液体时，原料会形成颗粒。控制加料顺序和加入液体的量，可得到不同剖面和尺寸的颗粒料。

2) 冷辊炼法工艺

冷辊炼法生产工艺是将树脂、橡胶、填料和纤维全部组分在炼胶（塑）机上，通过常温

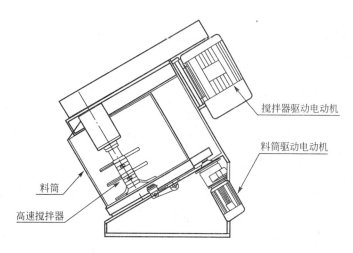

图 5.9　JF 800‐R 型桨式混料机结构原理图

辊炼实现均匀混合，从而制成带片状压塑料。然后再进一步通过成形、固化(硫化)操作得到制品。在本工艺中所用树脂为粉状热塑性酚醛树脂，所用橡胶为块状丁苯橡胶或丁腈橡胶。

这种生产工艺的特点在于：①辊炼操作在不加热的条件，即常温下进行；②通过辊炼所制得的压塑料为片状料或带状料，可直接进一步成形加工，而不需要像热辊炼法工艺那样将辊炼料粉碎成粉料，故而配方中橡胶对树脂的用量比例可不必受粉碎操作条件的限制，橡胶在组分中的用量比例可以高达 10% 或更多。

由于上述特点，冷辊炼法工艺通常用于生产高橡胶比例和低硬度的制动片，或以橡胶为主要粘结剂，树脂为辅助粘结剂的软质摩擦材料制品，如城市公交车辆制动片、制动带制品、农用汽车制动片、自行车制动片等。

在冷辊炼法工艺中，软质制动片和制动带的生产工艺存在区别，在此分别予以介绍。

(1) 冷辊炼法制造软质刹车片生产工艺。其工艺流程如下：

橡胶塑炼→塑炼胶→树脂粉、填料、纤维冷辊炼→辊炼胶料→切割下料→狭带片料→裁切压塑料片或条→热压成形→热处理或硫化→机加工→成品。

压塑料的制备：将经过塑炼的橡胶投入辊筒间，辊筒不予加热，待橡胶包辊后，加入硫黄辊炼，再按树脂、小料(橡胶配合剂、树脂固化剂)、填料、纤维的加入顺序分别混匀。在各种组分加和辊炼期间，应逐步加大辊间距，以便物料能不断通过辊间，反复被挤剪。若辊间距不够大时，物料会堆积在辊筒上方，不能快速通过辊间。从而达不到好的混合效果。辊炼过程中，应多次反复将辊炼料用割刀切下，打卷，再投入辊间，以加快混合速度。随着辊炼的进行，树脂粉、填料和纤维逐渐深入橡胶料内部，最后达到均匀混合，全部过程 15～20min，在 18 英寸(1 英寸＝0.0254m)炼胶机上生产时，每次投料量可为 25～30kg。

冷辊炼结束后，即可下料，将辊间距放窄，用切刀将辊炼料切割下料。切下的辊炼料即为压塑料，呈连续宽带片状，宽度即为辊筒上两端物料挡板的距离，带片厚度宜为 1～2mm。为便于下面热压成形操作，可在切割下料时，设置若干把等距间隔的割刀将带状料片按制动片产品宽度尺寸(或热压模具尺寸)裁割成若干条狭带片料。然后，再用裁切设备将此狭带片料沿长度方向按制动片产品弧长（或模具弧长）裁切成长度和宽度相当于（应略小于）制动片产品的长宽尺寸（或模具内腔长宽尺寸）的长方形片状料，即为条片状压塑料，这种料片质软，可折弯到 90~120° 而不断，再进一步将条片状压塑料通过热压成形制成软质制动片。

冷辊炼法制备软质制动片压塑料的几个工艺问题。

① 使用的橡胶类型：通常使用丁苯橡胶和丁腈橡胶，考虑到原料价格，丁苯橡胶比丁腈橡胶具有明显优势。但从工艺操作和制品性能考虑，丁腈橡胶的抗拉强度、伸长率以及和树脂的相溶性都优于丁苯橡胶，在操作中易于成张，形成连续的带状料片，而这项工艺操作性能的好坏在冷辊炼法工艺中是相当重要的一点。生产者一般从产品成本和工艺可操作性两个要素前提下，根据生产实践积累的经验来决定这两种橡胶的用量搭配比例。

② 辊筒温度的控制：冷辊炼法为常温操作，即在辊筒不加热条件下进行操作，形成带状料片的前提是橡胶在辊炼中作为连续基体，而树脂粉在辊炼料中以非连续的填料存在。这样的辊炼料片具有很好的柔弯性和成张性。由于物料在辊筒间反复受到挤压剪切作用，摩擦生热导致辊温升高，必须控制使其不超过 60℃，不然物料在局部处的过热而接近软化点温度时，因树脂粉部分结块而使辊炼料成张性变差，不能得到连续带状料片，致使整个操作过程失败。

③ 组分中的纤维组分为石棉，一般使用五级、六级或七级石棉。五级石棉具有较好的机械强度，但其价格较贵。软质制动片中主要粘合剂为橡胶，产品的抗冲击强度远高于普通硬质制动片，这主要由橡胶组分所提供，而非石棉。另外，五级石棉的纤维较长，松散密度小；而六级石棉的纤维短，松散密度大，在辊炼胶料中占有较小的体积百分比。因此在操作中，六级石棉比五级石棉更易被橡胶组分所粘合吸收，使辊炼胶料具有较好的成张性，而五级石棉由于在组分中占的体积百分比大，橡胶对其粘合作用较弱，操作中成张性差，辊炼料成大片状断裂，导致操作失败。

④ 橡胶配合剂的问题。对于普通硬质制动片，树脂是主要粘合剂，橡胶是辅助粘合剂，其用量比例仅为组分的 1%~5%，故橡胶配合剂（硫化剂、促进剂、助促进剂、防老剂）的品种和用量对制动片的性能影响不太明显，如只加用硫黄，而不用促进剂、防老剂等配合剂。但对于软质制动片来说，组分中粘合剂以橡胶为主，因此橡胶配合剂的品种及用量不容忽视，它们会对制动片的性能产生明显影响，此外，橡胶的硫化工艺条件也是要注意的事项。

⑤ 冷辊炼法工艺所制得的压塑料为料片状，在压制成形操作中是将若干张料片叠放在热压模腔中进行压制。生产中有时会遇到一种质量问题是压制品的分层，即由于种种原因，压制片会沿料片叠放层间脱开而造成次废品。为避免和减少此种现象的发生，料片表面应净洁，避免沾有粉屑和油污等不洁物。有的生产企业把压制料片裁切成狭长条，向模腔内投料时将狭长条料片成不规则铺放，对消除压制片分层现象效果甚佳。

⑥ 软质制动片多用于城市公交车辆和大客车上，制品硬度不宜太低。因这些车辆属大型车辆，制动压力较大，要求制动片有足够的硬度和抗压强度，一般而言，合宜的制品硬度为 8~15HB 或按用户提出的要求。

调节制品硬度的手段有：调节树脂与橡胶的用量比例；改变橡胶组分中硫黄的用量比例（减少硫黄量可使硫化橡胶硬度降低，增加硫黄量则可使硫化橡胶硬度上升）。

(2) 短纤维型橡胶制动带生产工艺。制动带是摩擦材料的一个产品种类，主要用于农机制动片和工程机械摩擦材料。此种产品的特点是：①制动工作时的摩擦速度较慢，因而工作温度较低；②产品形状为可弯曲的连续带状制品，使用时，根据尺寸要求进行裁切。

制动带分短纤维型和连续纤维编织型两类产品。后者属湿法生产工艺，短纤维型制动片带的制造属于干法生产工艺中的冷辊炼法工艺。

其生产工艺流程如下：

橡胶塑炼→混炼胶→冷辊炼→切割下胶料带→压型→辊压→机加工→卷绕→硫化→成品。

短纤维型制动带的压塑料制备也采用冷辊炼法工艺，工艺操作步骤和软质制动片的压塑料制备大致相似，区别有以下几点：①配方组成中所用的粘结剂以丁苯橡胶为主要成分，以酚醛树脂为辅助成分；②制成的压塑料质地更软，呈连续带状，经过压型和硫化后仍能盘绕成卷状产品；③对带状压塑料的成形采用连续输送常温压型操作，而非热模压成形；④后处理需采用和一般橡胶制品相同的硫化工艺。

关于短纤维制动带的详细工艺将在后面的"制动带"章节中作专门介绍。

3）热辊炼法工艺

热辊炼法主要用于丁苯橡胶和树脂的共混改性。长期以来丁苯橡胶的商业产品为块状橡胶和乳胶，而无粉状橡胶，因而不能采用适用于粉状树脂和粉状橡胶的直接混合法。在热辊炼法中，树脂为小块状或粉状热塑性酚醛树脂，橡胶为块状丁苯橡胶，两者在炼胶(塑)机上通过热辊炼操作实现共混改性。这种工艺在前面"橡胶"一节中已有详述。

(1) 热辊炼操作几个工艺问题的讨论：

① 热辊炼操作的终点控制。在热辊炼操作过程中，热塑性酚醛树脂在固化剂六亚甲基四胺的作用下，进一步缩聚，流动性变小，固化时间变短，这种变化随辊炼温度的增高而加快，且辊炼结束后，这种变化过程还会继续进行。对于辊炼终点一般控制为树脂的固化时间不低于35s，超过此限度则压塑料固化时间太短，流动性变差，热压成形时压塑料未能均匀布满模腔前已提前固化，造成压制片的结构松散、外观发白、缺陷空洞、边角缺陷等弊病。

下料后的胶料片不应过厚，否则物料内部过热或散热不良(特别是高温季节)，树脂会进一步缩聚变定过头，使流动性变差。

② 六亚甲基四胺在辊炼胶料的树脂中分布均匀非常重要。不均匀的分布会引起压塑料在热压成形时产生压制品起泡的弊病。通常在辊炼过程中将物料用割刀切下，打卷，再投入，如此反复进行多次，来达到树脂、橡胶、配合剂和六亚甲基四胺均匀混合的效果，如果在辊炼操作前，先将树脂和六亚甲基四胺通过粉碎混合的方式达到初步混合，再进行辊炼操作效果会更好些。

③ 辊炼胶料组分中，橡胶和树脂的用量比例可按产品性能要求不同为1:8～1:3。橡胶用量再增多，橡胶:树脂超过1:3后，辊炼胶料片的脆硬性降低，韧性增加，会造成粉碎操作困难，不能获得高细度的辊炼胶料粉。

④ 热辊炼操作中，常常在辊炼料中加入适量的矿物填料如重晶石粉、碳酸钙粉，它们分布在树脂和橡胶粒子中，使得粉碎操作时更易于制成高细度的胶料粉。

(2) 辊炼胶料的粉碎。冷却后的辊炼胶片性脆，可先用机械方式或手工方式破碎成30～50mm小片，然后再在粉碎机中粉碎成100～200目的胶料细粉，即制得橡胶改性的热塑性酚醛树脂粉，又称胶料粉。

粉碎设备一般采用锤式粉碎机。它的主要部件是一只高速旋转的飞锤,飞锤由锤片、圆盘、隔片及销轴等组成。圆盘在回转时,锤片在离心力作用下,对从进料口加入的物料进行锤击粉碎。粉碎后的物料从底部筛孔排出,未粉碎的物料继续由高速旋转的锤片打击粉碎。

上述这种采用热辊炼法制造橡胶改性的树脂已成为商品树脂,在许多树脂生产公司中作为一种树脂牌号出售,它可以和填料、纤维以直接混合法工艺方法在混料机中制成压塑粉料。

2. 湿法压塑料制备工艺

在湿法工艺中,按照配方组分所用纤维增强材料是短纤维材料还是连续纤维材料,采用不同的生产工艺。短纤维材料包括石棉纤维和各种非石棉纤维材料,它们与液态树脂及液态橡胶的混合是采用在混料机中直接捏合的方式;连续纤维为石棉线、布、带等纺织制品及各种非石棉型的纱线和布带制品,树脂溶液或胶浆液及填料以浸渍方式浸附在连续纤维上,经加热干燥后,制成压塑料。

1) 短纤维材质的生产工艺

我国早期(20 世纪 60 年代以前)摩擦材料工业所使用的酚醛树脂为水乳液热固性酚醛树脂(俗称 K-6 酚醛树脂),采用湿法工艺制造石棉摩擦材料。

(1) 常用的湿法工艺。最常用的湿法工艺的实施过程简介如下:

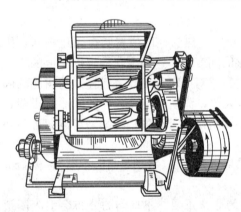

图 5.10　Z 形双桨式捏合机

① 混料。混料设备常为 Z 形双桨捏合机,如图 5.10 所示该设备结构比较简单,在一个箱体中只有一对"Z 形"的桨,它的转向可调,转速不同。通过转向的调正(即可相向运转又可反向运转),消除混合物料死角,使混制物料比较均匀。转速的差别有利于对物料料块的形成进行切削,使捏合机混料能够更均匀。

混料时将乳液树脂、橡胶浆、石棉短纤维和粉状填料放入捏合机中,通过捏合机的强力混合,使各种物料混合均匀,混合时间约 15~30min。获得的混合料为大小不等无规则的湿态粒状或块状料。

② 辊压。为便于将大小不等无规则的湿态混合料均匀干燥,通常将湿的块(粒)料通过炼胶(塑)机的辊筒辊压成厚度均匀的薄片,片厚控制在 1.5~4mm。也有的工厂将各组分物料在混料机中经混合制成粒度较小的混合料后直接进行干燥。

③ 干燥。干燥的目的在于将辊压后的薄片状或粒状湿混合料中的挥发物排除掉,它们包括:水分和树脂中的游离酚和醛、橡胶中的溶剂(汽油)和水分。干燥设备为带热风和排气装置的烘干窑(炉),加热方式为间接蒸汽加热。窑炉温度以 60~80℃为宜,干燥时间为 2~5h。

随着挥发分的逐渐除去,物料由湿变干的过程中,其流动性会逐步下降。并且树脂在此干燥温度下,由最初可熔可溶的甲阶段变定到乙阶段,固化时间缩短。因此,通常在干燥操作中控制物料中的挥发分含量为 3%~5%,干燥时间为 4~5h,以保证压塑料的工艺性能满足热压工序要求。

④ 破碎。压塑料的粒度和均匀度对热压工艺操作的影响较大，粒度大，均匀度差的压塑料不易装模均匀，因此将干燥后的辊压片料在锤击式破碎机中破碎成大小为 6~8cm² 的小片压塑料。

⑤ 返润。干燥好的压塑料由于内外的干湿度差较大，影响热压质量，所以在有的生产企业中还要经过一段返润时间，即将压塑料的内外湿度趋于一致。也可用低浓度（质量分数 10%）酚醛树脂酒精溶液喷洒干燥好的压塑料，再放置数小时。这样处理后的受压料，在热压时就可以获得较为理想的结果。因为受压料干燥后颗粒之间挥发分往往还存在差别，挥发分含量不稳定，从而使颗粒表面的粘结剂的粘结作用也下降。因此经用低浓度粘结剂处理后，就可以增强粘结剂的粘结作用，又可以使物料的干湿度内外趋于均匀。由于这是用酒精为溶剂的粘结剂溶液，酒精比较容易挥发，所以也不必经另外进行干燥处理。在热压时能够提供很好的工艺性能，是解决湿法生产中热压不稳定的一种很好的措施。

如果是粒状料，可在干燥后，通过筛选破碎制成直径为 3~7mm 的小粒压塑料。

以上介绍的是我国早期的用湿法生产工艺制造石棉短纤维型摩擦材料（又称石棉绒质摩擦片）的工艺过程。

这种工艺路线存在一些缺点，主要为：

① 需配置压塑料加热干燥的生产设备，增多了生产工序，增加了工作量、工作时间和能量消耗。

② 水乳液热固性酚醛树脂具有不稳定性，存放过程中会发生树脂-水的分层现象，并会进一步缩聚而逐步老化。

③ 压塑料为片块状或团块状，在热压成形操作中，不易均匀铺模，流动性不够好，影响压制品的外观。

④ 石棉纤维在湿态混合料搅拌过程中呈卷曲状，不能充分舒展开来，影响了其增强作用的发挥，因此湿法工艺摩擦制品的机械强度包括抗冲击强度性能要逊于干法工艺摩擦材料制品。

⑤ 捏合机搅拌轴转速慢，混料时间长，生产效率低。

⑥ 热固性酚醛树脂的耐热性不如热塑性酚醛树脂，且游离酚含量较高（7%~12%），因此湿法工艺的摩擦材料制品的高温摩擦性能不如干法工艺制品。

⑦ 在湿法工艺中，水乳液热固性酚醛树脂和橡胶的共混改性有一定难度，由于 20 世纪 80 年代以前，我国粉末丁腈橡胶尚未实现工业化生产，商品橡胶只有块状橡胶和乳胶两种形式。乳胶的不稳定性使得它和乳液酚醛树脂的共混甚为不易，而块状橡胶通常需要汽油制成胶浆再和乳液树脂共混，它涉及共混的不均匀性、溶剂汽油的加热干燥和生产的不安全因素、环境污染等问题这些问题都需要加以解决。

由于上述诸多缺点，自 20 世纪 60 年代中期以后，干法生产工艺在我国开始发展起来，并很快取代了湿法生产工艺。现在，短纤维型的摩擦材料制品，包括制动片、制动带和离合器片基本都采用干法工艺生产，湿法工艺则用于对机械强度要求较高的，用连续纤维为基材的摩材制品，主要有缠绕型、编织型离合器面片、制动带、层压型和编织型石油钻机制动瓦和一些工程机械摩擦片。

(2) 拉胶-辊片工艺。此工艺所用树脂为水乳液热固性酚醛树脂、橡胶为块状丁苯橡胶。

在此种工艺中,生产关键是对块状橡胶的处理,使其在干态下与液态树脂进行共混。过程如下:

① 将块状橡胶在炼胶机上进行塑炼,使其弹性降低,塑性提高制成塑炼胶。

② 将塑炼胶继续进行常温辊炼,辊筒温度控制为(50±5)℃。加入足够量的填料,如重晶石、碳酸钙等,加入量可为橡胶量的50%～100%。在辊炼过程中大量粉状填料粒子在辊筒挤压力和剪切力的作用下,掺入到橡胶内部,将橡胶粒子隔开,进一步使橡胶弹性降低,塑性增加,而且使橡胶抗拉强度急剧下降,直至可用手不费劲地将薄片橡胶拉断,辊炼操作结束,将含有填料的辊炼胶料薄片取下。

③ 破碎。将辊炼胶料薄张送入破碎机,由于胶料层的弹性和拉力都甚低,可以很方便地破碎成小片,小片面积为 $3\sim6cm^2$。

④ 拉胶。拉胶操作的目的是将树脂与橡胶进行共混。将水乳液热固性酚醛树脂、部分填料投入Z形搅拌机中进行搅拌,达到初步混合后,将胶片投入,开始关键的"拉胶"操作。由于胶片的抗张强度很弱,在搅拌力的作用下,胶片被不断拉断,其尺寸由大逐渐变小,并与树脂不断互相搅拌、渗透,整个混合时间需 30～40min,在搅拌过程中可视情况加入适量溶剂,最后乳液树脂与胶料成为均匀混合体,见不到胶料小颗粒,拉胶操作完成。加入填料和石棉或其他纤维,继续搅拌 15～20min,直到所有组分都均匀混合,将物料放出,混合料呈颗粒状或块状湿态料。

⑤ 辊片。将湿态混合料投入炼胶(塑)机辊筒,辊压成 1.5～2.5mm 厚的薄料张。目的是便于进行干燥操作。

⑥ 干燥。将辊压好的料张晾挂在料架上,放进干燥窑(炉)中,于 60～80℃下进行热风干燥,干燥好的料张的挥发分含量应为3%～4%。

⑦ 破碎。将干燥好的料张投入破碎设备中破碎成面积为 $3\sim6cm^2$ 的小片状压塑料。至此,供热压成形用的压塑料制备完成。

上面介绍的这种湿法工艺的特点在于不需要将块状橡胶用溶剂化成胶浆,而是在橡胶塑炼过程中借助于加入足够量的粉状填料,使橡胶失去弹性和拉力,从而能被搅拌桨叶扯开,达到和乳液树脂共混目的。橡胶在压塑料中的用量比例可达到5%～6%,用于制造载重汽车制动片,增强效果较好,冲击强度可达到 $3.5\sim4dJ/cm^2$。

这种生产工艺与乳液树脂-胶浆共混工艺相比,优点在于:不需使用橡胶溶剂——汽油,降低了产品成本并减少了环境污染;省去了化胶工序制取胶浆的工序。

(3) 挤出法。在此种工艺中,所用的树脂为粉状热塑性酚醛树脂,所用橡胶为丁苯或丁腈橡胶浆。

此种工艺的特点在于将粉状树脂与橡胶浆进行共混,再与填料和纤维混合成压塑料,将其在挤出机的模具中挤出成形而制成毛坯,经过压制成形成为产品。

工艺操作过程如下:

① 橡胶塑炼打片。将块状橡胶在炼胶(塑)机上于常温下进行塑炼,塑炼好的橡胶以薄张形状下料,料张厚度为1mm左右。将此胶料张在打片机中破碎成 $3\sim7cm^2$ 大小的胶片。

② 化胶打浆。将胶片投入化胶机,加入适量溶剂。丁苯橡胶和天然橡胶使用汽油为溶剂;丁腈橡胶使用苯或乙酸乙酯为溶剂。溶剂加用量与橡胶用量的比例1:(3～5)。将橡胶配合剂加入,开机搅拌,使橡胶逐渐被溶剂所溶胀,直至全部溶解,制成均匀的黏稠胶浆。

③ 混料。将胶浆、粉状热塑性酚醛树脂、填料、纤维按配方投加到Z形双桨捏合机

中进行混料，不断换向搅拌，混合 15～20min 后，物料混合均匀，出料，所得混合料为块粒状湿态压塑料。

④ 挤坯。混合好的压塑料在挤出机顶端的挤出模中制成长条冷坯，长条宽度即产品长度尺寸，沿长条方向按制品宽度尺寸裁切成块片状冷坯。

⑤ 烘干。将冷坯中的溶剂和其他挥发分在加热条件下除去，使冷坯中的挥发分含量符合热压成形工序的要求。

挤坯操作的工艺条件：

① 挤出法工艺的首要条件是压塑料必须具备挤坯成形所要求的物料流动性，而这种流动性是橡胶组分所提供的，因此，掌握橡胶用量比例和胶浆浓度就非常重要。

② 在压塑料具备一定流动性的前提下，挤出压力是一个重要条件，挤出力越大，压塑料的挤出成坯性也越佳。经验表明，挤出单位面积压力以 5～10MPa 为宜。

③ 挤出温度最高不超过 90℃。

目前，此种湿法挤出工艺被用于生产石棉和无石棉的轿车及轻型车鼓式制动片。这种工艺和其他湿法工艺及干法工艺相比，具有如下优点：

① 本工艺采用橡胶浆和粉状热塑性酚醛树脂进行共混，混合均匀性好，橡胶-树脂的共混改性效果好。

② 干法工艺生产轻型车鼓式制动片过程中，冷坯的厚度偏薄，在预成形过程中易产生断坯现象，影响工作效率和产品质量，而湿法挤坯工艺就避免了这种问题。

③ 由于轿车及轻型车的车型品种规格较多，若按传统的干法工艺生产，需数量众多的预成形模具，而挤坯工艺中的挤出模制造成本比干法工艺的预成形模具要低，且可同时适用于石棉型产品和无石棉型产品的预成形。

④ 湿法挤出工艺制造的轻型车制动片具有硬度低、柔软性好、制动平稳、不伤对偶、噪声低等优点。

湿法挤出工艺的不足之处是和干法工艺相比生产工序较多，生产周期较长，生产效率偏低，成本偏高。另外，化胶过程中使用汽油作溶剂，制坯后还需烘干，既涉及环境污染，还需采取防燃防爆措施。

3. 压塑料的工艺性能

由上面所叙述的干法工艺和湿法工艺所制成的压塑料，在进入下一道模压成形工序时，通常有两种方式，一种是先经过预成形工序，将压塑料在常温下制成与热压模外形尺寸相符（略小些）的坯件，再将坯件放置至热压模中压制成形；另一种是直接将压塑料加放到热压模中压制成形。无论哪一种工艺方法，都要求压塑料具备一定的工艺性能，使其能符合热压成形工序对压塑料的工艺要求，倘若压塑料的工艺性能达不到这些要求，将对热压成形的正常操作、生产效率、特别是对产品质量等会造成直接影响。

压塑料的工艺性能主要包括：固化速度、挥发分含量、流动性、细度及均匀度、松散密度、压缩率、压坯性等内容。

1) 固化速度

固化速度又称硬化速度，是指热固性树脂或塑料（在本书中包括热塑性酚醛树脂和热固性酚醛树脂及其压塑料）在一定温度下转变为不熔不溶状态的速度，通常以所需的时间秒数来表示（固化速度的测定方法见第 3 章，3.1 中酚醛树脂性能检测方法）。

压塑料的固化速度应控制在一定范围内。固化速度太慢，固化时间就长，压塑料在热压模中压制周期长，生产效率变低，影响热压工序的产量。例如，固化超过 70~80s 时，被认为偏慢；固化速度太快，压塑料可能在压模中还未完成均匀分布、充满整个模腔，未能完全成形以前，就因固化而无法流动，导致压制品破损缺陷而成为次废品。一般认为，压塑料固化时间短于 25~30s 时，压制时就会发生上述缺陷。

压塑料的固化速度主要取决于压塑料组分中的酚醛树脂的固化速度。因此，压塑料的固化速度与下列因素有关：

（1）树脂的缩聚程度。树脂的缩聚程度深，固化速度快，反之树脂缩聚程度低，固化速度慢。

对于热塑性酚醛树脂和热固性酚醛树脂来说，它们的压塑料的固化速度控制手段是不同的。就热塑性酚醛树脂压塑料（即一般的干法压塑料）而言，由于热塑性酚醛树脂在树脂反应过程中，固化速度受缩聚时间、反应温度的影响，缩聚时间和真空脱水干燥的时间加长，反应温度特别是真空脱水后期温度的提高都会使树脂分子量不断增大，料液黏度加大，固化速度逐渐变快。但因热塑性酚醛树脂在脱水后期不会有胶化的危险，故易将成品树脂的固化速度控制在较短的时间秒数范围内，一般控制在 40~60s（150℃）。有些工厂需要固化速度更快些的树脂，则可通过进一步的热辊炼操作，使树脂固化速度达到 30~45s。

对于水乳液热固性酚醛树脂，在脱水干燥后期，树脂黏度及固化速度增加很快，控制不当会有凝胶化危险，因此在反应釜内制成的热固性酚醛树脂的固化速度较慢，一般控制在 60~110s。

（2）固化剂（变定剂）用量。对于热塑性酚醛树脂，固化剂六亚甲基四胺用量增加，固化速度增快；反之，固化速度减慢。生产中通常控制固化剂的用量为树脂量的 7%~12%，多半情况下为 8%~10%。六亚甲基四胺用量过少，在规定的正常热压时间内，压出的产品未能正常固化，质地发软，且易起泡。

2）流动性

压塑料的流动性是表示它在一定的温度和压力条件下充满模腔的能力。

流动性正常的压塑料能在规定的压制条件（温度、压力）下通过流动分布很好地充满模腔，获得满意的成形制品。流动性过小的压塑料，在规定的压制条件下，不能充满整个模腔。造成压制片产品有砂眼、缺边、缺角、表面发白、结构疏松、强度变差等缺陷，使产品达不到质量要求，成为次废品。对形状复杂的薄壁或大型制品，甚至不能获得所需要的形状。或者制品各部分的密实度不一致，机械强度不均，质量降低。

流动性过大的压塑料，会产生下述弊病：

（1）在压制过程中压塑料会从模具间隙中溢出并流损，使压制品废边过厚、过大，造成材料浪费且影响制品外观。

（2）严重时，阴阳模接合处被压制物料所粘合，对于多层压模，则上下两层压制片的溢料边连成一体，造成脱模及清理模具困难，压制品边缘破损甚至报废。

（3）对于阳模（或阴模）行程限位的模具，过多的溢料会造成制品因压不密实而过于疏松，使制品的机械强度下降，磨损加快，使用寿命缩短；对行程不限位的模具，则造成压制品厚度尺寸变薄，严重时，制品会因过薄而报废。

压塑料的流动性测定方法可参照采用塑料流动性测定方法，其原理是在一定温度一定压力条件下，测定规定质量的样品的薄片直径。

影响压塑料流动性大小的因素有几个方面,压塑料在规定的压制条件,即一定的温度和单位压力条件下,其流动性大小取决于以下因素:

(1) 树脂流动性。流动性是树脂产品的一项重要指标。它和固化速度指标在不同侧面上反映出以它为粘合剂的压塑料在一定温度、压力条件下充满模腔的能力。酚醛树脂正常的流动性指标应为 25~80mm(125℃),而干法工艺中树脂流动性的合适指标宜为 24~40mm。显然,树脂流动性大,其压塑料的流动性相应也大,反之则小。

(2) 粘结剂(包括树脂及橡胶)用量比例。压塑料中粘结剂用量比例增加,有助于提高压塑料的流动性。但粘结剂用量的增加会提高压塑料的成本,而且粘结剂用量过大时,对产品的热摩擦性能产生负面影响。因此,粘结剂用量应适度,满足压制操作所必需的流动性要求即可。粘结剂用量过少时,压塑料的流动性将变差,粘结剂用量低于下限时,会导致压制品表面发白、毛糙、结构疏松、表面孔眼、边缘缺损,机械强度变差,甚至不能成形。

对于各种类型的摩擦片,组分中粘结剂的用量比例下限参考数值见表 5-1。

表 5-1 粘结剂的用量比例下限参考数值

名称	产品类型	粘结剂用量比例下限质量(%)
盘式制动片	半金属型	7~8
	NAO 型	8~9
	石棉型	10~12
鼓式制动片	半金属型	10~12
	NAO 型	12~14
	石棉型	13~16
	NAO 型	14~17
离合器片	缠绕型	16~18
	石棉短纤维型	16~18

(3) 挥发分含量。压塑料中的挥发分(主要指水分)含量增加时,其流动性也增大。反之,其流动性降低。这点对湿法生产工艺,特别是湿法短纤维型压塑料来说尤为重要,挥发分含量低于 3% 时,湿法短纤维型压塑料的流动性变差,会造成在热压成形操作时发生困难,成形不好。

此外,压塑料的流动性还受压制条件的影响,单位压制压力增大时,压塑料的流动性得到改善。因此,在摩擦材料热压成形生产过程中,当有时遇上因压塑料中树脂比例过少、树脂流动性差或因烘干操作造成压塑料中挥发物含量过低而发生压塑料流动性变差的情况时,操作者可采用提高单位压制压力的方法来改善压塑料的流动性,以达到满意成形效果。

温度升高时,树脂固化时间变短,流动距离缩短,导致使压塑料流动性降低。

3) 挥发物含量

压塑料中包含的水分及其他易挥发物质统称为挥发物,其中主要为水分。100 份压塑料中所含的挥发物份数称为挥发物含量。

压塑料中的水分主要来源是:组分原料中带有的水分;从大气中吸收的水分;烘干工序中未排除的水分。其他易挥发物质是:压塑料中的树脂所含有的未参加反应的游离醛、酚等物质;加热压制固化过程中树脂因进一步缩聚而产生的低分子的物质,包含水分、六亚甲基四胺受热分解产生的氨及其他低分子物。

压塑料中挥发物含量是否合适是影响热压成形操作、压制品质量好坏和次废品率高低的一个重要因素。挥发物含量过高时,一则造成压塑料的流动性太大,压制时溢料过多,溢料边过长过厚,不但浪费压塑料,增加了原料损耗;二则在热压成形的高温下,挥发物产生的蒸气压力造成压制品起泡、肿胀、裂纹、分层而成废品,或产生片子表面波纹,发生翘曲、收缩率增大等弊病,制品物理机械性能受到影响。

造成挥发物含量过高的原因有:组分中某些原材料受潮,水分含量偏高;湿法工艺压塑料的烘干程度不够,树脂缩聚程度不够,未参加反应的低分子物较多;压塑料贮存过程中因贮存环境或天气原因受潮。

挥发物含量过低的情况主要针对湿法工艺压塑料而言。挥发物含量过低导致压塑料流动性太差,使热压成形困难,次废品增加。造成挥发物含量过低的原因是:烘干操作过度,干燥温度过高,或干燥时间过长;压塑料在高温季节中贮存时间过长。

对干法工艺压塑料和湿法工艺压塑料的要求是不同的。干法工艺的挥发分含量不需要设立下限,而上限为1%～1.5%,超过此上限是不合适的,因为干法工艺压塑料所含的挥发物除了水分外,在热压成形过程中还会由于六亚甲基四胺分解而产生氨气。水蒸气和氨气在压制温度(150℃)下产生的综合气体压力过大将冲破压制品表面而造成起泡、肿胀和裂纹等缺陷。湿法工艺压塑料的挥发分含量上限约为5%,超过5%后热压成形时易造成压制品起泡,而下限应不低于3%,见表5-2。

表 5-2 压塑料的挥发物含量要求

项目	干法工艺压塑料		湿法工艺压塑料	
	下限	上限	下限	上限
挥发物含量(%)	—	1～1.5	3	5

压塑料挥发物含量的测定方法:

称取5g左右压塑料样品(湿法压塑料应制成较小块粒样品),置于表面皿或敞口坩埚内于150℃下干燥20min后,再称取质量,测定其质量损失,按下式计算,即

$$挥发物含量 = (G_0 - G_1)/G_0 \times 100\% \tag{5-1}$$

式中,G_0为样品干燥前质量;G_1为样品干燥后质量。

4) 颗料均匀度

对于湿法短纤维型压塑料、块粒应小而均匀,这样加热干燥时表、里干湿度较一致,模腔铺料易均匀,压制品外观和密实度比较均匀,如果块粒大小均匀度差时,料块表、里干燥程度不易一致:有时块粒内部干燥合宜而外表皮烘得过干;有时外表皮烘干合宜而块料内部仍较湿,都会影响压制品的外观和质量。

5) 比体积

压塑料的比体积表示1g压塑料所占的体积(cm^3)。

压塑料的比体积与模具设计有密切关系。比体积大的压塑料和比体积小的压塑料相比,在相同投料质量的情况下,要求模具加料腔的容积要大,因此在设计热压成形模具及预成形模具时,应增加加料腔的高度。

压塑料的比体积值大小受下列因素的影响:

(1) 材质类型。不同的摩材制品,因组分材质不同,其压塑料的比体积值有较大差别。以盘式片为例,半金属材质制品使用了大量钢纤维和铁粉,其制品相对密度高达

2.4～2.6，而石棉材质制品的相对密度，仅 2.0～2.1，这两种制品的粉状压塑料的比体积值相差可达 15%～25%。

(2) 压塑料的形状和粒度大小。对同样材质的制品来说，干法工艺粉状压塑料的粉料间隙度小，故比体积值较小。而湿法工艺的块粒状压塑料的块粒间空隙度大，比体积值就较大。

比体积的测定方法：

压塑料比体积的测定可在量杯中进行。对粉状压塑料可使用 500mL 量杯，对块粒状压塑料可使用 500mL 或 1000mL 量杯(视不同材质类型而定)。

称取 100g 压塑料，量杯倾斜放置，将压塑料沿管壁轻轻倒进量杯后，将量杯垂直放正，使物料表面成水平分布，根据量杯刻度值读取压塑料在杯中的容积值(测定三次，取其平均值)，即

$$\text{比体积}(cm^3/g) = \text{容积值}(cm^3)/100g \qquad (5-2)$$

注意：① 压塑料放进量杯后，不应摇晃或颤动量杯。否则，在摇晃或颤动过程中，粉料或块粒料间自空隙会被填补，压塑料在杯中的容积值和测定的比体积值会逐渐减小，得不到准确的测定结果。

② 块粒状压塑料的块粒或块片尺寸不应过大，否则块粒和块片间的空隙度太大，影响比体积测定值重复性的准确。

6) 压缩率

压缩率是指压塑料与其制品两者的比体积或制品与压塑料两者的相对密度之间的比值，即

$$P = v_2/v_1 = d_1/d_2 \qquad (5-3)$$

式中，P 为压缩率，其值恒大于 1；d_2、v_2 为压塑料的(貌似)相对密度和(貌似)比体积；d_1、v_1 为制品的相对密度和比体积。

压缩率越大，则热压模的加料腔也越大，这不仅造成模具质量增加，加大制造模具需耗用的钢材，而且，在生产中为加热和维持模具压制温度的电能消耗也增加，另外，装料时带进模腔内的空气多，不利于压制时的排气操作，使压制操作周期变长，降低了生产效率。因此，生产中为了降低压塑料的压缩率，常常采取预成形的方法，即在热压成形工序前先将压塑料压制成冷坯，再进行热压成形。

压缩率在设计模具加料腔时是一项重要的参考数据。

7) 压坯性

粉状的或疏松的压塑料在常温下和一定压力作用下能压制成紧密的不易碎裂的块状、片状、条状或其他形状的冷坯，这种性能称为压塑料的压坯性或制坯性。

制坯操作在摩擦材料生产工序中称为预成形工序。在干法工艺中，将粉状压塑料在压机上于冷压模中压成冷坯，然后再进行热压成形。在湿法工艺中，有些工厂采用挤出工艺，将块粒状的湿态压塑料在挤出机中通过活塞顶出装置或螺杆挤出装置将压塑料挤出并制成条块状冷坯，再进行热压成形。在冷压法生产工艺中，则将粉状压塑料在高单位压力条件下压制成具有成品密实度的冷坯，再在夹紧装置中进行热处理，得到成品。

上述预成形制坯的操作可以简化热压模具，提高热压成形的生产效率，并可预先排出压塑料中的空气，提高热压成形操作中的排气效果，有利于提高制品质量。

压坯性的好坏主要体现为冷坯的坚固程度，影响压坯性能的因素有：

(1) 粘结剂用量比例。压塑料中粘结剂含量比例高,有利于组分的结合,压坯性好;另外,粘结剂中橡胶比例增加时,更有利于提高压坯性。

(2) 填料的影响。填料的颗料大小不匀,特别是颗料较大,低摩擦因数的填料成分均对压坯性有不利影响。

(3) 挥发物含量。挥发物含量较高时有利于压塑料各组分的结合,提高压坯性。

(4) 纤维材质。压坯生产操作是在常温下进行,很显然它与热压成形不同,此时,粘结剂的粘结作用远比其在热压成形时要小,而纤维成分对冷坯的牢固程度起着很重要的作用。石棉型压塑料的压坯性甚为良好,原因是石棉纤维的微纤呈树枝状,对树脂和填料的吸附性和结合性好,石棉纤维在冷坯中发挥了很好的骨架作用,故石棉材质压塑料的冷坯比较牢固,在贮放、搬运过程中不易碎裂。其他质地较柔软的天然矿物纤维,如海泡石等以及有机类纤维,如合成纤维、植物纤维、人造纤维等均与树脂、填料有较好的吸附性和结合性,以它们为基材的压塑料都具有较好的压坯性。金属纤维,如钢纤维、铜纤维材质的压塑料,在高预成形压力下具有较满意的压坯性。人造无机纤维和人造矿物纤维类,由于纤维柔软性差,表面光滑,与树脂、填料的结合性差,以它们为基材的压塑料的压坯性较差,需要较大的单位压力才能制成冷坯,且其牢固程度差,放置一段时间后,冷坯发生类似回弹的现象而变松散,贮放移运过程中易碎裂。在生产实际中为了改进这类压塑料的压坯性,通常加少量的有机类纤维,并提高压坯操作的压制压力或温度,这样可提高冷坯的质量。

5.1.2.6 金属附件的准备

摩擦材料制品中,使用金属附件的制品有:盘式制动片;鼓式蹄片总成;合成火车制动瓦;工程机械用摩擦片。

盘式制动片: 由盘式摩擦片和带孔金属钢背用粘结剂粘压一起而成。

鼓式蹄片总成: 由鼓式制动片和金属蹄铁用粘结剂粘结(压)在一起或铆装成一体。

合成火车制动瓦: 合成制动瓦和带倒爪的孔或者加固筋条的钢背,压合在一起,钢背上浸涂有酚醛树脂类的稀液作为粘结剂。

工程机械用摩擦片: 将压塑料和金属嵌件模压在一起,制成带嵌件的工程机械用摩擦片。

金属衬板件在摩擦片中起着支撑和增强作用,使摩擦片能够经受制动和传动时的冲击力和压力。金属嵌件的作用有时是由于产品设计结构的需要,有的是为摩擦片增强的需要。对于带有金属件的摩擦片,要求金属件和摩擦片有很好的结合强度,防止摩擦片在制动工作时因受到强烈的剪切力作用而发生金属件与摩擦片脱离的现象。

1. 盘式片钢背的准备

盘式制动片由摩擦片和钢背二者相组合而成。钢背材质通常采用 Q235 材质为多,冷轧板质地优于热轧板。钢背板厚度采用 5mm(4.5~5.3mm)。

1) 剪裁、冲裁

将厚度和材质符合上述规格要求的钢板材在剪板机上按盘式片钢背长度剪裁成长条。然后将长条状钢板用冲模冲裁出符合图纸要求的钢背。

对冲裁钢背的质量要求:

(1) 钢背应平整,不翘曲,尺寸规格符合要求。

(2) 钢背厚度不应小于 4.5mm。

(3) 钢背的侧边和钢背孔应平滑,不得有毛刺和卷边。

不同形状尺寸的钢背,有的品种只需一次冲裁,有的品种需冲裁二次或多次才能冲成符合要求的钢背。

根据用户的不同要求,钢背冲裁可分为粗冲和精冲两种,粗冲的质量能满足一般要求,精冲的质量较好,故精冲钢背制造成本略高于粗冲钢背。

2) 钢背的表面处理

对于盘式制动片,摩擦片与钢背的牢固粘结至关重要,盘式片在制动工作时,经受着强烈的剪切力作用,当摩擦片和钢背之间的粘结力小于制动造成的剪切力时,会导致摩擦片与钢背的分离,摩擦片从钢背上脱落,而产生制动事故。

钢背表面的油污、脏物和锈蚀会严重影响摩擦片和钢背的粘结效果。为了保证涂覆粘结剂的钢背与摩擦片的良好粘结,钢背表面必须进行洁净处理。在盘式片的生产过程中,钢背的表面处理包括除油洗涤和除锈除脏。

(1) 除油处理。钢背表面的油污主要是在钢材和钢背机械加工和贮存过程中所造成。除油物质一般使用碱水(氢氧化钠溶液)、丙酮或金属清洗剂。

碱水除油:将钢背浸泡于碱水液中,氢氧化钠浓度宜为 50% 左右,浸泡 5~10min 后,将其擦洗干净。

丙酮除油:用浸渗丙酮的布擦拭钢背表面,将油污擦去。

常用除油处理设备见图 5.11,其为 XL4211 型履带式脱脂机。该机是参照英国、中国台湾同类设备改进设计的。该机可连续完成钢背、蹄铁的除油、漂洗、烘干处理。配置的油水分离器可确保除油液的油污及时排出,并且使清洗污染降到最小程度,有先进的温控和热风循环系统,多角度排布的高压喷头将脱脂液喷射至工件各部位;该机还采用了先进的变频调速,清洗时间柔性调节,整机 PLC 控制,清洗过程程序化、自动化。

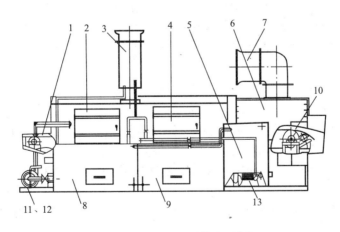

图 5.11　XL4211 型履带式脱脂机

1—传动履带;2—清洗室;3—冷凝器;4—漂洗室;5—油水分离器;6—烘干室;7—热风循环风机;8—冲洗罐;9—漂洗罐;10—履带驱动辊;11—清洗泵;12—漂洗泵;13—油水分离泵

XL4211 履带式脱脂机工作时,操作者先将冲洗罐 8、漂洗罐 9 内液体加热到 70℃,热风调节至 50℃,然后将工件平放于传动履带 1 上,传动履带 1 带动工件连续通过清洗室

2、漂洗室4、烘干室6，烘干后的工件即被输出、收集，以备下步工序使用。

钢背表面油质除净的鉴别方法是清水在钢背表面形成水膜而不形成水珠。

（2）除锈除脏。钢板材和钢背在储存、运输、加工过程中不可避免会发生生锈、沾染脏物的现象，故必须将其除净，以利于粘结。一般采取喷砂、抛丸、酸洗等方式来除锈除脏。

① 喷砂除锈。喷砂除锈是采用喷砂机借助于空气压力（3~4个大气压）将专用砂喷击钢背表面，将锈斑、脏垢除去。

② 抛丸除锈。抛丸除锈原理和喷砂除锈相同，在抛丸机设备中，将铁丸撞击钢背表面，除去钢背表面的锈斑和脏迹，图5.12为Q326C型履带式抛丸清理机，它具有清理质量好、时间短、结构紧凑、噪声小、成套性好等优点，主要适用于各行各业中的冲压件、铸件、锻件、铝合金件、齿轮及弹簧清砂、除锈、去氧化皮和表面强化等，特别对怕碰撞的零件，清理强化更为适用。

图5.12　Q326C型履带式抛丸清理机

③ 酸洗除锈。在小型摩擦材料生产企业中，也有使用更简易的除锈方式的，即用强酸液洗除钢背锈斑。强酸品种常用的有盐酸和硫酸两种。

酸洗操作步骤如下：

a. 酸液准备：将酸液注入贮酸容器（陶瓷或塑料容器为宜）。

a) 酸液深度应能足够浸没钢背表面。

b) 酸液浓度：可采用浓盐酸或浓硫酸。

c) 盐酸或硫酸稀释液。盐酸（或硫酸）：水＝1:（1~2），即在1份浓盐酸或浓硫酸中加入1~2份水进行稀释（注意浓硫酸稀释操作要点：应将硫酸倒入水中稀释，不得反向操作）。

b. 浸泡除锈操作：将经过除油处理的钢背串放于粗铁丝上（注意铁丝会与强酸起化学反应而被逐渐腐蚀，需定期更换），浸泡于酸液中，可观察到钢背表面很快会产生气泡并逸出，并越趋剧烈，表明酸洗作用正在进行。浸泡除锈操作按下述进行：

a) 钢背必须全部浸没于酸液面以下。

b) 各块钢板表面之间不能紧叠合在一起，否则酸液不能很好侵蚀紧叠在一起的钢背表面，严重影响酸洗效果，降低酸洗效率。

c) 酸洗时间：视酸液浓度而定，浓盐酸或浓硫酸对钢背的酸洗时间为20~30min，其稀释液的酸洗时间为30~2h。

d) 酸洗质量要求：经酸洗好的钢背表面应呈亮铁灰色，无任何锈斑存在，对仍存锈斑的部分钢背，应重新放入酸液槽继续酸洗。

e) 酸洗安全操作要求：盐酸和硫酸均为强酸，对人体的皮肤灼伤腐蚀性甚大，在向酸液中放置和取出钢背的过程中，必须戴好防护胶皮手套、工作服、防护胶鞋、防护眼镜，并要谨慎操作，避免因酸液溅出或滴落到人体皮肤或器官上造成伤害，特别要防止钢背掉落到酸液中导致大量酸液飞溅。

酸洗过程中，酸液容器表面应用盖密闭，避免酸挥发，特别是浓盐酸蒸气挥发到空气中，造成空气环境污染。

c. 水洗：将酸洗好的钢背从酸液中取出后，其表面残留酸液，会很快使钢背又失去亮泽而变灰黄，故将钢背从酸液中取出后，应即用清水冲洗干净，并擦干保存，防止在空气中再生锈。

上面三种除锈方式中，酸洗除锈方法虽然设备简单，投资少，但生产效率低，酸有强腐蚀性，操作安全性差，且酸液蒸气使操作环境变差，喷砂除锈和抛丸除锈方法可提高除锈工作效率，操作环境较好，经除锈后的钢背表面保持洁净的时间较长。这两种方法中，抛丸除锈更好些，由于铁丸粒度较大，除锈效率高，并且经抛丸后的表面粗糙度更大，涂覆粘结剂后摩擦片的粘结效果更好些。

3）涂胶干燥

钢背表面涂胶（粘结剂）的目的是借助于粘结剂使钢背和摩擦片在热压成形过程中通过加热和加压实现牢固粘合。

目前，摩擦行业中使用的国产钢背粘结剂，如上海的204胶、706胶、哈尔滨的J-04A和J-04B胶以及BC型胶等，其粘结质量均可达到粘结强度要求。

涂胶操作：

将粘结剂胶液倒入盛料容器中，在钢背的粘结面上涂刷一次薄层，自然晾放20min分钟左右，再在此粘结面上涂刷一次胶液，自然晾干（或在60~80℃烘箱干燥），至钢背表面的胶层不粘手为止。

胶液涂刷不应过多、过厚，以0.1mm厚为宜。过厚的涂胶层一来会影响粘结强度，二来在热压成形的压力作用下多余的胶液会从周边溢出，并粘在粘结面以外的钢背上，固化后甚难清除，影响盘片产品外观。

衡量粘结效果好坏的指标是测定摩擦片与钢背的粘结强度（又称剪切强度），包括室温和高温剪切强度。表5-3是用J-04B胶粘结摩擦片与钢背的剪切强度。

表5-3 J-04B胶的粘结剪切强度

温度	剪切强度技术指标/MPa	温度	剪切强度技术指标/MPa
室温	≥5.0	300℃	≥3.0
250℃	≥3.0	—	—

2. 鼓式制动蹄铁的准备

粘结型鼓式制动蹄铁由摩擦片（鼓式制动片）和蹄铁（又称制动蹄或刹车蹄）依靠粘结剂粘结组合而成，制动蹄铁的材质采用Q235材质较多，轻型车以下的车辆制动蹄铁的板材厚度1.5~4mm为宜。

制动蹄铁的准备包括裁板（剪裁）、冲裁、焊接、整型、表面处理、涂胶。

1）剪板和冲裁

将钢板按面板和筋板的宽度在剪板机上进行裁切，再将条材在冲模中冲裁出形状尺寸符合蹄铁图纸要求的面板和筋板。

2）焊接

将面板和筋板焊接成一个制动蹄铁整体。

焊接设备常采用点焊机，根据蹄铁尺寸和钢板厚度的不同选择合适的电流参数和不同功率的点焊机。

3）整形（整弧）

蹄铁焊接成形后必须经过整型。目的是校正蹄铁在冲裁和焊接时产生的应力变形，确保蹄铁的形状和位置精度，即母线直线度、垂直度及圆弧度。

常用的整形方法有直压和滚压两种。前者一般采用大吨位冲床或压力机通过整型模具来完成，既消耗了大量能源，又没有发挥设备的真正使用价值，且更换胎具烦琐。后者设备结构简单，体积小，耗能少，生产效率高，更换胎具简便，操作灵活可靠。

滚压整形原理如图5.13所示，三压紧辊的负荷大小相同，工作时可沿轴向移动，压力不发生变化。图5.14给出按此原理生产的JF525B型蹄铁整形机。该机的操作十分简单。将蹄铁放在胎辊的正确位置上，踏下脚踏开关则胎辊转动，校形辊上压。一圈后，胎辊自动停转，取下原工件，放上新工件即可。

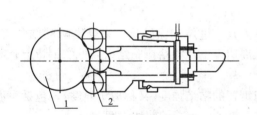

图5.13 滚压整形原理图
1—胎辊；2—校形辊

图5.14 JF525B型蹄铁整形机

4）表面处理

（1）除油、除锈：将蹄铁表面的油污、锈斑和其他脏垢除去。除油剂使用金属清洗剂、碱水、丙酮等溶剂，除锈除脏采用喷砂或抛丸处理。其设备和操作方法在盘式片钢背表面处理一节中已有介绍。

（2）表面装饰：表面装饰的目的是使蹄铁具备商品外观。通常的方法有浸漆、喷漆和磷化处理、钝化、镀锌等。

① 浸漆与漆液配制：酚醛树脂1份，酒精或丙酮5～10份，调匀，使其成完全透明溶液。

浸漆：将表面洁净的蹄铁浸没于酚醛溶液中，取出后将蹄铁上残液滴净，悬挂放置于50～70℃温度下烘干至不粘手。

② 喷漆：所使用的漆为硝基磁漆或氨基磁漆。用稀料进行稀释调配，使漆液黏度适合喷枪喷洒使用。漆液的颜色可根据不同要求进行调色。

将调好的漆料用喷枪对蹄铁喷涂，将喷漆的蹄铁悬挂起来进行干燥、固化，硝基磁漆于常温下能自行固化，氨基磁漆需加温固化。

③ 镀锌法（包括镀彩锌），是用电镀的方法，将蹄铁镀锌（或彩锌）以防锈，它主要用

于铆接式鼓式蹄片。

5) 涂胶干燥

在蹄铁外弧表面涂刷粘结剂，以便和鼓式制动片进行粘结。蹄铁的涂胶与钢背的相同。

制动片表面涂胶后需干燥，干燥机如图5.15所示。

JF570B干燥机用于鼓式制动片表面涂胶后干燥，特点：废气集中排放，减少环境污染；通过烘干隧道烘干，加热温度≤150℃；红外加热，配以热电偶测温；自动控温；输送速度可调；烘干部分两端有风幕，保温节能。

3. 火车制动瓦钢背的准备

铁路用合成制动瓦使用的钢背系按铁道部TB/T 2404—1999标准生产。

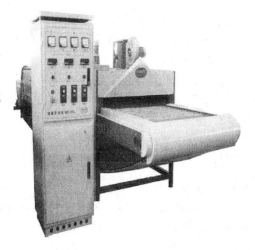

图5.15 JF570B干燥机

火车合成制动瓦产品的规格单一，所需钢背规格少，目前主要有踏面制动瓦与盘形制动块两种规格。其中盘形制动块所用钢背的生产方法如汽车盘式片钢背，这里不再重复，现介绍踏面制动瓦钢背的生产。

钢板材质为Q235-A-F、Q255-A，其性能应符合GB/T 700—2006的规定。钢板厚度为4mm，经剪板、冲压、冲孔、压型、焊接（装瓦鼻或焊加固板）、除锈、整型、喷漆或涂胶等工序处理而成。踏面制动瓦钢背的生产过程如下：

1) 剪裁钢板

按合成制动瓦长度在剪板机上进行裁条，然后再将条材在冲模中冲裁符合制动瓦宽度要求的制动瓦钢背板材。

2) 冲（压）孔

将冲好的制动瓦钢背板材，于组合冲模中冲孔（瓦背加固孔与制动瓦定位孔）。加固孔（又称梅花孔）反爪高度不得超过13mm。用高度检验工具检验，合格后投入下道工序。

3) 压型

压型的目的即将制动瓦钢背板料压出弧形。压型在液压机上进行，通过压型后制动瓦钢背坯型的弧度与瓦鼻均应符合图纸要求。

4) 焊接

要求将固强板与瓦背焊接牢固，焊层厚度要求3~4mm，外观平整、光滑，固强板不允许与瓦背错位、虚焊。对制动瓦钢背坯型没压制加固孔的还要焊接直径4mm以上的加固铁丝数条。

5) 表面处理

制动瓦钢背表面的油污必须除掉。除油污的方法有燃烧与化学处理两种方法。燃烧法即将钢背通过燃烧炉将表面油污烧掉；化学法即采用酸或者丙酮等溶剂处理，与汽车盘式片钢背处理法相同。

6) 喷砂

喷砂的目的是为了除锈除脏，增强瓦背与摩擦片部分的粘结性能。所以瓦背必须经喷砂处理。喷砂时间约 10min，喷砂后外观要求无油污、锈渍，表面呈亮铁灰色为准。除锈、脏采用喷砂或抛丸处理，其设备和操作方法在盘式片钢背表面处理已有介绍。

7) 整形

整形的目的是使钢背的尺寸和瓦鼻位置完全符合标准规定。它是在压力机上将钢背放于整形模具中，通过压力作用来完成。

8) 涂胶

在钢背内表面涂覆粘结剂，其目的是提高钢背与摩擦材料之间的抗剪切强度，防止在使用过程中出现危险的钢背脱落现象。表面涂粘结剂后晾干备用。

5.1.2.7 模压成形及固化

在摩擦材料制品的生产过程中，一般最常用的成形方法是将压塑料在压力和加热条件下进行模压成形和固化，以获得具有规定形状和尺寸、一定密实度、硬度和机械强度的摩擦片制品。模压成形及固化又分一步法和二步法：一步法即压塑料直接模压成形及固化，干法制备的压塑料常用一步法模压成形及固化；二步法即压塑料先预成形，然后再模压成形及固化，湿法制备的压塑料常用二步法模压成形及固化。

1. 压塑料直接模压成形及固化工艺

最常用的摩擦材料的成形固化工艺方法，包括热压成形(热模压)固化、辊压法成形固化和冷压法成形固化等工艺。这些工艺方法各有其特点，有些工艺是加热加压在同一设备中同时进行，有的工艺是加热和加压在不同设备中分开进行，下面分别介绍。

1) 热压成形固化工艺

热压成形固化，又称压制工序或热模压工序，是将压塑料(粉状、块粒状、片状、线质或布质压塑料)直接加入已加热到一定温度的模具中，经过合模加压，使其在压模中成形并固化，由此获得各种压制品，如制动片、离合器片及各种模压摩擦片。长期以来，热压成形工艺一直是国内外使用最广泛的成形固化工艺。

酚醛树脂的模压成形工艺有浇铸成形和模压成形之分。酚醛摩擦材料的生产是采用热模压成形工艺。酚醛压塑料在加热加压条件下固化成形，其原因有两个方面：第一是压塑料的流动性因素，在摩擦材料生产中，为使摩擦材料获得所需要的摩擦性能和机械强度，通常在配方组分中，填料和纤维增强材料的用量要占到 80%～90%，而树脂粘结剂的用量仅占 10%～20%，故而其压塑料的流动性比较差，若采用浇铸成形工艺，不能使压塑料布满模腔而获得成形制品，所以必须采用加热加压的模压工艺来使压塑料在加热到固化温度(150～160℃)的模腔中，于一定压力下流动，布满模腔，并受热固化，从而获得固化成形制品；第二，压塑料中的酚醛树脂在固化温度下进一步缩聚，由线形结构或支链结构逐步转变为立体交联结构，最终实现固化，在此过程中，树脂会放出水分和低分子物质，它们在成形温度150℃下会产生较大的蒸气压力，若其从成形制品的表面逸出时会使制品损坏而报废，因此，模具中的制品在充分固化前需保持较高的成形压力。

热压成形工艺的特点在于压塑料的压制成形和加热固化在压模中同时进行。

(1) 压力机。压力机是热压成形的主要设备，它提供压塑料在模具中成形所需的压力，以及脱模时所需要的脱模力。

热压成形压机可分为单层、双层与多层热压机。按压力大小区分为 60t、75t、100t、

200t、250t、315t、400t、500t、600t 以及更大吨位的压力机。

图 5.16 为国产的 XL-350A 型单层热压机，压力吨位为 300t，用于载重车鼓式制动片的生产。

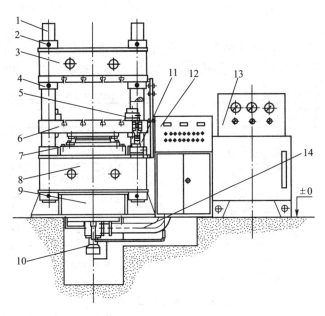

图 5.16　XL-350A 型 300t 单层热压机

1—立柱；2—锁紧螺母；3—上横梁；4—调节螺母；5—起模缸；6—活动横梁；7—主缸；8—下横梁；9—底座；10—充液装置；11—快进缸；12—电气控制系统；13—液压动力系统；14—管路系统

用于盘式制动片、卡车鼓式片二步法成形的 JF400P 型热压机，如图 5.17 所示。该机特点：可多层模具加热（3~8 层）；压力数字程序控制；多种循环方式可选；配有升降工作台；操作方便；自动下片机构可选。

操作人员只需将预成形毛坯放入模腔和将压好的产品从模具中取出即可。所以操作方便，省时省力，使得劳动条件得到改善，大大提高了生产率。

一步定密度法高质量 OEM 盘式制动片的 JF64505 盘式片 OEM 热压机如图 5.18 所示，

图 5.17　JF400P 型热压机

图 5.18　JF64505 盘式片 OEM 热压机

特点：可采用一步定密度法生产；具有上梁摆臂结构；可由 1～24 个独立工作位组成，每个工作位可设定不同的温度、压力和时间，同时生产不同品种；恒定比例封模力；可选择定压力或定尺寸压制方式；可选装压力平衡器以保证各模腔压力均等；可与称料系统组成自动/半自动机组。

(2) 热压模具：

① 盘式片热压模具。盘式片热模具有下顶式弹簧推凹模复位模，滑块带动凸模复位模［图 5.19(a)］，每模六模腔，六层热压机使用的多模腔模具［图 5.19(b)］等。

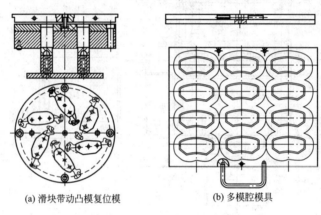

(a) 滑块带动凸模复位模　　(b) 多模腔模具

图 5.19　盘式片热压模具

② 鼓式片热压模具。鼓式片热压模具有每模压制多片的排式模具、压制大块的鼓式片模具(大块压成后再由切块机切成多片)和鼓式片多层连续压模，如图 5.20 所示。

③ 离合器面片模具。离合器面片模具如图 5.21 与图 5.22 所示，模具分两种形式：单层与多层。

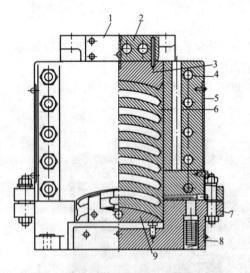

图 5.20　单孔多层制动片连续压模
1—上模座盖板；2—上横座；3—上模；
4—横边模；5—边模盖板；6—模板；
7—模座；8—模座盖板；9—下模

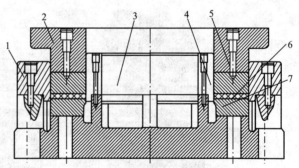

图 5.21　离合器片单层压模
1—外模；2—上模座；3—模座；4—内横；
5—镶块；6—产品；7—下模板

a. 离合器面片单层模具,一般配合多层压力机使用,适用于大批量生产。该模具结构简单,成本低,与XL542型多层热压力机配合使用,自动化程度高,工人劳动强低,生产效率高。

b. 离合器面片多层连续模,用于单层热压机压制离合器面片,该模具结构复杂,成本高,手工操作,劳动强度大。但设备投资小,适于中小型企业的中小批量生产。

（3）压制前的准备：

① 压模预热。酚醛压塑料的热压成形温度为150～160℃。准备压制前,应将压模预热到此温度范围。温度低于145℃或高于165℃的压模温度都适合压制工艺条件。

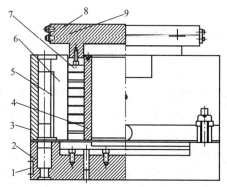

图5.22 离合器片多层连续模
1—模座盖板；2—模座；3—外模；4—内模；
5—外模罐套；6—模板；7—上模；
8—上模盖板；9—上模座

② 压塑料的预成形(二步法成形中)。在摩擦材料的热压成形工序中,为了提高热压机的生产效率,减少操作时的粉尘扩散区域,提高压制产品的质量性能,对于部分规格产品的压塑料进行预成形,制成形坯。例如,厚度较大(一般≥7mm)的制动片、缠绕型离合器片等,将制成的型坯件放置于料盘中,按需要送往热压工序备用。

③ 压塑料的干燥和预热。在热压成形操作前,将压塑料或预成形坯件在一定温度和加热条件下进行干燥和预热,以便保证压制品质量,有利于压制操作。但压塑料的预热并非是必需的要求,而由生产厂根据自身的操作需要而设定。事实上,目前只有一部分厂家对压塑料或型坯进行预热。压塑料预热的好处在于：

a. 缩短压制周期。预热操作可减少压塑料在压模内的加热时间,另外,压塑料在预热过程中,其树脂可进一步缩合,因此缩短了压塑料在压模内的固化时间及压制周期。

b. 预热过程中压塑料中一部分水分和挥发物被除去,有效地减少压制过程中压塑料片起泡和肿胀等弊病,降低制品的次、废品率。

c. 可改善制品的物理机械性能,特别是热稳定性。

d. 提高压塑料在热压过程中的流动性。压塑料是否预热以及预热的工艺条件应根据实际需要,根据不同种类的压塑料而定。预热温度与时间的关系见表5－4。

表5－4 压塑料预热温度与时间的参考值

预热温度/℃	70	80	90	100～110
预热时间/min	120	60～120	30～60	15～20

经过干燥预热操作的干法压塑料的挥发分含量应不大于1%,湿法工艺挥发分含量应为3%～5%。

预热操作要注意的事项是不同温度下的预热时间是不同的,在表5－4中的预热温度下,压塑料中的树脂将继续进行缩聚反应,随着预热时间的推移,树脂流动性降低,固化时间缩短,线型和支链结构向交联化转变。如果预热过度,压塑料将因树脂产生老化,流动性过差而导致成形加工性能变差,甚至丧失成形性能。生产经验表明,在70～80℃,预热时间以60~120min为宜，在90℃温度条件下，预热时间以30~60min为宜，不应超过60min；预热温度为100~110℃的情况应用较少，预热时间超过30min，被认为是不安全的；温度超过120℃时，树脂交联固化将加快进行，对预热操作来说一般是不予采用的。

(4) 压制工艺条件。压塑料在受热情况下，具有可塑性。在固化温度下，其塑性随温度提高而增高。压塑料于加热的模中，在压力机所施加的压力下发生流动，填满整个压模模腔，与此同时，压塑料中的树脂在压制温度(150~160℃)下，大分子的活性官能团互相作用，或在交联剂(固化剂如六亚甲基四胺)作用下，进一步进行缩聚反应，最终转变成不熔不溶的具有网状交联结构的固化产物，此反应过程是不可逆的，因此，压塑料在压模中经热压成形转变为固化成形的摩擦片，实际上就是压塑料中的树脂的反应变化过程，在此过程中，酚醛树脂变化分三个阶段：黏流阶段、胶凝阶段和硬化阶段。在压制温度下，黏流阶段的处于流动状态；胶凝阶段的树脂呈软化和半软化状态，这两个阶段的树脂大分子为线型结构和部分支链结构，其压塑料具有可塑性，在压制压力作用下能填满整个模腔，而填满模腔的均匀性取决于黏流态树脂的流动性，流动性良好而又适中的树脂能使压塑料均匀地填满整个模腔。树脂的黏流态和胶凝态应保持一定时间，以便能使压塑料有足够的时间达到均匀填满模腔的效果。这段时间的长短，取决于树脂的固化速度，通常为30~60s。然后，树脂很快进入硬化状态，分子结构进一步形成交联结构，压塑料在模腔中开始固硬，这段时间越长，交联链越密，交联程度充分并均匀，硬固充分，有助于提高制品机械性能。但是热压固化时间过长会影响压力机的工作效率，故通常压塑料在热压模中的固化成形时间并不长，而是将压制品从模中取出后，再置于热处理烘箱中，继续进行长时间的热处理来达到制品充分固化的目的。

由上所述，影响酚醛压塑料热压成形操作和压制品质量的工艺条件因素包括成形温度、成形压力和成形时间，此外，压塑料的投料量计算合理也是保证制品质量所不可少的。

① 成形温度(压制温度)：

a. 成形温度对硬化速度的影响。物质化学反应的速度，随介质温度的提高而增快，因而温度对酚醛树脂的硬化速度影响很大。

热塑性酚醛树脂硬化速度与温度的影响关系，见表5-5。

表5-5　热塑性酚醛树脂硬化速度与温度的影响关系

温度/℃	130	140	150	160	170
硬化速度/s	132	82	50	42	31

可以看到，随着温度提高，树脂的硬化速度加快，有利于压制生产率的提高。而温度低于150℃时，硬化速度明显变慢，温度低于140℃时，树脂硬化进行得甚为缓慢，不易得到合格满意的制品。

b. 成形温度对流动性的影响。成形温度过高，树脂硬化速度过快，使压塑料流动性相对降低，会使压塑料还未来得及均匀填满模腔就开始硬化，造成制品边角缺损或质地疏松不均，机械强度受到影响。因此，压制操作时，应避免成形温度过高。

c. 成形温度对热压制品质量的影响。由于压塑料中含有一定量的水分和低分子挥发物，并且压塑料中树脂在热压过程中继续缩聚反应的同时会产生水分，树脂固化剂六亚甲基四胺释放出氨气。这些物质在热压成形的高温条件下转化成蒸气，其总蒸气压力相当大，成形温度越高，总蒸气压力就越大。而且，成形温度过高时，硬化速度太快，压制品表层很快就硬化，使内部的水分和挥发物难以逸出排除。当压制完成，开启压模时，这些水分和挥发物会以很大的蒸气压力力图突破制品外表，造成制品表面起泡、肿胀或形成裂缝，使制品报废。成形温度过高还会造成表面色泽发暗发黑，影响产品外观。成形温度也不宜过低，温度越低，硬化速度越慢，压制片在压模中保持时间需要较长，降低生产效率，另外，在低温下长时间压制所得到的制品发软、表面发白，暗淡无光，影响外观。而且在内部水分及挥发物总蒸气压力的作用下，也会出现起泡和肿胀现象。

综上所述，在热压成形操作中，成形温度是非常重要的工艺因素。通常控制在150～160℃。对于每批产品，应根据产品厚度、形状、压塑料品种、硬化速度、挥发物含量来确定合适的热压成形温度，以便达到既能有高的生产效率，又能保证产品质量的效果。

热压成形的温度测试是将测温仪器插入压模测温孔中而测得。用于温度测试和控制的仪器有：水银玻璃温度计、热电偶毫伏温度计、压力式温度计等。

最常用的测量温度计是水银玻璃温度计，测试量程为0～200℃。根据需要可选用直形或弯成90°、120°的水银玻璃温度计。

热电偶毫伏温度计由热电偶和毫伏表组成。热电偶是由两根不同的金属丝组成的良导体，根据两种不同金属所产生的热电动势不同的原理制成。热电偶把某一温度下的热电动势信号导入毫伏表中，在仪表设计中预先将毫伏指数换算为温度，直接读出温度值。

现在普遍将热电偶和温度控制器结合使用，先在温度计上设立一个指定温度，将调温指针调节至指定温度值位置，当温度上升至高于指定值时，压模上的加热电源自动断开，停止加热，温度开始下降，当温度低于指定值时，加热电源自动接通，对模具进行加热。这样，能将压模温度控制在规定的温度范围内，避免温度过高或过低的情况，从而保证压制品的质量稳定，减少压制品中次、废品的产生。

温度控制器的测温误差是必须注意的问题。质量差的温度控制器的控温误差可达指定温度值的±7℃，这将造成成形温度上下波动太大，影响压制品的质量稳定，故而选择质量好的温控器是很重要的，合宜的控温误差应为指定温度值的±4℃范围内。

另一个需注意的问题是热电偶的测温结果与水银玻璃温度计的测温结果不一致性。一般来说，水银玻璃温度计的测温值比热电偶毫伏温度计更接近于真实温度，因而生产中可用水银玻璃温度计的测值来校验热电偶毫伏温度计的测量结果。

② 压制压力。在热压成形中，压制压力是和成形温度同样重要的操作要素之一。压制压力的作用在于：

a. 促使压塑料在压模内流动，挤满整个模腔的各个部分。使制品具有所要求的形状和均匀的厚度。

b. 将压塑料压密实，使制品具有一定的密度和机械强度。

c. 在热压成形过程中，压塑料内部的水分和其他挥发分在高温下形成的蒸气压力会力图突破制品表面而逸出，造成鼓泡、肿胀等弊病，加压可阻止蒸气的逸出，直到制品表面充分硬化，即便压力结束，解除压力，将制品从模中取出，蒸气压力也不会损坏制品表面。

压制压力的大小取决于压塑料的流动性、制品的面积大小、厚度和形状：

a) 压塑料的流动性。压塑料中的树脂硬化速度过快，压塑料的水分含量过低(湿法工艺压塑料)会使压塑料的流动性降低,所以只有提高压制压力,才能较好地填满模腔。压塑料中树脂硬化速度过慢,压塑料(湿法)水分含量高,橡胶比例高,会使压塑料流动性和可塑性变大,对于流动性和可塑性过大的压塑料,应适当降低压制压力。

b) 对于面积或直径较大、厚度小的制品,应采用较高的压制压力,如离合器面片或长大弧度的薄制动片,需要较高的压制压力。当压力不够时,易产生制品厚薄或密实不匀、边角疏松或缺陷等弊病,提高压制压力有助于克服这些问题。对于外径在300mm以上,厚度小于3.2mm的离合器片规格,更应该采用较高的压制压力来获得完整和合格的产品。

c) 对于形状复杂的制品,需要较高的压制压力将压塑料挤满模腔的每一个部位。压制压力的常用范围为20~30MPa。由上面的分析可知,若压制压力过小,而压塑料的流动性又较差时,会产生一系列弊病:制品密实性差、质地疏松、厚薄不匀、边角缺损等。

压制压力过大是不必要的,它并不能提高制品性能,而只会浪费能耗,易造成模具及压力机损坏。另外,当压塑料的流动性偏大时,过大的压制压力还会造成溢料增多,溢料废边过多过厚,不但增大了物料浪费,还会造成压制品因边缘破损而报废。

压力表压计算:

在热压成形操作中,在规定了某种制品压制时要求的单位面积压力后,还需要进一步确定对其压制时压力表上的表压应达到多少才能满足此单位面积压力的要求。这需要根据压力机吨位、压模模腔数、制品受压面积、压力机顶缸的施压面积等数据进行计算,求出所需表压。

计算步骤为:

a. 根据制品单片的受压面积及所需单位面积压力,计算每片压制片需要的压力吨位。

b. 根据压模模腔数计算用此种压模压制该制品所需的总压力吨位,并选择合适的压力机吨位。

c. 测量或掌握所选压力机的顶出缸的施压面积 S,即

$$S = 1/4 \cdot \pi \cdot D^2 \tag{5-4}$$

式中,D 为顶出缸直径,但以油封直径更正确。

d. 总压力吨位除以顶出缸施压面积的值即为所需压力表表压。

e. 也可根据压力机吨位、压力机公称压力及制品所需总压力吨位来求出所需表压。

表压计算举例:

某鼓式制动片外弧长200mm,宽150mm,厚16mm,要求压制的单位面积压力为25MPa,使用200t压力机和双模腔压模进行压制,压力机顶缸直径为320mm,试计算压片所需表压。

表压计算方法 I:

压力表表压 = 制品总压力吨位/顶出缸施压面积

= 单片受压面积・单位面积压力・模腔数/$(1/4 \pi \cdot D^2)$

= $20 \times 15 \times 25 \times 2/(1/4 \cdot 3.14 \cdot 32^2)$ MPa

= 15000/804 MPa

= 18.7 MPa ≈ 19 MPa

所以,压制该制品所需表压力为19MPa。

表压计算方法 II:

由计算方法 I 已得知压制该制品所需总压力为150t,所用的该台200t压力机的使用

说明书得知其公称压力为 25MPa，表示该压力机满负荷加压，即施加总压力达 200t 时，其表压应为 25MPa。而对本制品压制总吨位需 150t，所需表压为

$$表压 = 150 \cdot 25/200 \text{MPa}$$
$$= 18.7 \text{MPa} \approx 19 \text{MPa}$$

同样得知压制该制品时压力机上表压为 19MPa。

③ 压制保持时间（保压时间）。压制保持时间是指压塑料在规定的温度、压力作用下，从闭模至压制品出模所耗用的时间。这段时间内压塑料经过充分固化，变为具有不熔不溶性质的有一定形状和硬度的产品。

压制保持时间不足时，制品在压模内尚未充分硬化就出模，此时制品发软，质地粗劣，容易产生鼓泡、肿胀、裂缝等弊病。

压制保持时间的长短取决于两个因素：

a. 制品厚度。制品越厚，压塑料内部受热慢，达到充分硬化所需时间长，因此要求压制保持时间较长。通常要求压制保持时间的掌握为每毫米制品厚度为 40～90s，根据具体情况进行选择。

b. 树脂硬化速度。压塑料中树脂的硬化速度指标一般为 30～60s，由此可知压塑料在热压过程中要达到足够硬化所需的时间是不一样的。当硬化速度快时，压塑料的压制保持时间可缩短，反之，保持时间就需延长。

压制保持时长时，制品硬化程度高，收缩率减小，不易发生变形，但保持时间过长时，并不能明显提高制品的物理机械性能，反而增加电能消耗，降低压力机生产效率。因此，通常只要求制品表面达到必要的硬化程度，就可不必在压模中保持过多的时间，这样可提高压力机生产效率。要使制品充分固化，则可借助于在热处理工序中提高热处理温度、加长热处理时间这些手段来达到较好的效果。

综上所述，成形温度、压制压力和压制保持时间是热压成形工序的工艺三要素，它们之间存在相互影响的关系，当某一因素发生变化时，其他因素也应作出相应改变，在实际生产中，往往根据压塑料的性能（硬化速度、挥发分含量、树脂用量比例、流动性）、产品种类（盘式制动片、鼓式制动片、离合器片、硬质制品、软质制品）、模具形式（单腔模、多腔模、单层模、多层模）等条件来制定合宜的压制工艺条件，以求得满意的压制效果。

(5) 投料量的计算。每个品种的摩擦材料制品，在进行热压成形前，应根据产品尺寸规格及材质要求计算其投料量。合适的投料量能获得密实度和厚度尺寸都符合要求的制品。

投料量计算的基础是制品重量和加工余量。

① 制品质量，计算公式为

$$制品质量(g) = 制品体积(cm^3) \times 制品密度(g/cm^3)$$
$$= 制品面积(cm^2) \times 制品厚度(cm) \times 制品密度(g/cm^3) \quad (5-5)$$

② 加工余量。每种规格的制品有其规定的尺寸要求（包括厚度尺寸）。作为模压制品，由于模腔形状是固定的，压制片的面积也就确定了，但对一般热压模具（上模为平板模类型例外）来说，压制片的厚度随投料量变化而不同，即厚度随投料量增加而增大。

由于经过热压成形所得到的压制片的各部位厚薄是不均一的，制品表面外观也不理想，必须通过磨加工才能达到产品的厚度公差要求，因而压制片的厚度必须大于制品的规定厚度，以便为其磨削加工留出必要的加工余量。由此可知，压制片所需的压塑料投料量

应为制品质量及加工余量质量之和,也即压制片厚度应为制品厚度再加上加工余量。

投料量应合理控制,若过大,压制片过厚,加工余量大,即浪费压塑料又增加磨削加工工作量;若投料不足,压制片变薄,超过规定的厚度公差将导致产品报废。

对于盘式制动片模具中上模为平板模(俗称板模)的情况,该类型的模具在操作中上压板下行到下模的模框顶部时,就被限位而不能再向压塑料加压,故压制片的厚度固定,不受投料量多少的影响。若投料量过多时,压制片的厚度不增加,但会造成大量溢料,不但压塑料浪费甚多,而且清理边角溢料废边非常费事,将浪费人工和降低工效;如果投料过少,压制片不会变薄,但不能压实,导致压制片密实度不够,结构过于疏松,制品强度降低,磨损性变差。

③ 投料量计算方法:

a. 鼓式制动片。鼓式制动片通常为长方的弧形制品,如图5.23所示,投料量计算公式为

$$G = L \cdot w(h+\delta) \cdot d \tag{5-6}$$

式中,L 为制品平均弧长(cm),$L=1/2(L_1+L_2)$;L_1 为外弧长(cm);L_2 为内弧长(cm);w 为制品宽度(cm);h 为制品厚度(cm);δ 为制品厚度的磨削加工余量,通常控制在 0.4~0.6mm;d 为制品密度,不同材质制动片的制品密度不同,例如,石棉型鼓式制动片的密度为 1.9~2.1g/cm³,半金属型鼓式制动片的密度为 2.2~2.6g/cm³,故在计算压塑料投料量时,应对制品密度进行实际测定。

【例 5-1】 某鼓式制动片制品外弧长 220mm,内弧长 202mm,宽 70mm,制品厚度 16mm,材质为石棉型,试计算压塑料投料量。

解:石棉材质的鼓式制动片密度可选用 2.0g/cm³,加工余量取 0.5mm,则

$$\begin{aligned} G &= L \cdot w(h+\delta) \cdot d \\ &= [1/2(22+20.2) \times 7 \times (1.6+0.05) \times 2.0] g \\ &= 487.4 g \end{aligned}$$

故该种产品在热压成形时,压塑料的投料量应为 487.4g,为称量方便起见,可将投料量定为 490g。

b. 盘式制动片。盘式制动片为不规则形状制品,见图 5.24,投料量计算公式为

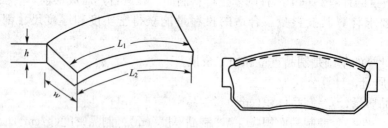

图 5.23 鼓式制动片示意图　　图 5.24 盘式制动片

$$G = S \cdot (h+\delta) \cdot d \tag{5-7}$$

式中,S 为制品面积(cm²);h 为制品厚度(cm);δ 为磨削加工余量(cm);d 为制品密度(g/cm³)。

S 为盘式片面积,由于它一般为无规则形状,不便于通过公式计算,简捷的计算方法可用片子在坐标纸上所占格数(每一整格面积为 1cm²,不足一整格的若干格可估算,合并

成若干整格数)来计算。

盘式片的厚度，大多在10mm以上，片长和片宽尺寸相对较小，且为平面制品，用平面磨床进行磨加工时，加工余量可设定小些，通常可在0.3～0.5mm。

现今的盘式片材质大多为少金属型或半金属型，根据配方中钢纤维和铁粉用量比例的不同(可为20%～50%)，制品密度范围为2.3～2.6，具体数值应根据实测结果而定。

【例5-2】 某半金属型盘式制动片如图5.26所示。制品厚度为14mm，制品密度实测为2.45g/cm³，磨削加工余量设定为0.4mm。

解：用坐标纸计算出盘式片的面积 $S=41cm^2$。

由此，该制品的压塑料投料量为

$$G = S \cdot (h+\delta) \cdot d$$
$$= 41 \times (1.4+0.04) \times 2.45g$$
$$= 144.6g \approx 145g$$

故该制品热压成形时压塑料投料量为145g。

c. 离合器片。离合器片为圆环形，如图5.25所示，投料量计算公式为

$$G = 1/4\pi \cdot (D_1^2 - D_2^2) \cdot (h+\delta) \cdot d \quad (5-8)$$

式中，D_1 为外圆直径(cm)；D_2 为内圆直径(cm)；h 为制品厚度，一般在3～4mm；δ 为磨削加工余量，通常为0.5～0.7mm；d 为制品密度(g/cm³)。

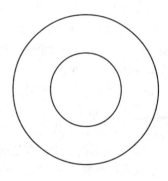

图5.25 离合器片示意图

制品密度随离合器片的材质不同而异，例如，半金属型的离合器片密度2.3～2.4g/cm³、石棉型或矿物纤维型离合器片密度为1.9～2.1g/cm³、缠绕型离合片的密度为1.7～1.9g/cm³。

【例5-3】 某种载重汽车缠绕型离合器片的外径Φ=279mm，内径Φ=165mm，成品厚度为3.6mm，密度为1.8g/cm³，加工余量0.6mm，试计算压制时的投料量。

解：投料量为

$$G = 1/4\pi \cdot (D_1^2 - D_2^2) \cdot (h+\delta) \cdot d$$
$$= 1/4 \times 3.14 \times (27.9^2 - 16.5^2) \times (0.36+0.006) \times 1.8g$$
$$= 300.4g \approx 300g$$

故其热压成形时压塑料投料量应为300g。

(6) 压制操作过程。压制工序的操作过程包括下列步骤：金属件的安放；涂刷脱模剂；加料；闭模加压；排气；保压；脱模；压模清理。

① 金属件的安放。在摩擦材料制品热压成形过程中有部分品种的摩擦片包含有金属件，例如，盘式制动片和火车制动瓦中包括摩擦片和钢背板(俗称钢背或衬背)，它是在热压成形过程中将压塑料和涂有粘结胶的带孔钢背在压模中压成一个整体。有些钻机及工程机械摩擦片则带有金属嵌件，是将压塑料及金属嵌件放在一起压制而成。

钢背或金属嵌件的目的是为了提高制品的机械强度和使用寿命，或是为了用于零部件之间的联结及其他原因。

为了达到钢背、嵌件与摩擦片之间的结合牢固可靠，对金属件在使用前，必须进行表面

处理，除净油污、锈蚀及各种脏污，钢背开有若干带锥度的孔眼，有的钢背如火车制动瓦的钢背孔眼处还有倒爪或梅花孔。金属嵌件上应带有环形槽、滚花、棱角或孔等，它们的目的都是为了使金属件和摩塑料结合牢固，压制时不致发生移位。通常还将金属件在压制前进行预热，以尽量减少金属件和摩擦片两者收缩率的差异，降低制品内压力，增加制品强度。

钢背和嵌件通常用手直接放在用定位销或其他方式限定的固定位置上，也可用工具放置它们，不论何种方式，必须正确地、平稳地将它们放置于限定部位，不得翘起、倾斜，否则会压坏模具，或使压出的制动片成为废品。

压制盘式片时，对钢背的安放需要注意以下几点：

a. 钢背的涂胶面（粘结面）必须面向模腔内压塑料的方向。如操作失误反向放置，则会使压制出的盘式片与钢背因无任何粘结力而分离，不能使用。并且钢背涂胶面与压力机的压板发生牢固粘结，给操作带来极大麻烦。

b. 检查钢背的非粘结面上是否沾有粘结胶料（此种情况是对钢背粘结面涂刷粘结胶料时操作不小心造成）。若有，必须将其除净。否则，在压制操作时，可能会发生钢背甚至连带模具被作上下移动的压力机压板所粘结，当进行放（排）气操作或脱模操作时，导致产品质量事故（钢背与摩擦片被强行分离），甚至还会形成模具被压板强行提起后又掉落的设备安全事故。

c. 盘式片有内片和外片之分，内、外片的钢背应分别正确地放置于内、外片各自模腔上的规定位置内，不能相互混淆，避免内片钢背与外片摩擦片或外片钢背与内片摩擦片压制在一起而造成产品报废。

② 脱模剂的使用。在热压成形操作中，每次向模腔内加料前，应在模腔内壁及模板表面涂刷或喷洒脱模剂。目的是防止压制片与模板及模腔内壁发生粘片现象，使压好的压制片能顺利地从压模中取出。如忽视脱模剂的使用，在经多次压制操作后，易发生粘片现象，压制片从模中取出困难，借助于工具（铲刀、棍棒或一些金属工具）虽可将片取出，但延长了脱模时间，降低了生产效率，经常会造成压制片损坏，模板和模腔内壁的光洁度和电镀层受到破坏，反过来又造成更严重的粘片现象和脱模困难，形成恶性循环。常用的脱模剂有：

a. 硬脂酸及其盐类：效果较好，使用较广的是硬脂酸锌，其他硬脂酸盐如硬脂酸钙、硬脂酸钡也可用。硬脂酸也被使用，但市场供应的硬脂酸往往呈块状，需粉碎才能使用，比较麻烦。

b. 肥皂水：是经常被使用的脱模剂，不仅成本低廉，且配制方便。

c. 摩擦材料专用水基脱模剂，这是近年来开发出的新型专用脱模剂。

③ 加料。向压模模腔内加料有两种方式：

a. 在混料机内混合好的压塑料，在加料前，需按规定的投料量进行称料，将称好的压塑料加入压模模腔。

b. 压塑料经预成形工序制成规定质量的冷坯，将冷坯放入压模模腔。

加放压塑料到模腔中，主要是要求铺放均匀。如何能做到铺料均匀，这是个操作熟练和经验积累的过程。铺料不匀会造成压制片厚薄不均匀，这种现象在压制厚度较薄的离合器片（通常厚度为3～4mm）和薄型的或长弧形的鼓式制动片时会经常碰到。当压制片严重厚薄不匀时会造成磨加工的困难并变为次废品。洒落在模腔外的压塑料应立即拨放到模腔中，不使物料浪费并保证投料量的准确性。但因受热已失去流动性和粘结性的老化物料及料渣、料边不得再拨弄到模腔内，否则压制片会因这些部位不能粘结成一个整体而报废。

将冷坯加放到模腔中时,需遵循轻拿轻放的原则。因为冷坯的结构强度不高,重拿重放时易碎裂而不能使用。

对于多模腔的压模,加料时速度要快,尽量缩短加料时间,因为压塑料温度在150℃左右的热模具中流动性会迅速降低并很快固化,应该在对所有模腔完成加料操作时,那些最初加放至模腔中的压塑料仍具有必要的流动性和良好的成形性能。

④ 闭模加压。加料完成后,将模板或钢背放置好,并开动压力机使上(阳)模和下(阴)模闭合,并加压,使压力表的表压达到规定的压制压力。

在闭模过程中,当上模接近下模前,闭模速度可快些,以缩短操作周期,提高生产效率。当上模快达到模腔口和模板(钢背)时,应放慢闭模速度,上模进入下模模腔后,可用正常速度实施模腔闭合和加压。这样的操作方式可避免压模及模板遭到损坏,并有利于压塑料内部的气体排出。

⑤ 排(放)气。通常在首次闭模加压后,需要解除压力,将压模开启少许时间,进行多次排气(又称放气)操作,将压塑料中的挥发物排出到模外。这一操作称排气或放气。

压塑料中除会存空气外并含有挥发分,主要是水分、游离甲醛、氨等物质。除此以外,压塑料在压模内的固化过程中也会产生水分和低分子挥发物,这些物质在压制温度下产生很大的蒸气压力,若不将其排出,会使制品表面产生起泡、肿胀、裂缝等弊病。

排气要充分,一般排气次数为1~2次。有时,遇到物料潮湿或树脂硬化速度过慢或其他原因致使排气不易排净时,还可增加排气次数。

排气时间一般在首次闭模20~60s内进行,应在压塑料尚处于可塑状态时将气体排出。排气过迟,因树脂已转变至硬化阶段,具有高蒸气压力的气体的硬化逸出会导致制品产生裂纹和裂口。

将压塑料进行预热,或先压成冷坯,再进行热压成形,都有利于将压塑料中一部分气体排出,可减少排气次数,或排得更充分,减少热压制品次、废品的产生。

⑥ 保压固化。完成排气操作后,使热模中的压塑料恢复加压状态,继续受热进行固化反应,并保持规定时间,达到压制品的硬化。

酚醛压塑料需在一定温度、一定压力条件下保持一定时间,才能完成硬化,达到热模压工序的目的,获得满意的制品。此保持时间的计算是从压塑料首次闭模加压完成开始,至最终解除压力,准备将压制片从模中取出为止所花费的时间。若需进行排气操作,则从排气结束后最后一次压模完全闭合开始计算保持时间。

保压固化所需的保持时间与压塑料的类型成分、压制温度和制品厚度有关,一般控制在每毫米40~90s,需通过实际测试来确定合宜的保持时间。

为提高压制片的产量而随便地、不受控制地缩短保压固化的时间是热模压工序中常遇见的问题。这是错误的做法,会严重影响制品的合格率和质量性能。

⑦ 脱模。压制片达到保压固化时间后,开启压模,将压制片取出。这一操作称为脱模取片。

在热模中取出的压制片的片温与室温差距甚大,制品在冷却过程中由于内应力和热胀冷缩的作用会产生翘曲变形,这种情况往往发生在大尺寸薄片制品(离合器片)、大型厚壁制品、长弧形制动片中。为避免和减少这种情况,有效的方法是:

a. 将制品放在冷模中冷却,冷模的形状阻止了制品的翘曲变形,但大部分工厂并未采用冷模来冷却制品。

b. 注意压制片的放置位置。从模中取出的弧形制动片应侧面朝下放置,不应将弧面朝上或朝下放置;离合器片应上下叠放,最上面压以重物,如离合器压模的模板,以防止其变形。

在热压成形工序中,能否顺利进行脱模取片是很重要的,它影响到热压生产效率和产品质量,而脱模发生困难的现象在生产中是经常会碰到的。导致脱模困难一般有如下原因:

a. 模板使用较长时间后,镀铬层由于磨损和腐蚀而被破坏,表面光洁度下降,变得毛糙,使压制片易粘附在模板上不易取下,即粘模现象。

b. 模具长时间使用后,因磨损造成模腔和模板的间隙加大,压制片的溢料废边变长加厚并卡包在模板上,使压制片不易取出。

c. 脱模剂使用不当或用量不够。因此,为能顺利脱模取片,必须合理使用脱模剂,及时维修模具,以保证模腔及模板的间隙公差和光洁度符合规定要求、镀铬层完好。

当脱模过程中,遇有粘模现象,发生脱模困难的情况时,可使用低硬度金属如铜质工具协助脱模操作。

⑧ 压模的清理。压制片脱模后,应使用毛刷和软质铲刀或压缩空气将模腔内及模板上残留和粘附的废料边、渣等清理干净,准备下一次加料压片操作。

⑨ 压制片的清整。作为模压制品的压制片不可避免地在片子边缘上存在毛刺、溢边等,可用金属工具将压制片边缘刮擦干净。

2) 热压成形操作中次废品产生的原因及解决措施

在热压成形的工序操作中,当操作不当时,会造成压制品不符合质量要求,导致废品的产生,造成生产的浪费和损失。产生质量事故的原因多种多样,包括原材料质量、压制温度、压力、时间、压力机设备和模具的不正常等。因此必须严格遵守工艺技术规程,并对生产中的不正常现象分析其原因。

常见的不正常现象、产生原因及解决措施见表5-6。

表5-6 常见的不正常现象、产生原因及解决措施

不正常现象	产生原因	解决措施
压制品局部区域疏松、缺边缺角	压塑料流动性差	适当增加压力
	投料量不够	检查投料量补足
	压制温度过高	调整至适当温度
	铺料不均匀	注意铺料均匀
起泡、膨胀、裂纹	压塑料挥发物含量过高	合理进行干燥处理,使其达标
	压制温度过高或过低	调整压制温度
	树脂硬化速度过慢	准确控制硬化剂用量,延长压制时间
	硬化剂分布不均	选用分布均匀的树脂
	排气操作不当	调好放气时间,增加热压放气次数
	模具间隙过小,排气困难	适当调大模具间隙
压制品过黑过黄	压制温度过高	降低压制温度
压制品太软	压制温度不够	提高压制温度
	树脂中硬化剂不够,压制时间不够	增加压制时间,增加中树脂硬化剂用量

续表

不正常现象	产生原因	解决措施
制品表面有波纹，尺寸超宽	压塑料挥发物含量过高	降低挥发物含量
压制品边角掉缺、破损	压制温度过低 压塑料流动性过大或模具间隙过大，形成溢流边过多过厚，出模后制品边缘破损；因粘模出片困难，强行出模取片，造成破损	提高压制温度 压塑料流动性应合适 维修模具，保证间隙符合要求 出模制品清边应在片热时修边
压制品翘曲变形	压制时间不够 挥发物含量过高 脱模方法不当 模温过低	采取对应措施外，已脱模的制品用夹具冷却或其他定型措施
制品外形尺寸超差	制品收缩率计算失误 投料量不准	准确计算收缩率，纠正模具设计 控制正确投料量
压制品厚薄不均或过薄、过厚	铺料不均匀 压机或压模水平未调好 模具间隙太大，跑料过多	均匀铺料 调好装备水平度 调整模具间隙
粘模、出片困难	模具工作型面表面粗糙 未刷脱模剂 模具间隙太大，跑料过多 压制温度过低，时间不够 压塑料过潮	及时修模 按要求使用脱模剂 调整模具间隙 执行工艺规定 干燥压塑料，以达到要求
制品表面有树脂集聚及小孔眼	配方中树脂含量过多 压塑料混合不匀 长纤维渍浸树脂不匀	适当调整树脂含量 均匀树脂含量 —
摩擦片与钢背粘结力差	粘结剂选择不当 粘结剂涂层过厚或过薄 钢背表面处理不净	选合适的粘结剂 适当涂刷粘结剂 洁净钢背表面，增加粗糙度
摩擦片与钢背间有裂纹或脱落	钢背与下模温差过大	减小温差

2. 辊压法成形固化工艺

辊压法成形固化工艺，是摩擦材料成形固化的一种。我国于20世纪90年代，从北美引进此种生产技术。它与热模压成形固化工艺的区别在于压塑料（即混料机中加工好的混合料）在辊压机上被辊压成形，然后在固化炉中经热处理而固化，即成形和固化在不同的设备上进行。辊压法在我国主要用于制造轿车和轻、微型载重汽车的粘接型鼓式制动蹄片。

1) 工艺流程

工艺流程为：

配料→混料→干燥→辊压→裁切→卷绕→第一次固化→长度裁切→涂胶→粘接→第二次固化→机加工→印标

现将各工序介绍如下：

(1) 组分配比及混料。可供参考的配比组分见表 5-7。

表 5-7 某产品参考组分配比

配比组分材料名称	用量(%)	配比组分材料名称	用量(%)
腰果壳油改性酚醛树脂(液态)	15～20	矿物纤维及纤维素纤维	16～24
丁腈橡胶粉	1～5	增摩填料	16～20
钢纤维	7～12	其他填料	30～34

本工艺中为使压塑料能满足辊压成形操作中制成带状型坯的工艺需要，采用的粘结剂为液态腰果壳油改性酚醛树脂及少量的粉末橡胶。混料操作在犁耙式混料机(litford mixer)中进行。过程如下：将所有干组分按工艺中规定的加料顺序分两次加入混料机，混合 4～7min；加入液体树脂混合 30～60min，使物料全部混合均匀，混合操作的终点掌握为混合料块的松散密度指标。当混合料的松散密度测定符合规定指标后，混料结束，将物料放出。

混合料中的液体树脂组分中含有溶剂。必须将其除去，否则在辊压操作和固化中会产生下料困难、粘辊、起泡等弊病。干燥操作可采用两种方法：

① 铺散开后在室温下自然干燥 12～24h；
② 铺散开后在低温下加热干燥数小时。干燥终点的确定，可根据测定混合料的挥发物含量并结合辊压操作中下料顺利和不粘辊的原则来掌握。

干燥好的混合料中，不可避免地会含有少量的块粒较大、不符合下料要求的料团，为在辊压操作中顺利下料，必须进行过筛操作。经过筛选的混合料即为压塑料，被送往辊压操作工序，过大的块粒料被送回混料工序，再放到混料机中搅拌破碎后可重复使用。

(2) 辊压。压塑料的成形是在辊压机上进行。XL841 型辊压机的示意图如图 5.26 所示。

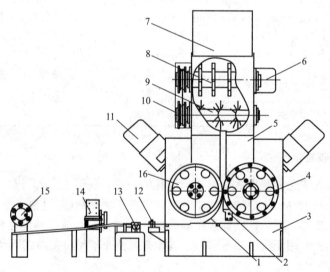

图 5.26 XL841 型鼓式制动片辊压机

1—下片导轨；2—刮刀；3—机身；4—压辊(凹)；5—待辊料室；6—喂料电动机；7—装料斗；8—耙料爪；9—喂料爪；10—带轮；11—辊压电动机；12—牵引压轮、宽度切刀组；13—剪带机；14—导带装置；15—卷带装置；16—压辊(凸)

该机工作原理：混合料投入到制动带辊压机上方的装料斗 7 内，喂料电动机 6 带动耙料爪 8、喂料爪 9 转动将装料斗 7 内的材料均匀喂进待辊料室 5 内，凸压辊 16 和凹压辊 4 相向转动，在摩擦力和正压力的作用下将待辊料室内的材料辊压成带状制动衬片，在下片导轨 1 的导向下穿过牵引压轮、宽度切刀组 12、导带装置 14，最后上卷在卷带装置 15 上，当卷带装置 15 达到设定的卷带长度后，剪带机 13 自动剪断，然后将已成卷的制动衬片坯料放入烘箱内硫化，硫化好的制动衬片根据型号、规格和要求不同，裁剪成长短不同的制动衬片粘接在制动蹄上，调节辊压机凸压辊 16 和凹压辊 4 之间的中心距可以调节制动衬片的厚度，调换不同宽度压辊可以调节辊压制动衬片的宽度，调整宽度切片机构 12 的切片位置也可以调节辊压带的宽度。整个衬片生产过程机械工作全自动。使用该制动衬片辊压机生产过程简单，不需要压力机，也不需要模具。生产的品种多、范围广且生产效率高、污染小、投资少。它是北美、欧洲生产鼓式制动衬片较先进的设备。

辊压工序中影响辊压操作和成带质量的工艺要求有：

① 辊筒压紧力。辊筒间的压紧力必须预先设计并设置好，以保证压塑料通过辊筒间时被压实到具有产成品所要求的密实度。例如，对于国内现生产的无石棉少金属鼓式片的辊压带坯，一般控制带坯的密度为 $1.7\sim 2.0 \text{g/cm}^3$。

② 下料速度，挤出和输送速度。输送装置的送带速度必须和辊间的带坯挤出速度相匹配，若下料速度满足不了带坯挤出速度的要求时，带状型坯会发生断带现象，使操作不能连续进行；当送带速度低于带坯挤出速度时，后面带坯会对前面带坯产生挤推作用而使输送带上的带坯拱起互叠，也会使操作无法连续进行。

（3）第一次固化。卷绕好的带坯尚未固化，质地还过于柔软。不能满足汽车制动片的硬度要求，并且对下面工序的长度裁切、磨加工操作都会有困难，因此需进行固化处理。

将卷绕好的带坯送进温控电热箱，在 $135\sim 145$℃温度下加温 $6\sim 12\text{h}$，完成初期固化。此种固化的带状制动片的硬度得到提高，但比普通硬质制动片质地要软。

（4）长度裁切。将固化的带状型坯在切带机上按鼓式片成品长度要求裁切，制成长度和宽带都符合成品尺寸要求的鼓式制动片。

（5）涂胶和粘接。此道工序是在鼓式片的内弧表面上涂覆粘结胶液，并和制动蹄相粘结。

涂胶操作在涂胶机上进行，涂胶机如图 5.27 所示，用于鼓式制动衬片内弧涂胶，特点是采用滚印方式、条形涂胶、胶层均匀一致。

通常对轿车或微型汽车等宽度较窄的制品，制动片表面可粘涂三条纵向胶液层。

涂上胶的片子，应在室温下放置一段时间，待胶层自然晾干后，再进行粘结操作。

这种在制动片内弧表面上涂覆胶层的方法与国内传统的在制动片内弧表面上涂刷一层胶液层相比，其好处在于将片子与制动蹄夹紧后的加热固化过程中，胶液不会从粘结面边缘挤流出来，沾污制动蹄和制动片表面，影响制品外观。

粘接：将涂胶片和制动蹄的粘结面部位贴压在一起。粘接的实现必须对粘结面施加适当的压紧力，常用的粘结剂一般要求的压紧力为 $0.5\sim 0.8\text{MPa}$，

图 5.27　JF570 型鼓式片涂胶机

这可通过夹具来实现。

气动压紧装置如图 5.28 所示,系用气泵压力来代替人工旋紧螺钉的操作:将两块鼓式片安放在支架上,踩动气泵开关,将支架中控制两片距离的弹簧压紧,使两片距离缩短,在制动片外面套匝上环形钢带,解除气泵压力,弹簧伸展张开,恢复原始长度,将两个蹄片外端面紧紧贴压在钢带内表面上,获得制动蹄和制动片贴合粘结所需要的压紧力。

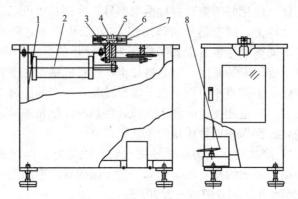

图 5.28　XL526 型撑紧钢带上夹具机

1—机架；2—气缸；3—固定板；4—活动板；5—夹具；6—制动蹄；7—钢带；8—电磁换向阀

气动压紧装置操作方便,生产效率高。

(6) 第二次固化。第二次固化的目的是使片子与制动蹄粘结面间的粘结胶在高温下完成固化,蹄片间牢固粘结,达到要求的粘结强度；使经过第一次固化处理的鼓式片经过此道工序热处理后完成最终固化。

图 5.29 所示是 JF580A 连续固化炉示意图。

当工件在装夹工作台(见图 5.30)上完成安装后,操作者将组合件装在长夹具头 5 上,输送电动机 1 将其送进机体 4 内进行加热处理。机体内设有加热装置、热风循环风机及控温装置。当长夹具头 5 循环一圈至出口后,操作者将完成处理的蹄片工件取出,重新在其上装上新的待处理的蹄片工件。该机连续循环作业,装卸夹具在同一位置完成。

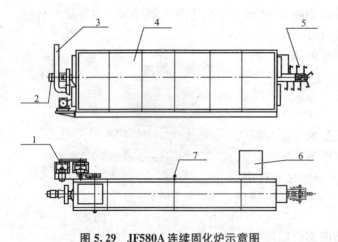

图 5.29　JF580A 连续固化炉示意图

1—输送电动机；2—循环风机；3—排废气口；4—机体；
5—长夹具头；6—控制箱；7—热电偶

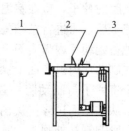

图 5.30　装卡工作台

1—调节手柄；2—固定卡头；3—活动卡头

以固定速度在炉内运行，蹄片从进炉到出炉需时间 20～40min。固化炉中各段部位温度不同，入口部位温度较低，以后各段温度逐步提高，接近出口部位温度逐渐降低，用程序控制预先设置好时间-温度关系曲线，实际操作中自动记录下的时间-温度曲线应符合设定好的时间-温度关系曲线要求。

从炉中送出的蹄片已实现牢固粘结，制动片也已最终固化，将夹具中的一对蹄片取下，自然冷却，送往磨加工工序，对片子外弧表面进行磨加工后，得到成品。

辊压法成形固化工艺与传统的热模压成形工艺相比较，有其一定的特点，主要有下面几点：

① 生产效率高，压塑料的成形操作即带状型坯的生产为连续操作，生产速度取决于压塑料在辊压机的辊间挤出速度，很大程度上节省了劳动力、电力和压力机设备。

② 在辊压成形固化工艺中，只需使用几种宽度不同的辊筒压槽及宽度裁切刀片，调节两个辊筒压槽的咬合深度，就可生产出不同宽度和厚度的带状型坯，可以用长度裁切设备将固化带状型坯切割出不同长度的制动片。由于其材质较软，具有可弯曲性，可以将它粘结在各种不同弧形的制动蹄上做成制动蹄片，因此，在一台辊压机上装换几种不同宽度的压槽就可以生产几百种不同型号的制动片。与传统热模压工艺相比，辊压成形工艺节省大量的模具购置费用，也省去了大量的模具更换的麻烦。

③ 辊压成形固化工艺适用于制造厚度较小、质地较软的半硬质鼓式制动片，而硬质的厚鼓式制动片不适用此工艺。

3. 冷压一次成形工艺

冷压一次成形工艺(以下简称冷压法工艺)是我国于 20 世纪 90 年代研制开发的一种盘式片生产工艺。此工艺的特点是压塑料在压制工序中，不采取热压成形固化的方式，而是在室温下将钢背和压塑料在模腔中快速高压下一次成形(约 20s 一片)，然后再在固化炉中进行固化及后处理，制得摩擦片成品。因此冷压一次成形工艺和传统的热成形工艺之不同之处在于，它将压制成形操作和加热固化操作在不同的设备上分开进行。而在热压成形工艺中，压塑料的成形和固化同时在加热模具中进行和完成。

冷压一次成形工艺和上面叙述的辊压法成形工艺的相同之处在于两者都是压塑料的成形和加热固化操作在不同设备上分开进行，不同处是冷压一次成形工艺的成形操作在压力机的模具中进行，辊压成形固化工艺中的成形操作则在辊压力机上，借助一对辊筒间的挤压来完成。

冷压法生产盘式片的工艺路线如下：

原料配备→混料↘
　　　　　　　装模→冷压成形→夹片→固化→磨制→喷漆→检验→印标→包装入库
钢背处理→涂胶↗

1) 工艺过程

(1) 配料混料：按配方要求，将各种原料组分进行称量，投入混料机中按混料工艺操作要求混合均匀，制成压塑料。

(2) 钢背准备：除去钢背表面的油污，通过喷砂处理，除去锈蚀和脏垢，涂刷粘结剂，进行干燥。

(3) 冷压成形：将压塑料和钢背置放在模腔内，在室温下快速高压一次成形，压成轮廓尺寸和密度符合成品要求的坯型。

(4) 夹片和加热固化处理：此种型坯尚未固化，需要进行加热固化处理。为防止固化过程中发生起泡、分层等情况，需用夹具将型坯夹紧，放进固化炉中，使型坯在夹紧力下于固化温度下完成固化和热处理。

(5) 磨制与后加工处理：固化好的制动片在平面磨床上通过磨制加工达到成品厚度及表面要求。擦净制品表面灰尘，对钢背喷漆、印上商标，包装成品入库。

2) 工艺要点

(1) 高压成形是冷压法工艺中的一个关键要点。在传统热压成形工艺中，由于树脂在热压温度下呈流动状态，具有粘结性，使压塑料在酚醛树脂的正常压制压力 20~30MPa 下即可被压制成密实的制动片并达到成品密度要求。但冷压工艺中，压制在室温下进行，树脂不具有流动性和粘结性，故要求施加更高的单位压力，才能使压成的型坯达到成品密度要求。

(2) 对型坯加热固化处理时，需采用夹片操作。因为型坯中含有少量的挥发物，树脂在固化过程中，也会产生水分和氨气，在 150℃ 左右的固化温度下，水蒸气和氨气及其他气体等，会产生较高气体压力，有可能导致制动片起泡、裂纹等质量问题。为此需要用夹具对制动片施加一定压力，使制动片表面能抵御其内部气体压力，而不能让气体逸出而破裂受损。

在此操作中，所需的夹片压力较低，通常要求其比压塑料在固化热处理温度下生成的蒸气压力稍高即可。

(3) 采用流动性小、固化时间短的热固性酚醛树脂。传统的热压工艺所用的酚醛树脂在固化温度下压制过程中的变化历程为软化→流动→布满模腔→固化成形。在冷压法工艺中，为防止型坯在夹具中承受低压力条件下进行固化热处理过程中发生变形，采用了在热处理温度下流动性小、固化时间短的热固性树脂，获得了比较好的效果。

冷压一次成形法工艺被生产者认为与传统热压成形固化工艺相比具有以下特点：

① 生产效率高，以单腔模具计算，压制一片型坯只需 20s，台班产量可达 1300 片左右。

② 室温下高压成形，模具不需要加热，极大地节省能耗。

③ 冷压用模具的结构和材质比热压模具简单便宜，大大降低了模具制造成本。

④ 更换模具方便，节省换模时间。

⑤ 热压工艺生产中压制工序产生的废品已报废，不能再利用。而冷压法工艺中的压型工序产生的型坯次品尚未固化，可经破碎后再回到混料工序加工成压塑料，提高了制品合格率，减少了原料损耗。

⑥ 热压工艺生产中，在热压工序和热处理工序均有有害气体（氨、游离酚、游离醛等）逸出。冷压工艺生产中有害气体只在热处理烘箱中产生，治理方便。

⑦ 制品密度小，半金属型盘式片的密度仅为 $2.1 \sim 2.2 \text{g/cm}^3$，制品空隙度大，制动噪声低。

4. 预成形→模压成形及固化工艺

1) 压塑料预成形

压塑料在模压成形之前，先将其在常温下或较低温度于一定压力条件下压制成紧密而不易碎裂的型坯(冷坯)，型坯的形状与制品相同(轮廓尺寸稍小些)，它不改变压塑料的物化性质。这道工序称为预成形工序。预成形的主要目的如下：

(1) 减少干法压塑料的粉尘扩散区域，便于采取防尘措施来减少生产过程中粉尘飞扬所造成的环境污染。

(2) 减少热压成形的操作时间，提高生产效率。热压成形进行投料操作时，将型坯放入模腔和将粉状压塑料放入模腔相比，由于前者放置速度快，并省去了将模腔中的物料铺平，清除投洒在模腔外的物料需花的时间，因而前者在投料操作上所花费的时间比后者少得多。以单层六腔模具为例，预成形坯的加料操作速度比粉状压塑料的加料速度要快一倍，从而提高了压力机的生产效率。

(3) 减少压塑料的体积，缩小热压模加料腔的体积，从而减少了热压模的高度和质量，节省了模具加热的电耗。

(4) 有些制品(如制动带、辊压法鼓式片或冷压法制品)经预成形后，可直接用夹具装置进行热处理，或在硫化罐中进行硫化处理后获得成品，而无须采用热压模工艺。

在实际生产中，并非所有摩擦片品种都要经过预成形工序，而是根据生产需要而定。预成形应用较多的为盘式制动片、厚度尺寸大的鼓式制动片(厚度10mm以上)、软质或半软质鼓式制动片、缠绕型离合器片等。而对于厚度较薄(厚度7mm以下)的硬质鼓式制动片、普通的硬质离合器片，它们的压塑料若压成冷坯，则抗弯性、抗压性较差，易断裂，不好贮放和移运，故预成形工序对它们并不适合。

国内摩擦材料生产中的预成形工艺主要有三种方式：模压式预成形、挤出成形和缠绕成形。后两种预成形工艺将在有关章节中专门介绍，此处只对国内最常用的预成形工艺——模压式预成形进行介绍。

模压式预成形是采用预成形压力机，将压塑料加放于预成形压模的模腔中，在常温或低温下压制成形坯(冷坯)。行业中通常所说的冷坯压制或冷型压制即指此工艺操作，模压式预成形是最常用的预成形方法。

(1) 模压式预成形操作的工艺条件：

① 预成形压制温度：常温或不超过60～70℃的低温。

② 压制压力：石棉类为5～15MPa，无石棉类为20～60MPa，视不同配方而不同。

③ 压制时间：加压到限定的单位压力时即可除去压力并出片，无须保压时间。

④ 预成形模及冷坯尺寸控制：为便于将冷坯加放到热压成形模腔中的操作，冷坯外形轮廓尺寸应略小于热压制品1～1.5mm。由于经预成形的冷坯从模中取出后，会发生回弹膨胀现象，冷坯的轮廓尺寸将比预成形模腔的轮廓尺寸增大几毫米，因此在预成形模设计时必须充分考虑这个因素。以半金属型桑塔纳2000型盘式片为例，其预成形模、冷坯和热压模的尺寸关系见表5-8。

表5-8 尺寸关系

模腔或冷坯	长度/mm	宽度/mm	模腔或冷坯	长度/mm	宽度/mm
预成形模腔	112	47	热压模腔	115	50
冷坯	114	49	—	—	—

(2) 模压式预成形设备。预成形设备包括压力机和预成形模(又称冷压模)两部分。压

力机和热压成形所用的液压机一样，冷压模的材质用普通材料即可，对其模腔的精度和光洁度要求不高。

预成形设备分简易型和全自动型两种，现分别介绍之。

① 简易型预成形设备。简易型预成形设备在 20 世纪 90 年代以前为我国绝大部分摩擦材料生产企业所传统使用的冷坯压制设备，它结构简单，价格便宜，操作简单，至今仍在许多中小企业中使用。

简易型预成形压力机是摩擦材料行业中通用的液压机，最常使用的是 100t 下行（或上行）式液压机。适用于各种材质的盘式制动片和石棉材质的各种鼓式制动片的冷坯压制，以及压坯性好的非石棉材质鼓式制动片。对于压坯性差、冷坯结构不易密实的非石棉鼓式制动片，应使用压力吨位较大的压力机，如 175~300t 甚至更高吨位的压力机或增加加压次数。

型模采用双模腔和单模腔两种。对普通盘式制动片和面积小的鼓式制动片使用双模腔，每次压制两块型坯。面积大的鼓式制动片可使用单模腔型模，每次压制一块型坯。

盘式制动片的生产过程中，有时为了改善制品性能，在摩擦片和钢背之间加一层与摩擦片配方组成不同的压塑料，称为"底层料"。对于带底层料的盘式片冷坯压制工艺中，应按工艺规定分别称取面料和底层料的质量（通常底层料投料量为面料投料量的 10%~15%），投料时先将面料投加到模腔中，铺平，再将底层料投加入模腔，铺平，然后进行加压、压型操作。可得到带底层料的盘式片冷坯。

简易式模压预成形工艺虽然设备投资少，简单易行。但它存在下面一些缺点：每次投料、加压、出片均采用手工操作，生产效率不高，产量低；加料过程为敞开式操作，粉尘较大，环境污染较重。

② 全自动预成形设备。全自动预成形设备在我国最初是 20 世纪 90 年代初从北美引进，从 90 年代中期起，国内吉林工大机电设备研究所研制开发并批量生产这种设备。目前用于盘式片预成形的国产定型设备有 JF600 型和 XL-300 型全自动预成形机，用于鼓式制动片预成形的 200t 和 500tXL 型全自动预成形机也已问世。其中 500tXL 型是专门为用于压坯性较差的 NA0 型鼓式片而开发的预成形机。现已有多家摩擦材料厂陆续开始使用这些设备进行生产。

图 5.31 为 JF600 预成形压机（100t），用途：适用于盘式片、鼓式片或大型盘式片预压成形。特点：自动称料、送料；单或双秤；称量精度：底料误差±1g；面料误差±2g；可带背板压制；操作方便；生产率为 200~600 片/h；粉尘密封好；占地小；规格有 100t 或 250t。

全自动预成形机和上面所述的简易型预成形机相比，其优点在于：

a. 在操作过程中，除开始时将压塑料投加到顶部料仓中，是用人工操作外，之后的称量、向模腔中投料、加压、出片全部依照预先输入的程序控制

图 5.31　JF600 型 100t 预成形压机

指令自动进行,生产效率高,台班产量高。

b. 将压塑料投加到料仓中后,全部操作过程都在密闭条件下进行,消除了粉尘飞扬现象,基本解决了由粉尘造成的环境污染问题。

c. 物料的称量和加料实现自动化,准确率高。

2) 模压成形及固化

由预成形所得到的压制型坯通常在热压模中进行热压成形及固化,与上述热压成形固化工艺相同。

5.1.2.8 压制品的热处理

经热压固化后的摩擦材料制品因热压固化时间过长会影响压力机的工作效率,故通常压塑料在热压模中的固化成形时间不够(尤其是芯部),故压制品从模中取出后,再置于热处理烘箱中,继续进行长时间的热处理来达到制品充分固化的目的,同时,使产品的性能尤其是摩擦性能进一步稳定。

经过热压后的摩擦材料制品,在相当或稍高于热压温度下经过若干小时的常压热烘,称为热处理。热处理的目的如下:

(1) 使摩擦材料成分中的粘结剂能彻底固化,从而使制品摩擦性能,尤其是热摩擦性能稳定。

(2) 消除热压后摩擦材料制品中的热应力,以防止制品出现翘曲变形。

(3) 对人为的热压时间不够加以补足,以提高压力机的生产效率。

(4) 减少热压制品的热膨胀。

热处理是在热处理设备中进行的。热处理设备如图 5.32 所示的 XL702 型热处理烘箱,它采用上置电加热元件、大风量高风速热风循环系统,将烘箱内低于设置温度的热风吸入顶部加热区内,加热后吹入烘箱隔层风管,通过烘箱侧面的热风管进入烘箱加热室,又被风机吸入顶层加热器依次循环,保持箱内温度在设定的温度上下恒定、分布均匀,并且升温速率、保温时间等 62 种热处理工艺参数自动控制,并记录打印。箱体设有防爆口及风机轴承水冷系统。

热处理设备目前国内已有多家生产,其型号规格虽不相同,但其工作原理相同,包括有吉林工大的 JF980A 型、宁波电热烘箱厂的 DGM 型等。

热处理在常压下进行,但对于特殊的情况,为了防止制品变形或者为了达到整形的目的,也可将制品强制夹住加压(如缠绕离合器片)进行热处理。热处理的重要条件是升温速度与温度控制即所谓的热处理时间-温度曲线一致。热处理一般是由室温开始升温,升温速度约

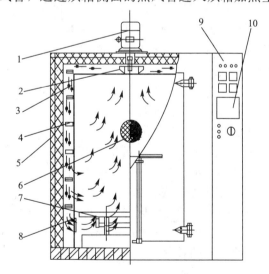

图 5.32 XL702 型热处理烘箱

1—电动机;2—风扇;3—炉内衬;4—电热管;
5—保温室;6—防爆口;7—料车;8—闸板;
9—电控柜;10—自动温控仪

2℃/min，当烘箱内温度达到100℃时，要求每3～5min升高2℃，最后恒定控制在150～160℃，保持2～4h，也可适当提高至200℃。例如，使用以石棉为骨架材料，以橡胶、酚醛树脂为复合型粘结剂的制品，需要在200℃热处理3h左右。

热处理的基本规律是，对摩擦材料耐热性有更高要求时，热处理的温度要相对高些，时间也要相对长些。

在热处理的过程中，升温速度一定不可过快，因为过快的升温速度，将会使制品因受热过快，而易造成起泡或者变形。因此热处理的升温速度都控制得很严格，而且当温度升到120℃以上时，则更应严格控制升温速度，甚至停止一个阶段的升温，然后再进行升温，这就可以防止在热处理时出现质量问题。

不同制品的热处理操作中的升温、保温的时间控制有所不同。

热处理操作前，首先要检查电烘箱内的加热元件及仪表，一切确认正常后，再将制品摆放在烘箱内堆放整齐。按照热处理的工艺规定，严格控制升温速度和恒温时间。在热处理过程中，要不断地开动烘箱鼓风，以调节烘箱内温度使之均匀，同时排送出在热处理过程中产生的气体。

热处理结束后，应关闭电源，缓慢降温。最好在温度降到50℃以下时，再取出制品，以防止骤冷使制品走形。

5.1.2.9 制品的后续加工处理

热处理后产品的规格尺寸及一些其他要求尚不能达到，如有些制品还要进行钻孔、印标、安装附件等，这就需要对摩擦材料压制品进行后续加工处理。后加工处理主要内容包括：磨削加工、钻孔、（打）印标、安装附件、包装等。

1. 磨削加工

压制好的制品，它的几何形状是由热压模具的形状所决定的，但是沿施压方向，即制品的厚度方向尺寸，不能准确依模具所决定。因此准确的制品厚度只能通过机械加工才能达到制品厚度的尺寸要求。机械加工主要是依靠磨具（砂轮、金刚石砂轮、硬质合金砂轮等）磨削来实现的，因此通常称为磨削加工。

磨削加工是通过摩擦材料专用的磨床来完成的。

按摩擦材料的基本形状要求，磨床分为离合器面片磨床、制动片磨床与制动带磨床三类。离合器面片磨床按其工作特点又可分为单面磨床和双面磨床两种。制动片磨床可分为内弧磨床、外弧磨床和盘式片平面磨床三种。制动带磨床的工作原理除加有一套送带装置外，其磨削方法与制动片外弧磨床相同。

1) 离合器面片单面磨床

离合器面片单面磨床，是一种对离合器面片的一个表面进行磨削加工的磨床。

在离合器面片单面磨床的构造中，一个砂轮可沿床身水平方向移动。离合器面片被固定在一个旋转的圆盘上，磨削时圆盘旋转带动离合器片旋转。磨削的厚度通过装在床身上的定位销的调整来控制。

单面离合器面片磨床主要的特点是可以人为地控制产品两个表面的不同磨削量，因此其磨削的制品精度高。对于稍有翘曲的离合器面片，也可以通过磨削量来调整。特别对外径较大的离合器面片更为适用。但是这种磨床的生产效率不如双面磨床那样高。

2) 离合器面片双面磨床

离合器面片双面磨床是一种可同时对离合器面片两个表面进行磨削加工的磨床。构造和工作原理与单面磨床基本相似，常用的 JF448 离合器片双面磨床如图 5.33 所示，特点：砂轮气动上/下进给磨削；双转台转动，无级调速；工作台气动进/退；人工上/下片；双金刚石砂轮；脚踏开关。

离合器面片靠胶辊托持在固定的位置上，同时也在磨削时转动。两个旋转的砂轮有一个是定位的，另一个是变位的，并可沿着水平方向自由移动，通过调整与另一砂轮的距离，就可以调整离合器面片的磨削厚度，并由安装在床身上的定位装置进行控制。

这种磨床主要特点是产量高，适合批量较大的磨削加工。它对离合器面片两个表面磨削厚度相同，因此不能通过磨削的办法来调整两个表面的不同磨削厚度。

3) 制动片外弧磨床

制动片外圆磨床（又称外弧磨床）是一种对制动片外弧表面进行磨削加工的磨床。

制动片外弧磨床由一个转动的托胎（磨胎）和一个垂直的可旋转的砂轮组成。将制动片放在托胎上，然后送入并接触旋转的砂轮实现磨削加工。制品厚度靠托胎与砂轮之间的距离来控制。磨削后的表面花纹要求细腻、平整，一定要保持砂轮表面与制品表面垂直，否则制品磨削后的表面容易不平。应保持砂轮表面锋利，并要经常测定磨削产品的厚度。

图 5.34 所示为 JF535B 鼓式片外弧磨床，用于等厚或非等厚鼓式片外弧磨削，更换专用胎具亦可用于制动蹄总成的外弧磨削，特点：可在 x，y，z 三个轴调整；操作省力；金刚石砂轮，磨削精度高；产能 1000 片/h。

图 5.33 JF448 离合器片双面磨床

图 5.34 JF535B 鼓式片外弧磨床

4) 制动片内弧磨床

制动片内弧磨床（又称内圆磨床），是一种对弧形制动摩擦片内圆表面进行磨削加工的磨床。制动片在铆装时，要求内圆表面贴紧蹄铁后之间隙应小于 0.2mm。间隙过大容易铆装不好，且制动片容易发生断裂或在使用工作中出现制动噪声。为此还要对其表面进行磨削加工，以保证制动片在安装时能够达到质量要求。

内圆表面进行加工的方法，基本上和外圆磨床磨削方法相同，它是由旋转的砂轮及送片机构组成,并由送片机构将制品送入砂轮表面磨削。

目前常用的内弧表面加工方法有三种。

(1) 等厚法加工(图 5.35)。

该方法采用一定位驱动辊,使该辊与砂轮间的距离与设计制动片厚度相等。当制动片从定位驱动辊和砂轮间送过时,获得等厚的制动摩擦片。该方法的优点是工艺简单,可安装自动送料装置实现自动作业。缺点是内弧加工的精度受衬片外表面的影响。

(2) 采用与制动摩擦片设计内径一致的砂轮,对制动摩擦片内表面进行加工,如 JF512 非等厚内弧磨床(图 5.36),该方法可称为等径法加工。该机除人工上下料外,其余过程可自动完成。该方法的优点是内表面的加工精度较好且易控制,而且可通过调整夹具获得内外弧不同心的等厚或非等厚鼓式片内弧表面磨削,具有广泛的适应性。缺点是调整刀具使砂轮半径与设计半径相同的过程较为繁复,且刀具磨损后修复困难。

图 5.35　JF521A 内弧磨床

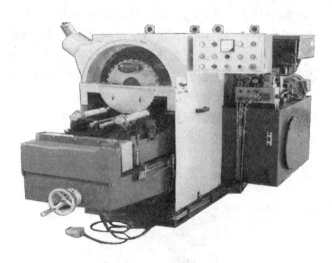
图 5.36　JF512 非等厚内弧磨床

(3) 近似加工方法。它利用椭圆曲线在半轴附近的一段区域内十分近似圆曲线的特点,用椭圆曲线来代替圆曲线加工制动摩擦片内弧。该方法的优点在于砂轮具有抗磨损、自修复功能,当砂轮磨损后,使砂轮沿轴向移动,则可获得相同效果的加工质量。缺点是其本身就是一种近似的加工方法,在对砂轮直径的选择上和对砂轮倾角的确定上需要一些理论上的分析,故此方法还未广泛应用。

5) 端面和倒角加工设备

制动片端面和倒角的加工:由于此两种表面的重要性不及内弧面和外弧面,所以专门用于该两表面加工的设备将不充分讨论。较好的处理方法是应用组合机床,在加工内弧面的同时,将倒角和端面加工一次完成,或者是应用同时完成该两种表面加工的专用设备。

6) 组合磨床

制动片组合磨床(图 5.37)的特点是:采用闸流晶体管无级变速,以棘轮结构推进工作。内弧夹具是锥形滑块结构,可同时加工内外弧及倒角。

这种组合磨床每分钟最少能加工后轮制动片 8 片或前轮制动片 12 片。

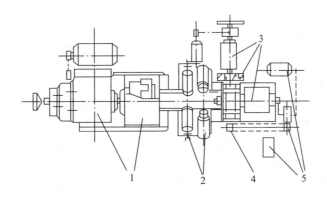

图 5.37 解放车制动片组合磨床

1—磨内弧装置；2—磨倒角装置；3—磨外弧装置；4—棘轮推进装置；5—闸流晶体管装置

7) 组合内弧磨床

XL448 组合内弧磨床具有同时完成制动片的磨端面、磨倒角、磨内弧、刷灰的工作要求，如图 5.38 所示，该设备加工过程中只需装片，其余全由设备在封闭环境内自动完成，工人劳动强度低，环境污染小，加工出的产品尺寸一致性好。

图 5.38 XL448 型内弧组合磨床

8) 盘式片平面磨床

盘式制动片表面是用平面磨床进行加工，其设备和加工方法在有关章节中有介绍。

9) 砂轮

砂轮又称磨轮、砂盘、磨盘等，它是磨削摩擦材料的主要消耗性部件。选择合适的砂轮，对产品质量与生产效率都是非常重要的。

砂轮有许多种类型与规格，不同的砂轮有不同的质量要求。根据生产要求，选择适合摩擦材料磨削要求的砂轮，最常使用的是碳化硅砂轮和金刚石砂轮。

碳化硅砂轮的粒度是最重要的技术指标之一。选用砂轮的粒度过细，磨削时不易下屑，而在磨削时产生的摩擦热量也大，容易烧糊砂轮，同时也会出现烧片现象，影响磨削质量。而选用的砂轮粒度过粗，磨削的花纹较粗，不能保证磨削制品表面的光滑。生产实践中选择理想的砂轮粒度为 36 目。

砂轮由粘结剂和磨料组成。砂轮使用的粘结剂主要为树脂型粘结剂。

选择砂轮的另一个重要的指标是砂轮的硬度。砂轮硬度是指砂轮表面在外力作用下砂粒脱落的难易程度，磨粒容易脱落的，砂轮硬度软，反之砂轮硬度就高。

在摩擦材料磨削时使用的砂轮硬度，宜选用中等偏软。一般磨削制动片时选用 ZR1，而磨削离合器片则选用 R3。选用砂轮还要注意的是恰当的砂轮形状和直径。选择砂轮形状与直径大小，主要依据磨床条件及制品形状。一般选择砂轮外径应尽可能大些，以使砂轮具有相对高的线速度，从而提高磨削精度及磨削效率，而提高砂轮磨削表面密度，也可同样提高磨削效果。如果使用砂轮的周边平磨时，也可采用环形砂轮，以尽量提高砂轮有效磨削面积，提高磨削能力。

砂轮虽然有一定的强度，但要在高速下旋转，仍属一种易破碎物，所以使用砂轮时，要特别注意砂轮在使用中的安全。应根据其规定的线速度及符合有关安全防护要求下进行使用。

目前，碳化硅类的磨具砂轮逐渐被金刚石或硬质合金类磨具所代替。这类新型磨具由于具有使用寿命长、磨削质量好的特点，已被各摩擦材料生产厂所广泛使用。

2. 钻孔

摩擦材料与其支撑件的连接方法一般有两种：一种为粘接，另一种为铆接。对于铆接的连接工艺，一般都涉及钻孔工序。摩擦材料的最典型孔型为阶梯孔。目前阶梯孔在本行业中均为一次钻出。大、小孔的直径由钻头保证，大孔的钻孔深度由设备保证，小孔的钻深由钻头确定。

摩擦材料制品钻孔是否符合产品规定的孔径、孔距与孔深的要求，对保证装配尺寸非常重要。

以下分别介绍在盘式片、鼓式片和离合器片上钻孔的几种钻孔设备。

1) 盘式片钻孔设备

盘式片最早是为轻型轿车配套制动系统服务的产品，其负荷较小，故常见的连接方式为粘结，但随着盘式片应用范围的逐步扩大和技术的进步，采用铆接方式的盘式片也在渐渐增多。以下介绍一种多轴式盘式片钻孔机。

图 5.39 所示的为 JF620A 型盘式片软轴钻孔机。该机由动力盘 5、钻具总成 3、送料盒 8、

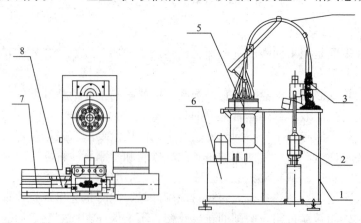

图 5.39 JF620A 盘式片软轴钻孔机

1—机体；2—进给系统；3—钻具总成；4—软轴；5—动力盘；6—冷却系统；7—推片板；8—送料盒

推片板 7、进给系统 2 和冷却系统 6 等组成。其优点是工作效率高，缺点是在孔位排列紧密时，难以实现。工作过程如下：操作者将工件置于送料盒中，启动机器，则推片板将工件从送料盒中推出一片至钻具总成下方，进给系统动作，带动钻具总成至下止点，然后抬起，推片板再次动作，送进一新工件，同时将完成钻孔的原件推出。

2) 鼓式片钻孔设备

鼓式片钻孔设备种类较多，有单孔钻、双孔钻、多孔钻、多排孔钻等。

(1) 单孔钻。单孔钻就是每次钻出一个孔。钻孔深度由设备上的可调止点保证，钻孔位置精度由胎具保证。图 5.40 所示为该类设备典型例子，该类设备的优点是设备投资小，操作简单。缺点是劳动强度大，工效较低。

(2) 双孔钻。图 5.41 所示为 JF503W 型自动双孔钻床，用于双排或三排孔规则排列的鼓式片钻孔，特点：生产效率高；纯机械结构，自动循环；操作方便；工作可靠；质量稳定等。

图 5.40 单孔钻

图 5.41 JF503W 自动双孔钻床

钻孔时操作者只需将制动片置于料仓内，其余工作由设备完成。该机由凸轮实现钻孔进给，钻削头置于一活动滑台上，该滑台的初始位置可调，以适应不同尺寸的工件。凸轮每转一圈，完成一次二孔的加工，在此期间，胎具完成一次分度。分度定位由机械模板确定。胎具上带有拨料板，可以自动进料，工件由胎具定位，钢丝绳夹紧，夹紧力可调。

(3) 多孔钻。图 5.42 所示为 JF501SQ 数控自动多孔钻床(10 头)用于鼓式制动片钻孔，特点：自动上料系统可选；PLC 数控控制，具有小夹角胎具转位功能；液压操作；钻孔精度稳定，自动化程度高；机电一体化，工作可靠；易维修；配置 10 个钻头，加工对象尺寸范围宽，品种多；产能 200~400 件/h。

图 5.42 JF501SQ 数控自动多孔钻床(10 头)

(4) 多排孔设备。对于规则排列的多排孔工件，应用上述设备都有一定的局限性，而难以适应。图 5.43 给出了与德国设备类似的 JF501SQ 型通用多孔钻床的结构简图。设备在功能上全面覆盖了上述的德国设备功能,设备的胎具可自旋转一定角度,从而可以适应一定范围的复杂多排孔位工件的钻孔加工(德国设备的胎具只能平移,不能自旋转。只能加工多排规则排列孔位的工件)。下面介绍 JF501SQ 通用多孔钻床的工作过程:将工件置入胎具前方的自动送料总成上(图中未画出),送料总成将工件推出一件,送至胎具 5 上,胎具上的夹紧件对工件自动完成定位夹紧。钻具总成 4 按预定的个数(最多 10 个)钻出第一排孔,然后位移。位移转动总成 6 将胎具平移至第二排孔位置,钻第二排孔,以此类推,直至将工件上所有孔钻出。由于该设备胎具具有自转位功能,在每次调整时,可使胎具向左和向右各旋转一固定角度(角度大小可调)。故在每排孔位时,还可使胎具向左和向右转一角度钻孔,从而实现某些复杂孔位的工件钻孔要求。

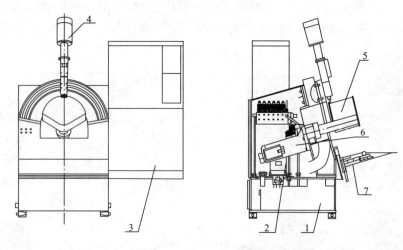

图 5.43　JF501SQ 型通用多孔钻床
1—机体;2—液压站;3—电控箱;4—钻具总成;5—胎具(自动送料总成);
6—位移、转动总成;7—工件扶正机构

该机采用 PLC 控制,伺服位移系统,转位机械定位,液压驱动,在目前摩擦材料行业钻孔设备中技术含量较高。

(5)离合器片钻孔设备。在离合器面片上钻孔,一般为制造离合器面片的最后一道加工工序。

离合器面片上的孔数一般较多,排布和形状各异。利用机器来钻孔,是批量生产离合器面片的必备条件。目前常见的钻孔设备有两种:

① 动力盘钻孔机,如图 5.44 所示,动力盘按产品的孔位进行输出轴布置,动力盘上的输出轴的个数与产品的个数一致。工作时动力盘一次上下,即可完成一件工件的钻孔工作。其优点是加工精度容易保证,生产效率高。缺点是孔距过小时不易实现。而且对应一种工件须加工一动力盘,制造和使用成本较高。

② 离合器片数控自动钻孔机,如图 5.45 所示,特点:自动上片、转位、送片、夹紧、钻孔和下片;具有八个钻削动力头和数控转位分度;尤其适于具有排尘槽的面片钻孔。

3.(打)印标

摩擦材料制品的成品,经质量检验符合标准后,一般要求在制品表面的适当位置打印标志如产品牌号、商标、质量级别等有关要求,即在产品的表面上做好印标。

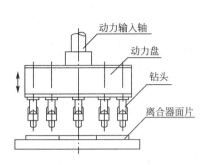

图 5.44　动力盘钻孔机示意图　　图 5.45　JF470 离合器片数控自动钻孔机

（打）印标最简单的方法是用涂刷的方式。先制成网板，然后由人工在指定位置进行涂刷。涂刷使用的颜色根据用户要求。这种操作方法适用于小批量生产，效率低，质量也不够好。生产批量较大，一般采用专用（打）印标设备。

4. 安装附件、包装

有些品种产品，还需配装报警线、卡子、簧片等附件。然后检验，包装入库。

阅读材料 5-3

YAG 系列激光打标机

1. 机型简介

YAG 激光器是一种固体激光器（图 5.46），其产生激光的波长为 1064nm，属于红外光

图 5.46　YDG 激光器

频段,其特点是振荡效率高、输出功率大,而且非常稳定,是目前技术最成熟,应用范围最广的一种固体激光器,灯泵浦YAG激光器采用氪灯作为能量来源(激励器),Nd:YAG作为产生激光的介质(工作物质),激励源发出的特定波长的光可以促使工作物质发生能级跃迁,从而释放出激光,将释放的激光能量放大后,就可以形成可对材料进行加工的激光束。

2. 机型特点

(1) 采用英国进口陶瓷聚光腔体,耐高温、耐腐蚀,寿命长(8~10年),光电转化效率高,进行3mm以内深度雕刻时无须调节工作台升降对焦,一次性雕刻1mm是同行业速度的3倍以上。

(2) 激光功率大,能量可由电流、软件控制、连续可调。

(3) 加工成本低廉,无须油墨等印刷耗材。

(4) 采用振镜扫描系统,速度快、精度高、性能稳定。

(5) 可24h连续工作。

(6) 雕刻深度:铝板可雕刻5mm深,钢板可雕刻3mm深。

(7) 雕刻快:10min可雕刻5mm×5mm钢板0.6mm深。

3. 激光打标机的优点

灯泵浦YAG系列激光打标机采用美国高速扫描振镜、英国陶瓷聚光腔及美国激光棒,扫描精度高、速度快、性能稳定,具备长时间连续工作的要求,可雕刻金属及多种非金属材料,广泛应用于电子、轴承、钟表、眼镜、通信产品、电器产品、汽车配件、塑胶按键、五金工具、医疗器械等行业。

4. 适应材料及行业

(1) 可雕刻金属及多种非金属材料。更适合应用于一些要求精细、精度高的产品加工。

(2) 应用于电子元器件、集成电路(IC)、电工电器、手机通信、五金制品、工具配件、精密器械、眼镜钟表、首饰饰品、汽车配件、塑胶按键、建材、PVC管材、医疗器械等行业。

(3) 适用材料包括:普通金属及合金(铁、铜、铝、镁、锌等所有金属)、稀有金属及合金(金、银、钛)、金属氧化物(各种金属氧化物均可)、特殊表面处理(磷化、铝阳极化、电镀表面)、ABS料(电器用品外壳、日用品)、油墨(透光按键、印刷制品)、环氧树脂(电子元件的封装、绝缘层)。

→ 资料来源:http://cstlaser.cn.alibaba.com/

5.2 盘式制动片生产

5.2.1 盘式制动片概述

盘式制动片又称盘式刹车片,简称盘式片,主要用于轿车上。我国自20世纪90年代初开始,对汽车工业的产品结构进行了宏观调整,将轿车工业列为汽车工业的主要发展品种。自此,在随后的十多年中我国轿车实现了飞速发展,目前轿车总产量已占我国汽车年总产量的40%以上。汽车盘式制动片也已成为我国摩擦材料制品中最主要的品种。

轿车通常为前轮驱动设计，前轮采用盘式制动，后轮采用鼓式或盘式制动（目前生产的轿车多为盘式）。由于轿车行驶速度高于一般汽车，盘式片的制动摩擦面积小，这使得轿车盘式片比一般制动片要承受更高的制动负荷，吸收更多的制动能量，承受更高的制动温度，磨损速度也比鼓式制动片要快，而且轿车制动工作时还要求在很高的行驶速度（70~160km/h）条件下和高制动温度（300~350℃）下具有良好的制动性能，对制动盘表面的损伤及制动噪声要小等，因此可以认为在各类摩擦材料制品中，对盘式制动片的性能要求相对来说是最高的。在我国GB 5763—2008标准中，对盘式片的摩擦性能的最高测试温度为350℃。

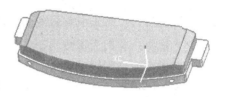

图 5.47 盘式片

图 5.47 为盘式片系列中一种规格。

GB 5763—2008 标准对盘式制动片的性能要求见表 5-9。

表 5-9 盘式制动片的摩擦性能

项目	试验温度/℃					
	100	150	200	250	300	350
摩擦因数	0.25~0.65	0.25~0.70	0.25~0.70	0.25~0.70	0.25~0.70	0.20~0.70
指定摩擦因数偏差	±0.08	±0.10	±0.12	±0.12	±0.14	±0.14
磨损率/[$10^{-7}cm^2/(N·m)$]	≤0.50	≤0.70	≤1.00	≤1.50	≤2.50	≤3.50

5.2.2 盘式制动片生产工艺

盘式片的生产工艺流程如下：

配料→压塑料制备→干燥→装料→热压成形→热处理→磨制及开槽倒角→喷漆
钢背→除油除污→抛丸喷砂→涂胶↗
预成形↑
包装入库←检验←安装配件←印标

1. 配料

制造盘式片时，要考虑到表 5-9 所示的性能与要求，因此在组分选择上需注意几个方面。

1) 粘结剂的用量和耐热性

盘式片组分中酚醛树脂为主要粘结剂、橡胶为辅助粘结剂。在半金属型盘式片中，由于钢纤维与铁粉的密度大，在组分中所占体积百分比较小，故而树脂的用量比例比鼓式制动片要少，只需满足对各组分的粘结作用，能形成制品必要的密度即可，而且尽量减少树脂用量比例，这样有利于减少制动片在高温时因树脂发生热分解对制动性能造成的负面影响。

粘结剂的耐热性对盘式片的工作性能的影响是众所周知的。因此通常都采用耐热性好、热分解温度高、热失重较少的酚醛树脂品种。橡胶的选择则偏重于丁腈橡胶,丁苯橡胶虽然价格较便宜,但因其耐热性逊于丁腈橡胶,对盘式片中的使用受到一定的影响。出于使用方便的考虑,丁腈橡胶粉比块状应用更为广泛。

2) 摩擦性能调节剂的使用

轿车盘式片的摩擦性能检测温度应达到350℃,为各种摩擦材料品种中最高,故而要求盘式片具有良好的高温摩擦因数,这就需要通过在组分中加用高效增摩性能的摩擦性能调节剂来解决。它们大多数属于高硬质填料,特别是莫氏硬度在6以上的高硬度填料。试验研究结果表明,高硬质填料的高温增摩效果规律:随其用量增大而增高;随填料硬度提高而增高;随填料粒度增大而增高。

在非金属矿物中,莫氏硬度在6以上的长石粉、锆英石、石英粉、氧化铝、铝矾土、刚玉、碳化硅等皆有上述效果。但不容忽视的是,高硬质填料的硬度越高、用量越多、颗粒粒径越大,对摩擦片及对偶的磨损越大,对制动盘表面损伤及制动噪声的增大造成的影响也越明显,因此对摩擦片中如何合理使用高硬质填料需通过试验后确定。

3) 多孔结构填料的使用

多孔结构填料现在在摩擦材料行业中得到广泛重视和应用。各种多孔结构填料,有的具有类似"分子筛"的作用。它们能吸附高分子物在高温下热分解所产生的低分子气态或液态物,减少摩擦表面的润滑介质,从而缓减热衰退的程度;有的多孔结构填料能吸收制动摩擦过程中产生的噪声。在国外有的GG级盘式片配方中,多孔结构的填料用量甚至可达组分总量的25%~35%,就是出于抑制制动噪声的考虑。

2. 压塑料制备(混料)

盘式片生产中压塑料制备工序的工艺方式大多采用干法工艺的直接混合法,即将含有六亚甲基四胺的酚醛树脂粉、丁腈橡胶粉、填料和纤维组分直接投加到混料机中进行混合。在使用混料机的类型方面,对于钢纤维基的半金属盘式片进行混料操作时,普通的转速为400~500r/min的立轴式混料机或犁耙式混料机都适用,而对于加用芳纶、有机纤维或人造矿物纤维的非石棉少金属或无金属(即NAO)型盘式片的混料来说,由于这些纤维的不易分散性,犁耙式混料机更为适用。若使用立轴式混料机,则宜选用转速更高(如600~1000r/min)的机型,以利于混合料中的纤维分散均匀。

混料机操作过程:将树脂粉、橡胶粉、填料、纤维按顺序分批加入混料机,然后开机混料,视机内物料温度决定是否向机身夹套内通冷却水以控制物料温度不致过高,达到规定的混料时间、物料混合均匀后,混料结束,出料。所得到的混合料即为压塑料。

混料时间如下:

(1) 转速为400~500r/min的直轴式混料机,混料时间为4~6min。

(2) 转速为700~1000r/min的立轴式混料机,混料时间为3~5min。

(3) 犁耙式混料机,混料时间为15~30min。

混合料的质量要求如下:

(1) 混合料应外观均匀,无白点,纤维分散均匀,无结团现象。

(2) 混合料的水分含量应控制在1.5%以下,若因原料中含水率高或气候潮湿等原因导致混合料中水分超标时,应采取干燥措施除去其水分。

3. 装料或装料→预成形

1) 装料

将上述混合料(压塑料)按压制片要求的投料量进行称量,投入到热压模模腔内,铺平。

2) 预成形

将上述混合料(压塑料)按压制片要求的投料量进行称量,投入预成形模中,在室温下预成形制成冷坯。

若需对盘式片加用底层料,可在冷坯压制时加入。底层料加用量可为总投料量的10%～15%。使用简易预成形设备时将面层料和底层料称量好,先将面层料投加入预成形模腔,铺平后再投入底层料,开机加压到规定压力后,解除压力,出模,即获得带底层料的冷坯。使用全自动预成形压力机时,应选用有双投料筒的预成形机,将面层料和底层料投加到上部料仓中,开机操作时能自动进行面层料和底层料的投放和压坯。

预成形工艺要点:单位压力为40～70MPa;冷坯的长宽尺寸应比热压模腔尺寸小1mm左右,为此,预成形模腔的长宽尺寸应比热压模腔小3～4mm。

预成形冷坯的质量要求:密实度好,保证在拿放和储运过程中,不会松散、碎裂和掉块。

4. 钢背安放

将盘式片钢背处理后,在钢背粘结面上粘结部位涂刷粘结胶。常用的国产粘结胶有706胶、204胶、J-04类胶、BC型胶等。先涂刷第一遍胶,干燥20min左右,再涂刷第二遍胶,在自然条件下或在加热条件下干燥至不粘手,钢背处理完成后,再在规定位置上放置钢背,钢背涂胶面应面向模腔内压塑料。

5. 热压成形

在装料或装预成形坯前,将热压模具加热至规定压制温度(150～160℃),在模腔内、模板及有关部位涂刷或喷涂脱模剂。装料(或预成形坯)和安放钢背完毕后,开始压制操作:开机,闭合上下模并按规定压力加压,在一分钟内放2～3次气,然后闭合热压模具,在规定压力下进行保压固化操作。

图5.48所示为最常用的六腔弹簧压模。

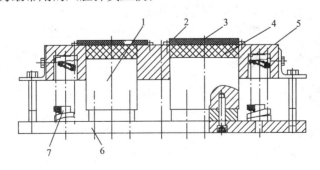

图5.48 盘式片弹簧热压模

1—凸模;2—定位销;3—钢背;4—盘式制动片;5—凹模;6—凸模固定板;7—弹簧

热压工艺条件：

压制温度为 150~160℃。

压制单位压力为 20~30MPa。

压制(保压)时间为 20~50s(每毫米产品厚度)。

达到规定压制时间后，开启模具，热压操作结束，取出压制片。

热压工序质量要求：压制片外观色泽和密实度均匀，无边角缺损，钢背孔中物料填满均匀，无起泡、分层、肿胀，厚薄均匀，钢背和摩擦片粘接牢固。

6. 热处理

将热压好的压制片放入热处理烘箱，按设定的时间-温度条件进行升温和保温操作。盘式片热处理操作过程一例，见表 5-10。

表 5-10 热处理温度和时间

温度/℃	室温~140	140	140~160	160	160~180	180
操作方式	升温	保温	升温	保温	升温	保温
时间/h	1~2	1	1	3	1	6

热处理结束后，压制片已彻底固化，待压制片自然冷却至 60℃以下，出片，获得完全固化的摩擦片制品。

7. 磨制加工及开槽倒角加工

1) 磨制加工

将热处理好的摩擦片放置于平面磨床上磨制表面，使其达到要求的厚度规格。常用的盘式片平面磨床有两种类型：

(1) 普通型平面磨床。需磨制的盘式片放置于平面转盘上卡位的片槽中被固定住，调节好平面金刚石砂轮与片子间的距离。砂轮共有两个，一个进行粗磨加工，另一个进行细磨加工。片子随转盘转动进入砂轮磨制区域时先进行粗磨加工后再进行细磨加工，使片子的厚度尺寸及表面外观达到磨制工序的工艺要求。

(2) 电磁吸盘平面磨床。图 5.49 所示为 JF621D 盘式片磨床，其用途为盘式片表面磨削。

特点：一次可完成粗磨和精磨两道工序；手轮调节磨削量、百分表指示；金刚石砂轮，数显调整(可选)；吸盘交流调速，具有下片结构；最大可加工盘片尺寸为 120mm×240mm；圆盘式分区电磁吸盘工作台；产能 1000 片/h。

图 5.49 JF621D 盘式片磨床

2) 开槽倒角加工

有相当多品种的盘式片在磨制加工后，需进一步在摩擦片表面中部开槽，开槽目的有两个，一是有利于制动摩擦时的摩擦片散热，二是容纳摩擦片表面因摩擦产生的粉尘，使其不至于积聚在片子表面而影响制动工作。

有少数规格的盘式片由于设计要求需在其两端磨制成具有一定的倾斜角度，称为"倒角"。

开槽和倒角加工可在两台设备上分别进行，也可在同一台设备上完成。图 5.50 所示为 JF632 型盘式片切槽倒角机。特点：连续输送，速度无级可调；最大可加工盘片尺寸为 110mm×150mm；自动完成开槽和磨倒角过程；产能 1000 片/h。

还有的多功能磨削加工设备集表面磨制、开槽、倒角于一身，由一台设备来完成，可节省人力，提高工作效率。图 5.51 所示为 JF622A 盘式片直线组合磨床，其用途为盘式片外形加工。

图 5.50　JF632 型盘式片切槽倒角机

图 5.51　JF622A 盘式片直线组合磨床

特点：自动完成粗磨表面→开槽→精磨表面→磨倒角全过程；可调整式夹具；可选装自动夹紧夹具；产能 1000 片/h；导轨面可更换，金刚石砂轮；最大可加工盘片尺寸为 120mm×240mm；可磨不平行倒角（可选项）。

磨制好的摩擦片表面不可避免地会积集一些粉尘影响后面的加工和美观，应将摩擦片和钢背表面的粉尘吹刷干净。

8. 喷漆印标

喷漆工序是在盘式片的钢背表面及摩擦片的侧面喷上漆料，达到表面装饰的效果。

常用的漆料为硝基漆和氨基漆，以黑色无光或亚光漆为多，也有少数产品用其他颜色的。硝基漆为常温固化漆类，氨基漆为加热固化类漆。使用时分别用硝基稀料和氨基稀料稀释，将盘式片的钢背面朝下放置于可转动的喷漆台（架）上进行喷漆，喷漆时应避免摩擦片工作表面上沾染漆料，为减少喷漆时造成的空气污染，通常在喷漆台（架）的后面装有水淋装置，以吸收漆料雾滴，不使其在空气中飘扬。

喷好漆的盘式片在自然条件下或加热条件下完成干燥固化后即为盘式片成品。

粉末喷涂（又称静电喷涂）是另一种用于盘式片的表面喷涂工艺，这种工艺以良好的表面附着性及丰富的色彩与喷涂质量，可使盘式片表面喷涂效果更为美观，逐渐受到盘式片生产厂商的青睐。

静电喷涂对涂装产品的质量要求为：非工作面整体着粉均匀；棱角处覆盖严密；固化后外观要平整，不能起皱、起泡等；能承受一定的环境温度和振动；工作面不能着粉。

喷涂的过程为：

喷涂→转移→固化→转移→冷却→安装附件

国产 JF971 型静电喷涂固化机组如图 5.52 所示，该机组可将上述过程自动连续完成，其输送速度、喷涂量可调，粉末可回收二次利用。

图 5.52　JF971 型静电喷涂固化机组

其工作过程如下：

将盘式片工件工作面朝下置于喷涂机输送带上的入口端，输送带将工件送至喷涂室内，室内喷枪连续地均匀喷射粉末涂料，涂料携带静电荷并吸附到工件表面上。喷涂室顶部和下部设有回收剩余涂料接口，接口通过软管连接到回收装置上，这样回收的涂料可再次利用。喷涂后的工件由过渡机构输送到固化机金属网链上，金属网链带动工件进入加温固化区，经过一定时间的加热烘烤，使涂料固化后牢固地粘附在工件表面上。加热固化的温度、时间根据涂料的特性、工艺要求可调节。

固化后的工件由固化机另一端导出，经过渡板输送到冷却通道内进行降温冷却。冷却后的工件即可进入下一道工序。

静电喷涂机（见图 5.53）是对传统静电喷涂设备进行优化配置的小型、实用的盘式片喷涂处理设备。该设备由喷室、粉末除尘回收及电热烘箱三部分构成。该机静电喷涂系统出粉量、均匀度及电压均可调。产品传输采用不锈钢网连续传输，且与固化烘道同步。特别适合中小批量生产的使用。

图 5.53　静电喷涂机

对于大规模生产可采用静电喷涂生产线。该线集喷涂、固化、冷却于一体，并配有高效粉末回收系统，解决了传统静电喷涂工艺中的粉尘污染及无法实现连续处理的弊端。该线静电喷涂系统出粉量、均匀度及电压均可调。摩擦片在不锈钢网带上做直线运动，喷枪在气缸的垂直投片运动方向作往复直线运动,且在静电作用下,均匀地将粉末涂料喷涂在盘式片钢背上。产品传输采用不锈钢网连续传输,且与固化烘道同步。静电喷涂生产线运行平稳可靠,生产效率及自动化程度高。

印标即在制品的适当位置打印标志,如产品牌号、商标、质量等级、日期、批号等。有些产品在喷漆的同时进行印标,有些产品则喷漆后在专用的喷码印标上进行。

9. 附件安装

对有些品种产品,还需配装报警线、卡子、簧片等附件,附件安装完毕后检验入库。有少数品种属于铆接式盘式片,需使用钻孔机和铆接机进行摩擦片钻孔,并和带孔钢背铆装成一体。在此不予详细介绍。

5.3 铆接型鼓式制动片生产

5.3.1 铆接型鼓式制动片概述

我国20世纪50~90年代以前,载重汽车用铆接型鼓式制动片(俗称鼓式制动片或鼓式片)的产量(吨位质量、片数)和品种在我国摩擦材料产品中占有绝对主要的地位。90年代以后,我国的轿车和微型汽车开始迅猛发展,铆接型鼓式制动片在我国摩擦材料产品中的比例有所下降,但仍是一个主要品种。

铆接型鼓式制动片与制动蹄铁的结合是以铆装方式组成蹄片整体,这种组装结合方式使蹄片的抗剪切力比之粘接式鼓式蹄片要高,能承受中、重型载重汽车制动时对蹄片产生的剪切负荷。但与粘接型鼓式制动片的生产工艺不同的是摩擦材料生产厂通常只生产出制动片作为产成品出厂,制动蹄片和蹄铁的铆装工序由汽车用户部门(汽车制造厂、制动器厂、大修厂、运输公司等)负责进行。因此,铆接型鼓式制动片比盘式制动片制造相对简单些。

铆接型鼓式制动片的产品性能主要执行我国 GB 5763—2008 标准中的 3 类制动(中、重型载重汽车用制动片)的性能要求(见表 5-11),也有部分产品属于轻型汽车制动片,按 2 类制动性能要求执行。

表 5-11 3 类制动的摩擦性能

项目	试验温度/℃				
	100	150	200	250	300
摩擦因数	0.25~0.65	0.25~0.7	0.25~0.70	0.25~0.70	0.15~0.70
指定摩擦因数偏差	±0.08	±0.10	±0.12	±0.12	±0.14
磨损率/$[10^{-7}\mathrm{cm}^3/(\mathrm{N}\cdot\mathrm{m})]$	≤0.50	≤0.70	≤1.00	≤1.50	≤3.00

5.3.2 铆接型鼓式制动片生产工艺

铆接型鼓式制动片是我国早期最主要的摩擦材料品种。20世纪60年代以前,国内各生产厂均采用湿法工艺进行生产。工艺路线有两种:一种是用石棉线浸渍含填料的树脂溶液并烘干后，切成10~20mm长的树脂短线段，再经热压成形制成鼓式片成品；另一种方式是将液态树脂、石棉短纤维和填料在Z型捏合机或三轴搅拌机中混合均匀，加热干燥，经热压成形制成鼓式片。20世纪70年代以后，湿法生产工艺逐步被干法工艺所取代，故而现在铆接型鼓式制动片的生产基本上都采用干法工艺。

铆接型鼓式制动片的生产工艺流程如下：

```
                        预成形
                          ↑↓
配料→压塑料制备→干燥→装料→热压成形→热处理→磨制→印标→检验→包装入库
```

1. 配料

铆接型鼓式制动片主要用于中、重型载重汽车的制动减速，工作时要承受较大的制动负荷，因此要求摩擦片具有良好的耐热性，高而稳定的摩擦因数和良好的耐磨损性。在设计配方时，除了要求树脂具有良好的耐热性外，应通过大量基础试验和应用试验来选择合适的高温摩擦性能的摩擦性能调节剂。在减少和克服制动噪声的问题上，对载重汽车制动片的制动噪声的要求没有轿车盘式制动片那样苛刻，铆接式鼓式制动片在载重汽车制动减速过程中产生制动噪声的倾向也比轿车盘式制动片缓和，因此在其配方设计时对硬质高摩填料的选择可有相对较大的余地。

铆接型鼓式片在生产和安装使用过程中要进行钻孔、铆装等操作，要求具有较好的机械强度，故我国旧标准中规定2类和3类鼓式制动片的抗冲击强度指标应不小于3.0(2.94)kg·cm/cm^2(dJ/cm^2)，在1998年颁布的GB 5763—2008标准中虽然没有抗冲击强度的规定，但实际上各摩擦材料生产厂和汽车用户部门为了保证铆装型鼓式制动片的正常使用，都自己规定了对此类产品各种机械强度包括抗冲击强度的要求，如一些汽车主机厂对配套用铆装型鼓式片的冲击强度规定为3.8~4.5 dJ/cm^2。

在增强材料的选用方面，在2000年以前，国内各生产厂都以石棉短纤维为增强材料生产铆装型鼓式片。由于1999年颁布的GB 12676—1999新国家标准强制性规定了从2003年10月1日开始汽车制动器摩擦片不能再使用石棉材料，因此各生产厂近两年来都加快了非石棉基铆接型鼓式片的研制开发，并已有相当一部分产品投入市场应用。可以预计，非石棉基铆接型鼓式片将迅速发展成为铆接型鼓式片中的主导产品。在选用非石棉增强材料方面，主要采用钢纤维-矿物纤维或多种矿物纤维组合使用并辅加少量有机纤维的方式来满足制品机械强度的性能要求。

组分参考配比：石棉基鼓式片见表5-12，无石棉基鼓式片见表5-13和表5-14。

表5-12 石棉基鼓式片配比

组分	参考配比(%)	组分	参考配比(%)
酚醛树脂	14~19	重晶石	5~15
丁苯橡胶	2~4	5级石棉	30~42
氧化铝	0.5~1	其他填料	20~30
长石粉	3~6	—	—

表 5-13　无石棉基鼓式片配比

组分	参考配比(%)	组分	参考配比(%)
酚醛树脂	12~15	钢纤维	5~8
粉末橡胶	2~4	金属纤维	1~2
矿物纤维	20~35	铬铁矿粉	2~4
氧化铝	0.5~1.2	其他填料	25~40

表 5-14　无石棉基鼓式片配比

组分	参考配比(%)	组分	参考配比(%)
酚醛树脂	11~14	钢纤维	5~8
橡胶	2~4	玻璃纤维或有机纤维	1~4
矿物纤维	10~20	铬铁矿粉	2~5
氧化铝	0.5~1.0	其他填料	25~40

2. 压塑料制备(混料)

众所周知，不同种类的混料机、主轴转速、搅拌桨叶的形状、混料搅拌的时间长短，对各组分的混合均匀程度、纤维材料的分散均匀性、对纤维的破坏程度等是不同的。搅拌轴的转速越高，搅拌时间越长，无疑对混料的均匀性越有利，但与此同时会加大对纤维的破坏程度，对制品的机械强度带来负面影响。同时石棉基组分和非石棉基组分的混料方式也有所不同。通常石棉纤维的分散性和吸附性都很好，和其他组分的混合操作易于进行，使用各种混料机几乎都能达到满意的效果。而对于非石棉型纤维，其中少部分纤维材料比较好分散，易和其他组分混匀，如钢纤维、纤维海泡石、针状硅灰石等，但大部分非石棉纤维材料分散性不好或较差，在混料搅拌过程中易因各种原因发生结团现象，不易松散开，影响混料的效果，如各种人造矿棉、天然的和各种合成有机纤维、玻璃纤维等，故而需要对混料机的结构、主轴转速、桨叶形状等作出改进，以帮助纤维松散及其与树脂、填料的混合。国内用于铆装型鼓式片的混料机有下列几种：

1) 普通立轴式高速混料机

普通立轴式高速混料机主轴转速为 400~500r/min，搅拌桨叶位于机身底部，有夹套通冷却水装置，机身容积为 200~300L，每次投料量为 40~60kg，混料时间建议 4~6min。

适用于石棉纤维、钢纤维、纤维海泡石、针状硅灰石、水镁石纤维等的混料操作。

2) 改进型立轴式高速混料机

改进型立轴式高速混料机主轴转速为 500~1000r/min，搅拌桨叶有两组，分别位于机身底部和中上部，底部桨叶可使物料向上翻扬，上部桨叶则将物料向下压。机身内壁装有上下两组各 2~3 块挡板，挡板与机身内壁成一定角度，角度可固定，也可按需要调节，挡板的作用是当高速旋转的物料撞击到挡板上时，有助于纤维的分散，克服结团现象。有的设计还在机身侧壁装有类似犁耙式混料机中的高速搅刀(转速为 2500r/min 左右)，它可以有效地将芳纶等有机纤维及人造矿棉松散。该机装有冷却水夹套装置，机身容积有 300L、400L 等几种，投料量为 50~80kg，混料时间为 4~7min，转速为 800~1000r/min，混料时间为 3～5min。

此种机型适用于对芳纶、各种有机纤维、人造矿棉、玻璃纤维等纤维的分散混料。

3）犁耙式混料机

犁耙式混料机主轴转速为 200～300r/min，高速搅刀转速为 2500～3000r/min。机身容积有 50、100、200、300、600、1000L 和 1200L 等几种，投料量为 25～300kg，混料时间为 20～40min。

此种机型适用于芳纶、各种有机纤维、部分人造矿棉、玻璃纤维等纤维的分散和混料。

4）滚筒式混料机

滚筒式混料机立轴转速为 40～100r/min，滚筒转速为 20～30r/min，容积一般为 100～300L，每次投料量为 30～60kg，混料时间为 15～30min。

此种混料机结构比较简单，搅拌转透也较慢，只是适用于小型摩擦材料生产厂，用于石棉、钢纤维、海泡石等纤维摩擦材料的混料操作。

3. 干燥

经混料工序制成的混合料又称压塑粒，在进入压制工序前，必须控制好其水分含量。我国幅员辽阔，各地气候的干湿情况及原材料相差各异，压塑料是否需经加热干燥，应根据生产厂的实际生产经验而定。一般而言石棉、纤维海泡石、人造矿物纤维易吸潮，制成的压塑料应考虑干燥工序，钢纤维不易吸潮，故半金属摩擦材料压塑料中水分含量较低。我国南方地区特别是江河沿海地区，气候潮湿，空气中水分多，特别要注意压塑料的干燥。

干燥操作条件如下：

(1) 半金属(钢纤维基)型干法压塑料：70～85℃下干燥 1～2h。

(2) 石棉基干法压塑料：70～80℃下干燥 2～3h。

(3) 石棉基(短纤维型)湿法压塑料：70～80℃下干燥 2～4h。

(4) 矿物纤维型干法压塑料，70～85℃下干燥 1～2h。

需加热干燥的压塑料应平铺在料盘内，物料层不宜过厚，以免影响干燥效果。加热室(或炉)用电加热或间接蒸汽加热均可，加热室(或炉)中有空气循环装置，保持温度的均匀性。

4. 装料或预成形

合格的压塑料是直接装入热压模还是先预成形得到压制冷坯后再装入热压模压制，与产品规格、生产批量、生产条件等有关。

铆接型鼓式片的厚度通常在 7mm 以上，在热压成形前先经预成形压制冷坯，这样可提高热压机的生产效率，减少粉尘对环境的污染，有利于压塑料中空气的排出，故被不少厂家采用。

预成形操作是将压塑料按投料量要求称量好，加入预成形压机的预成形模腔中，在室温下加压到规定压力，完成后得到预成形冷坯。

预成形工艺条件：

(1) 模腔尺寸：由于压成的冷坯有回弹松弛现象，即出模后的冷坯尺寸会大于预成形模尺寸，因此为便于热压的冷坯装模操作，预成形模的长宽尺寸需比热压模的长宽尺寸小

3%~5%,以保证冷坯的长宽尺寸比热压模腔小1~3mm,能够顺利装模。

(2) 预成形压力:预成形压力的确定,根据压塑料的压坯性能好坏而定。石棉型压塑料的压坯性最好,所需预成形压力低;钢纤维和人造矿物纤维压塑料的压坯性差,预成形压力要大,见表5-15。

表5-15 压塑料材质与压力

压塑料材质	预成形压力/MPa	压塑料材质	预成形压力/MPa
石棉型压塑料	13~20	FKF复合矿物纤维型压塑料	50~70
半金属(钢纤维)型压塑料	40~60	—	—

5. 热压成形

压塑料或冷坯在热压模中于固化温度及一定压力下热压固化成形。

热压工艺条件:

压制温度:150~160℃。

压制压力:20~30MPa。

压制时间:40~70s(每毫米产品厚度)。

对于单层多腔压模,以解放CA141来说,产品厚度为16mm,压制时间以60s每毫米产品厚度计,压塑料在模中从保压开始至出模所需时间为16×60s=960s,即16min左右。

对于七层连续压模,则该产品在热压过程中每一个压制操作循环所需时间应为960s÷7=137s,若其中操作时间(启模、出片、清模、投料、放气所需时间)为1.5min,即90s,则每层保压时间为137s-90s=47s,即不到1.5min,实际的生产操作中生产者往往每层保压时间控制为1~1.5min。

6. 热处理

将热压成形后的压制片于150~200℃温度下进行10~20h的热处理,以实现其充分固化,具体操作步骤可参见盘片"热处理"的有关内容。

在热压成形后和热处理工序操作中,要注意的问题是铆装型鼓式片和粘接型鼓式片、盘式片相比:其组分中树脂用量比例更高些;石棉基鼓式片中的石棉纤维较易吸附水分;非石棉基鼓式片中,部分人造矿物纤维或有机纤维也可能含有少量水分。因此,铆装型鼓式片在热压成形和热处理操作中,摩擦片产生起泡、膨胀,造成次废品现象的概率要更多些,故而需更加注意热压操作中的模具温度控制、放气操作掌握、模腔和模板的间隙尺寸公差的掌握以及在热处理过程中需注意升温速度应缓慢,每一阶段升温完成后,要给予足够的保温时间,使摩擦片充分硬化。

7. 磨片和钻孔等

将热处理好的摩擦片送往磨制工序,先在内弧磨床上进行内弧面加工,使摩擦片内弧曲率半径和制动蹄铁的曲率半径相一致,以便于两者的铆装贴合,然后再在外弧磨床上磨削摩擦片的外弧面,使摩擦片的厚度达到规定的成品厚度要求。

完成内外弧面磨加工的摩擦片通常再进一步在倒角机上用砂轮进行两端的倒角加工。

最后对摩擦片按图纸要求在规定部位进行钻孔加工出铆装所需要的台阶孔眼,然后除净表面的粉尘进行印标，成为铆接型鼓式制动片成品。

5.4 粘接型鼓式制动蹄片生产

5.4.1 粘接型鼓式制动蹄片概述

粘接型鼓式制动蹄片是将鼓式制动片和制动蹄铁通过粘结剂粘接而组合成制动蹄片整体，它通常被使用于轿车和轻型、微型汽车的制动器总成上。

当汽车行驶过程中进行制动操作时，摩擦片和制动鼓或盘发生强烈的贴压和摩擦作用，由此产生的摩擦力导致摩擦片和蹄铁或钢背间受到强烈的剪切作用。这就要求摩擦片和蹄铁或钢背间具有足够的结合力，以保证在制动操作过程中两者不会脱离而导致制动事故。一般来说中型和重型载重汽车由于制动负荷高，摩擦片和蹄铁间产生剪切力大，在制动器总成中使用能承受较高剪切力的铆接型鼓式制动片，而对于轻型、微型汽车和轿车，特别是微型汽车和轿车，由于制动负荷相对较小，大多使用承受剪切力较低的粘接型鼓式制动蹄片。

粘接型鼓式制动蹄片在我国 GB 5763—2008 标准中属于第二类产品，对其摩擦性能的具体要求见表 5-16。

表 5-16 Ⅱ类片子的摩擦性能

项 目	试验温度/℃			
	100	150	200	250
摩擦因数	0.25~0.65	0.25~0.70	0.20~0.70	0.15~0.70
指定摩擦因数偏差	±0.08	±0.10	±0.12	±0.12
磨损率/$[10^{-7}cm^2/(N·m)]$	≤0.50	≤0.70	≤1.00	≤2.00

5.4.2 粘接型鼓式制动蹄片生产工艺

粘接型鼓式制动蹄片的制造工艺有干法生产工艺和湿法生产工艺两种，下面分别介绍。

1. 干法工艺

干法工艺是国内目前制造粘接型鼓式制动蹄片最常用的工艺方法，在此工艺中，按一般干法生产工艺先制成干法压塑料，经热压成形后的压制片和蹄铁用粘结剂粘结固化制成蹄片总成。工艺流程如下：

配料→混料→热压成形→热处理→磨内弧→涂胶↘
            粘接→固化→磨外弧面→印标→包装入库
       蹄铁处理→涂胶↗

1) 配料

粘接型鼓式制动蹄片在 GB 5763—2008 中对摩擦性能的最高检测温度为 250℃，即对它的耐热性要求低于中、重型汽车鼓式片及轿车盘式制动片的要求。同时，由于此种鼓式蹄片有蹄铁作为摩擦片的衬背支撑体，对摩擦片的机械强度要求也低于铆接型鼓式制动片。因此在考虑粘接型鼓式片的配方组分时，对粘结剂的耐热性要求、纤维组分的增强性能要求和摩擦调节剂的高温增摩性能都略低于中、重型汽车鼓式片和轿车盘式制动片的要求。

在粘结剂的选用方面，选用的树脂有：橡胶改性酚醛树脂，改性用橡胶多为丁苯橡胶；腰果壳油改性酚醛树脂；未改性酚醛树脂（2123 树脂）辅加丁腈橡胶粉。

纤维增强组分：对于石棉型鼓式制动蹄片，在选择石棉等级和品种选择上要求不高，国内各类石棉品种的 5-60 或 5-50 级石棉都可使用，有时还可辅加少量 6-40 石棉。

对于无石棉型鼓式制动蹄片，单一使用钢纤维的配方并不多见，经常使用的是两种以上纤维的组合使用。例如，钢纤维-矿物纤维组合使用、矿物纤维 A-矿物纤维 B 组合使用，有时也辅加以少量有机纤维。

摩擦性能调节剂：由于对制品的高温摩擦因数要求不高，可适当少用高硬度填料，用一般增摩填料即可。

无石棉基粘接型鼓式片组分参考配比见表 5-17。

表 5-17 无石棉基粘接型鼓式片组分参考配比

组分	参考配比（%）	组分	参考配比（%）
树脂	12～14	氧化铝	0.5～1
橡胶	2～3	铬铁矿粉	2～4
铜纤维	12～15	重晶石	15～20
矿物纤维	12～15	其他填料	30～40

2）混料

将粘结剂、纤维、填料在混料设备中按干法混合工艺进行混合，根据不同混料设备，采用不同混料方式。

（1）立式高速混料机：根据不同的纤维增强材料，主轴转速为 400～1000r/min，一次投料量为 40～100kg，混料时间为 3～6min。

（2）犁耙式混料机：生产用犁耙式混料机的容积有 300、600、1200L 几种，故混料时的投料量也不同，1200L 混料机投料量范围为 100～300kg，混料时间为 20～40min。

按上述工艺条件将粘结剂、纤维、填料充分混合后得到的混合料，即为压塑料，由于粘接型鼓式片一般较薄，通常不进行预成形，而是直接进入热压成形工序。

混合料进行热压前，应根据其挥发分含量、树脂固化速度、气候潮湿度等具体情况，决定是否需经加热干燥，在多数情况下，不进行加热干燥。但有时若遇到原材料中水分含量高的情况，则应将压塑料在 70～90℃下干燥 1～2h，将压塑料的水分含量控制在 1% 以下，以避免热压过程中的压制片起泡现象。

3）热压成形

将压塑料按规定投料量投加于压模中，于一定温度、压力条件下进行固化成形。

热压工艺条件：

压制温度：150～160℃。

压制压力：20~30MPa。

压制时间：40~80s（每毫米产品厚度）。

(1) 多层连续压模的压制操作。以七层连续压模为例，操作步骤如下：

开动压力机，将已压够时间的最下层压制片和模板从模腔中压出，使其落在拉杆底模上，将拉杆底模拉出，取出压制片，再将拉杆底模推回原位置。将已称量好的压塑料投入模腔，铺匀后放好模板（模腔和模板应先清理干净并涂覆脱模剂），启动压力机使压缸下行，并进行加压，表压达到规定要求后，在40s内放气二次，让物料中挥发物逸出，然后在规定压力下进行保压操作，达到保压时间后，一个压制循环即告完成。然后启动压力机，使压缸上行，开启模具进行取片和投料，开始下一轮压制循环操作。

对于多层连续压模压片时间的计算和掌握，是要求某一层压制片从投料、加压、放气完成、保压开始时计算时间至该层压制片出模所经历的总时间，应满足每毫米产品厚度净压时间40~80s的压制要求。例如，某规格产品的成品规定厚度为5mm，以压制时间上限80s每毫米产品厚度计，若使用单层模具进行压制，总净压时间应为80s×5＝400s。由于所使用的连续压模有七层，以每层片子净压时间30s计，每一层(次)取片、投料、放气操作总时间为60s计（实际上此项操作总时间需70~90s），每层压制片的净压和操作总时间为90s，七层片子共630s，即某一层片子从投料进模腔、开始保压至片子出模的时间已远远超出按理论计算需400s的压制时间要求。实际上，在生产中为了使压制片在热压模中能达到较好的成形固化，操作者对于5mm厚度的产品，每投完一次料并完成放气后的净压时间都达到40~60s。

(2) 单层多腔压模的操作。将加热到要求温度的模具的模腔和模板清理干净，涂覆脱模剂。将称量好符合投料量要求的压塑料加入模腔铺匀，放好模板，闭模加压，根据不同压塑料的情况在一分钟内放气1~3次。然后进行保压操作，压制时间按产品厚度每毫米40~80s计算。压够规定时间后，开启模具将压制片取出，将片子的边缘溢料片和毛刺清除，准备进行热处理。

4) 热处理

压制好的鼓式片送入电热型的热处理炉进行热处理，热处理温度范围为150~180℃，处理时间为8~16h，视不同材质和性能要求而定。

为防止热处理操作中摩擦片因升温过快而起泡、肿胀，升温过程应缓慢进行，按照工艺规定进行升温和保温操作。

为避免在高温处理过程中受热应力影响导致摩擦片弧形发生变化，可以将摩擦片按弧形挨紧、纵向排列在金属框架中，将纵列首尾两个摩擦片的纵向位置卡紧并固定，并将纵列中所有摩擦片的左右弧端都用金属框架固定住，这样就消除了摩擦片弧形变化的可能性。

5) 磨内弧面

磨内弧面的目的有两方面：

(1) 使摩擦片内弧弧形和蹄铁的外弧面弧形一致，以便于粘接操作。

(2) 磨去内弧表面的树脂光亮层，使表面成为粗糙面，以提高摩擦片与蹄铁的粘接牢固度。

进行第一种磨片操作时需根据该品种摩擦片的内弧半径安装相应弧形的胎具，这种磨制操作通常用于硬质鼓式片。对于软质或半软质的鼓式片，由于摩擦片薄，材质软而可弯弧，易和蹄铁弧面贴合粘接，故磨制时不需使用胎具，只需用砂轮将摩擦片内弧面磨去一层光亮面即可。

设备见 5.1.2.9 小节中制品的后续加工处理中的磨制加工。

6）蹄铁处理涂胶

蹄铁准备工艺在前面"金属附件的准备"中已有详述，此处只作简述。

（1）脱脂除油。制动蹄铁在生产加工过程中为避免其受空气氧化影响，表面都有一层油脂保护，在与摩擦片粘接前，需进行脱脂脱油处理。简单的处理方式是用金属清洗剂、碱水、洗涤剂等浸泡蹄铁将其表面油脂洗去。

生产效率比较高的脱脂清洗设备有 XL 型脱脂清洗机，可参阅"金属附件的准备"中附图。

将蹄铁送入清洗机，借助金属清洗剂将蹄铁表面油脂洗下，机上有油水分离装置，将油水分离，再用水漂洗，最后经过加热烘干程序，将蹄铁烘干后取出。

（2）抛丸、喷砂或酸洗除锈。有三种方式可除去蹄铁表面锈斑。

酸洗：用盐酸浸泡蹄铁，视盐酸不同浓度，浸泡时间为 30min～2h，至表面完全呈铁灰原色光亮后，将蹄铁取出，用水清洗干净，干燥。

喷砂：在喷砂机中进行，压缩空气的气压为 $3\sim4\text{kgf/cm}^2$（$1\text{kgf/cm}^2=0.0980665\text{MPa}$），气流将专用砂子喷射至蹄铁件表面，将其锈迹除去。

抛丸：在抛丸机中进行，用铁丸将不断滚翻的蹄铁件表面锈斑除净。

（3）浸胶、喷漆及上胶。对蹄铁进行浸胶或喷漆的操作是为了保护蹄铁表面不因空气氧化作用而生锈，并起到表面装饰和美观的效果。

浸胶：浸胶用的胶液可自制也可购买商品规格的浸胶液。自制的胶液是采用酚醛树脂的酒精稀溶液或其他溶剂的稀溶液，体积分数可为 10% 或更低。国产的使用较广泛的商品规格浸胶液有哈尔滨生产的 BC 型浸胶液。该种浸胶液的优点是其制造单位同时还供应与此浸胶液相匹配的 BC 型粘结用胶。将蹄铁浸没于浸胶液中，取出后悬挂于挂架上，送至热烘窑（箱）中进行干燥到不粘手，取出备用。

喷漆：对蹄铁进行喷漆的操作和盘式片钢背的喷漆操作相同，一般使用硝基漆或氨基漆的稀料调节到合适稀度后，装于喷枪中对蹄铁进行喷漆操作。

上胶：在此操作中，在蹄铁摩擦片的粘结部位上涂覆粘结剂。

粘结剂有多种类型可以选择，国产粘结剂中常使用的有上海的 706 胶，哈尔滨的 J-04 胶以及 BC 型粘结胶等。

许多厂为操作简便起见采用人工上胶操作，在蹄铁的粘接部位涂刷粘结剂，然后在自然条件下或加热条件下，干燥后备用。专用的上胶机前面已介绍。

7）粘接

在此工序中，内弧面上涂敷粘结剂的摩擦片和外弧面上涂敷粘结剂的制动蹄铁互相贴压在一起，实现牢固粘接的必需条件有三个：

（1）夹紧压力，应达到 0.5～0.8MPa。

（2）粘结剂固化温度，一般为 150～180℃。

（3）粘结时间为 1～2h。

压紧装置如图 5.54 所示。

插入在支撑架上的两块鼓式片可借助气动压紧装置沿长度方向扩张，将环形钢带绷紧，绷紧的钢带对摩擦片产生牢固粘接所需的 0.5～0.8MPa 压紧力。

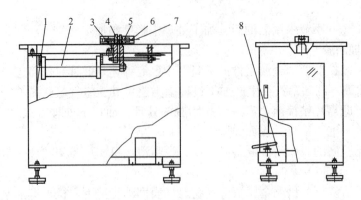

图 5.54 XL526 型压紧钢带上夹具机
1—机架;2—气缸;3—固定板;4—活动板;5—夹具体;6—制动蹄;7—钢带;8—电磁换向阀

压紧的摩擦片和蹄铁的组合件即鼓式蹄片被送入电加热固化炉,在 150~180℃ 温度条件下,保持 1~2h,使粘结剂充分固化,取出的蹄片已实现牢固的粘接。常温粘接强度可达到 300N/cm² 左右。能满足鼓式蹄片在汽车制动时经受抗剪切负荷的工况要求。

气动张紧装置具有生产效率高、压紧力稳定均匀的优点,现已为越来越多的生产厂家所使用。

8) 磨制外弧

将蹄片组合件放于专用的蹄片磨床上,将蹄片筋板插在胎具的缝槽中,胎具的外弧面半径和摩擦片的内弧半径相符合,蹄片的内弧面放在胎具的外弧表面开机工作,高速旋转的金刚石砂轮将蹄片的摩擦片厚度磨削到该品种蹄片规定的厚度尺寸。刷去摩擦片表面粉尘,即得到粘接型鼓式制动蹄片成品。

9) 印标、包装入库

磨制好的粘接型鼓式制动蹄片印标后,检验包装入库。

2. 湿法生产工艺

湿法生产工艺有辊压法和挤出法两种工艺。

1) 辊压法工艺

辊压法工艺的原料组分中,粘结剂采用液态腰果壳油改性酚醛树脂和丁腈橡胶粉,工艺步骤如下:

配料→混料→干燥→筛粒→辊压→热处理→切割→上胶↘

                粘接→固化→磨制外弧→印标→成品

       蹄铁表面处理→上胶↗

此种工艺的具体操作在第 5 章第 1 节中"模压成形及固化"有详细叙述,可参阅。

2) 挤出法工艺

挤出法工艺的原料组分中,粘结剂采用橡胶浆和粉状树脂,工艺步骤如下:

胶浆制备→捏合→挤型坯→切片→弯弧→干燥→热压→热处理→上胶↘

                粘接→固化→磨制外弧

      蹄铁表面处理→上胶↗   ↓

                  印标→成品

挤出法工艺操作内容可参阅第 3.1 节中"橡胶和树脂共混"中有关胶浆法共混工艺的挤出法内容叙述。

5.5 铁路用合成制动瓦生产

5.5.1 铁路用合成制动瓦概述

铁路用合成制动瓦是摩擦材料的一个品种。因其专用于铁路车辆并区别于铁路车辆以前使用的铸铁制动瓦,故又称为铁路用合成制动瓦,简称合成制动瓦。

合成制动瓦是以玻璃纤维、化学纤维或石棉纤维等纤维材料为增强材料,以酚醛树脂或改性的酚醛树脂为粘合材料,并混有其他功能性填料,经混合后再与钢背热压而成,是具有良好摩擦性能与致密结构的一种摩擦材料。

与过去传统使用的铸铁制动瓦相比,合成制动瓦具有质量轻、耐磨、摩擦因数(初、末速)稳定、制动过程中不产生火花等特点,在车速不断提高与载重不断增加的情况下,对保证铁路行车安全有非常重要的作用。我国铁路主管部门为了适应火车提速和环保要求,已决定发展高摩擦制动瓦和无石棉型制动瓦。

目前,合成制动瓦在矿山铁路运输中也在不断地发展,全国大型矿山铁路运输采用合成制动瓦的越来越多。

合成制动瓦的分类:

(1) 根据火车类别可分为货车合成制动瓦、客车合成制动瓦和机车(蒸汽机车和内燃机车)合成制动瓦。

(2) 根据摩擦因数分为低摩擦因数(低摩)合成制动瓦(又称低摩制动瓦)和高摩擦因数合成制动瓦(高摩制动瓦)两类。

(3) 根据制动方式分为:鼓式合成制动瓦,是采用轮踏面摩擦制动;盘式合成制动瓦,是采用制动盘制动。

(4) 按纤维增强组分的材质分为石棉型合成制动瓦和非石棉(无石棉)型合成制动瓦。

5.5.2 铁路用合成制动瓦生产工艺

对于合成制动瓦,目前采用的生产工艺方法有两种:干法生产与湿法生产工艺。它与汽车用摩擦材料的两种生产工艺方法及采用的设备基本相同。

1. 铁路货车用低摩擦因数合成制动瓦

铁路货车用低摩擦因数合成制动瓦,又称低摩合成制动瓦,简称制动瓦,应用于铁路货车的轮踏面制动。

低摩擦因数合成制动瓦可以和高磷铸铁制动瓦互换使用。

低摩擦因数合成制动瓦执行铁道部 TB 2404—1999 标准。

1) 制动瓦性能

(1) 制动瓦的物理、力学性能应符合表 5-18 的规定。

表 5-18 制动瓦的物理、力学性能

性能	单位	指标	性能	单位	指标
密度	g/cm³	不超过给定值±5%	冲击强度	kJ/m²	≥1.8
吸水率	%	≤1.5%	压缩强度	MPa	≥25
吸油	%	≤1.0%	压缩模量	MPa	≤1.5×10³
布氏硬度	MPa	≤180	—	—	—

(2) 制动摩擦性能：

① 瞬时摩擦因数，常温干燥状态下，一次停车制动，瞬时摩擦因数变化范围应符合表 5-19 的规定。

表 5-19 瞬时摩擦因数变化范围

$V/(km \cdot h^{-1})$	0	15	25	35	45
φ_k	0.350~0.190	0.272~0.152	0.252~0.132	0.229~0.129	0.208~0.118
$V/(km \cdot h^{-1})$	55	65	75	85	95
φ_k	0.190~0.120	0.173~0.113	0.168~0.108	0.164~0.104	0.160~0.10

② 表 5-19 中摩擦因数值的试验为 1:1 制动动力试验台，模拟轴重 21t，单式高制动瓦压力为 39.2kN，车轮直径为 840mm。

③ 单式低制动瓦压力为 19.6kN（其他条件相同）的情况下，75km/h 以下速度范围的瞬时摩擦因数上限值可比表 5-19 的上限值提高 15%，但下限不得低于表 5-19 的下限值。

④ 平均摩擦因数变化范围：常温干燥状态、一次停车制动、高制动瓦压力条件下的平均摩擦因数，应符合表 5-20 规定。

表 5-20 平均摩擦因数变化范围

$V/(km \cdot h^{-1})$	35	55	75	95
φ_k	0.186±0.040	0.168±0.03	0.156±0.03	0.146±0.03

⑤ 在潮湿状态下，一次停车制动、低制动瓦压力条件下的瞬时摩擦因数在各种初速度下，与常温干燥状态下的瞬时摩擦因数相比，其变化范围不得超出公差带的±15%。一旦这种影响因素消失，瞬时摩擦因数必须立即恢复到干燥状态下获得的数值。

⑥ 坡道匀速连续制动条件下的摩擦因数，在规定的时间内不应低于 0.11。

⑦ 静摩擦因数不得低于 0.20。

⑧ 制动瓦的磨耗量不得超过 1cm³/MJ。

⑨ 车轮踏面温度，在 1:1 制动动力试验台上进行各种程序的试验时，车轮踏面温度均不得大于 400℃。

⑩ 制动瓦摩擦体与钢背的粘结强度不得小于 0.6MPa。

此外，必须满足：

① 制动瓦摩擦体和钢背间不得产生裂纹。

② 制动瓦摩擦体不得出现材质疏松破坏现象。
③ 瓦鼻及其结构不得出现异常现象。
2) 干法工艺流程

铁路货车用低摩擦因数合成制动瓦的生产制造方法有干法与湿法生产工艺两种。现将干法工艺生产方法介绍如下：

混料→冷压成形↘
　　　　　　　热压→热处理→喷涂→检验→包装
制动瓦钢背处理↗

（1）混料。将配方要求的各种原材料经混料机混合在一起，混料机根据其转数分为常用与高速两种。为了提高生产效率，一般采用高速混料机进行混料。高速混料机的主要构造由外皮、搅拌翅组成。它的工作原理是，各种材料经过高速旋转的搅拌翅的搅动与拌合作用，相互掺和，达到混合均匀的目的。它的具体操作是，开车前检查设备及附属设备正常后，将已准确称好的各种材料投入高速混料机中混合，经混合后的物料应均匀、松散，不能有明显未混合的料团等。

（2）冷压成形。将混好的物料在压力机上于常温下压制成形。冷压与热压设备相同，只是压制温度有所区别，使用模具也不相同，冷压时按制动瓦规格准确计量与称料，并应按规定控制公差。

制动瓦投料量计算：

$$型坯投料量 = 制动瓦内弧长 \times 瓦宽 \times 瓦体厚 \times 密度$$

注意：① 式中长、宽、厚单位均为 cm。
　　　② 制动瓦密度为 2.05g/cm^3。

把已称好的混合料投到模腔内，均匀铺料。为了提高铁路用合成制动瓦的钢背与摩擦物料间的抗剪强度，可使用粘结性能好的一层特制粘结材料（也可以采取钢背上涂覆粘结胶），铺匀后进行压制。压制时合模要慢，防止啃模。压好的冷型要边角整齐，薄厚均匀，并无发泡现象。

（3）热压成形。

热压时间：40min。

热压温度：(155 ± 5)℃。

单位面积压力：18～20MPa。

热压前在模腔内均匀涂擦硬脂酸锌、肥皂液等脱模剂，放入完好无损的制动瓦型坯，若有破损应在破损处补放同种同量的受压材料，在其上面再放入经检验合格的制动瓦钢背，然后合模加热、加压放气，直至无气体为止，放气 3～7min。然后按工艺要求，控制压强与温度，保持压制时间，待到达规定的压制时间后，可卸压，取出产品。经验证明，制动瓦中含较多的石墨，所以其热压时间可以减少一些，压制时间过长，生产效率低；相反压制时间过短，则产品质量由于树脂硬化得不好，产品质量会受到严重影响。压强如过大，则会使物料压出，产品厚度与质量受影响，压强过低则结构不好，也会影响质量。出模的产品应去掉压制出现的毛刺和飞边。

（4）热处理。为了使制动瓦的粘结材料能够彻底固化，以能有稳定的摩擦性能与热稳定性，热处理在专用的热烘箱中进行，热烘箱由自动控制的加热系统与箱体组成，其容积较大，并可摆放多层，同时在热处理过程中，箱内的气体循环使箱内温度均匀。其使用的热处理设备与汽车用摩擦材料进行热处理设备相同。将热压后的制动瓦装入热处理周转箱，再将其装入热烘箱中进行热处理。

热处理的条件，按表5-21控制。

表5-21 热处理工艺参数

温度/℃	100	120	140	145
时间/h	2	2	3	4

(5) 合成制动瓦钢背加工。合成制动瓦使用的钢背，是按铁道部有关标准生产的。它是用厚度4.0mm的钢板，经剪板、冲压、装瓦鼻、正型、除锈等工序处理而成。生产前要认真检查机械设备、冲压模具、电气控制装置等。

合成制动瓦的钢背用钢板在普通剪板机上进行剪板下料。铁路用合成制动瓦与矿山铁路用合成制动瓦钢背有所区别，铁路用合成制动瓦钢背背板与瓦鼻为同体结构，而矿山铁路用合成制动瓦的钢背背板与瓦鼻是铆接而成。

合成制动瓦钢背加工过程：

① 冲瓦背、瓦鼻。在普通的冲床上把钢背平板坯料于冲模上冲成带有鼻孔的型坯。

② 压制梅花孔。将钢背冲制成数个梅花孔，梅花孔高度不得大于13mm。

③ 焊接。焊接是将固强板与瓦背焊接在一起，要求一定要焊接牢固，不能有虚焊现象。

④ 喷砂。喷砂的目的是为了增强钢背与摩擦材料的粘接性能，喷砂前的钢背必须要经除油。现生产中采用的除油方法有化学方法与火烧两种，然后再进行喷砂。喷砂在喷砂机上进行，将钢背放入喷砂机内进行喷砂，喷砂时间约10min。若喷砂的表面效果不好，达不到要求时应及时加入新砂。

⑤ 钢背整体整形与压标。钢背整体整形是为了使制动瓦钢背的形状达到标准的要求，压标是将制造厂标志压在钢背上成为永久性标志。钢背整体整形与压标，是在压机上通过整形模具于一定压力下压制而成。

⑥ 浸树脂。钢背浸树脂粘结剂是为了增加摩擦材料与钢背间的粘结力，同时也有防锈作用。但也有采用固体粘结材料的，此种情况下钢背则不必浸树脂。

⑦ 喷漆。生产合格后的合成制动瓦的钢背表面要做防锈处理，用防锈漆将合成制动瓦金属瓦背喷涂均匀。

合成制动瓦摩擦体不应有起泡、翘曲、分层、疏松、飞边、毛刺及明显的裂纹等缺陷。钢背与制动瓦摩擦体之间不应有缝隙，制动瓦摩擦体材料应牢固地充满钢背及钢背孔隙，从钢背外侧不应有可看到的因流动性不好或其他原因而未充满钢背孔的摩擦材料。制动瓦应做防锈处理。

2. 货车高摩擦因数合成制动瓦

货车高摩擦因数合成制动瓦，简称高摩合成制动瓦，适用于运行速度低于或等于120km/h的铁路货车高摩擦因数合成制动瓦。高摩合成制动瓦为专用制动瓦，应使用专用钢背，不得与通用制动瓦(中磷铸铁制动瓦、高磷铸铁制动瓦及低摩擦因数合成制动瓦)互换使用。

1) 货车高摩擦因数合成制动瓦

货车高摩擦因数合成制动瓦主要执行 TB/T 2403—1993 标准，见表 5-22。

表 5-22 高摩擦因数合成制动瓦物理机械性能

性能	单位	指标	检验标准
密度	g/cm^3	不超过给定值的 5%	GB 1033
吸水率	%	≤1.5%	GB 1084
吸油率	%	≤1.5%	GB 1034
布氏硬度	MPa	≤16	HG 2—168
抗冲击强度	kJ/m^2	≥2.0	GB 1043
压缩强度	MPa	≥25	CB 1041
压缩模量	MPa	≤1.8×10^3	GB 1041

(1) 制动瓦不得有折断、掉块、脱落；钢背不得外露而与车轮踏面接触；制动时不允许产生明显的火花和刺耳的噪声。

(2) 制动片磨耗量不得超过 1cm^3/MJ。

(3) 摩擦性能要求：瞬时摩擦因数变化范围在常温干燥状态，一次停车制动、紧急制动时的制动片压力条件下，制动片瞬时摩擦因数 μ 变化范围应符合下列要求：

① 瞬时摩擦因数变化范围见表 5-23。

表 5-23 高摩擦因数合成制动瓦瞬时摩擦因数变化范围

V/(km·h^{-1})	0	30	60	90	120
瞬时 μ	0.35±0.07	0.306±0.04	0.281±0.035	0.27±0.035	0.281±0.035

② 在常温干燥状态，一次停车制动、低制动瓦压力条件下的瞬时摩擦因数的上限值可比上述规定的上限值高 10%，但下限值不得低于上述规定的下限值。

③ 在潮湿状态，一次停车制动、低制动瓦压力条件下的瞬时摩擦因数在各种制动初速度下均不得低于 0.21。

④ 在常温干燥状态，一次停车制到、紧急制动时的制动片压力条件下，制动片平均摩擦因数与制动初速度的关系应满足表 5-24 的规定。

表 5-24 平均摩擦因数与制动初速度的关系

V/(km·h^{-1})	30	50	70	90	120
平均 μ	0.317±0.04	0.310±0.04	0.295±0.03	0.288±0.03	0.280±0.03

⑤ 静摩擦因数不得小于 0.30。

2) 工艺简述

高摩擦因数合成制动瓦可采用干法与湿法两种工艺生产。干法工艺与前面介绍的生产铁路货车用低摩擦因数合成制动瓦相同。湿法生产工艺方法又与生产铁路用合成制动片相同。只有配方组成上的差别，这里不予以介绍。

3）高摩擦因数合成制动瓦钢背

高摩擦因数合成制动瓦钢背用 4.0mm 钢板制造，其性能应符合 GB/T 700—2006《碳素结构钢》中 Q235-A 的要求，具体制造方法、处理过程与使用方法和低摩擦因数合成制动瓦钢背的制法与处理方法相同。具体方法可见本节"合成制动瓦钢背加工"部分。

3. 铁路客车合成制动片

铁路客车合成制动片，又称盘形制动片，简称制动片，是铁路盘形制动装置上的制动片。它是在适应铁路全面提速的形势下发展起来并适用于时速为 160km/h 的铁路客车制动、减速用的新型制动材料。

1）制动片性能

铁路客车合成制动片，要有良好的足够稳定的摩擦因数、较好的耐磨性，在高速制动时不能有擦伤现象。

制动片的性能要求：目前执行由铁道部车辆局发布的"盘形制动装置技术条件（试行）"，其主要要求：

（1）外观要求制动片摩擦表面应光滑平整，不得有任何缺陷。制动片与钢背应紧密粘合，允许钢背边缘有厚度不大于 0.2mm、深度不大于 0.5mm 的非粘合区。制动片暂按铁道部所属厂家的图纸技术要求生产。制动片材质为半金属基无石棉、无铅合成材料。

（2）每批制动片做机械物理性能测试时应满足表 5-25 要求。

表 5-25　制动片做机械物理性能

性能名称	单位	指标	性能名称	单位	指标
压缩弹性模量	MPa	<3000	压缩强度	MPa	≥25
抗冲击强度	kJ/m²	≥2.0	吸水率	%	<2
洛氏硬度	HRM	60~100	吸油率	%	<1

（3）制动片不允许掉块，制动片对制动盘摩擦面不允许产生异状磨耗。制动片与制动盘摩擦时，在任何情况下不允许有明显的火星出现。应适应于环境温度±40℃下工作。

（4）制动片磨耗量不得超过 0.5g/MJ。

（5）摩擦性能要求：瞬时摩擦因数变化范围在常温干燥状态，一次停车制动、紧急制动时的制动片压力条件下，制动片瞬时摩擦因数变化范围应符合表 5-26 的规定。

表 5-26　客车合成制动片瞬时摩擦因数和常用摩擦因数变化范围

$V/(km \cdot h^{-1})$	0	30	60	90	120	140	160
瞬时 μ	0.43±0.07	0.40±0.05	0.355±0.045	0.335±0.035	0.325±0.035	0.315±0.035	0.295±0.035
常用 μ	0.45±0.09	0.42±0.07	0.375±0.065	0.35±0.05	0.34±0.05	0.34±0.06	0.31±0.05

在常温干燥状态，一次停车制动、常用制动时的制动片压力条件下，制动片瞬时摩擦因数的上限值可比上述规定的上限值高 10%，但下限值不得低于上述规定的下限值。

在潮湿状态，一次停车制动、常用制动时的制动片压力条件下，制动片瞬时摩擦因数在各种制动初速度下均不得低于 0.25。

在常温干燥状态，一次停车制动、紧急制动时的制动片压力条件下，制动片平均摩擦因数与制动初速度的关系应满足表 5-27 的规定。

表 5-27　制动片平均摩擦因数与制动初速度的关系

初速 $V/(km \cdot h^{-1})$	120	140	160
$\mu_{平}$	0.3±0.04	0.33±0.03	0.32±0.03

静摩擦因数不得小于 0.33。

2) 工艺简述

铁路客车合成制动片，可采用干法与湿法两种工艺生产。干法生产工艺与铁路货车用低摩擦因数合成制动瓦的工艺方法相同。前面已有介绍，这里介绍湿法生产工艺方法。

在湿法生产工艺中，铁路用合成制动片采用短纤维增强材料，使用液态树脂（或液态橡胶），在混料机中进行混合，经加热干燥后，制成压塑料。湿法生产工艺路线的缺点：

(1) 需压塑料加热干燥的生产设备，增多了生产工序，增加了作量、工作时间和能量消耗，也就是加大了生产成本。

(2) 生产中使用水乳液热固性酚醛树脂有不稳定性，贮存过程中会进一步缩聚而逐步老化，而且树脂含量难以准确掌握。

(3) 压塑料为片块状或团块状，干燥均匀度控制较难，影响压制品的外观质量。

(4) 增强纤维在湿态混合过程中呈卷曲状，不能充分舒展开，降低了其增强作用，抗冲击强度性能要小于干法工艺摩擦材料制品。

与干法生产工艺相比，湿法生产工艺生产过程中粉尘较小。

湿法生产工艺过程：

(1) 混料。混料设备为 Z 形双桨式捏合机。短纤维增强材料、粘结材料和粉状填料在捏合机中被混合均匀，制得的混合料为大小不等的湿态粒状或块状料。

(2) 干燥。为便于湿混合料的干燥，要将湿态的块（粒）料通过辊压机辊压成薄片状，片厚控制在 1.5～2mm，或将湿料在混料机中直接制成粒度较小的混合料。将薄片状或粒状湿混合料中的挥发物（水分和树脂中的游离酚、醛；橡胶浆中的溶剂汽油）除掉。干燥设备为带热风循环装置的烘干炉，加热温度以 60～80℃ 为宜，干燥时间为 2～5h。

干燥后的物料中的挥发分含量控制在 3%～4%，干燥后的物料颗粒内外的干湿程度应均匀一致，以保证压塑料的工艺性能满足热压工序要求。

若压塑料的粒度和均匀度不均匀，对热压工艺操作的影响较大，所以对颗粒度大、均匀度差的压塑料，用锤击式破碎机破碎或其他方法制成 5mm×5mm 小块压塑料。

(3) 合成制动片钢背准备。合成制动片使用的钢背，是按铁道部有关标准生产的。它是用厚度 1.0～1.2mm 的钢板，经剪板、冲压而制成。

生产合成制动片的钢背比合成制动瓦的钢背结构简单，所用钢板在普通剪板机下进行剪板，再冲制数个长方孔，同时压制成钢背，以加强粘结强度，但它不像铁路用合成制动瓦只有一种钢背，制动片要分为左、右对称两种形状。

为增强结构强度，钢背也要经喷砂处理。喷砂前的钢背必须要经除锈、除油，然后将钢背放入喷砂机内进行喷砂。为防止喷砂后钢背变形，还要对钢背进行整形处理，使制动片钢背的形状达到标准要求，钢背整型与压标（制造厂永久标志）同时在压力机上于整形模具中在一定压力下完成。

整型后的钢背应进行防锈处理，并在钢背内表面均匀薄涂专用粘结剂，热压前应干燥，使粘结剂中溶剂全部挥发至不粘手，最好放置24h以后再用。

(4) 热压成形。湿法工艺热压温度略高于干法工艺生产的压制温度，一般应在(165±5)℃下进行压制。因为压塑料不需冷压，热压的模具体积要求大些。

热压工艺主要参数控制：

热压时间：30~40min。

热压温度：(165±5)℃。

单位面积压力：12~15MPa。

热压操作：在模腔内均匀涂擦硬脂酸锌、肥皂液等脱模剂，放入压塑料，再放上经检验合格的制动片钢背，然后合模加热、加压放气，直至无气体为止(5~10min)。然后按工艺要求，控制压强与温度，保持压制时间，达到规定压制时间，取出产品，并应去掉压制产品出现的毛刺和飞边。

(5) 热处理。热处理可使铁路用合成制动片中的粘结材料彻底固化，提高摩擦性能稳定性。热处理在专用的自动控制电烘箱中进行，先将热压后的合成制动片装入热处理周转箱，再将其装入电烘箱中进行热处理。在热处理过程中，应使箱内的气体不断循环，保持箱内温度均匀。热处理设备与汽车用摩擦材料热处理设备相同。

热处理的条件，按表5-28控制。

表5-28　热处理工艺参数

温度/℃	100	120	140	145	170
时间/h	1	1	2	3	4

(6) 磨制及其他后续加工处理。热处理好的制动片通过平面磨床，磨制成标准规定尺寸，制动片不应有起泡、分层、疏松、毛刺及明显裂纹等缺陷。制动片摩擦材料应充满钢背背孔，不应有可看到的因流动性不好或其他原因出现的压塑料未充满钢背孔的现象。

磨制好的制动片可进行其他后续加工处理。

4. 蒸汽机车低摩擦因数合成制动瓦

蒸汽机车低摩擦因数合成制动瓦，简称蒸汽机车制动瓦，主要用于蒸汽机车的制动、减速用。适用于前进型、建设型、解放型、上游型、跃进型蒸汽机车。

蒸汽机车使用的制动瓦分动轮制动瓦与煤水车制动瓦两种，因煤水车制动瓦与铁路合成制动瓦相同，所以通常所说的蒸汽机车制动瓦，就是指蒸汽机车使用的动轮制动瓦。这是一种带有轮缘的特殊形状的制动瓦，它由橡胶改性酚醛树脂为粘结剂、耐高温纤维为增强材料、石墨为减摩材料、金属粉末为摩擦性能调节剂及其他粉状填料经混合、压制等操作而成。

1) 蒸汽机车合成制动瓦性能

蒸汽机车制动瓦的性能要求应具有良好的足够稳定的摩擦因数、较好的耐磨性，在高速制动过程中不能有擦伤现象，同时还应有较好的物理机械强度。

蒸汽机车合成制动瓦执行铁道部 TB 2071—1989 标准。

(1) 蒸汽机车制动瓦机械物理性能应满足表5-29要求。

表 5-29 蒸汽机车制动瓦机械物理性能

性能	单位	指标	性能	单位	指标
密度	g/cm³	2.0~2.2	压缩强度	MPa	25~29
吸水率	%	≤1.5%	压缩模量	MPa	≤1.2×10³
吸油率	%	≤1.0%	丙酮萃取	%	≤0.3
布氏硬度	MPa	100~150	烧失	%	≤50
抗冲击强度	kJ/m²	1.5~1.9	滑动摩擦因数	—	0.19~0.25

(2) 蒸汽机车制动瓦摩擦体不应有起泡、裂纹、翘曲、分层及断裂等恶性破坏。钢背与制动瓦摩擦体之间不应有缝隙。制动瓦摩擦体材料应牢固地充满钢背梅花孔。

(3) 蒸汽机车制动瓦在制动中不允许产生恶性噪声。

(4) 制动瓦对车轮踏面影响应符合对车轮踏面热影响最小的要求。严禁由于合成制动瓦造成车轮踏面龟裂、刻度裂纹、圆周性毛细裂纹及严重的剥离现象。

2) 工艺简述

蒸汽机车制动瓦可采用摩擦材料的干法与湿法两种工艺生产方法。采用干法工艺与生产铁路货车用低摩擦因数合成制动瓦相同。采用湿法生产工艺方法与生产铁路用合成制动片相似，故此处不再进行介绍。

3) 合成制动瓦钢背

铁路用蒸汽机车合成制动瓦使用的钢背按铁道部 TB 2071—89 标准生产，用厚度 4.0mm 的钢板，经剪板、冲压、整型、除锈等工序制成。

生产蒸汽机车制动瓦的钢背结构虽然比较复杂，实际上它与合成制动瓦的钢背生产过程基本相似。具体方法可见本节"合成制动瓦钢背加工"部分。

5. 内燃机车低摩擦因数合成制动瓦

内燃机车低摩擦因数合成制动瓦，简称内燃机车制动瓦，主要用于内燃机车的制动、减速用。

内燃机车低摩擦因数合成制动瓦分有轮缘制动瓦与无轮缘制动瓦两种。

它由橡胶改性酚醛树脂为粘结剂、耐高温纤维为增强材料、石墨为固体润滑剂、金属粉末为摩擦性能调节剂及其他粉状填料经混合、压制等操作而成。

1) 内燃机车制动瓦性能

内燃机车制动瓦的性能要求应具有良好的足够稳定的摩擦因数、较好的耐磨性，在高速制动过程中不能有擦伤现象，同时还应有较好的物理机械强度。

具体要求参阅本书附录 TB/T 3196—2008 标准。

(1) 内燃机车制动瓦机械物理性能应满足表 5-30 的要求。

表 5-30 内燃机车制动瓦机械物理性能

性能	单位	指标	性能	单位	指标
密度	g/cm³	2.05~2.25	吸油率	%	≤1.0
吸水率	%	≤1.4%	布氏硬度	MPa	≤180

(续)

性能	单位	指标	性能	单位	指标
抗冲击强度	kJ/m²	≥1.6	烧失	%	≤50
压缩强度	MPa	≥27.5	滑动摩擦因数		≤0.3
压缩模量	MPa	≤1.5×10³	磨耗宽度	mm	≤4.0
丙酮萃取	%	≤0.3			—

(2) 内燃机车制动瓦摩擦体不应有起泡、裂纹、翘曲、分层、疏松及有害杂质等缺陷，制动瓦摩擦体材料应牢固地充满钢背梅花孔。

(3) 内燃机车制动瓦在制动中不允许产生火花与恶性噪声。

(4) 严禁由于合成制动瓦造成车轮踏面龟裂、刻度裂纹、圆周性毛细裂纹及严重的剥离现象。

2) 工艺简述

内燃机车制动瓦采用干法与湿法两种工艺生产。采用干法工艺与生产铁路货车用低摩擦因数合成制动瓦相同。采用湿法生产工艺方法又与生产铁路用合成制动片相同。

3) 合成制动瓦钢背

内燃机车合成制动瓦生产使用的钢背，按铁道部 TB/T 2547—1995 标准生产。用厚度 4.0mm 的钢板，经剪板、冲压、整型、除锈等操作制成。

生产内燃机车制动瓦的钢背其制法与用法和蒸汽机车制动瓦钢背的制法与用法相同。具体方法可见本节"合成制动瓦钢背加工"部分。

5.6 石油钻机制动块生产

5.6.1 模压型石油钻机制动块概述

石油钻机制动块，即石油钻机绞车制动块，又称石油钻机制动瓦，简称钻机制动瓦。制动机构在石油钻机上的作用是控制绞车滚筒旋转，达到调整钻压和控制钻具运动速度的目的。它是石油钻井机、通井机等机械制动、减速用不可缺少的摩擦材料，是保证石油钻井机、通井机等机械安全生产的重要零件。石油钻机制动块使用的工况条件比较恶劣，工作过程中承受的制动力矩大、摩擦副面上的比压大且不均匀、摩擦速度和温度高且散热条件差；制动时要求制动平稳、灵敏（制动时间短）、可靠，还要求制动块具有柔软、坚固、耐磨的特性。所以在一定程度上它又不同于一般的机械用摩擦材料。

我国模压型石油钻机制动块，现在执行 SY/T 5023—1994 标准，其主要性能见表 5-31。

表 5-31 石油钻机制动块主要性能要求

制动块类型	常温摩擦因数	热摩擦因数	密度 /(g·cm⁻³)	冲击功 /(J·cm⁻²)	磨损率/ [×10⁻⁷mm/(N·m)]
模压块	0.443~0.57	≥0.32	1.8~2.35	≥0.30	≤0.66
死端制动块	0.20~0.39	≥0.20	1.7~2.3	≥0.30	—

模压型（含死端制动块，下同）钻机制动块主要性能特点是摩擦性能稳定、生产工艺简单、价格较低，其缺点是强度不高、硬度高、柔软性与贴合性差，适用于负荷较小的浅井钻机使用。

5.6.2 模压型石油钻机制动块生产工艺

模压型钻机制动块采用干法工艺生产，是以短纤维，如玻璃纤维、陶瓷纤维或石棉纤维等为增强材料，它的全部生产工艺过程，基本上同汽车用摩擦材料干法生产工艺过程相同。

模压型钻机制动块干法工艺流程如下：

混料→预成形→热压固化→热处理→机加工→印标→检验、包装入库

1. 混料

将制动瓦组分中粘结材料、增强材料与功能性填料等各种材料在混料机中混制成均匀混合料。混料设备同摩擦材料干法工艺混料设备。

混料及操作程序：

(1) 开车前，应检查设备及附属设备、校对衡器等均符合要求。

(2) 按配方要求，准确称料，认真复核。

(3) 将已称好的各种配合料投入混料机中，盖好封盖。

(4) 混料时间根据使用的混料机参数与配方要求进行制定。一般高速混料机混料时间较短，而转筒式混料时间则较长。混好后的料即为压塑料。

(5) 压塑料技术要求：

① 压塑料外观应无外来杂质或未混开的料团。

② 压塑料使用的各种材料应松散均匀，无疙瘩。

2. 冷压成形

冷压成形是将混好后的压塑料，在常温的模具内，于一定压力下成形，以便于在热压时装模，并可减少热模的体积，提高热压生产效率。冷型模具结构简单、应用方便，基本上与制动片冷型模类似，生产中也有将其冷型压成平板式。

具体操作如下：

(1) 按规格依下式计算投料量，准确称量，质量应控制在规定公差范围内。

投料量（冷型）计算公式为

$$模压制动瓦 = B \times L \times A \times d$$

式中，B 为厚度(cm)；L 为内弧长(cm)；A 为宽度(cm)；d 为密度(g/cm^3，压塑料石棉类 2.0；半金属 2.4)。

(2) 把已称好的压塑料倒入模腔内，均匀铺料，合模压制，要防止啃模。

(3) 压好的冷型应边角整齐，薄厚均匀，无发泡现象。

(4) 冷型应同材质、同规格按规定整齐堆放，并做好生产标志。

3. 热压成形

将压好的冷型装入到已加热到一定温度的热模中，一般温度为(160±5)℃，压强为(18±2)MPa、压制时间为 25min，经热压成为结构致密，具有良好摩擦性能的制品。

热压中还要不断进行放气，这是非常重要的一个操作。因为钻机制动瓦摩擦片太厚，

放气不当,将会造成制品的起泡或出现裂纹,致使制品报废。有人试图用将压塑料经干燥处理的方法,以减少热压的放气操作,终未如愿。这是因为热压时要放出的气不仅仅是压塑料成分中所附带的水分,还有一定量的组分中酚醛树脂在受热压的固化过程中产生的水与其他夹带游离物,都必须在热压成形前放出。

热压具体操作是:

(1) 首先检查好压机、模具、电气控制装置等。然后清理好热模模腔并均匀涂擦脱模剂(肥皂水及硬脂酸锌等)。

(2) 放入冷型,合模加压约40s,开始放气操作,直至无气放出为止(放气时间在3~8min),进行保压。保压时间一般控制在20~30min。

(3) 待达到规定压制时间后卸压取出产品,去掉毛刺和飞边;检查外观,整齐摆放,避免走形翘曲。

(4) 热压成形后的产品不允许有分层、裂纹、起泡、掉角、缺边、缺肉等现象,而制品表面颜色应一致,有上述现象的制品则为废品,另作处理。

4. 热处理

热处理的目的是使制品中树脂彻底固化。它是将热压后合格的石油钻机制动块,在电烘箱内,于一定温度条件下进行处理,以能使制品的热稳定性达到最理想状态。生产中采用的热处理方法及热处理温度-时间曲线、控制等,基本与摩擦材料干法生产工艺的控制相同,具体操作也相同,这里就不予以介绍。

5. 磨制与钻孔

磨制与钻孔必须保证热压后的制品尺寸与孔径尺寸能达到制品的图纸要求,具体操作程序完全相同于摩擦材料中鼓式制动器衬片的磨制与钻孔。

6. 印标、检验、包装入库

产品的印标、检验、包装入库与前述相同。

小　　结

模压型摩擦材料制品在生产中必须有模具,且模具模腔的形状和尺寸与制品应一致。

由于模压型摩擦材料制品的生产原料为粉状和短纤维或碎屑状,即属颗粒状材料,因颗粒状材料兼有液体和固体的双重物理特性,即整体具有一定的流动性和每个颗粒本身的塑性,人们利用这种特性来实现颗粒状材料的模压成形,以获得所需产品。

模压型制品生产工艺过程的基本作业模块大致相同,只因压塑料制备工艺方法的不同使具体的生产工艺过程有区别。各类制品生产过程中热处理和后续工序几乎都一样。

汽车盘式制动片是摩擦材料制品中最主要的品种。盘式片的制动摩擦面积小,这使得盘式片比一般制动片要承受更高的制动负荷,吸收更多的制动能量,承受更高的制动温度，磨损速度也比鼓式制动片要快；而且轿车制动工作时还要求在很高的行驶速度（70～160km/h）下和高制动温度（300～350℃）下具有良好的制动性能，对制动盘表面的损伤及制动噪声要小等，因此可以认为在各类摩擦材料制品中，对盘式制动片的性能要求相对来说是最高的。

盘式片的生产工艺流程如下：

配料→压塑料制备→干燥→装料→热压成形→热处理→磨制及开槽倒角→喷漆

钢背→除油除污→抛丸喷砂→涂胶↗

包装入库←检验←安装配件←印标

盘式片的生产工艺中压塑料制备、热压成形和热处理是重要且关键的工序，生产中需掌握其生产工艺规程和严格控制其工艺参数。

铆接型鼓式制动片的摩擦片与制动蹄铁的结合是以铆装方式组成蹄片整体，这种组装结合方式使蹄片的抗剪切力比粘接型鼓式制动蹄片要高，用于中、重型载重汽车。铆接型鼓制动片的生产工艺流程如下：

配料→压塑料制备→干燥→装料→热压成形→热处理→磨制→印标→检验→包装入库

铆接型鼓式制动片的生产工艺中压塑料制备、热压成形和热处理是重要且关键的工序，生产中需掌握其生产工艺规程和严格控制其工艺参数。

粘接型鼓式制动蹄片是将鼓式制动片和制动蹄铁通过粘结剂粘接而组合成制动蹄片整体，它通常被使用于轿车和轻型、微型汽车上。

对于模压型铁路合成制动瓦和钻机制动块，目前干法与湿法生产工艺都可采用，它们与汽车用模压型摩擦材料制品的两种生产工艺方法及采用的装备基本相同。

生产制品的品质好坏受生产工艺、技术水平、生产装备、生产管理、操作者技能等多方面因素的影响。

● 经典研究主题
♯ 工艺对制品性能的影响及其规律
♯ 摩擦材料制品表面工程研究
♯ 新工艺的研发
♯ 特殊制品或特殊性能要求的工艺研发

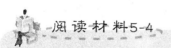阅读材料5-4

摩擦材料的半湿法生产工艺

所谓半湿法工艺，就是在湿法和干法工艺的基础上，经过一定加工过程，制成既包括湿法压塑料又包括干法压塑料在内的新型压塑料，然后再经过模塑加工生产出制品的一种新工艺。

湿法工艺简便易行、尘毒危害小，制品突出的优点是，在使用温度从常温变化到300℃的条件下，不发生膨胀，但是湿法工艺生产的压塑料疏松度差、制品硬度大、抗冲击强度性能低、质地发脆、具有较强的腐蚀性。与之相比，干法工艺的制品具有较高的抗冲击强度和机械加工性能，摩擦性能稳定、成本低、并能充分利用短纤维石棉。同样，干法工艺也存在着不足，即生产过程复杂，操作要求苛刻，更主要的是生产过程粉尘大，产品在使用中易受热膨胀；造成制动鼓卡死，严重影响车辆行驶安全。

鉴于湿法和干法工艺存在的不足，在两种工艺的基础上，研制了半湿法生产工艺，并投入了生产，取得了满意的效果。下面简要介绍半湿法工艺流程及其产品性能。

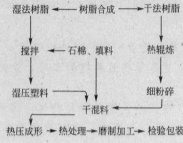

图5.55 干湿法工艺生产流程图

1. 工艺过程

半湿法工艺，首先是按湿法工艺制备出合格的湿法压塑料，然后将它同一定比例的干法生产所需原料一起，在高速混合机中搅拌，配成一种新的压塑料，再进行模压加工制成成品。工艺流程图如图5.55所示。

2. 试验部分

1) 材料制备

湿法压塑料：粘合剂21%～24%，石棉37%～45%，填料30%～39%。干法压塑料：粘合剂23%～30%，石棉45%～50%，填料20%～30%。半湿法压塑料：湿法：干法压塑料（质量比）=1:(0.6～1)。按上述比例分别制出湿法样品A、干法样品B和半湿法样品C。它们的成形条件为：单位压力250～200kg/cm²，成形温度155～170℃，成形时间每毫米厚1.5min。所得样品在电热鼓风恒温烘箱中进行程序升温，经16h热处理，最高温度达165℃。

2) 性能测试

分别对试样进行测试。摩擦性能：按新国标GB 5763—2008法测试，所用为D-MS定速摩擦试验机。测试条件：试样尺寸25mm×25mm×5mm，单位压力10kg/cm²，线速度7～7.5m/s，对偶材质HT20-40。抗冲击强度、硬度测定：抗冲击强度测定按JC 127—66方法进行，试样尺寸55mm×15mm×10mm；布氏硬度测定按JC 126—66方法进行。

3) 试验结果及讨论

摩擦性能由表5-32可看出，半湿法制品的摩擦因数比较稳定，摩擦因数之差最小，在低温下不像湿法制品摩擦因数偏高；而且，半湿法制品在高温下能有效地解决干法产品受热膨胀问题。这是因为，在制品摩擦层表面存在有湿法和干法压塑料，即使干树脂发生膨胀，在摩擦层膨胀部位首先遭到磨损，但可迫使摩擦层处于均匀磨损状态，并保持与湿法压塑料同步磨损。

表5-32 不同温度下各种工艺制品的摩擦性能

试样	摩擦因数					磨损率/[×10⁻⁷cm²/(N·m)]				
	100	150	300	250	300	100	150	200	250	300
A	0.55 0.51	0.51 0.48	0.46 0.47	0.41 2.44	0.43 —	1.91	2.65	4.77	5.68	6.89

(续)

试样	摩擦因数					磨损率/[×10⁻⁷cm²/(N·m)]				
	100	150	300	250	300	100	150	200	250	300
B	0.39 0.42	0.36 0.37	0.37 0.38	0.39 0.41	0.32 —	1.23	1.42	0.83	6.51	负
C	0.44 0.46	0.46 0.44	0.46 0.44	0.45 0.43	0.41 —	1.70	2.16	4.07	4.58	6.04

抗冲击强度、硬度测定由表5-33可以看出，半湿法制品的抗冲击强度虽比干法制品有所降低，但都比湿法制品有较大提高，而且硬度也适中。这是因为，半湿法工艺在混料时以干态形式进行，使得石棉纤维能得到进一步松解，并保护其不受破坏，这样，克服了湿法工艺混料时石棉纤维打团卷曲、强度损失过大，造成抗冲击强度差的问题，使制品具有较高的抗冲击强度。

表5-33 不同工艺制品测定结果

性能	A	B	C
抗冲击强度，kg/m³	4.07	7.73	6.61
布氏硬度	38.15	29.03	31.85

另外，半湿法工艺在制品热压成形过程中避免了干法压制时经常出现的起泡、肿胀现象，提高了产品的合格率；同时，生产环境的粉尘质量浓度由干法生产的7mg/m³降为3mg/m³，减少了粉尘污染的危害。

半湿法工艺生产的产品经用户使用，证实其内在质量确比以往产品有很大提高。这种制动片装在解放车上进行随车质量追踪，制动效果很好，行程2.3万多千米，无膨胀、龟裂现象。

3．结语

半湿法工艺是以湿法和干法工艺为基础，对两种工艺扬长避短，既有效地保护了石棉纤维不受破坏，提高了产品的强度和韧性，又有效地制约了干法产品的膨胀，在一定程度上减弱了干法工艺的扬尘现象。生产实践证明，半湿法工艺是一种可行的生产工艺。

➡ 资料来源：杜银换．摩擦材料的半湿法生产工艺［J］．非金属矿，1988(4)

习 题

一、选择题

1．对模压型摩擦材料制品，除制品的配方设计外，你认为下列哪些生产工序是影响制品摩擦性能的关键因素？（　　）

　　A．压塑料制备　　　　　　　　B．模压成形
　　C．热处理　　　　　　　　　　D．机加工

2. 模压型摩擦材料制品的成形原理属于（　　）。
   A. 液态凝固成形 　　　　　　　B. 固态塑变成形
   C. 固态连接成形 　　　　　　　D. 颗粒态粘结成形
3. 在制品模具构成中，最重要的部分是（　　）。
   A. 工作部分 　　　　　　　　　B. 导向定位部分
   C. 支承连接部分 　　　　　　　D. 温控部分
4. 模压型制品在热压成形时，模具的加热温度通常应控制为（　　）。
   A. 120～130℃ 　　　　　　　　B. 140～150℃
   C. 160～170℃ 　　　　　　　　D. 180～190℃
5. 各类制品生产的后续工序中，下面哪些是不能省略的？（　　）
   A. 机加工 　　　　　　　　　　B. 喷漆
   C. 印标 　　　　　　　　　　　D. 检验
   E. 包装入库

二、思考题

你会在本章知识的基础上找到下面问题的答案：

1. 模压型制品干法生产和湿法生产工艺各有何特点？
2. 模压型摩擦材料制品的生产工艺基本模块说明了什么？
3. 为什么压塑料形式的多样化导致其制备工艺的多样化？
4. 生产工艺过程中的预成形工序是否适宜所有模压型制品？为什么？
5. 热处理工序能否去掉？为什么？
6. 为何制品上的金属件（如钢背、蹄铁）在与摩擦材料结合前必须进行表面处理？
7. 试选某一型号的轿车盘式制动（刹车）片，为该制动片拟定生产工艺及规则（工艺参数）。

三、案例分析

根据以下案例所提供的资料，试分析：

（1）由试验所得到的制备压力对材料摩擦因数的影响如图 5.56～图 5.58，可以得出什么结论？

（2）从试验所得到的制备压力对材料磨损率的影响如图 5.59～图 5.61 所示，可以得出什么结论？

新型摩擦材料的冷压成形工艺研究

汽车摩擦材料生产工艺按照加工温度区分，大致可以分为三类：热压工艺、冷压工艺和温压工艺。对于汽车制动摩擦材料的生产，现阶段应用最为广泛的工艺是热压成形工艺。热压成形工艺成形原理是：置于模腔中的树脂在热的作用下由固体变成液体，在压力作用下液体流满模腔而取得模腔所赋予的形状，随着交联反应的进行，树脂的分子量增大，固化程度增高，模压料的黏度逐渐增加，直至变成固体，最后脱模成品。热压生产工艺参数一般是：压制温度为 (160 ± 10) ℃；压制压力为 (25 ± 10) MPa；压制时间为 60～80s 每毫米厚度；热处理时间为 150～180℃下维持 6～15h。模压热成形工艺成熟简单、适用面广，但模具成本高、环境污染严重、效率低，所得制品致密，使用时易产生噪声、热衰退，损伤对偶材料。热压成形工艺中，采用相对低的温度和压力制得的制品具有相对较好的摩擦磨损性能。相对较高的孔隙率和较低的密度。

温压法工艺是指模压材料在100～130℃模压温度及一定压力下成形制品的一种摩擦材料加工工艺方法。按加工方式分类，也属于模压成形工艺。

冷压成形工艺是指在10～100℃条件下成形的工艺方法。冷压成形工艺制作的摩擦材料具有摩擦性能良好、密度较低、孔隙率高、噪声小、制造成本低、便于自动化生产等优点，在国外已经广泛地用于汽车原装配套。随着汽车工业的发展和能源的紧缺，对摩擦材料的制备工艺提出了越来越高的要求，所以对摩擦材料冷压工艺的研究具有重要的意义。

1. 实验设计与方法

1) 实验材料选择

(1) 粘结剂。热压工艺和温压工艺中常用的粘结剂——树脂、橡胶需在较高温度下才发生固化反应，而且由其制成的摩擦材料在高温阶段(尤其是在300℃以上)热衰退现象明显，所以不宜应用于冷压工艺中。在综合考虑分解温度、材料材质、粘结性能等各种因素后，先从数百种粘结剂中选出三种耐高温的粘结材料，再通过正交试验，以一定比例配制成一种新型的粘结剂，这种粘结剂可耐500～600℃的高温，而且在较低的温度下就可以固化，固化速度相对较快。

(2) 增强纤维。综合考虑各种增强材料的性能特点，采用钢纤维作为该新型摩擦材料的主要增强组分。钢纤维导热性好，能使摩擦材料表面的热量迅速扩散，降低摩擦表面温度。但由于钢纤维的高回弹性，在压制回弹后使得摩擦材料中空隙率增大，结构疏松，导致磨损率增大，抗冲击强度偏小，所以采用钢纤维/芳纶纤维混杂纤维，二者比例为9:2。

(3) 填料。根据传统金属摩擦材料的配方，同时结合新型抗热衰退摩擦材料的具体要求以及价格等因素，采用还原铁粉、棕刚玉、石墨、石油焦和硫酸钡为填料。

2) 摩擦材料试样的制备

将粘结剂、混杂纤维和填料按质量百分比分别为18.1%、36.3%和45.6%均匀混合，在CSS-8800型电子万能试验机中冷压成形，后经热处理和机加工得到试样。

3) 测试分析条件

摩擦因数和磨损率对比实验在D-MS型定速摩擦试验机上按照GB/T 5763—2008标准进行。摩擦材料抗冲击强度的测定按照SY/T 5023—1994实验标准在XCJ-4型抗冲击强度试验机上进行。

2. 实验结果与分析

1) 模压温度对摩擦材料摩擦磨损性能的影响

为考察模压温度对冷压法摩擦材料摩擦磨损性能的影响，进行了工艺过程的几组试验，测试结果见表5-34。

表5-34 不同模压温度下压制试件的摩擦磨损对比试验结果

模压温度/℃	摩擦因数 μ						磨损率/$[M \times 10^{-3} cm^3/(N \cdot m)]$					
	100℃	150℃	200℃	250℃	300℃	350℃	100℃	150℃	200℃	250℃	300℃	350℃
40	0.427	0.411	0.422	0.355	0.303	0.261	0.351	0.403	0.501	0.889	1.821	3.653
60	0.386	0.411	0.394	0.387	0.391	0.406	0.233	0.261	0.387	0.446	0.489	0.625
80	0.358	0.371	0.384	0.364	0.367	0.369	0.193	0.224	0.354	0.476	0.481	0.522

2) 制备压力对摩擦因数的影响

粘结剂的含量不同时，制备压力对材料摩擦因数的影响如图5.56～图5.58所示。

3) 粘结剂及制备压力对磨损率的影响

粘结剂的含量不同时，制备压力对摩擦材料磨损率的影响如图5.59～图5.61所示。

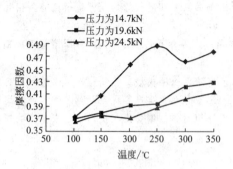

图 5.56　粘结剂含量为 17.1% 时制备压力对摩擦因数的影响

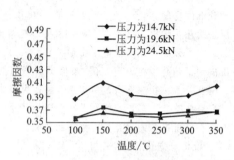

图 5.57　粘结剂含量为 18.1% 时制备压力对摩擦因数的影响

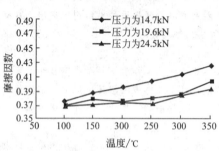

图 5.58　粘结剂含量为 19.1% 时制备压力对摩擦因数的影响

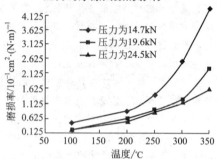

图 5.59　粘结剂含量为 17.1% 时制备压力对磨损率的影响

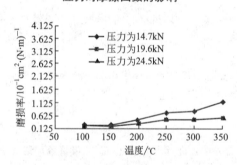

图 5.60　粘结剂含量为 18.1% 时制备压力对磨损率的影响

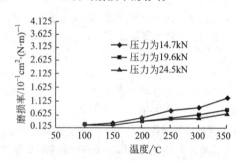

图 5.61　粘结剂含量为 19.1% 时制备压力对磨损率的影响

资料来源：刘晓，曲庆文，胡晓青. 新型摩擦材料的冷压成形工艺研究 [J]. 山东理工大学学报(自然科学版)，2009(3)

第 6 章
编织型摩擦材料制品生产工艺

本章知识框架

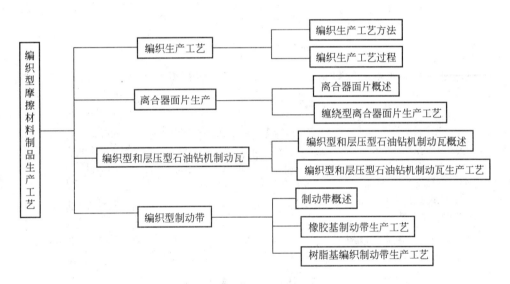

本章学习目标与要求

▲ 掌握编织型制品生产工艺过程的基本作业模块；
▲ 熟悉编织型制品生产工艺与模压型的特征和异同处；
▲ 熟悉离合器面片和编织型制动带的生产工艺；
▲ 了解编织型摩擦材料制品的特点；
▲ 了解编织和层压型石油钻机制动瓦生产工艺。

导入案例

石棉及无石棉编织制动带是经编织、浸渍、定型固化等工序制成的带状摩擦材料，具有强度高、弹性好、制动力大、高温摩擦因数稳定、磨耗小等特点，广泛应用于船舶机械、超重机械、矿山机械、工程机械、电梯、汽车及其他重型机械制动减速。

编织制动带供需平衡分析如图6.1所示：

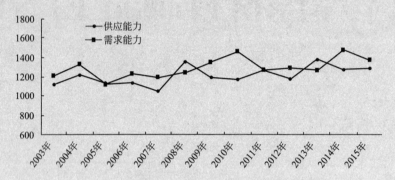

图6.1 供需平衡分析图

石棉及无石棉编织制动带的主要类别如下，实物图如图6.2所示。

(a) 石棉及无石棉树脂编织制动带规格：(6~25)mm×(30~350)mm

(b) 石棉及无石棉橡胶铜丝制动带规格：(4~40)mm×(30~400)mm

(c) 石棉及无石棉橡胶绒质制动带规格：(3~20)mm×(20~200)mm

图6.2 石棉及无石棉编织制动带实物图

1. 石棉及无石棉树脂编织制动带

石棉树脂编织制动带产品：具有强度高、制动力大、磨损率低等优点。无石棉树脂编织制动带除了具有石棉树脂编织制动带的优点外，还具有对人体无危害、对环境无污染的特性。

适用范围：适用于船舶机械、工业机械、矿山机械、重型机械、打桩机专用。

2. 石棉及无石棉橡胶铜丝制动带

石棉橡胶铜丝制动带产品：具有弹性好、韧性大、抗冲击性好、强度高、耐磨且对偶吻合性好、制动灵敏等优点。无石棉橡胶铜丝制动带除了具有石棉制动带的优点外，还具有对人体无危害、对环境无污染的特性。

适用范围：适用于工业机械、矿山机械及农业机械、打桩机专用。

3. 石棉及无石棉橡胶绒质制动带

石棉橡胶绒质制动带产品：具有弹性好、韧性大、抗冲击性好、对偶吻合性好、制动灵敏等优点。无石棉橡胶绒质制动带除了具有石棉橡胶绒质制动带的优点外，还具有对人体无危害、对环境无污染的特性。

适用范围：适用于轻型汽车、工业机械、矿山机械和农业机械、打桩机专用。

问题：

1. 编织型摩擦材料制品的生产工艺有何特点？生产工艺主要有哪些模块？
2. 什么是编织型坯？主要有哪些编织型坯？

➡ 资料来源：http://www.baogaowang.org/ztbg/ah/200809/；http://www.xinglunsell.com/

第 5 章介绍的是组分原材料为颗粒状的模压型摩擦材料制品，然而有不少摩擦材料制品的增强组分采用连续纤维（或长纤维），如缠绕型离合器面片、布质或编织型制动带、层压型或编织型石油钻机制动瓦等，这类摩擦材料制品统称为编织缠绕型摩擦材料制品，简称为编织型摩擦材料制品。

6.1 编织生产工艺

6.1.1 编织生产工艺方法

编织型摩擦材料制品生产工艺属湿法生产工艺，即在坯料制备工序中所使用的粘结剂——树脂（或橡胶）呈液态形式，连续纤维的线、布或编织物型坯在树脂或橡胶溶液中进行浸渍、干燥，制形后成为压塑料（坯料），被成形工序使用，再经热处理固化成为制品，制品生产过程中的浸渍工艺过程大致相同。

6.1.2 编织生产工艺过程

1. 编织生产工艺基本作业模块

编织生产工艺过程的基本作业模块（工艺流程），如图 6.3 所示。

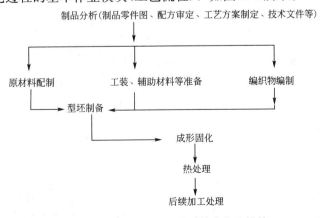

图 6.3 编织生产工艺过程基本作业模块

编织型摩擦材料制品因其功用、材质、结构、批量、技术要求等各不相同，在实际生产中，实现或完成某个或某些具体工艺过程或工序(尤其是压塑料制备)的手段或方法也就有所不同。

2. 连续纤维编织物的编制

编织型摩擦材料制品中的连续(长)纤维，可以在制品成形的过程中编织成形，也可以先编织成布或带状型坯。例如，缠绕型离合器面片是将干燥好后的含树脂和橡胶的连续纤维(或其制品如布等切制成条)，通过专用的缠绕机制成形坯；制动带是以酚醛树脂类或聚桐油脂类为粘结材料、增强骨架纤维材料经纺纱、捻线、再编织成制动带坯，然后再经浸渍等制造而成。

各类制品的连续(长)纤维编织成形过程各有不同，将在后面的具体制品生产各节中介绍。

3. 型坯制备

1) 浸渍酚醛树脂溶液或橡胶胶浆与干燥

(1) 按制品性能要求，分别配制好酚醛树脂的酒精溶液或橡胶汽油溶液(胶浆)。

(2) 将经测试水分并符合要求的连续纤维线、布或编织物型坯，放入已配制好的酚醛树脂的酒精溶液中进行浸渍，在浸渍过程中，要保持编织物处于全部浸没状态，浸渍温度在50～70℃为宜。浸渍后湿态含树脂量应在40%～60%(需继续浸胶浆则应在10%～20%)，然后再经干燥后就可进行制型坯。

(3) 如果还需要浸渍橡胶胶浆的连续纤维线、布或编织物型坯，则浸树脂干燥后再进行浸渍橡胶汽油溶液(胶浆)。即将其放入已配制好的橡胶胶浆中进行浸渍，在浸渍过程中，要保持编织物处于全部浸没状态，浸渍温度在40～60℃为宜。浸渍后湿态含胶量应在45%～55%，然后再经干燥后就可进行制型坯。

2) 制型坯

干燥好后含树脂与橡胶的连续纤维线或布，通过专门的机器制成形坯，这种制好的型坯即为压塑料型坯，可供成形固化工序使用。

干燥好后含树脂的带状编织物已是型坯，可直接供成形固化工序使用。

4. 成形固化

在编织型摩擦材料制品的生产过程中，各类制品成形固化过程各有不同，将在后面的具体制品生产各节中介绍。

5. 后续加工处理

编织型摩擦材料制品的后续加工处理与模压型摩擦材料制品的基本相同，这里不再介绍。

6.2 离合器面片生产

6.2.1 离合器面片概述

离合器面片，又称离合器衬片或离合器摩擦片。它是汽车及其他机动车辆、工程机械等传递动力的重要的消耗性部件。根据离合器面片用途，可将其分为两大类，即用于汽车的离合器面片,称为汽车用离合器面片;用于工程机械的离合器面片,称为机械用离合器面片。

1. 汽车用离合器面片

汽车开动时,首先是起动发动机,它是汽车运行的动力。将汽车发动机产生的动力,传递到汽车的驱动轮上,汽车才能行走。而传递汽车运行动力的这个动作,就是通过离合器面片摩擦力作用来实施的。

对汽车用离合器面片的性能要求主要是,热稳定性好、具有较好而稳定的摩擦因数、良好的耐磨性、较高的物理机械强度等。

目前我国汽车用离合器面片执行 GB/T 5764—1998 国家标准,性能要求包括摩擦磨损性能和弯曲性能。具体要求见表 6-1、表 6-2。

表 6-1 离合器面片的摩擦性能

项 目	试验温度/℃		
	100	150	200
指定摩擦因数	0.25~0.60	0.20~0.60	0.15~0.60
指定摩擦因数允许偏差	±0.08	±0.10	±0.12
磨损率/$[10^{-7}cm^2/(N \cdot m)]$	≤0.5	≤0.75	≤1.00

表 6-2 离合器面片的弯曲性能

检测项目及名称	指标	检测项目及名称	指标
抗弯曲强度/$(N \cdot mm^{-2})$	≥25	最大应变/$(10^{-3}mm/mm)$	≥6.0

对离合器面片其他各项要求(外观、规格尺寸等)可参看 GB/T 5764—1998 标准。

汽车用离合器面片按增强纤维组成的材质分为两种类型:

(1) 缠绕型离合器面片。用湿法工艺进行生产,主要用于汽车传动。

(2) 短纤维模压型离合器面片。用干法工艺进行生产,主要用于机械设备传动。

2. 机械用离合器面片

机械用离合器面片,广义上说还包括离合器块、方形块、腰形块、长形板、齿轮片、鞍座块等。因此,将机械上所用的离合器面片称为机械用离合器面片。

机械用离合器面片生产工艺过程,和一般汽车用摩擦材料制品干法工艺相同,生产使用原材料与设备差别也不大。生产机械用离合器面片与汽车用离合器面片的主要区别是所使用的冷、热压成形模具结构不同。由于机械用离合器面片几何形状特殊、产量较小,所以使用的冷、热成形模具一般采用简易模方式较多。例如,生产齿轮形的机械用离合器面片,其模具结构就较复杂一些,而且设计生产使用的配方时,不但要考虑对一般摩擦材料要求的性能,而且还要考虑制造过程中的工艺性能需要,否则产品合格率就低。

6.2.2 缠绕型离合器面片生产工艺

湿法工艺生产汽车用离合器面片,以纤维纺织物(布或线)为骨架材料,浸渍粘结材料(酚醛树脂与胶浆),并添加多种功能性填料,再经过干燥、缠绕制坯、热压成形、热处理与磨削加工等多道工序制造而成。由于这种生产工艺生产采用了缠绕成形方式,故将这种方法生产的产品称为缠绕型离合器面片,简称缠绕片。

缠绕型离合器面片有分布均匀、纹理清晰的花纹,又具有较高的抗旋转破裂强度、较好的韧性、摩擦性能稳定、使用寿命较长等特点。

缠绕型离合器面片生产工艺流程:

纤维纺织物(布或线)浸树脂溶液→干燥→浸胶浆→干燥→裁条→缠绕坯型→成形固化→热处理→磨削加工→钻孔→洗片→烘干→印标→检查、包装入库

1. 酚醛树脂溶液的配制

缠绕型离合器面片生产,一般是用酚醛树脂或改性的酚醛树脂作为主要粘结剂。热固与热塑性两类酚醛树脂在生产中都有应用。由于液态的热固性酚醛树脂实际含量控制较难,所以目前使用热塑性酚醛树脂较为普遍。

将粉状热塑性酚醛树脂用酒精溶解至一定浓度后,再浸入缠绕型离合器面片用的骨架材料布或线中。

配制酚醛树脂溶液的经验配方见表6-3。

表6-3 酚醛树脂溶液配方

材料名称	规格	质量比	材料名称	规格	质量比
热塑性酚醛树脂	粉状	1	酒精	工业纯度	6.9
乌洛托品	粉状	0.1	合计	—	8

按配方规定的量,先将热塑性酚醛树脂(如PF2123)加入配制罐,再加入乌洛托品、酒精溶剂。盖严罐盖搅拌20～30min,此时热塑性酚醛树脂已经几乎全部溶解,再按量加入一定温度的水,并继续搅拌约10min,取样用比重计测定酚醛树脂溶液的密度,达到要求就可放出。

应该注意的是,因树脂配制罐的放料口处结构的影响,会有些未能溶解的树脂,所以在放树脂溶液时,应首先将这部分树脂放出来,再将其倒入配制罐内,使之全部溶解。

配制的酚醛树脂溶液在外观上应是微棕红色液体,无外来杂质与尚未溶解的酚醛树脂颗粒等,不应有分层现象,其密度为0.85～0.95g/cm^3(室温),酚醛树脂溶液的含树脂量为8%～20%。

生产中大量使用酒精,酒精属于易燃易爆物质,所以生产管理中应设防爆区,采取防爆措施、严禁用火,注意安全。

2. 浸渍树脂与干燥

将生产石棉或非石棉型的汽车用离合器面片所使用的各类布或线,如玻璃纤维布或线;合成纤维布或线、石棉布或线等,在前面配制好的酚醛树脂酒精溶液中进行浸渍。浸渍物的酚醛树脂含量应均匀控制在一定范围。

浸渍物中含有较多的水与酒精,需要通过干燥操作将其除掉。

干燥有自然干燥与强制干燥两种。生产批量小的一般适于采用非连续生产,即浸渍与干燥操作分别进行且采用自然干燥的工艺路线;自然干燥是将浸好酚醛树脂溶液的浸渍物,在自然状态下进行干燥。这种方法成本低、方便、占地面积大、生产效率较低。

生产批量较大的适于采用连续生产的方法，即浸渍与干燥两种操作同时进行且采用强制干燥的工艺路线。而强制干燥工艺，则要通过专用的机械设备，对浸渍物用电或蒸汽进行加热干燥，这种方法效率高、质量稳定、成本稍高，但适宜大批量的生产。强制干燥的设备，一般是采用立式的"塔式"或者卧式的"隧道窑式"干燥设备。这两种类型设备的工作原理基本相同。

如以图6.4"塔式"干燥设备为例，干燥塔高十多米，分为三个温度控制区，干燥酚醛树脂浸渍物时的温度为：

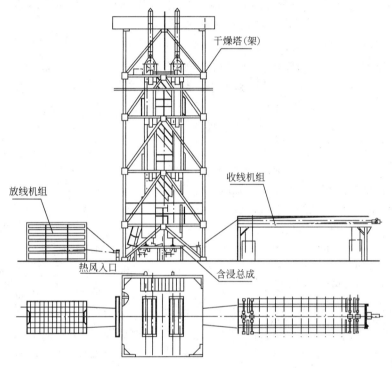

图6.4 含浸干燥机组结构简图

塔的温度：上层温度＞70℃；
中层温度＞70℃；
下层温度＞60℃。

将布或线团，放在干燥塔前的架上，使布（或线），通过树脂浸槽并将其全部浸没。用专用牵绳按规定顺序与走向牵布（或线），接头应捆紧扎牢，防止脱落。再引向塔内的走行架上，在缓慢的走行过程中被干燥，干燥后再卷好。干燥速度快与慢，由布（或线）的行进速度进行控制，一般走行速度为1～3m/min。通过调节挤压对辊的间隙，可以控制浸渍物的含树脂量。

干燥好的布（或线）浸渍物，应树脂浸渍量均匀、色泽一致。其表面平整、无皱折、无重叠、无外来杂质与较大面积的破损现象。在浸渍干燥过程中，还应注意干燥塔内、外散热器及管中存有冷凝水，须及时排出。

在干燥过程中，要经常观察浸渍物布（或线）的运行状态，当出现位置跑偏时，应随时调整校正对辊松紧。发现浸渍物布（或线）干燥程度不理想，应及时调整其运行速度或者塔内温度。

3. 浸挂胶浆与干燥

1) 胶浆制备

将生胶在炼胶机上进行塑炼,再将按配方规定称好的各种填料在一起混炼,不断翻炼,全部混匀后,再调整辊距至为 1~2mm,制成厚度为 1~2mm、面积为 3~5cm² 的胶片。

称量制好的胶片,放入打胶浆机中,投入溶剂汽油盖好,进行搅拌。胶片：汽油=1：2,搅拌约 2h 后,再加一定量的溶剂汽油,继续搅拌约 3~4h,胶片完全溶解,再加入汽油将制好的胶浆稀释成 20%~30% 的浓度备用。

2) 浸挂胶浆与干燥

经浸树脂与干燥后含树脂的长纤维纺织物(线或布),需要再进行浸渍橡胶浆与干燥处理,以满足制品性能与缠绕(或编织)制型工序的工艺要求。将含树脂的线或布浸入胶槽中的胶液中进行浸渍挂胶,含橡胶量一般控制在 40%~65%,然后再进行干燥操作除去所含溶剂,制成可用于进行缠绕(或编织)的含树脂与含橡胶的线或布(俗称胶脂布或线)。

干燥有自然干燥与强制干燥两种方法。生产批量小的一般适于非连续生产,即浸渍与干燥分别进行且采用自然干燥的工艺路线,但要在通风条件好的暗凉环境中进行；生产批量较大的适于采用连续生产的方法,即浸渍与干燥两种操作同时进行且采用强制干燥的工艺路线。

目前生产中采用的方法是用一套设备将浸渍树脂与干燥和浸挂胶浆与干燥两个工序结合起来,这样不但提高了生产效率,而且对安全生产、溶剂回收也有很大好处。如图 6.3 所示是一种含浸干燥机组,该机器的工作原理与国外常见的同类机器的原理基本相同。它主要由五部分组成：放线部分；含浸部分；干燥部分；热源部分；收集部分。

放线部分为原料线团(或布)提供支架；含浸部分为线(或布)的浸胶和浸树脂提供容器和牵引动力、折向以及控制浸胶和浸树脂的量的装置等；干燥部分为浸胶和浸树脂后的线(或布)提供烘干通道、保温措施,以及废气的排放装置和牵引折向装置等；热源部分为烘干部分提供热源,一般为热风,热风从干燥装置的底部进入,从干燥装置顶部的排气口排出,其中间过程对含浸后的线(或布)进行干燥处理,从排气口排出的废气还可接入回收装置进行回收,以保护环境；收集部分对干燥后的线(或布)进行收集、堆放,以利于下一步的缠绕工作。工作过程如下：原料从放线机构中被引出,经过二次折线后,进入树脂槽车内,并在槽车中完成浸树脂过程后,经过滤树脂器滤过,进入一级干燥箱热腔内干燥,线由置于塔顶的线牵引机构牵引上升,经牵引辊折向进入一级干燥箱冷腔向下运动。再经折向后,进入胶槽车内浸胶,然后通过滤胶器进入二级干燥箱热腔干燥,如前所述,完成后,经折向引入收线机构,收线机构上的同步收线对辊对线进行牵引张紧,并收集到集料箱内。

3) 贴胶

贴胶是指浸渍酚醛树脂后的布,通过压延方法,压贴一层橡胶片。具体方法为：浸渍酚醛树脂的布经干燥后通过压延机,在树脂布表面贴上一层胶片,使其成为含树脂含橡胶的布,又称压延法。浸渍法和压延法两种方法中,目前以使用浸渍法工艺较多。两种工艺方法的特点是：浸渍法使用汽油等溶剂,适用于含树脂含胶布(或线)；压延法则直接与干式胶片贴合，不必用溶剂，但只适用于含树脂的胶布。压延法对保证含胶量的稳定性、热压的工艺性、材料消耗以及安全生产等都具有一定作用，但压延法的投资较高。

含胶含树脂的布（以下简称胶脂布）需用衬布将其卷好，以防止粘连在一起。

如图6.5所示，压延时应注意，混炼胶一定要及时放入压延机1、2号辊和3、4号辊之间，使2、3号辊上不能断胶，如胶量不够，要马上停车。同时含树脂布应平整地进入压延机中，不能出现重叠、偏离等现象，并应该控制卷胶脂布的速度与压延机速度要一致。压好胶的胶布的含胶量（包括填料）为40%～60%，并应色泽均匀、光滑、无缺胶等现象。

由于胶脂布布幅较宽，还要将其用切条机进行切条，宽度10～14mm；切条机由两个凹凸切辊构成，将欲切胶脂布送入切条机，经两个凹凸切辊，裁成均匀宽幅条状胶脂布条。在切条时应随时调整送布方向，防止切斜。切下的布条应及时牵拉，脱离刀口，防止布条卷刀憋车，切下的布条应有序存放在洁净场地。

4. 缠绕制型坯

缠绕制型坯即通过缠绕的方式将胶脂布或线绕制成坯型，以用于进行热压。

目前国内生产中常见的缠绕方法有两种：一种是用布条缠绕同心圆，用布条缠绕同心圆的方法多见于手工生产，生产效率较低；一种用线按一定规律进行花瓣编织，该缠绕技术已较为成熟，是国内外缠绕离合器片生产中毛坯制作的主要方法。以下对这种进行花瓣编织的缠绕进行介绍。

缠绕花瓣的基本原理如图6.6所示。当布线盘旋转时，布线皆沿图示方向来回运动。线料从管中穿过，落在布线盘上，并保持位置，在图示情况下，布线管运动的最左端位置对应毛坯的内径，最右端位置对应毛坯外径，中间部位形成花瓣。布线管的往复运动频次与布线盘旋转的频次应保持一定的规律。大致的频率一般为2.6:1、3.6:1、4.6:1三种，分别对应通常所说的三花瓣、四花瓣和五花瓣缠绕。

图6.5　XY-4Γ1730 四辊压延机

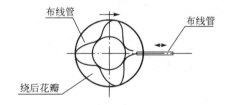

图6.6　缠绕花瓣的基本原理

现生产中普遍采用专用缠绕机进行缠绕制型。图6.7所示是国产JF414型离合器片缠绕机，适用于线或布条缠绕式离合器片毛坯的缠绕。其特点是配合JF414A型称线机可实现全自动操作；缠绕花纹经计算机优化设计；自动下片；卧式结构；花瓣数可调为2、4、6个。

图6.8所示为XL531型离合器片缠绕机，可将经过浸胶并干燥的线（布条）按合理的

轨迹缠绕成环形离合器片毛坯。该机总体布置为卧式结构便于自动上片、下片，若与自动称线装置配套，可进行自动化生产，满足大规模自动生产线的需要。该机布线花纹是经过计算机优化选出的最佳花纹图形，可使缠绕出的毛坯布线花纹均匀，提高离合器片的旋转强度并减小热压后变形。使用该机可显著提高生产效率。

图 6.7　JF414 型离合器片缠绕机

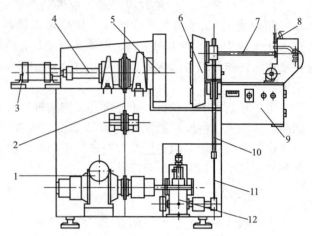

图 6.8　XL531 型离合器片缠绕机
1—电动机及调速器总成；2—传动链；3—压紧油缸；
4—主轴；5—布线盘；6—压盘；7—布线管；
8—喂线机构；9—控制箱；10—挺杆；
11—曲柄连杆；12—变速机构

缠绕型坯的过程是将一定质量的胶脂布条（或线），输送至绕制设备的胎具内，通过胎具旋转曲柄连杆喂线机构上下往复运动，形成内、外交叉，遵循特定的花纹曲线轨迹，在布线盘、压板、锥形辊压下，使缠绕物胶脂布条（或线）缠绕时花纹曲线轨迹规律有序，曲线峰顶及峰谷交叉于同一内、外径圆周边缘上，绕制成具有一定花纹特点的圆状缠绕型坯。

经缠绕机制成的型坯，应按规定的尺寸和花瓣要求缠绕成离合器面片的型坯，型坯不能松散，型坯的厚度、大小应根据面片的厚度和大小来确定。通常外径比面片规定尺寸小 5～8mm；内径大 8～12mm。并应根据面片的材质、要求、流动性等作适当调整。

缠绕型坯的质量差，应在 1%～3%。

缠绕型坯质量计算：

$$投料量(kg) = 0.7854 \times [(D^2 - d^2) \times (h + \Delta h)] \times \rho / 10^6 \quad (6-1)$$

式中，D 为外径(mm)；d 为内径(mm)；h 为成品厚度(mm)；Δh 为 0.6～1.0mm（磨削量）；ρ 为密度 1.86～1.99g/cm³。

缠绕用线应具备：

(1) 具有足够的抗拉强度。线束的抗拉强度不应小于 4kg/cm²。

(2) 具有合适的粘结性。线太干，互相不粘接，无法成形；线太湿太黏，会粘辊，甚至造成停机。合适的黏度应是：两线交叉用手加压能粘在一起，且能再拉开。保持这种状态的时间应尽可能长。

(3) 线应整齐有序。太乱太弯曲都会影响缠绕速度，甚至无法使用。

(4) 线的最小直径应不小于 3mm 或用的布条最大宽度应不大于 15mm。

5. 成形固化

缠绕坯型的成形固化在热压机上进行。

缠绕坯型中的热塑性酚醛树脂、橡胶或其他粘结剂，在压模中受热压三要素作用，成为具有一定强度、致密、具有理想摩擦功能的制品。

热压成形工艺参数控制：

温度为 (160 ± 5)℃。

压强为 15～18MPa。

时间为 4～5min。

缠绕型汽车用离合器面片的热压一般采用单层或多层热压机进行生产，模具在放型前，首先涂抹硬脂酸锌、肥皂水等脱模剂，再将缠绕型坯放入模中。

热压成形对缠绕型离合器面片的质量有较大的影响。如果热压时间长，生产效率低；而热压时间短，则产品的耐磨性降低，其他的各项物理性能指标均受影响，所以正确掌握热压的工艺参数，对保证产品质量非常重要。

操作要点：

(1) 认真检查热压机各部位、加热系统、液压系统，并检查模具规格以及上、下模合模时是否正常，并清理好模腔，一切均应符合要求。

(2) 将热压模具拉开，涂抹脱模剂（一般使用硬脂酸锌或者肥皂水等），将缠绕型坯放入热压模具中，开始合模加热加压。在热压过程中，要不断进行放气，放气时间间隔为 20～30s，放气 2～4 次。然后按热压工艺规定的时间进行保压，达到热压时间后，开模具将制品从模中取出。

(3) 若采用筒模生产，取出热压后的产品，磨掉飞边，放在平台上用重物压平，自然冷却，防止翘曲。

(4) 若采用平模生产，取出热压后的产品，放在平台上用重物压平，自然冷却，防止翘曲。冷却后的制品飞边要冲掉，使缠绕片的内、外径边缘整齐。

6. 热处理

经过热压后的汽车用离合器面片，需要在相当或稍高于热压温度下经过数小时的常压热烘，称为热处理。

热处理的目的是使热压后的制品中粘结剂硬化的更彻底和更完全，以使制品性能稳定，尤其是热性能稳定，消除热压后制品中应力，防止出现制品翘曲变形，对人为的热压时间不足，加以补足，减少热压制品的热膨胀系数。

热处理主要设备是热处理箱。热处理箱是典型的箱式热处理装置。

具体操作：将缠绕片整齐套入夹具杆外，每杆夹具穿满后，在夹具顶部，再穿入压盘、压簧、压簧垫，然后用螺母拧紧，将已穿好的每杆面片，按烘箱可装容纳量送入热处理箱内。

热处理的重要条件是升温速度、最终温度与热处理时间。一般从室温开始，每分钟升高 1～2℃，当箱内温度达到 110℃时，要求每 3～5min 升高 1～2℃，最后恒定控制在 150～160℃，保持 4～6h。也可以适当提高热处理温度，如使用以石棉为骨架材料和以橡胶、酚醛树脂为复合型粘结剂的制品，可在200℃下热处理3h。

热处理的规律是，制品耐热性有更高要求时，热处理的温度要相对高些，时间也要相对长些。

在热处理的过程中，升温速度不可过快，过快的升温速度，将会使制品因受热过快而容易起泡或者变形，因此热处理的升温速度要严格控制，防止在热处理时出现质量问题。

热处理过程中，要不断地进行空气循环，以调节和控制箱内温度均匀一致。

热处理结束后，应关闭电源，缓慢降温，温度达到50℃以下时，再取出制品，以防止骤冷使制品走形。

热处理后的离合器面片手感软硬适度，有一定的韧性。

热处理参数见表6-4。

表6-4 离合器面片热处理工艺参数

温度/℃	100	120	140	160	180
时间/h	1～1.5	1～1.5	2～4	2～3	2～3

7. 磨制

磨制，又称磨削加工、磨片。压制后的缠绕片面片尺寸不能保证标准要求，需通过机械加工进行磨削才能达到产品厚度的要求。这种机械加工方法称之为磨削加工。

磨削加工是通过专用的磨床来完成的。

磨床的主要结构由床身、电动机、金刚石砂轮及吸尘装置等组成。

磨削离合器面片的磨床按其工作特点，分为单面磨床、双面磨床、单面砂带磨床、单辊磨床、双辊磨床、组合磨床等。

1) 单面磨床

对离合器面片一个表面磨削加工的磨床，称为单面磨床。单面磨床的构造简单，由一台金刚石砂轮，沿床身水平方向移动。离合器面片，被固定在一个旋转的圆盘上。磨削厚度通过装在床身上的定位销来调整控制。

单面磨床的主要特点：可以人为控制产品两个表面磨削量，因此其磨削的制品精度高。对于厚薄差较大的离合器面片，可以通过磨削量来调整，特别对外径较大的离合器面片更为适用。但单面磨床的生产效率低，劳动强度大。

2) 双面磨床

同时对离合器面片两个表面进行磨削加工的磨床，称为双面磨床（见图5.33）。在磨床上装有两台相对旋转的金刚石砂轮，中间为被磨削加工的离合器面片，构造比单面磨床稍微复杂。两个旋转的金刚石砂轮，有一个是定位的，另一个是变位的，可沿水平方向自由移动来调整与定位金刚石砂轮的距离以控制磨削厚度，并由定位装置控制。

双面磨床的磨削对离合器面片两面磨削，磨削厚度相同，因此不好通过磨削来调整两个表面的不同磨削厚度。双面磨床主要特点是产量高，适合批量生产。

3) 单面砂带磨床

单面砂带磨床是用砂带机加工离合器面片表面是一种传统的方法，其优点是加工质量好且加工量可调,选用足够大尺寸的砂带后,有较好的适应性。缺点是砂带的耗费大,使用成本高,图 6.9 所示为砂带磨床工作过程。

启动电动机,使输送带和砂带分别按图示方向运动,其中输送带在托板上表面滑过,托板起承载和定位作用,操作者将工件置于输送带上,从砂带辊下部和输送带的间隙中通过,完成对工件上表面的加工。调整上述间隙,即调定加工量。

4) 单辊磨床

单辊磨床是对砂带机进行改良而出现的设备。其特点是将砂带机的砂带改换成人造金刚石的柱状砂轮,工件的输送、定位基本同砂带机。图 6.10 所示为 JF440 型离合器片磨床,其工作过程与砂带机类似。

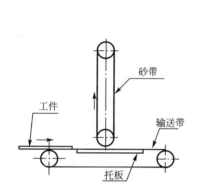

图 6.9　砂带磨床工作原理

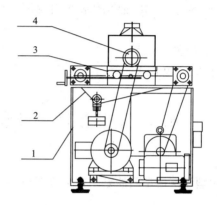

图 6.10　JF440 型离合器片磨床
1—机体；2—输送带；3—可调托架；4—柱状砂轮

5) 双面磨床

由于离合器片一般均需两面加工,故在单辊磨床的基础上又发展双面加工的磨床(图 5.33)。

6) 组合磨床

随着生产技术的不断发展,目前已经出现了离合器面片组合式磨床,采用组合式磨床磨削离合器面片已经达到相当高的自动化程度。日本采用全自动的磨削设备磨削离合器面片,主要特点是采用砂带代替砂轮。在一套磨削设备上,由送片机构送入离合器面片,高速运转的砂带先磨离合器面片的一个表面,然后送入第二条高速运转的砂带上,此时离合器面片已经翻转了一个 180°,进行另一个表面的磨削,送入第三条砂带时,离合器面片又被翻转 180°。这样磨削的制品表面光洁度较好、质量好、效率高,自动化程度也高,还无粉尘,生产环境好,另外由于磨削量较小,所以生产材料消耗较小。

磨制后的离合器面片表面应平整,内、外径厚度均匀一致,不允许有起泡、龟裂、分层、凸凹等影响使用的缺陷。

8. 后续加工处理

1) 缠绕型离合器面片钻孔、洗片与烘干

缠绕型离合器面片钻孔一般使用普通钻床与普通钻头,近来已开始使用专用的钻孔机与合金钻头,不但钻孔质量有了提高,而且效率也有很大的提高。

离合器片钻孔设备和工作过程在第 5 章中"后续加工处理"里已有介绍。

钻孔的几何尺寸如通孔、小孔、大孔及深度，孔台高、大小孔相邻梯形斜面角度，各孔距离分度尺寸，尺寸项目均按产品图纸要求进行加工。因为孔位若有误差，则会影响装配质量。

缠绕型离合器面片经钻孔后，需要对表面进行处理。处理的目的主要是除去磨制加工后表面附着的灰尘。若为主机厂配套用，还要进行表面防锈处理。这是为了防止离合器面片装配后会出现粘连现象，所以配套用比较强调此要求，而维修使用则不必做此处理。

为此，有些厂采用水洗的方法进行除尘、防锈。离合器面片的水洗在专用的水洗装置中进行，水洗时在水中加入一定量的液体聚乙烯醇（或亚硝酸钠），配成一定浓度，将离合器面片浸入水溶液中，用流动的水冲刷就可达到目的。水洗后的离合器面片在烘干炉中烘干。

2）印标、检验、包装

印标、检验、包装入库等与其他产品相同。

6.3 编织型和层压型石油钻机制动瓦

6.3.1 编织型和层压型石油钻机制动瓦概述

石油钻机制动瓦，简称钻机制动瓦。制动机构在石油钻机上的作用是控制绞车滚筒旋转，达到调整钻压和控制钻具运动速度的目的。它是石油钻井机、通井机等机械制动、减速用不可缺少的摩擦材料，是保证石油钻井机、通井机等机械安全生产的重要零件。石油钻机制动瓦使用的工况条件比较恶劣，工作过程中承受的制动力矩大、摩擦副面上的比压大且不均匀、摩擦速度和温度高且散热条件差；制动时要求制动平稳、灵敏（制动时间短）、可靠，还要求制动块具有柔软、坚固、耐磨的特性。所以在一定程度上它又不同于一般的机械用摩擦材料。

我国石油钻机制动瓦，现在执行 SY/T 5023—1994 标准，其主要性能见表 6-5。

表 6-5 石油钻机制动瓦主要性能要求

制动片类型	常温摩擦因数	热摩擦因数	密度/$(g \cdot cm^{-3})$	冲击功/$(J \cdot cm^{-2})$	磨损率/$[\times 10^{-7} cm^3/(N \cdot m)]$
编织型或层压型	0.413~0.54	≥0.28	1.35~1.75	≥0.98	≤2.04

石油钻机制动瓦分为整体编织型、层压型、模压型三大类。

编织型钻机制动瓦，采用编织成形及湿法生产工艺生产，是将纤维类增强材料，如玻璃纤维、陶瓷纤维、石棉纤维等首先制成线，然后再用编织机通过特殊的编织方法，制成编织带，经浸渍、干燥、热压、热处理、钻孔等工艺过程，制成编织型石油钻机制动瓦。编织型钻机制动瓦具有柔软、强度高、摩擦因数高而稳定、制动灵敏、可靠、耐热性好的特点，适用于重载深井机使用。

石油钻机制动瓦产品基本尺寸要求见表 6-6。

表6-6 石油钻机制动瓦产品基本尺寸要求　　　　　　　　　mm

序号	型号	R 基本尺寸	R 极限偏差	A 基本尺寸	A 极限偏差	B 基本尺寸	B 极限偏差	δ 基本尺寸	δ 极限偏差	a 基本尺寸	a 极限偏差	b 基本尺寸	b 极限偏差	H 基本尺寸	H 极限偏差
1	ZS2-M	534	±5.5	305		203		26				127		12	
	ZS2-B														
2	ZS3-M	584		305	±4.0	254	+0 −2.0		±1.0	173	±0.5		±0.5		+0 −1.0
	ZS3-B														
3	ZS4-M	635		305		254		32				178		18	
	ZS4-B		±6.2												
4	ZS5-M	685													
	ZS5-B														
5	ZS8	待发展													

层压型钻机制动瓦又称钻机制动块,是以纤维制成网格状布,再浸渍粘结剂(酚醛树脂与橡胶),经干燥、裁布、叠型、热压、热处理、钻孔等工艺过程,制成层压型钻机制动瓦。层压型钻机制动瓦特点介于编织型与模压型之间。

模压型钻机制动瓦又称钻机制动块,在第5章已介绍。

6.3.2 编织型和层压型石油钻机制动瓦生产工艺

6.3.2.1 编织型石油钻机制动瓦生产

编织型石油钻机制动瓦,目前仍以石棉纤维为增强材料,非石棉型的编织型石油钻机制动瓦已经开始使用。这里以石棉编织型石油钻机制动瓦为例介绍。

1. 生产工艺流程

编织型石油钻机制动瓦生产工艺流程如下:

编织→裁块→干燥↘
　　　　　　　　浸渍→干燥→成形固化→热处理→磨削→钻孔→印标→检查、包装入库
聚桐油脂制备及配液↗

2. 编织型石油钻机制动瓦的生产

1) 编织

(1) 生产编织型石油钻机制动瓦用石棉线的技术要求。

经线:

支数:2.5±0.3支(或根据情况适当调整经线支数)。

结构:第一次合股S型130±10捻/m;15支/2+1股38$^{\#}$黄铜线;

　　　第二次合股Z型100~110捻/m。

强度:6.94kg/cm^2。

烧失量:24%~32%。

纬线:

支数:3.0~6.5支(或根据情况适当调整纬线支数)。

结构：第一次合股 S 型 100～110 捻/m；
第二次合股 16 支/4 股；Z 型 100～110 捻/m。
强度：55N(约合 6000g)。
烧失量：24%～32%

(2) 编织型石油钻机制动瓦型坯的技术要求。

① 型坯结构要求。

编织结构：经、纬线全交叉多层纬结构编织。

密度：经线 18～22 根/100mm；
纬线 14～18 根/100mm。

型坯尺寸应符合表 6-7 的要求。

表 6-7 型坯尺寸 mm

成品规格			编织尺寸			
			切断长度		宽度	厚度
弧长	宽	厚	单片	成条		
300	195	32	305～309	310 的倍数	200～205	36～40
305	254	32	310～315	315 的倍数	260～265	36～40

② 型坯外观要求：

a. 织造毛坯表面应保持清洁、干净。

b. 不得有外露线头，表面不得有缺经短纬现象。

c. 边缘允许有编织线套，但不许大于 3cm，整体宽度不允许超差。

d. 表面允许修理因织造出现的结构缺欠，如缺经线、少纬线等。

(3) 织造结构。将经、纬线在编织机上进行织造，制成编织型石油钻机制动瓦型坯，因编织品较厚，一般厚度在 25～40mm，所以必须采用多层纬线并使用无梭编织的方法。现以编织型石油钻机制动块采用全交叉编织结构九层纬为例，做一介绍。

编织纬线示意图如图 6.11 所示。

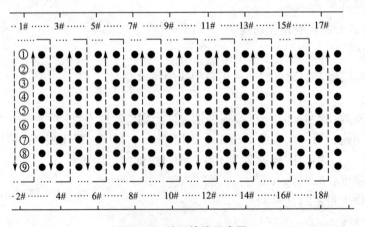

图 6.11 编织纬线示意图

下行(单号)变绞经纬编组：

(4) 编织方法：

① 经检验后的编织用经线，全部按一个开团方向挂在编织机后面的线架上。

② 穿线按线团的前后顺序整齐排列，引入穿线板，并缠在刺辊上，要保持方向一致。

③ 如生产 9 层纬 18 片棕的织造结构制品，那么经线在穿棕片时，就要按第 18→1 或第 1→18 棕片顺序进行穿线。这两种方法都可以，但同一个机台的穿线方式必须相同。

若生产 7 层或者 5 层纬的，穿线的顺序也是一样的。

④ 使用 18 片棕，每个杼孔穿 18 根线。选择杼孔数量要根据编织制品的宽度与密度要求而适当增减。

⑤ 穿好经线之后，将经线全部拴在一起，就是所谓的拴机。拴机后开始编织，编织出编织型钻机制动片白坯块，认真检查其规格尺寸，确认后，可正式编织生产。如果规格不符要求，则要进行调整。

⑥ 在织造中出现断纬时，要找好原绞位(并要拉开自卷)进行编织。

⑦ 在织造中出现断经时，要及时停车接好断线，接线的疙瘩不应过大，要能通过棕孔。

⑧ 织机的两个经刺轴的压紧度要调整一致，防止织物起棱不平。

⑨ 织造时两边纬线收缩要控制均匀一致。若不符合要求时，则应及时调整送纬剑杆的进退时间(位置)和小梭的转动时间(位置)。

2) 裁块与干燥

编织好的编织型石油钻机制动瓦坯料为带状，长度较长，可在喷水过程中，按尺寸要求切断成要求的长度。并对切断后的编织坯料进行检查，若有织造的问题，如出现缺经、短纬等，应进行修补，以保证质量。

坯料中水分含量一般为 30% 左右，需干燥到 2% 以下。

3) 粘结剂聚桐油脂的制备与浸渍液配制

(1) 聚桐油脂的制备。由于编织型钻机制动瓦工作条件的特殊性，用摩擦材料通常使用的酚醛类树脂做浸渍材料，制品的韧性难以达到要求，所以工业上采用一种韧性好的聚桐油脂作为粘结剂。

聚桐油脂是用桐油在较高的温度下制成的一种类似胶状的桐油聚合物，习惯上称这种物质为聚桐油脂，简称桐油脂。它具有黏度高、韧性好的特点，由于其粘结强度较低，故还要与油溶性的酚醛树脂混合，制成混合型粘结材料。

桐油为棕黄色透明黏稠状液体，编织型钻机制动瓦使用桐油质量要求见表 6-8。

表 6-8 桐油质量要求

项目名称	指标	项目名称	指标
相对密度	0.940~0.943	不皂化值(%)	0.75
酸 值	8	碘 值	163
皂化值	190~195	270℃温度下的胶化时间/min	8

桐油在储存过程中，性能会发生变化，所以在使用前必须进行聚合性能测定。具体测定方法是：将桐油搅拌均匀后取桐油样品，装于玻璃试管中，约占试管容积的 1/3，在酒

精灯上直接加热,当试管中桐油温度达到270℃时,按动秒表开始计时,继续加热直至试管中的桐油样品全部胶化,记下时间,所用的全部时间即为胶化时间。

桐油合成类似橡胶物,有理论认为:各种橡胶类似物的基本结构,都需要长的或直线状的分子排列,桐油聚合物的分子排列和一般合成橡胶相似,而分子结构中所含的不饱和酸也可以和硫黄作用,即与一般橡胶硫化作用一样,因此将其称为聚桐油脂。

聚桐油脂的生产操作方法:

按比例将桐油、油溶性酚醛树脂(松香脂)、速干剂等各种材料,投放于反应釜中并按下述工艺进行控制:

① 检查并调整好管路阀门,确认正常后方可进行上料。

② 经检验合格的桐油,准确称量放入反应釜内。

③ 开始加热,开动搅拌,逐步升温,当釜内桐油温度达到110~120℃时,缓慢加入油溶性酚醛树脂(松香改性酚醛树脂或叔丁酚树脂),直至全部按量加完。

④ 继续升温,至油溶性酚醛树脂(松香改性酚醛树脂或叔丁酚树脂)全部熔化,温度达到220~230℃时,停止加热,密切观察釜内桐油的变化,当温度达到230~250℃时,桐油表面泡沫约变为红色,此时应开始测定聚桐油脂的黏度。当经做拉丝试验已达要求(黏度经验控制方法是在一分钟之内,不多于10滴)时,即可放出。为保证聚桐油脂不出现胶化现象,加入一定量的冷脂(常温已做好的聚桐油脂),使制造出的聚桐油脂温度降至60℃以下。

由于聚合桐油时需要的温度较高,生产中控制较难,经常采用较小的反应容器,主要是为了比较容易地控制反应,也是为了生产方便操作,因此聚桐油脂粘结剂生产使用批量不是很大,在生产中常常采用体积较小的敞口式或常压的反应容器,所以在生产中必须注意防止混入其他杂质,尤其是水等进入容器中遇高温的聚桐油脂时,就容易发生事故。

(2) 浸渍液配制。聚桐油脂溶液的配制方法:将制好的聚桐油脂加入200#溶剂油,配制聚桐油脂溶液要有适当浓度,以提高其浸渍能力与较好的含脂量。注意配制时聚桐油脂的温度不要过高,温度过高会使溶剂油挥发增大,造成溶剂油损失,并且也造成生产环境的不安全。为此,配制聚桐油脂要在40℃以下的温度进行。

4) 浸渍干燥

将干燥好、水分在2.0%以下的编织坯料放入配制好的聚桐油脂溶液中,并要保持其全部被浸没,浸渍温度应保持在60℃左右为宜,浸渍时间不少于8h,浸渍后的含脂量应控制在40%~50%(湿式含量),经干燥后的含脂量应为30%~35%。生产经验证明,过长的浸渍时间对含脂量并无多大影响,当然浸渍时间过短,含脂量较少也不行。但浸渍温度对浸渍时间影响较大。

浸渍可以采用真空罐在真空下进行,也可以采用敞口槽在常压下进行。在真空下比在常压下浸渍时间缩短很多,适宜大批量的生产。浸渍前将经干燥后合格的编织型制动瓦坯料,整齐摆放在浸渍罐(槽)内的浸渍架上。在真空下进行浸渍时,要压紧罐盖,进行抽空,吸入配制好的温度为50~60℃的树脂溶液,真空浸渍时间为1~2h。在常压下进行浸渍时,在槽内加入配制好的温度50~60℃的树脂溶液,浸渍时间约8h。

浸好后将附在编织型制动瓦坯料表面上的聚桐油脂溶液全部淌净,需要2~4h,当表面无流淌树脂,并不粘手时,即可置于自然条件下晾干,也可在烘箱中烘干。

5) 成形固化

(1) 压冷型。压制冷型以便于在热压时装模。压冷型的压力为 8~10MPa，压制冷型的规格尺寸应按热压成品要求，每边缩小 5mm 左右。冷型的表面应完整，无缺欠，并要清除晾干后的毛坯表面粘着的脂皮等物，如聚桐油脂(或其他类树脂)等。

压好的冷型还应进行干燥处理，其目的是要降低编织型制动瓦坯料的挥发物。干燥的方法一般采用自然干燥的办法，这种方法比较容易，但所用的时间相对的要长。干燥的程度应使其能达到符合热压的要求，否则因干燥得不好，流动性过大，压制时就出现压淌现象，使产品结构与质量受到影响。所以干燥时一般控制干燥温度在 100℃ 以下，干燥时间为 (80 ± 10)h。

(2) 热压固化。经冷压后的编织型制动瓦坯料，需经热压后才能将聚桐油脂(或其他类树脂)类浸渍物进行固化，从而制成具有一定致密结构和良好摩擦性能的制品。

① 热压工艺要求：

单位压强：(15 ± 2)MPa。

温度：(180 ± 5)℃。

时间：20~25min。

② 操作要点：

a. 认真检查热压机各部位，如加热系统、液压系统等，并检查模具规格以及上、下模合模时是否正常，并清理好模腔，一切均应符合要求。

b. 将热压模具拉开，涂擦脱模剂(一般使用硬脂酸锌或者肥皂水等)，冷型放入热压模具中，开始合模加热加压。在热压过程中，要不断进行放气，放气时间间隔为 30~60s，约放气七次左右，然后按热压工艺规定的时间进行保压，达到热压时间后，拉开模具将制品从模中取出。

c. 将压好的产品出现的飞边及毛刺打磨好。

6) 热处理

热处理是使经热压后的制动瓦中的树脂进一步彻底固化。

热处理工艺过程：

室温~100℃，1h→100~120℃，1h→120℃恒温，1h→120~130℃，1h→130℃恒温，1h→130~140℃，1h→140℃恒温，2h→140~150℃，1h→150℃恒温，5h

整个热处理过程应在不断通风状态下进行，以能保持热处箱内温度均匀。

热处理结束后，应立即断电，慢慢自然降温，待烘箱内温度降至 50℃ 以下时出炉，产品可转下道工序。

7) 机加工

机加工包括磨削、钻孔等内容。

磨削是为了使编织型钻机制动瓦达到规格尺寸，磨削加工上述章节已阐述。

钻孔是为了保证编织型钻机制动瓦的装配尺寸，根据产品图纸尺寸要求，制作样板或钻孔胎具(按图纸钻孔位置制作)，然后钻小孔，再钻大孔，钻头前角应磨制成 120° 钻削角。在钻孔时，应注意孔的位置及孔的深度，不允许超差。

8) 印标、检验、包装

印标、检验、包装入库等与其他产品相同。

6.3.2.2 层压型钻机制动块

层压型钻机制动块是以网格布(石棉布、非石棉布等)经浸渍树脂基粘结剂、再涂挂橡胶基粘结剂,干燥后裁成一定规格布片,并将其叠成一定厚度,再经压型后放入热模中进行热压而成。它的强度比模压型钻机制动块要高,但比整编型钻机制动块要低些。层压型钻机制动块的生产工艺与其他布基层压型摩擦材料的生产工艺方法与应用设备基本相同。

1. 层压型钻机制动块工艺流程

层压型钻机制动块是将若干层摩擦材料基材叠在一起。通过热压制成较厚的钻机制动块。层压型钻机制动块的生产工艺与缠绕型离合器片基本相同,唯一的区别是一个是绕制胶脂布条,另一个是叠制胶脂布条。

层压型钻机制动块工艺流程:

网格布→浸渍树脂→干燥→浸渍橡胶→干燥→裁条→叠布压型→热压→热处理→钻孔→印标→检查、包装入库

2. 层压型钻车制动块生产

1) 网格布

网格布是一种织造时经、纬线密度较稀,布面形成了较大的孔眼的布,孔眼大小约为 3mm×2mm 或 2mm×2mm,这种网格布能挂附较多的胶浆,制成的制动块具有较好的摩擦性能。而且由于使用了一定量的橡胶,所以制品的硬度较低,韧性也好,强度也比模压法高。但这种层压型钻机制动块由于工艺过程中使用了数种溶剂,若控制不好则易出现分层起泡现象而影响使用。

2) 浸渍与干燥

(1) 树脂溶液的配制与技术要求。将热固性(或热塑性)酚醛树脂,按工艺要求加入一定量的溶剂,一般采用酒精做溶剂,并加入一定量的温水,配制成具有一定黏度的树脂酒精溶液,其外观为乳白色或微红色液体,若用热塑性酚醛树脂配制树脂酒精溶液时,还要求不允许有未溶解的树脂颗粒,树脂酒精溶液应混合均匀,无分层现象。室温下密度 $0.85 \sim 0.95 \text{g/cm}^3$,树脂酒精溶液中的固体含量一般控制在 10%~20%。

(2) 网格布浸渍与干燥。将网格布浸入配好的酚醛树脂酒精溶液数分钟后,就可以进行干燥,干燥后的树脂网格布应控制树脂含量在(10±2)%,浸渍树脂量应均匀,色泽一致,表面平整无皱折重叠,无外来杂质与大面积破损。网格布的树脂含量的掌握,可通过浸渍时间与树脂酒精溶液中的固体含量进行调节。网格布浸渍与干燥所采用的设备如图 6.12 所示。

(3) 胶浆制备与浸胶干燥。根据配方要求,将经塑炼好的橡胶进行混炼制成胶片,胶片厚度为 0.8~1.5mm,并打碎成小块胶片。在溶胶机中加入小块胶片并按比例加入汽油,经数小时后,制成胶浆。将浸过树脂的网格布浸入胶浆中,进行浸挂胶浆,控制胶含量在 35%~65%,再经加热干燥,制成树脂胶布。

生产中也有采用干式压延挂胶法,它的工艺特点是按配方要求,将塑炼好的橡胶放入压延机上,将胶片压成厚度为 0.5mm 左右,再压挂在网格树脂布上,制成网格树脂胶布。这种工艺方法的特点是生产过程中不使用溶剂,因此生产工艺稳定,产品性能也稳定、安

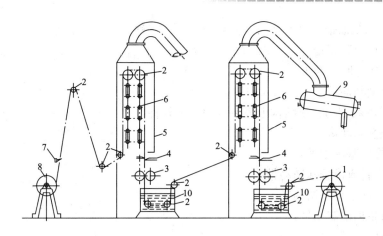

图 6.12　网格布浸渍干燥机

1—未浸渍的布卷；2—转向辊筒；3—挤压辊筒；4—刮刀；5—干燥箱；6—散热器；7—割布刀；8—浸渍布卷；9—冷凝器；10—浸渍槽（盛胶浆或树脂溶液）

全，产品成本也较低。

3) 网格树脂胶布裁条和成形

按钻机制动块的规格尺寸要求裁条切片，切好的网格树脂胶布表面不应有杂质、油污等，裁切尺寸应符合尺寸要求范围，然后将胶片叠制好后压制成冷型坯。

4) 热压

通过热压使冷型坯成形固化，具体操作方法是，将制好的钻机制动块冷型，放入热压模中进行热压，热压成形工艺控制参数：热压温度为 (165±5)℃、压强为 15～20MPa、热压时间为 20～40min。热压操作程序和方法，同模压法钻机制动块相同。

5) 热处理

除热处理参数（温度与时间）有些不同外，其他工艺操作均相同于干法生产工艺摩擦材料或模压型钻机制动块。

6) 磨加工、钻孔等

钻机制动块的磨加工、钻孔等后续加工的方法与其他产品相同，这里就不再细述。

6.4　编织型制动带

6.4.1　制动带概述

制动带是摩擦材料的一种，因外形为带状，故称为制动带，俗称刹车带。制动带具有使用适应性强、生产工艺方法多、产品形状简单等特点。商品制动带一般是长度为 8m（也有长 4m 或 5m）、厚度为 4～40mm、宽度为 13～350mm，卷成直径约 300mm 的盘状，以方便运输、保管与使用。制动带在使用时根据要求将其裁成所要求的长度，铆合或贴合在摩擦衬板上，非常方便。

制动带主要用于农用车辆、摩托车和工程机械（如起重机、卷扬机、吊车、挖掘机以及摩擦压力机等），自行车、洗衣机等也普遍应用。其主要用途是制动、减速之用。

目前,国内制动带从产品结构上大致分为以下三种。
(1) 短纤维橡胶制动带。
(2) 布层压橡胶制动带。
(3) 编织型制动带。

从制动带的胶型与材质结构上大致分为以下几种。
(1) 橡胶基制动带:
① 布质橡胶基制动带。
② 短纤维材质橡胶基制动带。
③ 衬金属网橡胶基制动带。
(2) 树脂基编织制动带:
① 树脂基编织制动带。
② 油脂基编织制动带。

橡胶基制动带是以橡胶为主要粘结剂、树脂为辅助粘结剂、矿物纤维(含石棉纤维等)为增强材料及各种功能性填料,经混炼、制型、硫化而制成,用于各种机械和机动车辆制动减速用。

橡胶基制动带的主要特点是质地比较柔软,贴合性强,特别适于制动蹄片总成的粘合使用;常温摩擦因数较高,遇水时的摩擦因数也相对较高。其缺陷是强度较低,高温摩擦因数较低,怕油污。

未经硫化的橡胶基制动带,也可以用于模压制品的半成品,作为软质制动片的主要材料。

树脂基编织制动带,是以酚醛树脂或改性酚醛树脂(或聚桐油脂)为粘结材料、将增强纤维经纺纱、捻线、编织成带状织物,再经浸渍、烘干、热定型、磨制而成,用于各种机械制动减速。树脂基编织制动带的特点是强度高、耐磨性好,其缺陷是硬、脆,在打开盘时有时会断。

制动带的主要摩擦性能要求,见表6-9。

表6-9 制动带的主要摩擦性能

分类	材料	工艺特性	摩擦性能	试验机圆盘摩擦面温度/℃			
				100	150	200	250
1类	普通软质编制	未热压或硫化	μ	0.30~0.60	0.25~0.60	—	—
			$V/[10^{-7}\,cm^3/(N\cdot m)]$	≤1.00	≤2.00	—	—
2类	软质模压	经半硫化	μ	0.30~0.60	0.25~0.60	0.20~0.60	—
			$V/[10^{-7}\,cm^3/(N\cdot m)]$	≤0.50	≤0.75	≤1.00	—
3类1号	特殊编织	热压或硫化	μ	0.30~0.60	0.25~0.60	0.20~0.60	—
			$V/[10^{-7}\,cm^3/(N\cdot m)]$	≤0.50	≤0.75	≤1.00	—

制动带的外观应边角整齐、厚度均匀、外观色泽一致，不得旁弯。

6.4.2 橡胶基制动带生产工艺

目前橡胶基制动带，多数是以石棉为主要增强纤维，以橡胶和酚醛树脂为粘结材料，添加各种填料，经辊炼、制型、硫化等工艺过程加工而成，用于汽车等机动车辆与各种机械制动、减速用。橡胶基制动带柔软、易于弯曲，与摩擦对偶贴合性好，使用方便。它的主要缺点是高温摩擦因数较低，不适用于长时间在高温环境中工作。

橡胶基制动带有三种：布质橡胶基制动带、短纤维橡胶基制动带、衬金属网橡胶基制动带。

1. 布质橡胶基制动带

布质橡胶基制动带(或称层压制动带)，是以石棉布为主要骨架材料，以橡胶为主要粘结材料，然后与各种填料共同构成坯料，再经浸胶、压型、硫化、磨制等工序加工处理制成布质橡胶基制动带。在橡胶基类制动带中，布质橡胶基制动带具有较高的制品强度，也是生产工艺比较复杂的一种产品。

布质橡胶基制动带生产工艺流程：

混炼→胶浆制备→浸布→烘干→裁条→制型→热压→硫化→磨面→印标→检验包装

1) 混炼及胶浆制备

混炼即橡胶混炼。为了提高橡胶使用性能，改进工艺和降低成本，必须在生胶中加入各种配合剂，这个过程称为混炼。混炼胶要求混炼均匀，混炼胶是在开炼机(或密炼机)上进行的。

将混炼好的胶片，用切胶机切制成小片放在打浆机中，再将汽油投进打浆机(见图6.13)中，胶片与汽油比为1∶4～1∶5。打浆机为一个立式桶形，内有搅拌翅。搅拌翅与桶壁约有3cm间隙，搅拌翅转速为50～80r/min，搅拌一桶胶浆时间为4～10h。打好的胶浆，浓度均匀，不能含有尚未溶解的混炼胶片。

2) 浸布与烘干

制动带用布织物在专用的浸渍(浸树脂与浸胶浆)设备上进行浸渍酚醛树脂酒精溶液与橡胶胶浆的操作。浸渍设备为立式装置，高约十多米，一般有两个结构相同的浸渍装置与一个干燥装置，浸渍装置一个用于浸树脂，一个用于浸胶浆。浸树脂装置的温度低些为40～60℃；浸胶浆装置的温度要相对高些，顶部干燥装置的温度为100～110℃。

图6.13 打浆机

将欲浸物如石棉布等，放在干燥机前的布架上，然后将其浸没在树脂溶液槽中并将其全部浸没通过。用专用牵绳牵引欲浸物，牵绳与欲浸物的接头应捆紧扎牢，防止脱落。再引向塔内的走行架上，在缓慢的走行过程中完成浸渍和干燥操作，然后再卷好。干燥速度快与慢，由欲浸物的走行速度控制，一般走行速度为1～5m/min。通过调节挤压对辊的间隙，可以控制浸渍物的含量。干燥好的欲浸物含树脂与含胶量要均匀、色泽一致，其表面平整、无皱折、无重叠、无外来杂质与较大面积的破损。

在干燥过程中，要经常观察欲浸物的运行状态，当布幅出现跑偏时。应及时调整，校正压辊松紧。发现欲浸物干燥不理想,应及时调整其运行速度或者装置内温度。含树脂量控制在 10%～20%,含胶量控制在 15%～25% 的这种含树脂又含橡胶的欲浸物就称为树脂胶布。

如果生产布质橡胶基制动带,采用贴胶方法工艺,就不用打胶浆,而是采用类似如缠绕型"汽车用离合器面片"的三或四辊压延机,直接进行压延挂贴橡胶。

3) 裁条制型

裁条制型:用裁条机将树脂胶布裁成树脂胶布条,布条要符合成品规格要求。通过制型机制成带坯型,制型机是由一对压辊组成。

制成带坯型规格尺寸应比成品小约 5%～15%,以便于热压时装模。厚度应比成品要求厚 2mm,而每盘制成带坯型的长度,应适当短一点,因为热压时长度会延长。

4) 热压固化

将带坯型放在热压机上的模具中进行热压,橡胶制动带热压模具比较简单,由条形的上、下模组成。它是橡胶制动带初步固化定型工序,在高温与高压作用下粘结剂发生化学变化,橡胶分子形成"硫桥"结构,酚醛树脂也发生了交联固化,从而使制动带固化成形,热压温度为 150～160℃、压力为 10～12MPa、压制时间为 1～2min 每毫米。生产操作中通常采用分段压制工艺,对于 8m 长的产品,可在 1m 左右的压模中分段压制,也有个别企业有 8m 长的热压机,可直接压制出 8m 长的橡胶制动带。分段压制的缺点是,橡胶制动带在压制过程中,会出现很多的压制接头,对产品的质量和外观有一定的影响。压好之后盘成盘带放好,为防止出现粘结现象,应在盘带时涂擦隔离剂。

5) 硫化

图 6.14 硫化罐

硫化的目的是将含硫化剂的橡胶制动带置于一定的加热温度下,使长链分子结构的橡胶转化为网状结构的橡胶,以具有良好的使用性能。橡胶制动带虽然经过了热压,但热压的时间较短,还不能使其完全彻底地达到硫化状态,所以还要进行补充硫化。硫化时,将热压好的橡胶制动带放在硫化罐内进行。硫化罐(图 6.14)是一个耐压设备,罐顶安有安全阀和放空阀,罐后有排气阀。将橡胶制动带放在硫化罐中,直接通入蒸汽进行加热硫化,气压控制在 0.3～0.4MPa,硫化时间根据橡胶制动带的规格、厚度及放入硫化罐中的数量有关,一般是每罐硫化时间为 2～5h。

6) 磨制等后续加工处理

硫化后的橡胶制动带尚不能达到产品尺寸要求,所以还要进行磨制,磨制操作在专用的磨床上进行,它是一种组合式的专用设备,将橡胶制动带从机台上面托盘上打开,送入磨床的可转动的转盘上,将橡胶制动带送入已调好距离的磨口内,进行磨制。磨好后的橡胶制动带就在另一个转盘上再盘起来,经印标、检验符合产品要求后,进行包装入库。

2. 短纤维橡胶基制动带

短纤维橡胶基制动带,又称绒质橡胶制动带。它是在布质橡胶基制动带基础上发展起来的一种橡胶基制动带。

短纤维橡胶基制动带，是以各种短纤维为骨架材料，以橡胶和树脂为粘结材料并混入各种性能填料，通过炼胶机的强力作用，进行塑炼和混炼，再经制型、辊压、硫化、磨制而成。各种短纤维主要包括，石棉纤维、玻璃纤维、FKF 纤维、合成纤维等；粘结剂主要以丁苯橡胶为主、天然橡胶和酚醛树脂为辅；填料有重晶石、氧化钙、滑石粉、长石粉等。

短纤维橡胶基制动带，由于生产不需特殊加工设备，生产工艺方法简单，生产中不用汽油，性能稳定，可调性好，工艺稳定性也好，摩擦因数特别是高温摩擦因数要比布质橡胶制动带好，柔软、贴合性好，特别适用于采用贴合工艺的摩擦材料。一些新的纤维橡胶基制动带品种也不断开发出来，推向市场，如衬金属网的短纤维橡胶基制动带、非石棉短纤维橡胶基制动带。

短纤维橡胶基制动带生产工艺流程：
称料→混炼→出片→制型→正型(压带)→硫化→磨面→印标→检查、包装入库
1) 塑炼、混炼和出片

塑炼的目的是使胶弹性减少、塑性增强，以便于其他材料的混入。塑炼时首先对天然胶进行薄通塑炼，辊距在 1.0～1.5mm，控制辊温在 55～65℃，塑炼至橡胶全包辊，再投入丁苯橡胶进行辊炼至均匀，然后切割打卷称量待用。每塑炼一辊胶约需 15min。

混炼操作是将已称好的塑炼胶卷，从炼胶机(图 6.15)的大齿轮一端投入辊中，将辊距控制在 2mm 左右，辊温 55～65℃，待橡胶全部包辊后，投入促进剂、防老剂、硬脂酸等小料，随后加入难分散的氧化锌，小料混合均匀后加入酚醛树脂、填料，反复混炼、左右割胶、不断翻炼。待粉状料全部混合均匀后，加入增强纤维(如石棉纤维)，切记不可在粉状料未混合均匀后投入

图 6.15　XK-230 开放式炼胶机

增强纤维(如石棉纤维)，因为粉状料混不均，会严重影响产品工艺性能与产品质量。待纤维(如石棉纤维)混合均匀，达到所有组分材料基本上混炼在一起(称为初混料片，并将其下辊)，投入另一炼胶机中继续混炼，反复剖料并不断翻炼 5～7min，直到混合料全部混匀，薄通 3～5 次，最后将辊距调到 1.5～2.0mm，控制辊温为 60～70℃，调节好出片装置和出片刀距，进行连续出片操作，由贴压在辊筒表面的刀片将宽带胶料裁切成多条窄的连续带状胶料片。

返炼操作工艺：有的生产企业为了使带坯集中加工，提高炼胶机生产效率，采用返炼操作工艺，即在上述混炼操作中，将已冷却的混炼过的初混料片放于辊距已调至 1～2mm 的炼胶机中，不断地返炼与不断地加大辊距，并反复薄通三次以上，使初混料片中的各种材料混合均匀，表面无肉眼可见的料团，胶料片有一定强度即可出片。每辊返炼时间为 5～7min。出片时将炼胶机辊距至 1.5～2.0mm，安装好出片装置与调好出片刀距，特别是一次出多条胶片时，其公差应控制在±0.5mm，控制辊温在 60～70℃。将炼好的胶片料投入炼胶机中，使其在不断返炼与辊热状态下出片。出片是在连续状态下进行的，一般同时使用两台炼胶机，其中一台负责"返炼与辊热"已冷后的初混料片；另一台炼胶机辊的一半出片，另一半仍辊热胶料片，这样可以做到出片的连续性，使胶片可以无限长，减

少制型时出现过多的接头。出片时一定注意不要将凉片放入预出片部位，否则会影响出片质量，甚至出片全部断裂。

胶料片表面应无料团和颗粒，不允许有破裂、缺边现象；作业环境一定保持干净，防止胶料片落地粘附外来杂质等影响粘结强度；厚度控制在 1.5～2.0mm，胶料片厚度过厚影响粘结强度，制品磨损率也增大，过薄影响生产效率；胶料片表面色泽应均匀一致。

2) 制型与正型(压带)

制型机也称成形机。

短纤维橡胶基制动带的制型，也称成形。制型是将叠好的数层带状胶料片通过制型机辊压而成。

制型前先将制型机可调宽度与厚度的双辊调至要求规格，混炼好的带状胶片稍经冷却到不粘手时就可以开始制型。选用较长的胶料片做皮，按成品厚度要求叠好胶片，将叠好的数层胶片同时送入制型机进行辊压制型，当带型长度够产品长度要求时即可裁断盘好。在制型过程中有的胶片断了需要接头时，可将其裁成45°搭合，但带型的表面尽量不用接头料片。翻型中产生的带头及未用的胶片，仍可重新进行返炼出片使用。

正型：制型后的带型的尺寸、外观和密度都还不符合成品要求，需进行正型。正型的作用，就是将带型再次加压，使其规格完全达到要求，并通过正型后使产品密度达到要求。

正型在正型机上进行。

正型机由一对可调辊距的凸、凹滚压辊组成，可以控制正型带的宽度与厚度，不同的宽度要选用不同的凸、凹滚压辊，所以一台正型机要备用数套滚压辊。

将制型后的带型直接送入正型机，正型机有一对凸凹对辊，为了增加辊压密度，采用了凸凹对辊表面刻布状花纹的辊面，这样就可以增加带的局部压力，生产中一般采取两次辊压成形的方法，即将带型一面压好后，再翻过来压另一面，两面都呈布状花纹，并按标准尺寸卷好放置。对贴合使用的短纤维橡胶基制动带，正型时用光滑的辊面辊压成形。

正型时每次辊压压缩厚度不可过大，以不超过10%为宜，过大的压缩量会降低其强度。合格压型带的表面，应是花纹整齐、规格准确、结构致密、颜色均匀、边角完整。

3) 硫化

硫化操作在硫化罐中进行，将短纤维橡胶基制动带平整放齐，不得硬挤乱放，防止变形。对规格较小的短纤维橡胶基制动带，堆放得更不能过高。硫化采用蒸汽直接加热的方法，蒸汽压力控制在 0.3～0.4MPa，硫化时间为 150～240min，硫化后自然降温冷却，出罐时要保持带型完整，不得碰坏边和面。

4) 磨制及后续处理

一般的短纤维橡胶基制动带不用磨面，仅有特殊要求的，特别是用于贴合装配的需要进行磨面。磨制短纤维橡胶基制动带的磨床和磨制方法与布质橡胶基制动带相同。

首先要检查磨带机，磨带时应前、后二车进行，前车负责送带，后车负责出带盘。送带时应注意要送得准，防止啃带，而后车在出带时用力要均匀，防止因停滞而将带磨薄。磨好的带应保持外观干净，不得污染。磨好后的带要盘成带盘，盘径相同。

3. 衬金属网橡胶基制动带

衬金属网橡胶基制动带，简称衬网带。它是在短纤维橡胶基制动带基础上发展起来的一个品种，由橡胶、短纤维及各种功能性填料组成，经混炼、制型、硫化、再复合金属衬网而制成的一种短纤维橡胶基制动带。主要用于各种机械或机动车辆制动、减速之用,特别适用于轻型机械或机动车辆的制动器总成。它具有安装部位强度高、摩擦性能好、使用方便、价格低的特点。

衬网带的主要特点是使用了一种金属网,金属网由直径 0.7～1.0mm 的经、纬金属丝焊接而成,但纬线金属要焊在经线金属的同一表面。金属网的技术要求见表 6-10。

表 6-10 金属网的技术要求

指标	指标要求	公差
网丝直径/mm	0.7～1.0	±0.1
100mm(纬线根数)	15	±2.0
100mm(经线根数)	30	±3.0
材质要求	低碳钢	

衬网带是用金属网与制型后的短纤维橡胶基制动带经特殊复合方法而成,金属网与辊好的带型成为紧密一体。复合中一定要注意复合参数要求,防止金属网变形与破损。外露型衬网带的金属网的纬丝(或经丝)在纤维橡胶基制动带表面应完全裸露;而对内含型衬网带则要求内含金属网在短纤维橡胶基制动带表面不允许露出。

这两种衬金属网的短纤维橡胶基制动带的边缘都不允许外露金属丝。

衬金属网橡胶基制动带的非衬金属网面,还要在制动带磨床上进行磨制,以保证衬金属网的短纤维橡胶基制动带的规格尺寸要求。

该类制品的具体生产工艺方法及使用设备与短纤维橡胶基制动带相同。

6.4.3 树脂基编织制动带生产工艺

树脂基编织制动带,又称编织刹车带,简称树脂带。它是以酚醛树脂类或聚桐油脂类为粘结材料,增强骨架纤维材料经纺纱、捻线、编织成带状织物,再经浸渍、正型、烘干、热定型、磨制而成。树脂基编织制动带是一种使用方便的特种摩擦材料,其特点是强度高、耐磨性好;缺陷是硬、脆,打盘时易断。

树脂基编织制动带可以说是摩擦材料生产中生产工艺最复杂的产品之一。要先将增强长纤维材料纺制成线,再编织成制动带坯,然后再经浸渍等工艺制造而成。编织后的带坯称为编织白板带。目前增强纤维材料仍以石棉纤维为主,但也开始生产非石棉纤维的树脂基编织制动带,其生产工艺方法与采用生产设备基本相似。

树脂基编织制动带生产工艺流程:

长纤维→编织→修整→干燥┐
          ↓
    浸渍树脂→低温干燥→整型→热处理→磨制→印标→检查、包装入库
     ↑
    浸渍液制备┘

1. 编织白板带及其干燥

1) 编织白板带用线

编织白板带用线的标准见表 6-11。

表 6-11 编织白板带用线

材质名称	支数	拉力/N	烧失量(%)	结构
石棉线	经线 4.5±0.5	≥70	≤32	6股(6石棉纱1股38#铜)
	纬线 6.5±0.7	≥50	≤32	4股(4石棉纱2股38#铜)
	经线 5.0±0.8	≥40	≤32	4股(4石棉纱2股38#铜)
	纬线 3.5±1.0	≥45	≤32	5股(5石棉纱2股38#铜)
非石棉纤维线（玻璃纤维、化学纤维）	经线 4.0±0.7	≥200	≤32	3股(3化3玻3铜)
	纬线 4.0±0.7	≥200	≤32	3股(3化3玻3铜)
	经线 3.0±0.5	≥270	≤32	4股(4化4玻4铜)
	纬线 2.0±0.3	≥350	≤32	5股(5化5玻5铜)

2）编织工艺条件

编织工艺条件应符合表 6-12 的规定。

表 6-12 编织工艺条件

编织厚度/mm	棕片数/片	孔数个/100mm	每孔线根数/根	线支数/支		纬线根数根/100mm	纬线层数/层
				经线	纬线		
4	5	20	5	4	6.5	20	2
5	5	20	5	4	6.5	20	2
6	7	20	7	4	6.5	20	3
7	7	20	7	4	5	20	3
8	9	20	9	4	6.5	18	4
9	9	22	9	4	3	18	4
10	11	22	11	4	3	18	5

（1）打纬轴。打纬轴时先将适宜的纬线用水浸泡润湿，以减少作业环境粉尘，再将纬线在打纬机上打成纬轴，即缠绕在纬线线管上（又称纬管）。打好的纬轴，必须紧密结实，缠线不能超过纬线轴轴头直径，若超过纬线轴轴头直径，就不能装进梭盒中。在打纬轴时，还应挑出纬线中的大肚线以及缺股线、疙瘩线等不合格的纬线。在打纬线中断线应用叉接法接头。

（2）挂经线团及穿棕。按编织带工艺规定，选好经线，再将经线按要求挂线团及打开线团进行穿棕。具体方法是按序排列挂好，穿定位孔时按挂线团横排，由后向前，顺序取线，穿入铁板孔是由外向里的顺序进行。穿麻轴时按托线板中心，先后分两边进行。首先由托线板中心点，从底孔开始，按斜度向上孔顺序由下至上，由内至外的顺序穿好经线一半，然后再穿另一半，是由上到下、由内向外按顺序进行，把线引过托线板后，再绕麻轴一周进入前托线板和绞杆。

（3）穿棕、穿杼。按工艺规定的棕片数从右边开始，由后面棕依次往前穿经线。如 6 片棕顺序为 6、5、4、3、2、1，反复循环向右，直至穿完全部经线。每个杼孔穿的经线数应与棕片数相等，即若采用 6 片棕时，每杼孔就应穿 6 根经线；若采用 10 片棕时，每杼孔就应穿 10 根经线，以织机杼的中心点平均两边分开，定出一边标点，然后按规定顺序进行。

穿好经线后开车织造编织白板带，编织白板带时还应经常测量带的厚度、宽度等。

因编织白板带的厚度相差较大，所以采用多层织物组织，要用不同的纬线层数来织造编织白板带的厚度。多层织物组织是将数层织物用经线相互的连接形成一个织造整体。

多层织物可分两种方法，一是以经线作为各层纬线连接起来（称交织或称全编型）；二是使用专用的连接经线将各层纬线连接起来（称累织或称混编型）。

生产编织白板带主要是混编型结构，混编型结构见表6-13～表6-17。

表6-13 二层纬线混编结构图

序号\交点	棕号	1	2	3	4	5
1	3×2	•	•	—	—	—
2	5×4	—	•	•	•	—
3	2×3	•	—	•	—	—
4	4×5	—	•	—	—	•

表6-14 三层纬线混线编结构图

序号\交点	棕号	1	2	3	4	5	6	7
1	3×2	•	•	—	—	—	—	—
2	7×6	—	•	•	•	•	•	—
3	5×4	—	•	•	•	•	—	—
4	2×3	•	—	•	—	—	—	—
5	6×7	—	•	•	—	•	—	—
6	4×5	—	•	•	—	•	—	—

表6-15 四层纬线混编结构图

序号\交点	棕号	1	2	3	4	5	6	7	8	9
1	3×2	•	•	—	—	—	—	—	—	—
2	5×4	•	•	•	•	—	—	—	—	—
3	9×8	—	•	•	•	•	•	•	•	—
4	7×6	—	•	•	•	•	•	•	—	—
5	2×3	•	—	•	—	—	—	—	—	—
6	4×5	—	•	•	—	•	—	—	—	—
7	8×9	—	•	•	—	•	—	—	—	•
8	6×7	—	•	•	—	•	—	•	—	—

表6-16 五层纬线混编结构图

序号\交点	棕号	1	2	3	4	5	6	7	8	9	10	11
1	3×2	•	•	—	—	—	—	—	—	—	—	—
2	5×4	•	•	—	•	—	—	—	—	—	—	—
3	11×10	—	•	•	•	•	•	•	•	•	•	—
4	9×8	—	•	•	•	•	•	•	•	•	—	—

（续）

序号	棕号 交点	1	2	3	4	5	6	7	8	9	10	11
5	7×6	—	•	•	•	•	•	—	—	—	—	—
6	2×3	•	—	•	•	•	•	—	—	—	—	—
7	4×5	•	•	—	•	•	•	—	—	—	—	—
8	10×11	—	•	•	•	•	•	•	•	•	•	—
9	8×9	—	•	•	•	•	•	•	•	•	—	—
10	6×7	—	•	•	•	•	•	•	—	—	—	—

表 6-17　六层纬线混编结构图

序号	棕号 交点	1	2	3	4	5	6	7	8	9	10	11	12	13
1	3×2	•	•	—	—	—	—	—	—	—	—	—	—	—
2	5×4	•	•	•	•	—	—	—	—	—	—	—	—	—
3	7×6	•	•	•	•	•	•	—	—	—	—	—	—	—
4	13×12	—	•	•	•	•	•	•	•	•	•	•	•	—
5	11×10	—	•	•	•	•	•	•	•	•	•	•	—	—
6	9×8	—	•	•	•	•	•	•	•	•	—	—	—	—
7	2×3	•	—	•	—	—	—	—	—	—	—	—	—	—
8	4×5	•	—	•	—	•	—	—	—	—	—	—	—	—
9	6×7	•	—	•	—	•	—	•	—	—	—	—	—	—
10	12×13	—	•	—	•	—	•	—	•	—	•	—	•	—
11	10×11	—	•	—	•	—	•	—	•	—	•	—	—	—
12	8×9	—	•	—	•	—	•	—	•	—	—	—	—	—

注：1. 表中有"•"棕片为上行棕片。
　　2. 表中"×"后数字为上行棕片号。

3) 编织白板带的要求

编织白板带的外观，表面应平坦，不缺经少纬与织造缺欠，带的两侧应整齐，没有明显的勒边与松套现象。对存在缺经少纬与织造缺欠等现象，应由人工修整以达到技术要求。

4) 编织白板带的水分含量

编织白板带的水分含量应低于2%，否则需烘干。

2. 聚桐油脂的制备及浸渍液的配制

根据树脂基编织制动带的性能要求，现国内多以聚桐油脂为粘结剂。

聚桐油脂是用桐油进行聚合，并经油溶性松香酚醛树脂改性而制成的一种摩擦材料粘结材料，它主要适用于编织制动带（块）。树脂基编织制动带（块）使用聚桐油脂为粘结剂，改进了过去使用的热固性酚醛树脂、酚甘油树脂等制成的树脂基编织制动带存在的质地较硬、易断、打不开盘的缺陷，增加了制品韧性。浸渍聚桐油脂制成的树脂基编织制动带，具有韧性好、摩擦因数稳定、耐磨、强度较高等特点。

聚桐油脂制造工艺简述如下：

将经检验合格的桐油，放入反应釜内，装料容量不得超过反应釜总容积的 1/2，开始加热并不断搅拌，仔细观察料温变化情况，当温度达到 120℃ 时，可慢慢加入粉碎后的松香酚醛树脂，使之熔化，松香酚醛树脂加得过快易结团，使物料升温过快，从而使反应过快，黏度增加过快。温度升至 200℃ 以上时，要严格控制升温速度，一般温度不超过 260℃。在反应过程中，经常取样测定黏度，当桐油反应物黏度达到要求时，应及时放出，放出后一定要迅速冷却并要不断搅拌，直至 60℃ 以下。为了使其温度迅速降低，在生产过程中，采用了内冷方法，即加入冷聚桐油脂的方法，可以使温度很快降低。还要十分注意，生产中不得把水或其他液体溅入高温的桐油中，操作者不得脱离岗位。生产中聚桐油脂黏度测定方法，采用经验拉丝方法，即用手指粘少许聚桐油脂，拉丝长度能达 10mm 以上即可。

聚桐油脂溶液的配制：

聚桐油脂溶液的配制，是将聚桐油脂、溶剂油在 25℃ 条件下进行混合，100kg 聚桐油脂，用 20～40kg 溶剂油溶解稀释制成聚桐油脂溶液。聚桐油脂溶液的黏度，应在 70s 以上。配制好的聚桐油脂溶液用于浸渍编织白板带。

3. 浸带与干燥

编织后的编织白板带因含水分较大，需要进行干燥，可采用自然或强制干燥的方法，编织白板带水分含量达到规定要求。

浸带：先将欲浸渍聚桐油脂溶液的编织白板带摆放在浸带架上，然后在室温下将浸带架放入装放聚桐油脂溶液的浸渍罐内，然后使其始终保持在浸没状态。在常压下浸渍，一定要浸透、浸匀。

浸渍物的含树脂量控制在 25%～45%。

浸树脂后，将罐内达到要求的含树脂带提到罐口，放置数小时，使聚附在树脂带上的多余聚桐油脂溶液流回罐内。待其基本流净后，再将含树脂带晾在架上，进行低温干燥，使所含溶剂全部挥发。温度约为 35℃ 左右，时间约 24h（可根据室外温度、湿度适当增减），经低温干燥后的树脂板带应达到柔软、不粘手、不粘辊的要求，但不能过干，过干容易折断。

4. 树脂板带整型

树脂板带整型是将树脂板带经过特殊专用的双辊压辊辊压，辊压时既要控制受压物宽度、也要控制受压物的厚度与旁弯。过辊整型前，应调整好挡板宽度和辊距。树脂板带的压缩量一般为 10%～15%。过辊整型后的带，按规格盘成内径 250～300mm 的圆盘，外面的带头要用钉子固定。同时在辊压树脂板带时，还要测量被辊压树脂板带的宽度、厚度，检查其是否符合成品要求。

5. 热处理

热处理即干燥固化：将辊压整型后的树脂板带，整齐堆放在干燥装置（如干燥箱）内的干燥车上（注意不要磕碰及受压变形）进行干燥，以彻底除净所含溶剂。同时对所浸渍的聚桐油脂或使用的其他的类粘结材料进行加热固化。在加热固化温度 100～150℃ 条件下，烘烤 6～10h。如烘烤温度较低，就要适当延长烘烤时间；烘烤温度较高，就要适当减少烘烤时间。

6. 磨制及后续加工处理

磨制是为了保证树脂基编织制动带的尺寸规格（宽度与厚度）符合要求，一般的树脂基编织制动带不要求进行磨面，但对有特殊厚度、宽度要求磨面时，就要进行磨制，其方法与设备同橡胶基编织制动带。在磨制过程中，应注意树脂基编织制动带比橡胶基编织制动带要硬的特点，同时还应经常抽测磨制的厚度、宽度，达到厚度、宽度均匀一致，符合标准要求。

制动带磨制好后其后续加工处理与其他制品相同。

小 结

编织型摩擦材料制品中的纤维组分为连续纤维的线、布或编织物，其生产工艺属湿法生产工艺，制品生产过程中的浸渍工序过程大致相同。

编织型制品生产工艺过程的基本作业模块大致相同，所不同的是随制品不同制备型坯的工艺方法就不同，如有缠绕方式的，还有先将连续纤维编织成线、布或带方式的等。各类制品生产过程中热处理和后续工序几乎都一样。

离合器摩擦片是汽车及其他机动车辆、工程机械等传递动力的重要的消耗性部件。缠绕离合器面片生产工艺流程（纤维纺织物（布或线）浸树脂溶液→干燥→浸胶浆→干燥→裁条→缠绕坯型→成形固化→热处理→磨削加工→钻孔→洗片→烘干→检查、包装入库）中缠绕制备坯型和成形固化工序是最关键的工序，生产中需掌握其生产工艺规程和严格控制其工艺参数。

编织型钻机制动瓦采用编织成形及湿法工艺生产，是将纤维类增强材料（如玻璃纤维、陶瓷纤维、金属纤维）先制成线，然后再用编织机通过特殊的编织方法制成编织带，经浸渍、干燥、热压、热处理、钻孔等工艺过程，制成编织型钻机制动瓦。编织型钻机制动瓦具有柔软、强度高、摩擦因数高而稳定、制动灵敏、可靠、耐热性好的特点，适用于重载深井机使用。

层压型钻机制动瓦是以纤维制成网格状布，再浸渍粘结剂（酚醛树脂与橡胶），经干燥、裁布、叠型、热压、热处理、钻孔等工艺过程，制成层压型钻机制动瓦。层压型钻机制动瓦特点介于编织型与模压型之间。

制动带使用适应性强（根据要求将其裁成所要求的长度，铆合或贴合在摩擦衬板上，非常方便）、生产工艺方法较多、产品形状简单等特点。布质橡胶基制动带生产工艺流程（混炼→胶浆制备→浸布→烘干→裁条→制型→热压→硫化→磨面→印标→检验包装）中胶浆制备、制型坯和热压硫化是最关键的工序，生产中需掌握其生产工艺规程和严格控制其工艺参数。

树脂基编织制动带生产工艺流程：

长纤维→编织→修整→干燥─┐
　　　　　　　　　　　　├→浸渍树脂→低温干燥→整型→热处理→磨制→印标→检查、包装入库
　　　　　浸渍液制备────┘

其中编织、浸渍树脂和热处理是最关键的工序，生产中需掌握其生产工艺规程和严格控制其工艺参数。

生产制品的品质好坏受生产工艺、技术水平、生产装备、生产管理、操作者技能等多方面因素的影响。

- 经典研究主题
  ♯ 工艺对制品性能的影响及其规律
  ♯ 摩擦材料制品表面工程研究
  ♯ 新工艺的研发
  ♯ 特殊制品或特殊性能要求的工艺研发

 习——题

一、选择题

1. 对编制型摩擦材料制品，除制品的配方设计外，你认为下列哪些生产工序是影响制品摩擦性能的关键因素？（　　）

   A. 型坯制备　　　　　　　　B. 成形固化
   C. 热处理　　　　　　　　　D. 机加工

2. 下列制品中哪些是常用编制型摩擦材料制品？（　　）

   A. 轿车制动片　　　　　　　B. 货车制动片
   C. 汽车离合器片　　　　　　D. 卷扬机制动片

3. 编织型摩擦材料制品中的连续纤维线、布或编织物，其原材料主要有（　　）。

   A. 石棉　　　　　　　　　　B. 天然纤维
   C. 有机纤维　　　　　　　　D. 金属纤维（丝）

4. 编制型制品在成形固化时，固化温度通常应控制在（　　）。

   A. 120~130℃　　　　　　　B. 140~150℃
   C. 160~170℃　　　　　　　D. 180~190℃

5. 编制型摩擦材料制品生产的中，通常也有下面哪些后续工序？（　　）

   A. 机加工　　　　　　　　　B. 喷漆
   C. 印标　　　　　　　　　　D. 检验
   E. 包装入库

二、思考题

你会在本章知识的基础上找到下面问题的答案：

1. 编制型制品的湿法生产工艺有何特点？
2. 编制型摩擦材料制品的生产工艺基本模块说明了什么？
3. 编制或缠绕型制品生产工艺过程中为什么有制（型）坯工序？制坯的好坏有何影响？
4. 编制型制品是否也要进行热处理？为什么？
5. 试选某一规格的编制制动（刹车）带，为该制动带拟订生产工艺及规则（工艺参数）。

三、案例分析

根据以下案例所提供的资料，试分析：

（1）案例的编织型摩擦材料所用的粘结剂是什么？
（2）案例对该编织型摩擦材料所用生产工艺是什么？
（3）根据所学知识对实验结果进行分析。

分析案例

编织型摩擦材料配方优化设计

编织型摩擦材料由于其生产过程比较复杂,试验周期长,如做大量试验势必造成费用的增加;且组分复杂,各组分与性能之间的关系难以确定,很难用传统设计法以较少的试验取得较好的结果。

本研究采用适用于多因素多水平的均匀设计法,考虑了改性树脂、玻璃纤维、铜丝及锦纶四种因素的影响,运用 SPSS 软件对数据进行分析处理,得出较好的配方设计方案,减少了试验成本。该方案经实验验证,提高了摩擦材料的摩擦磨损性能。

1. 试验方法

均匀设计法是将数论与多元统计结合而创造的一种实验设计方法。其设计思想主要表现为:①每个因素的每个水平做一次且仅做一次试验;②任两个因素的试验点在平面的格子点上,每行每列仅有一个试验点;③当因素的水平数增加时,试验数按水平数的增加量在增加。实验中,各因素和水平的取值见表 6-18。为方便计,表中的玻璃纤维、铜丝及锦纶的水平是按股数来划分的,而改性树脂采用的则是质量分数。改性树脂指的是作者用纳米材料坡缕石改性普通的酚醛树脂所得。在保证各因素和水平取值的情况下,需保证最终制品质量相等,不足部分在其他栏中补充。其他栏中,由影响试验结果很小的尼龙等其他组分作为调节组分。查询均匀设计标准表格,则可选用 $U_5(5^4)$、$U*_8(8^5)$、$U*_9(9^4)$ 及 $U*_{10}(10^8)$ 等均匀设计表格。在考虑到本试验范围是在较宽的情况下进行的,如做较少的试验,将影响试验结果的精度,当然也会影响对结果分析结论的可靠性。综合考虑上述各种情况,则选用 $U*_{10}(10^8)$ 并采用拟水平法进行优化试验。表 6-18 为五水平四因素表。

表 6-18　五水平四因素表

因素		改性树脂(%)	玻纤	铜丝	锦纶	其他
水平	一	20	2 股	1 股	3 股	—
	二	30	3 股	2 股	4 股	—
	三	40	4 股	3 股	5 股	—
	四	50	5 股	4 股	6 股	—
	五	60	6 股	5 股	7 股	—

注:均匀设计表仿照正交表以 $U_n(m^k)$ 表示,U 是均匀设计表代号,n 表示行数,即试验次数,m 表示每纵列中的不同字码的个数,即每个因素的水平数,k 表示纵列数,即均匀设计表最多安排的因素数,如表 6-18 是一张 $U_5(5^4)$ 均匀设计表可安排 5 个水平 4 个因素的试验,只做 5 次实验即可。

查询 $U*_{10}(10^8)$ 及其使用表,将各组分按均匀设计表格的组成比(表 6-18)捻纺成粗线状,再在 W-1 重型编织机上,多股粗线编织成 10mm 厚的白板带。将各组分的白板带分别在改性树脂溶液中浸渍 12h,然后沥干、低温烘烤、挤压整形,在 120~160℃内分段升温固化成形。将固化后的产品切割、打磨,制成 25mm×25mm×7mm 的摩擦试样。将试样在 DMS-1 定速摩擦磨损试验机上,按 GB/5763—2008 标准,测定升温和降温恢复时每隔 50℃的摩擦因数和磨损率的变化。其中摩擦盘采用 HT250 灰铸铁,其余试验参数:摩擦盘转速 400~500r/min,压力 0.98MPa/片。

2. 实验结果

摩擦材料综合性能评价实验结果见表 6-19。

为使 10 组试验结果便于评价,本试验将摩擦性能的两个主要衡量指标值即摩擦因数(μ)和磨损率(ω)转化成一个指标,称为综合评分,以此来代表实验结果。其中的两个指标又包括 100~300℃每隔 50℃的 μ 和 ω 的得分。各指标的评分标准:10 组试验中,摩擦因数最大的给 10 分,最小的给 1 分;磨损率则相反,最小值给 10 分,最大值给 1 分。同时考虑到各项指标的重要程度,相应地乘以各项系数作为权重系数。由于高温时的指标比低温时重要,则将300~100℃的各项权数依次定义为5、4、3、2、1。据此,则每组试验的得分可用下式计算:综合加权评分=∑各项得分×权重系数,结果见表6-20。

表6-19 各组分的加入及试验结果

实验	组分				150℃		200℃		250℃		300℃		350℃	
	改性树脂(%)	玻纤	铜丝	锦纶	μ	ω^x	μ	ω	μ	ω	μ	ω	μ	ω
1	1(20)	3(4股)	4(4股)	5(7股)	0.46	0.38	0.45	0.73	0.45	0.71	0.23	0.70	0.11	0.63
2	2(30)	6(2股)	8(3股)	10(7股)	0.49	0.89	0.52	0.17	0.42	0.43	0.33	0.64	0.17	0.47
3	3(40)	9(5股)	1(1股)	4(6股)	0.52	0.39	0.42	0.99	0.39	0.95	0.27	0.84	0.14	0.92
4	4(50)	1(2股)	5(5股)	9(6股)	0.41	0.08	0.44	0.09	0.39	0.27	0.27	0.44	0.13	0.85
5	5(60)	4(5股)	9(4股)	3(5股)	0.44	0.53	0.49	0.81	0.44	1.26	0.44	0.67	0.22	1.21
6	6(20)	7(3股)	2(2股)	8(5股)	0.43	0.08	0.43	0.08	0.39	0.15	0.35	0.40	0.23	1.09
7	7(30)	10(6股)	6(1股)	2(4股)	0.39	0.60	0.32	0.75	0.31	1.09	0.19	0.73	0.09	0.59
8	8(40)	2(3股)	10(5股)	7(4股)	0.37	0.10	0.28	1.04	0.32	1.22	0.20	1.08	0.15	1.22
9	9(50)	5(6股)	3(3股)	1(3股)	0.36	0.28	0.40	0.09	0.35	0.30	0.06	0.23	0.05	0.59
10	9(60)	8(4股)	7(2股)	6(3股)	0.37	0.32	0.42	0.39	0.37	0.69	0.29	0.98	0.25	2.01

表6-20 综合平分表

实验次数	100℃		150℃		200℃		250℃		300℃		综合加权得分
	μ得分	ω得分	μ得分	ω得分	μ得分	ω得分	μ得分	ω得分	μ得分	ω得分	
1	8	6	8	6	10	5	5	5	3	7	177
2	9	2	10	8	8	7	8	7	7	10	237
3	10	3	5	3	7	4	6	3	5	5	148
4	5	10	7	9	7	9	6	8	4	6	201
5	7	5	9	4	9	1	10	6	8	3	187
6	6	10	6	10	7	10	9	9	9	4	236
7	4	4	3	5	3	3	3	4	2	9	125
8	3	9	2	2	4	2	4	1	6	2	98
9	2	8	4	9	5	8	2	10	1	9	173
10	3	7	5	7	6	6	7	2	10	1	161

▶ 资料来源:疏达,李灿丽,李屹.编织型摩擦材料配方优化设计[J].非金属矿,2007(2)

第7章 制品性能检测手段和方法

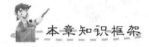
本章知识框架

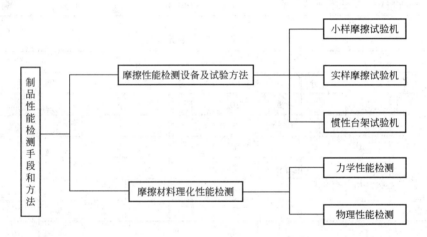

本章学习目标与要求

▲ 掌握小样的摩擦性能检测设备及试验方法；
▲ 熟悉实样的摩擦性能检测设备及试验方法；
▲ 熟悉制品主要理化性能项目及检测方法；
▲ 了解制品其他理化性能的检测方法。

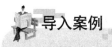
导入案例

测试检验在摩擦材料生产中的地位

从摩擦材料的应用条件和生产过程不难看出,要确切知道摩擦材料的摩擦磨损特性,并使这些特性在批量生产中保持稳定,肯定不是件容易的事。因为在摩擦材料生产过程中,配方、原材料、生产过程控制的每一细微变化,都可能导致产品性能的改变。另一方面摩擦材料最重要的性能指标——摩擦因数和磨损率,不可能用肉眼观察判断优劣,也不可能用简单的量具测量,而必须采用特殊的测试手段检验。因此,测试技术在摩擦材料研制和生产中占据非常重要的地位。摩擦材料测试工作包括如下内容:

1. 原材料检验

原材料检验是指对进厂原材料的理化指标做出评价,判断是否合格,或给出用于调整配方中用量或工艺控制参数的信息。

2. 新产品研制检验

新产品研制检验包括配方筛选和工艺参数优化。在此过程中,几乎要动用全部测试手段,最终优选出符合用户要求,能够稳定批量生产的配方与工艺。

3. 生产过程质量控制

生产过程质量控制是指用抽样检验的方法,对中间产品的重要指标进行检测,监控原料和工艺是否稳定,产品质量是否有变化。

4. 产品出厂检验

产品出厂检验是指用抽样检验的方法,对出厂前产品的重要指标进行测试,判断是否合格。

综上所述,完善的检测手段是研制和生产优质摩擦材料的必要保证。这些手段包括配套齐全的测试仪器和实验设备,也包括具有一定基础理论知识和训练有素的测试技术人员。对于测试操作人员,应该具有较高学历,并且经过专门的测试培训。应对摩擦磨损常识、计算机、机械和电控维修基本常识有一定的了解。对于测试研究人员,要求具有更高的学历和更多方面的综合知识。许多世界著名摩擦材料公司的实践证明,即便是具有本专业或相关专业博士学历的人员来从事该工作也绝不会是大材小用。

问题:

1. 是否所有摩擦材料制品在使用或装机前都需进行检验?为什么?
2. 什么是实样测试?为什么实样试验后还需进行1:1台架试验?
3. 摩擦材料制品除摩擦性能测试外,还有哪些理化性能需测试?

➡ 资料来源:http://www.bokee.net

7.1 摩擦性能检测设备及试验方法

摩擦性能的检测设备为摩擦试验机,用它可以检测摩擦材料在不同工况条件(不同温度、速度、压力)下的摩擦因数、制动力矩和磨损性能。摩擦试验机分为以下几种类型:

1. 小样摩擦试验机

小样摩擦试验机是对从摩擦片成品(制动片或离合器面片)按规定要求取下的样品(试样)进行摩擦因数和磨损性能试验。例如,我国目前执行 GB 5763—2008 和 GB/T 5764—1998 的定速式摩擦试验机,北美执行 SAEJ661 试验规范的蔡斯(Chase)摩擦试验机,还有 FAST 试验机、MM-1000 试验机等。

小样摩擦试验机的优点是试验简单方便而快速,但试验条件在模拟性方面与摩擦片工作时的实际工况条件有一定差距,它主要用于工厂的生产质量控制和配方研究、新产品开发的前期研究阶段。

2. 实样摩擦试验机

实样摩擦试验机的特点是采用原尺寸制动片、原配制动钳和制动盘为试验对象,对鼓式制动器是采用原尺寸制动蹄片和原配动鼓为试验对象。这种试验机具有优良的模拟性和数据重现性。目前国内外使用较普遍的是克劳斯(Krauss)摩擦试验机。

3. 惯性台架试验机

惯性台架试验机又称 1∶1 惯性试验台(dynamometer),是制动器制动性能试验中最具权威的测试设备。其基本原理是利用飞轮动能等量来模拟车辆动能对制动器进行加载。它能较好地模拟车辆制动器的实际工况,因而,用惯性台架试验机对摩擦片的性能测试结果最为汽车制造厂、制动器厂和制动系统生产科研单位认可。

惯性台架试验机包括汽车惯性制动试验台、汽车离合器与摩擦片综合试验台、火车合成制动瓦惯性试验台等。

7.1.1 小样摩擦试验机

1. 定速式摩擦试验机

定速式摩擦试验机(简称定速试验机)是 GB 5763—2008、GB/T 5764—1998、GB/T 12834—2001 等有关标准规定的摩擦试验机。它具有结构简单、成本低等优点,是目前国内应用广泛的一种小样品试验机,该机的试验规范按 GB 5763—2008 和 GB/T 5764—1998 标准进行。现结合图 7.1 简述定速试验机的工作原理和工作过程。

定速试验机采用小样品(即从原样件上按规定取制的小样品)与摩擦盘表面进行摩擦的实验方法来测定样品的摩擦性能。其基本原理是:以一个恒定压力将被测试样件压在具有一定转速的旋转摩擦盘的表面上,从而沿接触表面的切线方向产生一个摩擦力,通过对该摩擦力的测定来确定被测试样(被测材料)的摩擦因数 μ($\mu = f/F$,其中:f 为摩擦力,F 为正压力)。此外,定速试验机还可在试验过程中控制温度的变化,模拟不同的试验环境和对不同的试样重复同一测试条件下的试验。

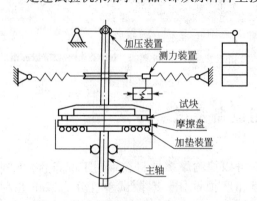

图 7.1 定速试验机原理图

工作过程简述（见图7.1）：将待试制品制成小样块，抬起加压装置，将试样放入图示位置，放下加压装置，确定试验程序，开始试验。

定速试验机具有自动温度控制、试验数据计算机处理、结果输出有屏幕显示和打印两种方式等特点。

图7.2所示为JF151定速式摩擦试验机，试验项目为摩擦材料摩擦磨损性能，试验标准有JIS—D4411，GB 5763—2008，GB/T 5764—1998。

目前国内定型生产并获行业认可的定速试验机有JF150D-Ⅱ型（吉林大学）、XL112型（武汉祥龙）、XD-MSM型（咸阳所）和DS-M型（二汽）等四种。

1) 定速式摩擦试验机应达到以下要求

(1) 摩擦圆盘材质为GB 9439—1998《灰铁铸件》

图7.2　JF151定速式摩擦试验机

中灰铸铁牌号HT250，硬度牌号195HB（180～220HB）；圆盘金相组织为珠光体，其表面用于磨砂纸P240（P为欧洲标准代号）的砂纸处理。

(2) 摩擦力用自动记录仪测定。

(3) 摩擦盘表面温度（以下简称盘温）测定，是把焊有热电偶的银片8mm×8mm×0.6mm，以0.1～0.2N的压力，放在圆盘摩擦部位宽度的中心线上，且从试片中心沿旋转方向50～100mm处。

(4) 摩擦盘温可通过加热和冷却装置在100～350℃内进行调整。

(5) 试样宽度尺寸用精度0.02mm游标卡尺测量，厚度尺寸用精度0.01mm的千分尺测量。

2) 试验条件

(1) 试验温度的允许偏差为±10℃。

(2) 圆盘转速恒定在400～500r/min；试片中心与旋转轴中心的距离为0.15m。

(3) 试片压力分别为0.98MPa（制动器衬片）、0.49MPa（离合器面片）。

(4) 摩擦方向与衬片、面片的摩擦方向相同。

3) 试片

(1) 从同一片制动器衬片（或离合器面片）上制取两个试片。

(2) 试片摩擦面尺寸为25mm×25mm，允许偏差为-0.2～0mm。

(3) 试片厚度为5～7mm，两个试片的厚度差为0.2mm以下。若制品厚度小于5mm，则按制品厚度。

4) 试验步骤

(1) 把制好的两个试片进行编号，以做区分。

(2) 把试片装入支承臂内，调节加压杆为水平位置，并确定加载砝码。

(3) 试片在100℃以下磨合至接触面达95%以上。在常温下用千分尺测试试片四个角与中心处厚度，共计5个点做好标志并作记录。

(4) 在试验温度100℃时，按规定条件测定圆盘旋转5000转期间的摩擦力及摩擦后试片的厚度并做记录。

(5) 同样方法在各个规定试验温度，如150、200、250、300、350℃下进行同样试验操作和记录。

(6) 各类制品的最高试验温度,应按产品的国家标准规定或用户要求进行。

(7) 在最高试验温度测定结束后:

① 离合器面片制品:在 100℃时测定圆盘旋转 3000 转期间的摩擦力。

② 制动器衬片制品:从最高试验温度起每降 50℃时,测定圆盘 1500 转期间的摩擦力,直至 100℃,但温度下降至下一阶段时应在 500 转以内。

注意:在测定圆盘 5000 转期间,圆盘温度应在 1500 转以内升至各个规定的试验温度时,可用辅助加热装置;配套用衬片取同一试片的第二遍记录数据作为试验结果。

5) 计算

(1) 各个试验温度时的摩擦因数为

$$\mu = f/F, \quad f = K \cdot S \tag{7-1}$$

式中,μ 为摩擦因数,f 为摩擦力(总摩擦距离的后半部稳定的摩擦力的平均值)(N),F 为加在试片上的法向力(试片的压力×试点面积)(N),K 为弹簧常数(×9.8N/mm),S 为基线和曲线之间的距离(mm)。

(2) 各个试验温度时的磨损率为

$$V = A(d_1 - d_2)/2\pi r n f_m = 1.06 A(d_1 - d_2)/n f_m \tag{7-2}$$

式中,V 为磨损率 $[10^{-7} cm^3/(N \cdot m)]$;$r$ 为试片中心与圆盘旋转轴中心的距离(15cm);n 为试验时圆盘的总转数;A 为试片摩擦面的总面积(cm^2);d_1 为试验前试片的平均厚度(cm);d_2 为试验后试片的平均厚度(cm);f_m 为试验时总平均摩擦力(N)。

摩擦力全平均=(曲线数(全)-标定时的曲线数)×校正常数+196(基准线)

摩擦力后半平均=(后半曲线数-标定时的曲线数)×校正常数+196(基准线)

注意:磨损率(V)试验结果不允许为负值。

2. 蔡斯(Chase)摩擦试验机和美国制动器衬片质量控制试验规范(SAEJ661)

蔡斯(Chase)摩擦试验机是 1958 年由美国汽车工程师协会(SAE)设计,美国 LINK 公司制造的。Chase 机是用于小样品试验的一种试验机,主要执行美国 SAEJ661 试验规范。

蔡斯摩擦试验机可用于对通过惯性台架及道路试验后得到的新材料进行分级试验,也可用于生产质量控制试验及产品质量的认证试验。其主要执行的试验方法及获得的试验结果也可作为摩擦材料生产工艺引进及产品出口的可靠依据,并得到国际社会的广泛认可。

目前国内生产的蔡斯摩擦试验机主要有 JF160 型和 XL160 型,这两种试验机均是参照美国 LINK 公司的 Chase 摩擦材料试验机型改进设计并制造的,可应用于摩擦材料在惯性台架试验或车辆试验前的摩擦性能测试或对新的摩擦材料配方进行筛选,也可用于生产过程的质量控制,以确保同一配方不同生产批次的产品质量的一致性。图 7.3 是 JF160 型蔡斯试验机,试验项目为用于对摩擦材料制品进行分级及质量控制;其主要完成的试验标准有 ISO—7881、SAE—J661a、SAE—J661、SAE—866、JIS04411、GB/T 17469—98 等,被世界各国摩擦材

图 7.3 JF160 型 Chase 试验机

料行业广泛采用。

蔡斯摩擦试验机的基本原理是：以一个恒定压力将被测试样压在以某一速度旋转的摩擦鼓的内表面上。因而沿接触表面的切线方向将产生一个摩擦力，通过对压力和摩擦力的测定便可确定出被测样品的摩擦因数。蔡斯摩擦试验机在试验过程中，依要求随时控制温度变化，采用鼓外环辅助加热管加热和背部吸风冷却，这样使试样处的温度变化平稳，温度测量精度更高，其传动系统采用直流调速系统。

1) 蔡斯摩擦试验机的测试内容

(1) 在确定温度、转速和负荷条件下，将试样按指定的周期加载，测定样品的定温摩擦因数。

(2) 在升温条件下连续或断续加载，测定材料的衰退性能。

(3) 在衰退试验后，在风冷的情况下，依条件加载，测定恢复性能。

(4) 通过比较试验前后的厚度，测定材料的磨损特性。

JF-160试验机和XL-160型试验机采用液压伺服加载，加载控制精度高，试验鼓升温速度可调，以适应不同试验要求及不同气候温度条件。主轴转速可为0～1000r/min，最大压力负荷可达3000N。

试验机采用计算机自动控制试验程序化，试验结果自动记录，数据经计算机处理、存储，并通过打印机打印出试验结果及试验报告。

2) 试验机主要性能参数

主电动机：DC400V，22kW，0～3000r/min。

电源：AC三相四线制，380V。

正压力负荷：0～3000N，液压伺服加载。

加热功率：手动调节电位器，控制加热速度，3×2.0kW=6kW。

冷却系统：电动机1.1kW，2870r/min，手动调节风门板，控制冷却速度。

温度测量：0～500K分度热电偶。

摩擦副形式：鼓-样块，试件尺寸为25.4mm×25.4mm。

摩擦鼓尺寸：ϕ277mm(新)。

外形尺寸：2000mm×800mm×1700mm。

质量：2100kg。

试验鼓的内径为278.5mm，有效使用范围为277.0～278.0mm，鼓的转速(r/min)以直径为278.5mm并且对试样加载的状态为基准的。

3) 试验程序

在按要求完成试验准备工作后方可进行性能测试，所有测试要连续进行，不能中断。

(1) 试验准备：

① 试样准备。试样为一块正方形，尺寸为25.4mm×25.4mm，试样背面为平面，工作面半径应与试验鼓的半径相一致，试样厚度应为5.6mm左右。

② 试验鼓表面状态的准备。试验鼓表面先用砂纸、砂布打磨，再用320目砂纸抛光后，用干净纸巾或软纸将鼓表面擦拭干净。

③ 试验磨合。在转速为308r/min、负荷为440N、最高温度为200°F(93℃)条件下，对试样进行磨合，时间不少于20min，试样接触面不低于95%。

④ 初始厚度和质量的测量。测量试样的初始厚度，按试验鼓的轴向取三个点(外侧、

内侧与中心)进行测量并作记录。试样的质量称量应精确至毫克并作记录，然后将试样重新安装在试验机上，在负荷为220N、转速为205r/min条件下连续磨合5min，当试样与试验鼓处于非接触状态时(即"OFF"位置)，试样与鼓的间隙应为0.3~0.4mm。

⑤ 初始磨损的测量。鼓处于静止状态，温度为190℉(88℃)~210℉(99℃)，对试样加载600N，用千分表测量试样卡具的高度并作记录。

(2) 试验步骤：

① 基线试验。在鼓转速为411r/min的条件下，对试样加载10s，负荷为660N，然后卸载20s，共进行20次。

试验开始时，鼓温度应在180℉(82℃)~200℉(93℃)，在以后的每次加载中鼓温都应保持在这个范围之内。可采用风冷的方法来达到这一目的，但最后一次加载时，应关闭冷却风。

② 第一次衰退试验。关闭加热和风冷，让鼓在转动中自然冷却。当鼓温降至180℉(82℃)时，对试样加载，同时开启加热器，在转速为411r/min，负荷为660N的条件下，试样连续拖磨，当温度达到550℉(288℃)或拖磨时间达到10min(这两个条件中任何一种条件先实现)试验即可完成。在试验过程中从温度200℉(93℃)开始，每隔50℉(28℃)记录一次摩擦力，共记录8次，同时记录鼓温达到550℉(288℃)所用的时间。

③ 第一次恢复试验。当第一次衰退试验结束后，立即关闭加热器，打开通风冷却装置，鼓转速为411r/min，当鼓温降至500℉(260℃)、400℉(204℃)、300℉(149℃)和200℉(93℃)时，分别对试样加载10s，负荷为660N，记录各次加载时的摩擦力(共记录4次)。

④ 第二次磨损测量。重复初始磨损测量。

⑤ 磨损试验。在转速为411r/min、负荷为660N条件下，对试样加载20s，卸载10s，共进行100次，开始试验时鼓温应在380℉(193℃)~400℉(204℃)，在全部试验过程中，鼓温应维持在193~216℃，有时用冷却空气来达到此目的。

⑥ 第三次磨损测量。在磨损试验结束后，立即将试验鼓冷却到190℉(88℃)~210℉(99℃)，然后重复初始磨损测量。

⑦ 第二次衰退试验。在第三次磨损测量完成后，立即关闭加热器，让鼓在转动中自然冷却。当鼓温降至180℉(82℃)时，对试样加载，同时开启加热器，在转速为411r/min，负荷为600N的条件下，试样连续拖磨，当温度达到650℉(343℃)或拖磨时间达到10min(这两个条件中任何一条先实现)试验即可完成。在试验过程中从温度200℉(93℃)开始，每隔50℉(28℃)记录一次摩擦力，共记录10次，同时记录鼓温达到650℉(343℃)所用的时间。

⑧ 第二次恢复试验。当第二次衰退试验结束，立即关闭加热器，打开冷却风，鼓的转速为411r/min，当鼓温降至600℉(316℃)、500℉(260℃)、400℉(204℃)、300℉(149℃)和200℉(93℃)时，分别对试样加载10s，负荷为660N，记录各次加载时的摩擦力。

⑨ 第二次基线试验。重复第一次基线试验。

⑩ 最终磨损测量、最终厚度及质量测量。重复初始磨损测量，最终厚度及质量按初始厚度和质量测量的要求进行。

(3) 摩擦因数的选取原则。在断续加载的试验中，摩擦因数取加载终点的数值。

(4) 试验数据的展示：

① 试验数据填印在总记录表中(master form log sheet)；

② 试验数据在总曲线表(master form plot sheet)中绘成曲线。

4) SAE标准中关于摩擦因数的分级和代号

在SAEJ866a推荐规程中,对汽车制动衬片和制动蹄片的摩擦特性提供了统一的识别方法。制动衬片或制动块按照SAEJ 661标准试验规范测定的摩擦因数值可按表7-1进行分级并编代号。

表7-1 摩擦因数等级

代号等级	摩擦因数 μ	代号等级	摩擦因数 μ
C	$\mu<0.15$	G	$0.45<\mu<0.55$
D	$0.15<\mu<0.25$	H	$\mu>0.55$
E	$0.25<\mu<0.35$	Z	没有分类
F	$0.35<\mu<0.45$	—	—

代号表示制动衬片或制动块的摩擦因数级别。SAE标准中,代号由表7-1中两个字母组成。第一位字母表示正常摩擦因数,以 μ_N 表示;第二位字母表示高温摩擦因数,又称热摩擦因数,以 μ_H 表示。

正常(常温)摩擦因数(pN)被定义为第二次衰退试验中在200℉(93℃)、250℉(121℃)、300℉(149℃)和400℉(204℃)四个温度点上摩擦因数的平均值。

高温(热)摩擦因数(pH)被定义为第一次恢复试验中在400℉(204℃)和300℉(149℃),第二次衰退试验中在450℉(232℃)、500℉(260℃)、550℉(288℃)、600℉(316℃)、650℉(343℃)以及第二次恢复试验中在500℉(260℃)、400℉(204℃)和300℉(149℃),总共十个温度点上摩擦因数的平均值。

注意:如果用于计算摩擦因数的某个温度点或几个温度点在规定限制的时间内没有得到,则用10min时的摩擦因数值作为所有所需温度点的值。

例如,某种制动器衬片的正常摩擦因数为0.4,属F级,高温(热)摩擦因数为0.29,属E级。此种衬片的摩擦因数级别代号为FE级。

代号标注位置,应在产品的非工作外表面上,打印相应的代号字母,其高度应不小于0.125英寸。

5) 磨损量的表示方法

(1) 以质量磨损表示。未磨前的试样重(g)与磨后的试样重(g)之差值为质量磨损(g)。以质量磨损率表示为

$$质量磨损率(\%) = 质量磨损(g)/未磨前试样重(g) \times 100\% \qquad (7-3)$$

(2) 以厚度磨损表示。未磨前的样品厚度(mm)与磨后的样品厚度(mm)之差为样品厚度磨损(mm)。以厚度磨损率表示为

$$厚度磨损率(\%) = 厚度磨损(mm)/未磨前样品厚度(mm) \times 100\% \qquad (7-4)$$

注意:试样厚度(mm)是用千分尺在被测试样四个角上和中央部位五个测量点上测出其磨前和磨后的厚度平均值。

以下为制动片在蔡斯试验机上按SAEJ661试验规范进行摩擦性能试验的实例。

某半金属材质摩擦片样品的试验数据和曲线见表7-2和表7-3及所附曲线图(图7.4)。

表 7-2 蔡斯试验机试验报告

材质：半金属　　　　　　　　　试验编号：FF-01
正压力：660N　　　　　　　　　07-09-2001

质量/g	厚度/mm
开始　9.492	6.24
最后　9.298	6.12
磨损　0.194	0.12

磨损率：2.04%（质量）、1.92%（体积）

正常摩擦因数：0.443　　　　　　　热摩擦因数：0.441

制动次数	摩擦力/N	温度/℃	摩擦因数	制动次数	摩擦力/N	温度/℃	摩擦因数
第一次基线							
1	286	84	0.435	5	334	86	0.505
10	302	87	0.457	15	280	87	0.426
20	283	86	0.425	—	—	—	—
第一次衰退							
1	286	93	0.434	2	287	121	0.435
3	278	149	0.423	4	274	177	0.418
5	267	205	0.41	6	259	233	0.396
7	251	261	0.382	8	243	289	0.367
第一次恢复							
1	256	260	0.389	2	261	204	0.396
3	293	148	0.443	4	319	92	0.481
磨损试验							
1	285	204	0.426	10	280	197	0.421
20	269	200	0.40	30	274	199	0.409
40	286	200	0.432	50	272	202	0.409
60	281	200	0.423	70	281	199	0.426
80	283	200	0.429	90	295	201	0.451
100	287	202	0.433	—	—	—	—
第二次衰退							
1	308	93	0.469	2	297	121	0.453
3	285	149	0.434	4	280	177	0.426
5	276	205	0.42	6	274	233	0.416
7	276	261	0.42	8	280	289	0.427
9	293	317	0.447	10	298	345	0.455
第二次恢复							
1	314	316	0.475	2	312	260	0.474

(续)

制动次数	摩擦力/N	温度/℃	摩擦因数	制动次数	摩擦力/N	温度/℃	摩擦因数
第二次恢复							
3	311	204	0.474	4	306	148	0.465
5	310	92	0.474	—	—	—	—
第二次基线							
1	315	87	0.479	5	296	89	0.449
10	311	88	0.472	15	299	88	0.453
20	294	90	0.443	—	—	—	—

表 7-3 蔡斯试验机试验报告

材质： 半金属   试验编号：FFD-2
正压力：660N   07-09-2001

质量/g	厚度/mm
开始 9.488	6.245
最后 9.315	6.143
磨损 0.173	0.107

磨损率：1.82%（质量）、1.71%（体积）

正常摩擦因数：0.431   热摩擦因数：0.413

制动次数	摩擦力/N	温度/℃	摩擦因数	制动次数	摩擦力/N	温度/℃	摩擦因数
第一次基线							
1	302	75	0.460	5	297	89	0.446
10	279	88	0.424	15	275	87	0.416
20	283	86	0.425	—	—	—	—
第一次衰退							
1	270	93	0.410	2	281	121	0.425
3	315	149	0.477	4	312	177	0.470
5	293	205	0.442	6	268	233	0.405
7	248	261	0.373	8	236	289	0.357
第一次恢复							
1	246	260	0.371	2	263	204	0.401
3	276	148	0.418	4	280	92	0.422
磨损试验							
1	269	203	0.406	10	274	203	0.414
20	277	201	0.416	30	277	201	0.418
40	282	201	0.429	50	288	201	0.437
60	289	202	0.437	70	290	202	0.439

(续)

制动次数	摩擦力/N	温度/℃	摩擦因数	制动次数	摩擦力/N	温度/℃	摩擦因数
磨损试验							
80	285	202	0.431	90	283	201	0.429
100	274	200	0.413	—	—	—	—
第二次衰退							
1	297	93	0.455	2	283	121	0.430
3	277	149	0.422	4	274	177	0.418
5	277	205	0.42	6	270	233	0.406
7	264	261	0.40	8	270	289	0.412
9	266	317	0.405	10	226	345	0.343
第二次恢复							
1	275	316	0.415	2	288	260	0.435
3	300	204	0.455	4	304	148	0.459
5	291	92	0.44	—	—	—	—
第二次基线							
1	297	87	0.446	5	296	89	0.446
10	292	88	0.440	15	297	88	0.449
20	294	88	0.443	—	—	—	—

表 7-4 JF150D 型定速试验机试验报告

试验日期	2001.7.9	试样名称	FF-O1	圆盘转速	480r/min	压紧力	125kgf (1kgf=9.80665N)
试验标准	GB 5763—2008	产品材质	半金属	对偶材质		试片尺寸	25mm×25mm×5mm
委托单位				试验单位			

盘温/℃	摩擦因数				厚度平均差 /mm	磨损率 /[10^{-7}cm^3/(N·m)]
	升温		降温			
	全平均	后半平均	全平均	后半平均		
100	0.32	0.33	0.32	0.32	0.017	0.12
150	0.36	0.41	0.33	0.33	0.041	0.25
200	0.41	0.41	0.33	0.33	0.073	0.38
250	0.36	0.36	0.32	0.33	0.039	0.23
300	0.39	0.41	0.30	0.32	0.041	0.23
350	0.38	0.39	—	—	0.060	0.35
备注	质量磨损率 6.7% 体积磨损率 5.4%					

表7-5 JF150D型定速试验机试验报告

试验日期	2001.7.14	试样名称	FFD-2	圆盘转速	480r/min	压紧力	125kgf (1kgf=9.80665N)	
试验标准	GB 5763—2008	产品材质	半金属	对偶材质		试片尺寸	25mm×25mm×5mm	
委托单位					试验单位			

盘温/℃	摩擦因数				厚度平均差 /mm	磨损率 /[10^{-7}cm^3/(N·m)]
	升温		降温			
	全平均	后半平均	全平均	后半平均		
100	0.30	0.31	—	—	0.014	0.10
150	0.36	0.38	—	—	0.028	0.16
200	0.38	0.39	—	—	0.051	0.29
250	0.36	0.36	—	—	0.077	0.46
300	0.35	0.35	—	—	0.087	0.54
350	0.27	0.24	—	—	0.038	0.31
备注	重量磨损率(%) 体积磨损率(%)					

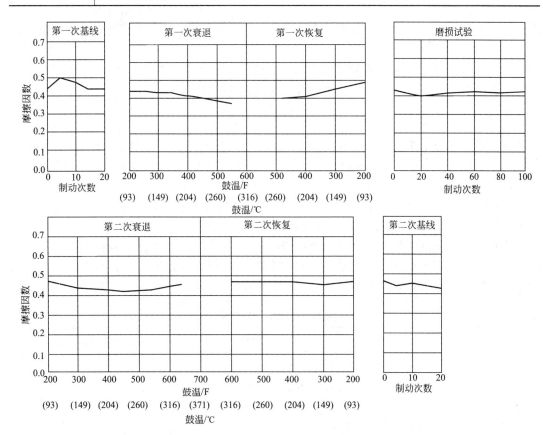

图7.4 FF-01试样的摩擦系数曲线图

现对表 7-2 的测试数据作以下整理和分析：

(1) 常温（正常）摩擦因数 μ_N 的计算。第二次衰退试验中，四个规定温度点的摩擦因数为

$$\mu_{93℃}=0.469; \mu_{121℃}=0.453; \mu_{149℃}=0.434; \mu_{204℃}=0.42$$

μ_N 为上述四个温度点摩擦因数的平均值，$\mu_N=0.443$。

(2) 高温（热）摩擦因数 μ_H 的计算。

第一次恢复试验中两个规定温度点的摩擦因数为

$$\mu_{204℃}=0.396; \mu_{149℃}=0.443$$

第二次衰退试验中五个规定温度点的摩擦因数为：

$$\mu_{233℃}=0.416; \mu_{261℃}=0.42; \mu_{288℃}=0.427; \mu_{377℃}=0.447; \mu_{345℃}=0.455$$

第三次恢复试验中三个规定温度点的摩擦因数为

$$\mu_{260℃}=0.474; \mu_{204℃}=0.474; \mu_{149℃}=0.465$$

μ_H 为上述十个温度点摩擦因数的平均值，$\mu_H=0.441$。

(3) 质量磨损率为 2.04%，体积磨损率为 1.92%。

(4) 结果分析：

① 该样品，$\mu_N=0.443$，$\mu_H=0.441$，属于 FF 级产品，具有较好的摩擦因数。

② 该样品在整个测试过程中，可观测到发生热衰退的温度点为第一次衰退试验中的 261℃（$\mu=0.382$）和 289℃（$\mu=0.367$）处，而在第二次衰退试验中未见明显热衰退，在温度 345℃时 $\mu=0.455$。总的可以认为该样品在摩擦温度升高过程中和在高温时热衰退程度不大。

③ 质量磨损率（2.04%）及体积磨损率（1.92%）比较小，一般盘式片在蔡斯试验机上试验其磨损率为 3%～5%，故可认为该样品耐磨性能良好。

3. 蔡斯摩擦试验机和定速式摩擦试验机的试验方法比较

近年来，我国摩擦材料产品进入国际市场的速度正在加快，数量也迅速增加。为了满足国际市场对出口摩擦制品的质量要求，国内拥有和使用蔡斯摩擦材料试验机的企业日趋增多。一个企业的产品有时一方面要按照我国 GB 5763—2008、GB/T 5764—1998 标准生产，满足国内市场的要求，另一方面又要满足国际市场对产品质量的要求，在蔡斯摩擦材料试验机上按 SAEJ661 试验规范进行性能测定并归入等级。

将蔡斯摩擦试验机及 SAEJ661 试验规范与 D-MS 定速式摩擦试验机及 GB 5763—2008 相对照，可以看到，两者在试验机的试验条件方面大致相仿，略有差别，但在试验程序上却相差甚多，可见表 7-6 和表 7-7。

表 7-6 试验条件比较

项　目	蔡斯摩擦试验机	定速式摩擦试验机
试验规范	SAEJ661	CB/5763—98
试样数及尺寸	一块 25.4mm×25.4mm	两块 25.4mm×25.4mm
试验总面积	6.45cm^2	12.5cm^2
对偶转动体	试验鼓	平面摩擦盘

(续)

项　　目	蔡斯摩擦试验机	定速式摩擦试验机
加压负荷	660N(67.3kg·f)	120kg·f(1kgf=9.80665N)
试验比压	10kg/cm²	10kg/cm²
测温区间	200℉(93℃)~650℉(343℃)	100~350℃
鼓(盘)转速	411r/min	400~500r/min
摩擦线速度	21.6km/h	22.6~28.3km/h

表 7-7　试验程序比较

蔡斯摩擦试验机	定速式摩擦试验机	蔡斯摩擦试验机	定速式摩擦试验机
操作步骤试验温度		操作步骤试验温度	
磨合，不超过 200℉(93℃)	磨合 100~105℃	第二次衰退试验 200~650℉(93~343℃)	降温试验，测定 300、250、200、150、100℃各挡温度下测定摩擦因数
第一次基准试验 180~200℉(82~93℃)	升温试验，在 100、150、200、250、300、350℃各挡温度下测定摩擦因数及磨损率	第二次恢复试验 600~200℉(316~93℃)	
第一次衰退试验 200~550℉(93~288℃)		第二次基线试验 180~200℉(82~93℃)	试验数据：100~350℃各挡温度时的摩擦因数及磨损率 [10⁻⁷ cm³/(N·m)]
第一次恢复试验 500~200℉(260~93℃)		试验数据：正常和热摩擦因数及质量与厚度磨损率(%)	
磨损试验 100 次 380℉~420℉(193~216℃)			

蔡斯摩擦材料试验机和定速式摩擦材料试验机的试验数据的比较与讨论：

对于同一配方的产品用这两种摩擦试验机按不同的试验规范所得到的性能数据是否存在一定的相应关系，这一直是摩擦材料工作者关心的问题。通过对两种试验机许多次试验的测定结果进行对照比较，可以认为两者在摩擦因数的变化趋势、热衰退和磨损率方面存在可以参考的对应关系。

例如，对上面表 7-2 中 FF-01 试样的同批产品进行取样，在定速式摩擦材料试验机上按 GB 5763—98 程序进行摩擦性能试验，结果见表 7-4。现对表 7-2 和表 7-4 中数据比较分析如下。

(1) 摩擦因数方面。表 7-2 中 μ_N 为 0.431，μ_H 为 0.413，两者基本相同，说明该试样的热衰退程度非常小。再从表 7-2 中整个试验过程中各道试验程序摩擦因数的变化趋势看，在第一次衰退试验过程中，摩擦因数随温度升高而缓慢降低(表 7-2 中第一次衰退试验的曲线变化情况)，升温到 289℃时，μ 降到 0.367，反映出由于树脂的热分解，使摩擦因数产生一些热衰退，但热衰退程度不大。而在第二次衰退试验中，温度从 93℃一直升到 343℃，此时 μ 仍达 0.455，未发生热衰退。

在表 7-4 中，升温试验过程中，200℃时 $\mu=0.41$，当温度升到 250℃时，摩擦因数降低到 0.36，说明发生了热衰退，但热衰退程度不大。随着温度继续升高到 300℃ 和 350℃，摩擦因数 μ 分别稳定在 0.39 和 0.38，说明在 300℃ 和 350℃ 高温区域，摩擦因数很稳定，未发生热衰退。

（2）磨损率方面表 7-2 中的质量磨损率为 2.04%，体积磨损率为 1.92%，这对于摩擦因数为 0.44 左右的 FF 级摩擦片来说，是相当低的磨损率（通常情况下此类产品的磨损率为 3%～8%）。

表 7-4 中，可看到从 100～350℃ 各挡温度下的磨损率均比较低，而整个试验程序做完后，总的质量磨损率为 6.7%，体积磨损率为 5.4%，磨损率也不高。

再看一个 FFD-2 试样在这两种摩擦试验机上的试验结果比较的例子。表 7-3 为该试样在蔡斯摩擦试验机上的试验数据［曲线图见图 7.5］，表 7-5 为该试样在定速式摩擦材料试验机上的试验数据。

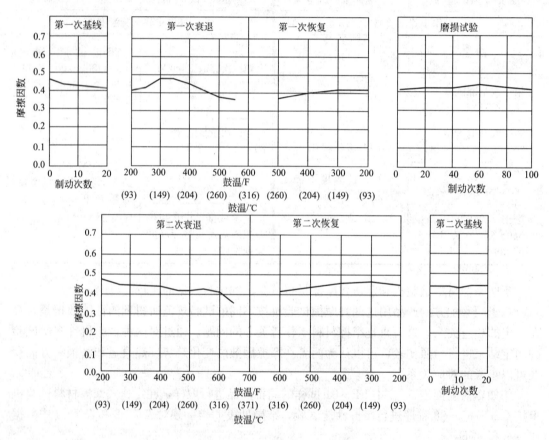

图 7.5　FFD-2 摩擦系数曲线图

（1）摩擦因数方面。表 7-3 中，μ_N 为 0.431，μ_H 为 0.413，该试样产品属于 FF 级摩擦片，其热摩擦因数比正常摩擦因数略低，相差不多。从各道试验程序中看摩擦因数的变化情况，可看到在第一次衰退试验中，从开始升温到 233℃，再升到 261、289℃ 各温度点，摩擦因数逐渐降低，到 289℃ 时，μ 降到 0.357，反映出热衰退。从曲线图中的第一次衰退试验曲线也可看到摩擦因数随温度升高而降低。在第二次衰退试验中，摩擦因数在 317℃ 升温到 345℃ 过程中从 0.405 急剧降到 0.343，发生了明显的热衰退。曲线图中也可以看到此情况。

在表7-5中，从100℃开始升温，在150、200、250、300℃各温度点，摩擦因数都比较稳定，但从300℃升温到350℃时，摩擦因数从0.35骤降到0.27，此时的热衰退程度与表7-3中情况相似。

(2) 磨损率方面

表7-3中，试样质量磨损率为1.82%，体积(厚度)磨损率1.71%，同样属于低磨损率情况。表7-5中，从100℃至350℃各温度点的磨损率也属于较低的情况。

从上面的两个例子可看到，热稳定性好的FF-01号试样在蔡斯摩擦材料试验机和定速式摩擦材料试验机上都表现出热衰退性很小的特性，而热稳定性稍逊的FFD-2号试样在这两种试验机上的试验过程中，在350℃高温时都有明显热衰退表现，在磨损方面磨损率较小也在这两种试验机上得到证实。

用蔡斯摩擦材料试验机对试样进行摩擦性能试验所得到的数据结果也有其局限性。例如表7-3中的FFD-2试样，从试验结果看，其μ_N为0.431，μ_H为0.413，属FF级产品，虽然看起来μ_N和μ_H值相差不大，热稳定性较好，但实际上在第二次衰退试验中，温度从317℃升温到345℃过程中摩擦因数从0.405降到0.343，发生了明显的热衰退现象。出现这种差别的原因是由于热摩擦因数μ_H是取三个试验程序中十个温度点上摩擦因数的平均值，这会导致有时一两个高温点上的热衰退现象可能被该平均值数据所掩盖，变得不那么明显。

蔡斯摩擦材料试验机对样品的测试结果还存在另一个局限性，表现为试样在343℃温度点上的摩擦因数热衰退表现不如定速式摩擦材料试验机上试样在350℃温度点时摩擦因数热衰退的那么明显。这是由于试样从316℃升温到343℃所经历的时间较短，而且温升达到343℃时很快就结束了第二次衰退试验，试样在343℃高温下受热时间很短，热衰退未能充分表现。而试样在定速式摩擦材料试验机上测试时，从300℃升到350℃的试验程序需经历摩擦盘5000转的，在温度350℃温度下要经历摩擦盘3500转的时间，试样在350℃下受热时间较长，故热衰退表现比蔡斯摩擦材料试验机试验中要相对明显。

4. MM-1000型摩擦材料试验机(J-02型试验机)

该机适用于实验室条件下试验和鉴定摩擦材料(包括金属、金属陶瓷、塑料、石棉等制品)的摩擦性能，是摩擦材料生产厂在成批生产摩擦材料制品时，控制和检验产品质量的设备，也是科研单位研究、探索及评价摩阻材料性能的重要设备。

该机可做下述两类模拟试验：

(1) 摩擦热稳定性试验(在恒定比压、不同线速度及温度下，测定摩阻材料的摩擦因数和磨损情况)。

(2) 热冲击制动性能试验(包括制动力矩、制动稳定性系数、制动效率系数、制动片的磨损量及制动距离等)。

该机工作过程简述如下：本机试验方式采用卧式圆环试件端面摩擦，变速电动机通过传动带传递摩擦，进而通过离合器带动主轴旋转，由预调压力的气压通过气缸对摩擦面作正向(轴向)加压，摩擦力矩由与安装在静摩头轴相的等强度梁相连接的拉压传感器测出，摩擦温度由焊接在静磨块上的热电偶传出，然后通过计算机进行数据采集。采集的数据经过一定的处理以后可以在计算机屏幕上进行显示、画曲线，也可以进行数据保存，还可以通过打印机打印输出所需的数据、曲线等。作制动试验时，装配惯性轮以模拟实际惯量，达到相当转速后即可分开离合器，送气加压进行制动。

5. 法斯特(Fast)试验机

法斯特 FAST 是 friction assessment screening test 词头的缩写，意为摩擦评定筛选试验。它和 Chase 试验机是美国并存的两种摩擦材料摩擦磨损性能试验机。该机由美国福特汽车公司为评定制动衬片和离合器面片的摩擦磨损性能研制而成，并用于产品质量控制。美国 Link Engineering Company 和 Greening Associates Inc 两公司均有生产(图 7.6)。

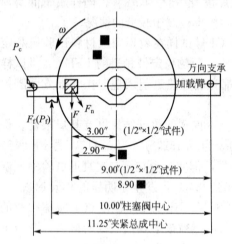

图 7.6 FAST 试验机几何尺寸参数及工作原理

FAST 试验机试件为小尺寸试样，具有所有小样试验的共性。其优点是试验简捷、试验条件重复性好、试验结果可比性好。当摩擦材料产品材质不均匀性严重时，试验结果将出现离散，因此作为产品研制开发，则需作较多试样的试验。美国业内对该机有较高评价，认为它能鉴别摩擦材料组分的变动。FAST 试验机在用作产品质量控制时，把经台试、汽车路试、使用试验等系统测试并通过认证的产品试样，作 FAST 试验，得出的试验数据、指标或曲线作为评定依据。

FAST 试验机的主要试验方法是恒摩擦力试验。当摩擦因数因热衰退导致摩擦力衰退时，采用提高试验压力法保持恒摩擦力，这与制动衬片在行车制动中的工作状态——加大制动踏板力提高制动系统管路压力相似，因而试验有较好的模拟性。

试验机本体由驱动电机机、摩擦盘、加载臂、夹紧总成、控制阀总成、基座兼储油室、压力传感器及附于本体上的开关柜和电动油泵等部件组成，采用计算机控制。摩擦盘与驱动电动机主轴直接连接，盘的两个表面都可使用，其非摩擦表面采取绝热措施，如外加隔热护罩等。

加载臂右端以万向支承为支点作为试件的支架，其上装有试件夹具，把试件夹在加载臂上，试件夹具两面可用，一面夹持 0.5mm×0.5mm 试样，调换另一面可夹持 1mm×1mm 试样。如图 7.4 所示，加载臂左边平行于 F 方向设置一凹槽，通过反应值把 F 转换作用到控制阀的柱塞阀上，形成 F_f 和 P_f，$A_f = 0.196 in^2$ ($1in^2 = 6.4516 \times 10^{-4} m^2$)。加载臂最左端设有限位装置，防止试样过度磨损时与转动的摩擦盘擦伤。

控制阀总成为双筒柱式阀，其中之一接受 F_f 产生 P_f，直到 P_f 达到试验规定值。控制阀总成的作用是，控制调节夹紧总成的压力，以保持 P_f 恒定，它起电液伺服阀的作用，但其机构纯属机械式。

夹紧总成通过细螺柱，沿平行于盘转动中心方向，经加载臂把试样压紧在摩擦盘上，试件的 F_n 由夹紧总成产生，$A_f = 0.9 in^2$。夹紧总成内也设置了一只后限位装置，限止机构防止其因错误调整而遭损坏。

压力传感器把 P_c 转换为电信号，由计算机进行采集和记录。

FAST 试验机的主要功能是用于研究测定摩擦因数与温度、压力的关系；增加某些附件后,也可用于研究与速度的关系;还可以用于研究静摩擦、衰退特性、尖叫界限、残留拖摩等方面问题。

FAST试验机的最突出优点是具有恒摩擦力功能,试验机上的特殊装置会在摩擦因数改变时,自动调整正压力使摩擦力维持在设定的水平上。这一试验方式用于评定材料的磨损比DM-S定速试验机要优越得多。另外,FAST机的试验负荷可达到3.1MPa,比DM-S大三倍以上,因此可用于摩擦材料的强化试验研究。

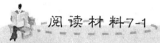

离合器摩擦材料摩擦磨损性能小样试验的设计

1. 试验设备设计

小样试验采用的是自制高温销盘摩擦试验机。其主要技术参数:最大试验力为5kN,准确度为±1‰;摩擦力范围为0~500N,准确度为±1‰;温度范围为室温至600℃,控制精度为±2℃;主轴转速为无级调速,转速范围为0~600r/min,精度为±5r/min;时间设定范围为1s~200min;采用计算机数据采集,屏幕显示各主要参数,测量并自行记录离合器摩擦面片的摩擦因数(μ),绘制摩擦因数、温度、转速的关系曲线。

试验机的结构原理图如图7.7所示。主轴由电动机带动旋转,摩擦片试样通过夹具固定在手臂的方孔内,随主轴一起旋转;压盘通过夹具固定在机身上;加载系统通过砝码加载,配有力传感器,即时读取摩擦过程中的负荷值;加载后摩擦片试样紧紧压在压盘上,电动机旋转时,两试样表面就产生了滑动摩擦。

图7.8是上、下试样及其夹具的剖视图。摩擦片试样通过螺栓固定在方块夹具中,方块与手臂的固定为间隙配合,方便拆卸。压盘夹具的设计巧妙地利用了压盘上的三个凸耳,在凸耳处用螺栓与压盘夹具固定。压盘夹具通过压盘安装附件与机身固定。

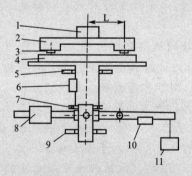

图7.7 高温墙盘式摩擦试验结构简图
1—主轴;2—传力手臂;3—摩擦片试样;
4—压盘试样;5—滑动轴承;6—扭矩传感器;
7—滚动轴承;8—平衡块;9—滑动轴承;
10—力传感器;11—砝码

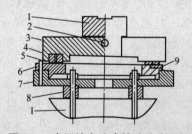

图7.8 高温墙盘式摩擦试验夹具图
Ⅰ—试验机;2—定位销;3—手臂;4—试样安装块;5—试样;6—压盘试样;7—压盘夹持盘;8—安装附件;9—温度传感器安装孔

试验机的转速由变频器控制,具有脉宽无级调速系统,可在低速或高速条件下,评定金属、塑料、涂层、橡胶及复合材料等材料的摩擦磨损性能。加载方式为杠杆-砝码方式,简单可靠。加载系统附有力传感器,并通过显示装置显示摩擦过程中的即时负荷。试验机具有加热电炉,对压盘进行加热,实现在不同的初始环境温度下的试验。利用热电偶测量压盘摩擦表面温度,并连接显示系统,即时显示摩擦过程中的温度。试验机有LED系统和两个预留的COM接口,可与计算机COM接口相连,通过测试记录软件,实现在线实时数据(负荷、转速、温度、摩擦力和摩擦因数)采集,并自动生成摩擦因数随时间的变化曲线。

2. 试验方法设计

1) 正交试验设计

(1) 试验水平的确定。正交试验水平初值的设定如下:

① 负荷水平的确定,定速式摩擦试验机GB 5763—2008国家试验标准中试验负荷为0.5MPa,以此负荷值为参考可以确定本次正交试验的负荷水平;小样试验尺寸为25mm×25mm,所以试验过程中需施加的负荷值为153.1N,因此正交试验负荷水平以147N为基准值,以98、117.6、147、196、245N作为负荷的5个水平值。

② 转速水平的确定,定速式摩擦试验机GB 5763—2008国家试验标准中试验转速为480r/min,以此转速作为参考,正交试验的转速水平以480r/min为基准,以330、380、430、480、530r/min作为转速的5个水平值。

③ 温度水平的确定,通常情况下,离合器摩擦材料工作时的环境温度不超过200℃,因此正交试验的水平值在室温到200℃区间内划分,以室温50℃、100℃、150℃、200℃作为温度的5个水平值。

(2) 正交试验表及试验结果分析。表7-8中,K_1为3个因素的第一水平所在的试验中考察指标摩擦因数之和,同理,$K_2 \sim K_5$为3个因素的相应水平所在的试验中考察指标摩擦因数之和。$k_1 \sim k_5$分别为$K_1 \sim K_5$的平均值,因为是5个指标相加,所以应除以5,得到表中的结果。极差为k_1、k_2、k_3、k_4、k_5 5个数值中的最大者减去最小者所得的差值,从表中可以看出各列的差值是不同的,这说明各因素的水平改变时对试验指标的影响是不同的。极差最大的那一列,说明该因素的水平改变时对试验指标的影响最大,这个因素就是要考虑的主要因素。

由表7-8可以看到,测试试验算出的摩擦因数的极差分别为0.12、0.06、0.11,显然第一列因素负荷的极差0.12最大。这说明负荷的试验水平改变时对试验指标摩擦因数的影响最大,因此,负荷是要考虑的主要因素。对于摩擦因数,数值比较大,离合器就具有较大的扭矩传递能力,所以要选取数值较大的值。负荷的5个水平对应的摩擦因数平均值为0.49、0.58、0.60、0.55、0.51,以第三水平所对应的数值0.60最大,所以取它的第三水平最好。第三列因素温度的极差为0.11,仅次于因素负荷,其5个水平所对应的指标平均值为0.51、0.59、0.60、0.55、0.49,以第三水平所对应的数值0.60为最大,所以取它的第三水平最好。第二列因素转速的极差值为0.06,是3个因素中极差最小的,说明其水平改变时对试验指标的影响最小,而其3个水平对应的指标平均值为0.52、0.53、0.58、0.56、0.54,以第三水平对应的数值0.58为最大,所以取它的第三水平最好。因此,从试验指标摩擦因数来看,最优试验方案为$F_3 v_3 T_3$。同理,试验算出磨损量的极差分别为16、7、4.6、5.4,显然第一列,因素负荷的极差16.7最大。这说明负荷的试验水平改变时对试验指标的影响最大,因此,负荷是要考虑的主要因素。对于磨损量数值较小,离合器的耐磨性能就越好,所以应选取较小的数值,所以从试验指标磨损量来看,最优试验方案为$F_1 v_1 T_1$。

表7-8 摩擦因数及磨损量正交试验表

水平	因数			试验指标1 摩擦因数	水平	因数			试验指标2 摩擦量/mg
	载荷 F/N	转速 $v/(r\cdot min^{-1})$	温度 $T/℃$			载荷 F/N	转速 $v/(r\cdot min^{-1})$	温度 $T/℃$	
1	10	330	25	0.243	1	10	330	25	9
2	10	330	200	0.32	2	10	380	200	11
3	10	430	150	0.623	3	10	430	150	14
5	10	530	50	0.62	5	10	530	50	9.5
6	12	330	200	0.57	6	12	330	200	15
7	12	380	150	0.56	7	12	380	150	15
8	12	430	100	0.66	8	12	430	100	21
9	12	480	50	0.57	9	12	480	50	13
10	12	530	25	0.56	10	12	530	25	14
11	15	330	150	0.579	11	15	330	150	17.5
12	15	380	100	0.622	12	15	380	100	19.5
13	15	430	50	0.6	13	15	430	50	23
14	15	480	25	0.6	14	15	480	25	29.5
15	15	530	200	0.61	15	15	530	200	21
16	20	330	100	0.645	16	20	330	100	27
17	20	330	50	0.59	17	20	380	50	35
18	20	430	25	0.573	18	20	430	25	21
19	20	480	200	0.48	19	20	480	200	30
20	20	530	150	0.46	20	20	530	150	48.5
21	25	330	50	0.557	21	25	330	50	25.5
22	25	380	25	0.566	22	25	380	25	28
23	25	430	200	0.46	23	25	430	200	32
24	25	480	150	0.517	24	25	480	150	33.5
25	25	530	100	0.466	25	25	530	100	24
K_1	2.426	2.594	2.542		K_1	59.5	94	101.5	
K_2	2.92	2.658	2.937		K_2	78	108.5	106	
K_3	3.011	2.916	3.013		K_3	110.5	111	107.5	
K_4	2.748	2.787	2.739		K_4	161.5	122	128.5	
K_5	2.566	2.716	2.44		K_5	143	117	109	
k_1	0.49	0.52	0.51		k_1	11.9	18.8	20.3	
k_2	0.58	0.53	0.59		k_2	15.6	21.7	21.2	
k_3	0.60	0.58	0.60		k_3	22.1	22.2	21.5	
k_4	0.55	0.56	0.55		k_4	32.3	24.4	25.7	
k_5	0.51	0.54	0.49		k_5	28.6	23.4	21.8	
极差	0.12	0.06	0.11		极差	16.7	4.6	5.4	
优方案	F3	v3	T3		优方案	F1	v1	T1	

为了便于综合分析,可以将摩擦因数和磨损量随因素的水平变化的情况用图形来表示,如图7.9所示。图7.9(a)为负荷对摩擦因数和磨损量两试验指标的影响,可以看出,第三水平的摩擦因数最大,而磨损量的数值不是很大,综合考虑,第三水平为最优试验水平值。图7.9(b)为转速对两个试验指标的影响,可以看出,第三水平的摩擦因数最大,而磨损量也较小,所以转速的第三水平为最优试验水平值。图7.9(c)为温度对两试验指标的影响,可以看出,第三水平的摩擦因数最高,磨损量也较小,所以温度的第三水平为最优试验水平值。

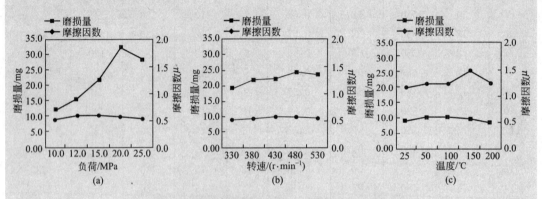

图7.9 摩擦因数和摩擦量随负荷、转速和温度的变化关系

根据正交试验结果,最优试验方案为 $F_3 v_3 T_3$,即负荷、转速和温度三个影响因素的最优水平值为147N、430r/min、100℃。

2) 摩擦磨损试验设计

摩擦性能试验以147N、430r/min、100℃为基准,继续设定更高的试验水平值进行试验。负荷的试验水平设定为147、196、245、294、343N;转速的试验水平设定为430、480、530、580、630r/min;温度的试验水平值设定为100、150、200、250、300℃。

摩擦性能试验包括单个因素试验和两个因素的耦合试验,单个因素的试验是每个因素分别对摩擦因数和磨损量的影响试验,分别为工作负荷对磨损量和摩擦因数的影响试验、转速对磨损量和摩擦因数的影响试验以及温度对磨损量和摩擦因数的影响试验。在工作负荷对磨损量和摩擦因数的影响试验中,试验条件是转速和温度保持定值不变,设定5个不同的工作负荷,测得每个工作负荷下的磨损量和摩擦因数,见表7-9。其中,F、v、T 的角标分别代表负荷、转速和温度相应的试验水平,ω 和 μ 分别代表磨损量和摩擦因数。同理,可以得出转数和温度对磨损量和摩擦因数的影响。

表7-9 工作负荷对磨损量和摩擦因数的影响

工作条件	测量数据	工作条件	测量数据
v_1、T_1、F_1	$\omega \cdot \mu$	v_1、T_1、F_4	$\omega \cdot \mu$
v_1、T_1、F_2	$\omega \cdot \mu$	v_1、T_1、F_5	$\omega \cdot \mu$
v_1、T_1、F_3	$\omega \cdot \mu$	—	—

耦合试验是保持其中一个因素为固定值不变，其余两个因素取不同的试验水平值，耦合试验可以得出这两个因素交叉耦合后对试验指标的影响。耦合试验包括负荷和转速的耦合试验、负荷和温度的耦合试验、转速和负荷的耦合试验、转速和温度的耦合试验、温度和负荷的耦合试验以及温度和转速的耦合试验。负荷和转速耦合试验的试验条件为：以温度为恒定量，选择负荷的3个不同水平值，分别做3个不同负荷下7个不同的速度的试验。试验设计表见表7-10。负荷的水平值只选取了3个，则试验结果会得到3条并行曲线，足以看出变化规律，无需再选取多个水平值。当两个耦合因素的水平都为多水平时，试验量非常大，耗费太多的时间、人力和物力。同样，负荷和温度耦合试验、温度和转速耦合试验、温度和负荷耦合试验、转速和负荷耦合试验、转速和温度耦合试验，其试验方法也是如此。

表7-10 恒定温度下负荷和转速的耦合试验

工作条件	F1					F2					F3				
	$v1$	$v2$	$v3$	$v4$	$v5$	$v1$	$v2$	$v3$	$v4$	$v5$	$v1$	$v2$	$v3$	$v4$	$v5$
测量数据	$\omega、\mu$	$\omega、\mu$	$\omega、\mu$	$\omega、\mu$	$\omega、\mu$	$\omega、\mu$	$\omega、\mu$	$\omega、\mu$	$\omega、\mu$	$\omega、\mu$	$\omega、\mu$	$\omega、\mu$	$\omega、\mu$	$\omega、\mu$	$\omega、\mu$

3. 结论

（1）根据小样试验需要设计了高温销盘摩擦试验机，为摩擦学小样试验提供了基础。

（2）在离合器摩擦材料摩擦磨损性能试验中通过正交试验分析得出负荷、转速和温度3个影响因素的最优水平值为147N、430r/min、100℃。

（3）为弥补小样试验定速式摩擦试验机GB 5763—2008国家试验标准中工况条件的不足，通过对工况条件的正交试验，设计了具体的摩擦学小样试验的试验方法。

▣ 资料来源：吕俊成，莫易敏，密德元等. 离合器摩擦材料摩擦磨损性能小样试验的设计 [J]. 润滑与密封，2009(9)

7.1.2 实样摩擦试验机

克劳斯(Krauss)试验机是一种典型的实样试验机。

克劳斯试验机诞生于1965年，是由德国ATE. TEVES与ERLCH. KRAUSS研制开发的，并由克劳斯(KRAUSS)公司制造推广，故称为克劳斯试验机。

克劳斯试验机试验原理是依据盘式制动副力矩与压力成正比的特性，因而具有优良的模拟性和数据重现性，且试验简单快速，经济可靠。三十多年来的应用使克劳斯试验机被欧洲及全世界摩擦材料和汽车制造厂商所认可，它也是德国大众汽车公司制动器衬片摩擦性能台架试验规范(PV-3212)采用的试验机。

现代的克劳斯试验机已经逐步发展成一种可附加惯性飞轮系统的综合性摩擦试验机，除机械结构和控制手段更先进外，基本功能也更加完善。试验对象由单一盘式片扩大到鼓式片；主轴速度由定速式发展为调速式；加载方式由拖摩式发展为增加了惯性飞轮加载系统；有些试验机还有力矩恒输出功能。所以目前最完善的克劳斯试验机就是一台小型的1∶1惯性试验台架(dynamometer)，而且比惯性试验台功能更齐全。

1. 克劳斯试验机的测试原理

克劳斯试验机最基本的特征是采用原尺寸制动片、原配制动钳和制动盘为试验对象，对于鼓式制动器是采用原尺寸制动蹄(包含制动衬片)和原配制动鼓为试验对象。电动机带动主轴转动,制动盘(或鼓)装于主轴上,而制动钳或制动器用轴承支承在同一主轴(或滑台主轴)上,同时与测力臂相连,测力臂将制动力矩转化为力作用于传感器,经电子系统显示并记录数据。克劳斯试验机的测试原理如图 7.10 所示。

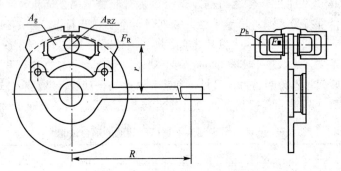

图 7.10　克劳斯试验机的测试原理图

2. 试验设备

克劳斯试验机是将原件尺寸的制动片装到原件的卡钳中进行实物测试,测定汽车用盘式制动衬片的摩擦因数、磨损和温度特性。试验设备有 JF55 型、RWDC100C 型克劳斯试验机和 HY202A 制动器惯性试验台。

3. 测试规范

(1) 试验台转速:(660 ± 10)r/min(恒定)。

(2) 摩擦半径:平均半径(mm)取决于制动器与制动器衬片。

(3) 接触压力:$p_a \approx 100$N/cm^2;

　　　　　　p_a＝接触压力;

　　　　　　p_n＝液压接触压力。

(4) 制动循环、间隔:制动时间为 5s;

　　　　　　　　　间隔时间为 10s;

　　　　　　　　　制动循环数为 10 个;

　　　　　　　　　每一制动循环中制动次数为 10 次(总计制动次数 100 次)。

制动试验时,从第一个制动循环的第一次制动至第十个制动循环中的第十次(即总第 100 次),制动试验不允许间断进行。

(5) 温度测试:温度测试是在制动盘的外周上进行,热电偶必须准确地靠在制动盘外周上。

(6) 摩擦因数根据测定的制动力矩确定。

(7) 制动盘:每一片衬片测试时,都要使用相应型号的合格制动盘,否则会导致错误结果。这种试验用的制动盘表面的最大粗糙度不大于 $15\mu m$。如需进行表面精磨时,制动盘厚度减少不允许大于原始厚度 1mm。

4. 试验步骤

1) 衬片磨合

第一至第三个循环,主要是对盘式制动片进行磨合,在磨合时用冷却风进行冷却。在磨合过程中，制动盘的最高温度不允许超过 300℃。在各循环之间，制动盘进行空转时，必须强制冷却到 100℃。如果在这三个制动循环中，不能保证制动盘温度在 300℃以下，则应把三个循环划分成每循环施加 5 次制动的 6 个循环。

2）试验程序

由第四循环开始时，制动盘温度不大于 50℃。

在进行第四到第九循环时不用冷却，在第十个循环时重新使用冷空气进行冷却。

在每个循环结束时，温度可能升到 550℃，或甚至可能达到 600℃。

在各个循环之间，制动盘进行空转必须强制冷却到 110℃。

每次制动的制动力矩和温度的变化情况，都借助于记录仪记录下来。

3）衬片的称重和测量

衬片试验前、后都应测出质量，并定位测量厚度尺寸。

4）评价鉴定

求出摩擦因数（μ_m、μ_{max}、μ_{min}、μ_k、μ_f）。

(1) 工作摩擦因数 μ_m。从第三和第五到第十循环的第一次制动时进行测量，而且在制动过程持续一秒后测量出一个测量点上的摩擦因数（在测定 μ_m 时，不考虑第四循环）。

(2) 最大摩擦因数 μ_{max}。从第三到第十个制动循环中，所有的制动中最大的摩擦因数是 μ_{max}。

(3) 最小摩擦因数 μ_{min}。从第三到第十个制动循环中，所有的制动中最小的摩擦因数是 μ_{min}。

(4) 冷摩擦因数 μ_k。在第四循环的第一次制动一秒之后测出的值称为冷摩擦因数 μ_k，μ_k 可能就等于 μ_{max}。

(5) 衰减摩擦因数 μ_f。最低的摩擦因数 μ_{min} 出现在高热负荷下，这种状态一般称之为衰减，在这种情况下，$\mu_f = \mu_{min}$。

5．鉴定

(1) 摩擦因数的鉴定。

(2) 磨损鉴定，制动衬片的磨耗量必须在所要求的公差范围内。

(3) 经正式试验后，盘式制动衬片不应有裂纹、起泡、脱落等现象。

阅读材料 7-2

HY202A 制动器惯性试验台简介

HY202A 制动器惯性试验台如图 7.11 所示。

1．设备描述

1）用途

HY202A 制动器惯性试验台用于轻、轿车制动器和制动片的摩擦磨损性能试验，以及制动盘的热裂纹试验。可进行惯性制动试验，也可进行 Krauss 试验。

该制动器试验台试验原理，是根据制动副摩擦力矩与压力成正比的特性而确定的。其试验原理是目前全世界摩擦材料和汽车制造商所公认的。

该制动器试验台应用于生产质量控制和摩擦材料的开发、测量摩擦材料的摩擦因数及制动器摩擦衬片与压力、速度、温度的相关特性等；还可以测试摩擦材料的耐磨损性能。

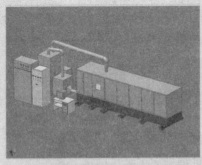
(a) HY202A制动器惯性试验台示意图

(b) HY202A制动器惯性试验台

(c) 制动性能测试仓1

(d) 制动性能测试仓2

(e) 制动性能测试仓3

图7.11 制动器惯性试验台

2) 特点

HY202A制动器惯性试验台的特点是基础惯量小、惯量级差小、惯量级数多，飞轮采用等分与等比组合，轴承阻力矩小。

3) 试验对象

HY202A制动器惯性试验台的试验对象为负载质量3.5t及以下液压制动车、轻型车、微型车、轿车盘式/鼓式制动器总成或制动片。

4) 基本功能

(1) 具有惯性台架的全部功能。

(2) 具有Krauss试验机的全部试验功能。

(3) 具有恒力矩(恒输出)试验功能。

(4) 具有恒压力(恒输入)试验功能。

(5) 具有冷却风速模拟功能。

(6) 具有制冷冷却功能。

(7) 具有静力矩试验功能。

(8) 具有驻车制动试验功能。

(9) 具有浸(淋)水试验功能。

(10) 具有NVH功能。

(11) 具有DTV测试功能。

(12) 具有试验环境温度调节功能。

(13) 计算机控制、检测、打印曲线及报告。

(14) 充分可编、可执行中国、欧洲、美国、日本等试验标准。

5) 可执行代表性标准

QC/T 564、QC/T 582、JASO C406、QC/T 479、QC/T 239、JASO C407、QC/T 237、JASO C436、SAE J212、SAE J2521、SAE J2522、ISO 11157、AK-Master、P-VW 3211、P-VW 3212、VW-TL 110、BUICK 标准等，并在控制软件中将这些主要标准的测试项目模块化。

6) 测试项目

制动器制动性能测试(包括效能、热衰退、恢复、耐久、拖磨扭矩等基本项目)、NVH噪声测试、驻车制动性能测试、DTV磨损量测试、水喷淋制动测试、低速高扭矩的静扭测试等；设备能进行制动器单品测试和带四分之一悬架的制动器测试。

2. 主要技术参数

(1) 电动机功率：160kW(直流)。

(2) 主轴转速：30～1900r/min。

(3) 许用力矩：惯性制动最大为7000N·m。

(4) 静力矩：最大为3500N·m。

(5) 驻车制动：拉力0～4000N，行程50mm。

(6) 滑台部分：制动盘/鼓直径小于ϕ400mm，宽度小于500mm；最大轴向加载5000N，最大径向加载40000N。

(7) 制动压力：液压-恒压或恒力矩2～160bar(1bar=10^5Pa)。

(8) 压力梯度：最大为1600bar/s。

(9) 温度测量：−20～1000℃。

(10) 冷却系统：鼓风量为2400m^3/h(可模拟设定)，引风量为2800m^3/h。

(11) DTV测量：精度为0.5μm。

(12) 环境温度调节系统：具备环境温湿度调节功能，背景噪声小于60dB。

(13) NVH测试系统：噪声通道的频率范围为10Hz～20kHz，大小范围为27～130dB(A)。

(14) 振动通道：频率范围为1Hz～10kHz，范围为0.1～1000m/s^2。

(15) 具备噪声、振动与试验条件同步软件分析功能。

⇒ 资料来源：http://www.cchyjd.cn/cn

7.1.3 惯性台架试验机

惯性台架试验机又称为惯性测功机或 1∶1 惯性试验台(dynamometer)，是制动器制动性能试验中最具权威性的测试设备。基本原理是利用飞轮动能等量模拟车辆动能对制动器进行加载。近年来，随着电子技术和计算机的应用，用电模拟方式控制驱动电动机输出的力矩和转速，实现惯性制动试验的台架已经实际应用，称为电模拟测功机。

1∶1 惯性试验台(简称台架)的产生，最初是为了解决鼓式制动器的制动性能测试问题。人们试图尽可能全面地模拟汽车制动器的实际工况，用飞轮的惯性模拟汽车的惯性对制动器加载。制动系统、制动压力等都可以模拟实际工况，现代的惯性台架模拟条件更加完善，具有恒输出功能、涉水试验功能、风冷制动功能、静摩擦力测量功能、制冷环境功能等，控制软件方面更加灵活而适应性强，测量数据处理采用计算机变得更加方便和精确。

惯性台架按被试验制动器的车型及载重量不同，可分为三种规格，即轻型台架——轿车及载重量 3t 以下货车制动器试验；中型台架——载重量 10t 以下的中型客货车制动器试验；重型台架——载重量 10t 以上的重型汽车及火车制动器试验。

制动器惯性试验台的原理是用转动惯量模拟汽车的行驶惯量对制动器进行加载，其类型依据结构可分为单工位、双工位、四工位三种。单工位每次只能试验一个制动器，侧重于制动器本身和摩擦衬片的性能测试；双工位每次可试验两个制动器(前、后制动器各一个)，除可测试制动器性能外，还可以完成制动系统的制动力分配等测试项目，因此适用于制动器厂和制动系统生产科研单位；四工位每次可同时试验四个制动器，用于整体制动性能的研究。目前，单工位和双工位的比较多，双工位台架又可分为串联式和并联式两种。

1. 汽车制动器惯性台架试验机

国产的惯性台架设备有 JF55、JF120、JF121、JF132 型等制动器惯性试验台，图 7.12 所示为 JF55 制动器试验台，用于轿车制动器和制动片或载重车制动片小样的摩擦磨损性能试验，可执行代表性标准：VW-PV 3211、VW-PV 3212；若配惯性飞轮系统后可执行 VW-TL 110-2.1/2.2、SAFJ212、JB3980、JB4200 等标准。

图 7.12　JF55 制动器试验台

基本功能：

(1) 具有 Krauss 试验机的全部试验功能。

(2) 配惯性飞轮系统后，具有惯性台架的全部功能。

(3) 具有恒力矩(恒输出)试验功能。

(4) 具有冷却风速模拟功能。

(5) 具有静力矩测量功能。

(6) 具有驻车制动性能试验功能(选择项目)。

(7) 具有制冷冷却功能(选择项目)。

(8) 全面计算机控制、检测、绘图、打印报告。

(9) 软件充分人机对话,可执行 Krauss 试验标准及现有全部惯性试验标准(即可执行中国、欧洲、美国、日本等试验标准)。

2. 火车合成制动瓦惯性试验台

火车合成制动瓦惯性试验台,又称 1∶1 试验台,因采用火车制动瓦实样与火车车轮实物进行摩擦性能测试而得名。火车合成制动瓦惯性试验台的工作原理与前面介绍过的汽车用摩擦片惯性试验台基本相同,但制动惯量差别较大。不同型号的火车合成制动瓦惯性试验台,技术参数有所不同,所以其使用的方法也不相同。图 7.13 所示为 JF123 重型卡车及铁路车辆制动器惯性台架。

1) 试验设备

1∶1 试验台是铁路车辆用合成制动瓦摩擦性能试验标准采用的惯性制动试验台。该惯性制动试验台模拟实际车辆制动瓦制动条件,主要测试合成制动瓦的摩擦因数、磨耗量、初速度、制动温度、制动时间、制动距离等以及测试合成制动瓦在常用、紧急、坡道、潮湿等状态下的制动性能。

图 7.13 JF123 重型卡车及铁路车辆制动器惯性台架

2) 惯性试验台试验规范

(1) 车轮采用 Φ0.840m 整体碾钢轮(火车行驶用车轮)。

(2) 转动惯量。

(3) 制动瓦压力按规范及采用单侧或双侧制动。

3) 试验步骤(以低摩制动瓦试验为例)

(1) 磨合:

① 初始速度 80km/h 或 100km/h。

② 制动瓦压力单侧 39.2kN(双侧为 19.6kN)。

③ 制动瓦与车轮踏面接触面积达 70% 以上可进行正式试验。

(2) 第一次称重。制动瓦磨合后测量制动瓦的质量,精确至 0.02g。

(3) 紧急制动试验:

① 依规范要求,按初始速度(km/h)的顺序 95、75、55、35、35、55、75、95 为一个循环进行制动试验。

② 制动瓦压力单侧 39.2kN(双侧为 19.6kN)。

③ 在每个循环的制动试验中,均应记录各种车速时的瞬时摩擦因数、制动距离、制动时间、制动温度等。

(4) 冷制动试验:

① 试验结束的次日,在最高初始速度(95km/h)与高制动瓦压力下,进行的第一次制动试验。

② 制动瓦压力单侧 39.2kN（双侧为 19.6kN）。
③ 记录瞬时摩擦因数、制动距离、制动时间、制动温度。

(5) 常用制动试验。按初始速度(km/h)的顺序 95、75、55、35、35、55、75、95 为一个循环进行试验，按试验规范调整好惯量、速度等试验参数。

(6) 静摩擦试验：
① 对车轮施加转矩，测出车轮开始转动瞬间的摩擦因数即为静摩擦因数。
② 制动瓦压力单侧为 9.8kN（双侧为 4.9kN）。
③ 试验五次，取试验结果的平均值作为该制动瓦的静摩擦因数。

(7) 第二次称重。在高制动瓦压力和低制动瓦压力制动试验完毕后，测量制动瓦的质量。

(8) 坡道匀速连续制动试验：
① 速度为 40km/h。
② 制动瓦压力单侧为 9.8kN（双侧为 4.9kN）。
③ 匀速连续制动 10min。

(9) 潮湿加水制动试验：
① 制动过程中向车轮踏面均匀洒水，洒水量为 235mL/min。
② 按初始速度(km/h)的顺序 95、75、55、35、35、55、75、95 为一个循环进行试验。
③ 制动瓦压力为单侧为 19.6kN（双侧为 9.8kN）。
④ 在测量一个循环车速的试验中，分别记录各种车速时的瞬时摩擦因数、制动距离、制动时间、制动温度。

(10) 计算。因所测制动瓦性能要求不同，试验条件也不相同，故摩擦因数的计算也不相同，请参考有关标准规定，这里不做介绍。

3. 汽车离合器性能试验台

汽车离合器性能试验台是汽车离合器与摩擦片综合试验台，主要用于汽车离合器总成及从动盘衬片进行摩擦磨损性能试验和有关的其他测试。

图 7.14 为国产 JF112 型汽车离合器综合性能试验台的结构简图，该综合试验台由主机、整流调速系统、液压伺服控制系统、计算机控制检测系统四大部分组成。

主机可分为动力、总成实验、惯性负载和从动盘实验等四个单元。

(1) 动力单元由直流电动机与计算机配合进行无级调速，由测速发电机构成闭环控制。经变速器换挡，可获得不同的转速。

(2) 总成实验单元可完成被测试离合器总成的实验。与其他同类机型不同的是采用伺服阀控制双作用油缸，推拉分离轴承进退，与位移传感器形成闭环，实现进退速度定值控制，使离合器循环接合过程可以精确控制。集流环、扭矩传感器可将实验温度、主轴转速、摩擦力矩及从动部分的转速信号传送给计算机。

(3) 惯性负载单元为离合器总成实验和从动盘实验提供负载。惯性飞轮组有可切换的飞轮，可给出所需惯量值。飞轮用螺钉固定在连接盘上，拆下的飞轮借助两侧的支架和手柄固定或移动。

(4) 从动盘实验单元除了以离合器从动盘为试验对象，进行制动式摩擦试验或连续摩

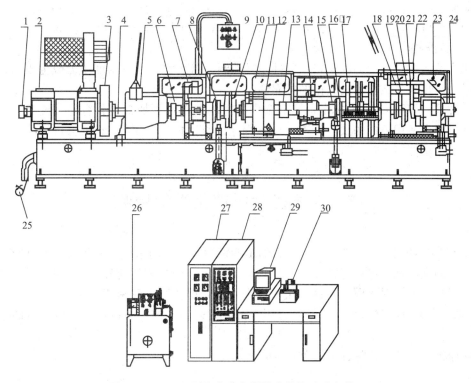

图 7.14 JF112 型汽车离合器综合性能试验台简图

1—直流测速发电机；2—直流电动机；3—储能飞轮；4—联轴器；5—变速器；6—联轴器；
7—测速总成；8—标定总成 A；9—控制箱；10—被测试离合器总成；11—机罩；12—离
合器分离总成；13—联轴器；14—扭矩传感器；15—联轴器；16—标定总成 B；17—质
量总成；18—从动盘靠盘；19—被测试从动盘；20—摩擦对偶件；21—定摩擦盘；
22—加载盘；23—测力臂及拉压传感器；24—加载油缸；25—除尘管道接口；
26—液压站；27—整流柜；28—控制柜；29—计算机；30—打印机

擦试验，还可以换上离合器总成进行制动式摩擦试验或连续摩擦试验。

综合试验台计算机控制检测系统的全部数据采集，处理和控制任务均由计算机自动完成，操作人员借助 Windows98 操作系统下运行的软件可对试验台系数及试验标准的参数进行灵活的设置。

试验台采用计算机二级控制。主计算机完成数据采集、计算处理、输出及 D/A 控制，它通过串行接口与下级 PLC 通信，发出控制指令，所有开关量输出与输入及逻辑控制均由 PLC 完成，简化了外部逻辑电路，提高了系统控制的可靠性。进行总成试验时，扭矩传感器将扭矩和转速信号通过二次仪表，输出标准的模拟信号，供给 A/D 转换完成扭矩、转速的测量，零件试验的扭矩由压力传感器及测力臂经放大处理，再通过 A/D 转换进入计算机。

热电偶将温度信号经温度变送器转换成标准电压信号，接至 A/D 变换器，温度的冷端补偿通过变送器外接热电阻自动实现。

位移由位移传感器内置高精度放大电路，直接输出标准电压信号。

压力传感器用桥式电阻应变测量电路，再经放大电路处理之后，供经 A/D 转换。

试验台的直流电动机调速采用较先进的西门子直流调整装置,使用编码器作为转速反馈,使电动机转速控制精度较高,计算机由 D/A 输出电压信号控制直流调整装置,来控制主电机的转速。

压力控制系统通过伺服阀采用硬件闭环控制,从而实现了高精度压力或力矩的控制要求,进一步提高了试验台的数据的可靠性。

软件采用 Windows98 操作系统下全中文操作菜单,更加直观、容易、灵活的参数设置,使试验台适用更广的试验标准。试验程序的编写操作者采用 JF 语言自行编写,使本试验台应用更便捷。

7.2 摩擦材料理化性能检测

摩擦材料理化性能反映了摩擦材料的结构特性,对控制摩擦材料的质量非常重要。我们按一定的规律和规定进行检测,并用检测的结果来进行相互比较,以了解其相对特性。例如,反映摩擦材料的质量特性,用密度来判别;反映结构致密程度特性的,用吸油(吸水)率来判别;反映材料表面特性的,用表面硬度来判别等。所以,对摩擦材料的结构特性必须进行控制和严格检测,以保证产品质量。

对摩擦材料的理化特性主要测定项目有以下几项。

1. 硬度

硬度是材料对于塑性变形的抵抗能力。

硬度测定是在标准规定的条件下,将钢球压入材料内,将负荷除掉后,测量压痕直径或深度。硬度的测试有多种方法,在摩擦材料中主要应用布氏硬度和洛氏硬度。

1) 布氏硬度(HB)

布氏硬度的测定使用布氏硬度试验机。

(1) 试验设备:

① 布氏硬度计须经国家计量部门定期检定合格,相对误差不大于±1%。

② 能均匀平稳地施加负荷,负荷在保持时间内不变。

③ 钢球直径为 5.0mm 和 10.0mm,允许偏差不超过 0.01mm,钢球表面光滑、无任何缺陷。

④ 测量试样压痕的直径,精确度达 0.01mm。

⑤ 25 倍放大镜,精度为 0.01mm。

⑥ 试验样品宽度不小于 15mm,长度不小于 25mm,厚度不小于 4mm;试样表面应平整、厚度均匀,并擦一层白粉浆,晒干后再进行试验。试样压痕中心距边缘应不小于 7.5mm。

注意:铁路用合成制动瓦硬度值测定是在制动瓦摩擦体两个侧面分别测试,并取各点测试结果的平均值。压痕间隔应尽量大些,但压痕边缘与制动瓦边缘的距离不得少于 10mm。

(2) 试验步骤:

① 根据样品厚度与表 7-11 规定,选用负荷、钢球直径及保荷时间。

表7-11 样品厚度与负荷、钢球直径及保荷时间

试样厚度/mm	钢球直径D/mm	负荷p/kg	负荷保持时间/s	试样厚度/mm	钢球直径D/mm	负荷p/kg	负荷保持时间/s
>10	10.0	500	30	<10	5.0	187.5	30

② 测试时两个压痕中心间距离30mm。

③ 试验中加荷时应缓慢而均匀,加荷过程不少于5s,加负荷保持时间为30s,卸荷过程2~3s。

④ 试验后压痕边缘不得变形,否则应重新测试。

⑤ 用25倍放大镜取两个相互垂直方向测量压痕直径,取算术平均值。

(3) 计算方法:

$$HB = 2p/\pi D[D-(D^2-d^2)^{1/2}] \quad (7-5)$$

式中,p 为加载负荷(kg);D 为钢球直径(mm);d 为压痕直径(mm);HB为布氏硬度(kg/mm^2)。

2) 洛氏硬度(HR)

(1) 试验设备。洛氏硬度测定使用洛氏硬度试验机,图7.15为TXR-150塑料洛氏硬度计。

TXR-150塑料洛氏硬度计采用自动加卸试验力机构,装有可调总试验力保持时间的电位器,试验力变换由变荷手轮的旋转而获得,所以操作简便迅速,除刻度盘对零外,没有人为的操作误差,具有很高的灵敏度、稳定性。适用于工厂车间和实验室,主要用来测量塑料、硬橡胶、铝、锡、铜、软钢、合成树脂、制动摩擦材料等的洛氏硬度,如HRE、HRL、HRM、HRR。

TXR-150塑料洛氏硬度计的技术参数:初试验力为98N;总试验力为588,980,1471(N);总试验力保持时间为1~30s(塑料洛氏硬度测试的总试验力保持时间为15s);硬度示值读数方式为表式;试件允许最大高度为200mm;压头中心到机身距离为140mm;电源电压为AC220V/50Hz/60Hz。

图7.15 TXR-150 塑料洛氏硬度计

① 洛氏硬度计应符合JJG 884—1994规定,并根据使用频率,用相应标尺的标准块进行校验。

② 硬度计要放在水平台上,压头主轴应垂直使用。钢球在压头套孔中能自由滑动,且要求洁净无缺陷。

③ 托座与硬度计试台紧密贴合,托座支承面与硬度计试台面应洁净。若托座表面为弧形,则压头轴线应通过托座圆心。

④ 更换钢球压头或托座时,要进行两次与硬度试验相同的准备试验。

⑤ 每个试样的硬度测定点为五个,要均布在整个试样表面,应避开孔和槽。各测定点间距应不小于$4d$(d 为压痕直径),并离试样边缘(含孔、槽)不小于$2.5d$。

⑥ 对弧形摩擦片也可在其内弧面测定,或由供需双方商定。

(2) 试验步骤:

① 按试样形状大小选择试台及托座。

② 将试样无冲击地与钢球压头接触,施加初试验力。

当使用度盘硬度计时,应使硬度指示器短指针指于小红点,长指针转三圈垂直向上指向 B 度盘定点(B30),其偏移不得超过±5 个分度值(若超过此范围,不得倒转,应改换测定点,再调整指示器外圈使长指针对准 B30)。

③ 在 2~4s 内施加主试验力,从施加主试验力开始保持 15s。

④ 在 2s 内平稳地复回原位,卸除主试验力。

⑤ 在卸除主试验力(初试验力仍保持)15s 时,即从指示器上直接读取洛氏硬度值,精确至小数点后一位。

⑥ 更换测定点,再重复操作。

2. 压缩强度

摩擦材料的压缩强度通过压缩特性试验机测定。

图 7.16 所示的 JF221A 型压缩特性试验机主要用来测量盘式片压缩强度(可兼作盘式片热膨胀和热传导试验)。试验机采用计算机控制系统,初始参数由键盘输入,加载过程自动完成,试验结果由计算机处理后由打印机打印输出;该机可执行 ISO 6312-81、TL-VW 110-2.5、ISO/TR 7882-86、ISO 6313-80 标准及其他相应的试验标准。

图 7.16 JF221A 压缩特性试验机外形简图

1) 测定方法

首先准备符合标准的试样,测试试样的初始厚度,调节调整螺母使试件处于合适位置,调整锁紧装置和传感器调整装置,使位移传感器和试件处于所需位置。启动计算机,打开气阀,调整溢流阀选择合适系统压力。

2) 压缩特性试验

(1) 放上活塞,油缸加载,作常温压缩试验。

(2) 取下试件,打开冷却水阀门,启动加热器,预置温度至所需温度,待温度稳定后,油缸加载,放上试件作高温压缩试验。

(3) 计算。结果以每组试样结果的算术平均值表示,即

$$\sigma = F/p \tag{7-6}$$

式中,σ 为压缩强度、压缩屈服应力、压缩偏置应力和规定应变时的压缩应力(MPa);p 为分别为相应应力或强度的负荷值(N);F 为试样的原始横截面积(mm^2)。

压缩应变和压缩屈服应力时的压缩应变以每组试样的算术平均值表示,即

$$\varepsilon = \Delta h / h_0 \tag{7-7}$$

式中,ε 为计算的应变值;Δh 为试样的原始高度的变化(mm);h_0 为试样的原始高度(mm)。

压缩模量按(7-8)式计算,结果以三位有效数字表示,即

$$E = \sigma / \varepsilon \tag{7-8}$$

式中,E 为压缩模量(MPa);σ 为应力应变曲线的线性范围内的任意应力值(MPa);ε 为与

应力应变曲线的线性范围内的应力相对应的应变值。

3. 剪切强度

剪切强度通过剪切强度试验机测定。

剪切强度试验机用来测定盘式片与背板、鼓式片与蹄铁的粘结强度。盘式片或粘接型鼓式制动蹄片的粘结强度是一项非常重要的指标。当车辆行驶过程中一旦出现脱片现象,将导致制动系统失效,造成严重后果。

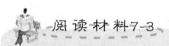

阅读材料7-3

剪切强度试验机

1. 剪切强度试验机工作原理

剪切强度试验机工作原理如图7.17所示。

在一定正压力下,剪刀按一定加载速率加载,直到将摩擦块剪下与金属背板分离,记录最大剪切力F,按$\tau = F/A$,求出剪切强度τ,A为摩擦块面积。

2. HY201型制动片剪切强度试验机

HY201型制动片剪切强度试验机如图7.18所示。

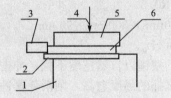 

图7.17 剪切强度测试原理图
1—支座;2—金属背板;3—剪刀;
4—正压力;5—压块;6—摩擦块

图7.18 HY201型制动片
剪切强度试验机

(1) 用途:用于测量制动片摩擦材料与金属件的粘结强度及摩擦材料内剪切强度。

(2) 试验对象:盘式制动片,粘结型制动蹄总成。

(3) 可执行标准:ISO 6312—1981,QC/T 473,Euro-Spec。

(4) 主要技术参数:

① 垂直正压力:最大为5.5kN,指针读数(可调)。

② 剪切力:最大为100kN。

③ 加载速率:最大为6500±500N/s,液压伺服加载。

④ 试件尺寸:盘式最大为180mm×80mm×30mm,鼓式为R160mm×100mm;

⑤ 功率:1.5kW。

⑥ 测控：计算机自动控制，检测并打印输出。
⑦ 压缩空气：0.4～0.8MPa；
⑧ 外形尺寸：主机 1500mm×800mm×1470mm；
⑨ 质量：700kg。

资料来源：http://www.cchyjd.cn/cn

4. 冲击强度

冲击强度是摩擦材料受到冲击负荷而断裂时单位面积所受到的功。冲击强度通过冲击强度试验机测定。

图 7.19 为 QJBCX 型悬臂梁摆锤冲击强度试验机。用于摩擦材料等非金属材料冲击强度的测定。这类试验机还有 XZ－A 型等。

QJBCX 型悬臂梁摆锤冲击强度试验机主要用于硬质塑料、增强尼龙、玻璃钢、陶瓷、铸石、电绝缘材料等非金属材料冲击韧性的测定。符合 GB/T 1843—2008《塑料悬臂梁冲击强度的测定》以及 ISO 180、GB/T 2611、JB/T 8761 标准的要求，结构简单、操作方便、造型美观。其技术参数：

图 7.19　QJBCX 型悬臂梁摆锤冲击强度试验机

(1) 冲击速度：3.5m/s。
(2) 冲击能量：1、2.75、5.5、11、22J。
(3) 摆锤预扬角：150°。
(4) 打击中心距：335mm。
(5) 冲击韧圆角：R0.8。
(6) 外形尺寸：550mm×300mm×900mm。
(7) 电源：220V 50Hz。

冲击强度试验机的工作原理：当悬挂在高处的摆锤以自然速度下摆，冲击到试样上并击断试样后，摆锤又扬升到另一个方向的高度。试样的强度愈高，则消耗摆锤的冲击能量愈大，摆锤击断试样后扬升的高度则越低；反之，抗冲击强度越低，摆锤冲断试样后的扬升高度越高。

测定方法：

(1) 按标准规定制成试样尺寸为 55mm×10mm×6mm 五条，准确测量宽度与厚度，做好记录后放在样品托架上。
(2) 将摆锤放到最高位置卡好。
(3) 调好指针。
(4) 放下摆锤，读取量值并做好记录。
(5) 冲击强度计算按式(7-9)进行计算，取五个试样的算术平均值，即

$$Q = W/S \qquad (7-9)$$

式中，Q 为冲击强度极限；W 为冲击试验消耗功(kg·cm 或 dJ)；S 为试样受冲击力处的横截面积(cm^2)。

5. 旋转强度

旋转强度通过旋转强度试验机测定。

旋转强度是指离合器面片在高速旋转情况下，由于离心力作用使其破坏的最高转速或在某一规定的高速转速下运行一定时间而不被破坏的能力。

基本试验方法是离合器面片在一定温度环境中，被带动旋转并以一定的速度上升速率旋转，直到面片被破坏，记录其最高转速，或在某一转速下运行规定时间，看其是否会被破坏。

1) 试验设备

图7.20为JF103型离合器片旋转强度试验机。JF103型离合器片旋转强度试验机采用微型计算机作为主控元件，变频调速器控制转速，同时工作腔内有辅助加热系统依要求自动控制温度，具有全自动试验程序，可根据要求确定升速速率、速度极限、速度保持时间、工作腔温度，并且自动记录破坏时转速，主轴最高转速可达20000r/min。可根据需要完成不同标准的试验。

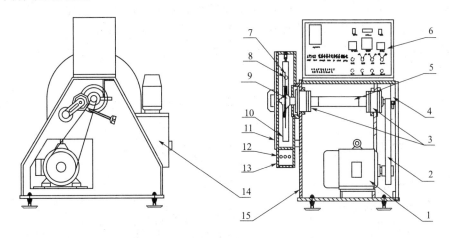

图7.20　JF103型离合器片旋转强度试验机示意图

1—主电机；2—高速传动带；3—减振支撑；4—测速传感器；5—主轴；6—控制箱；
7—试件；8—温度传感器；9—夹具；10—破裂检测器；11—仓门；
12—加热器；13—防护罩；14—供油系统；15—机架

试件安装：安装试件必须在关闭电源的情况下进行，操作者应戴手套。首先按试件规格选择合适的夹具，在轴端锥面上和夹具内孔上涂少许润滑脂，将夹具装在主轴上，套上压套并旋上螺母。螺母用手拧紧即可，切不可用扳手用力拧紧，因为在高速旋转时，夹具内孔会增大，螺母拧得太紧会造成夹具拆卸困难。然后将试件装在夹具的止口上，把三个弹簧压片转至沿经向方向。如果试件内孔与夹具止口配合太紧，应稍加调整。关闭试件仓门并锁住。

2) 试验步骤

按下试验机"电源"键，接通电源，如果此时显示窗无显示，请按下"复位"键。

按照试验要求设定参数。为了便于操作，请按下述步骤进行：

(1) 将"自动/手动"键置于"自动"灯亮。

(2) 按一下"△"键，使显示窗显示上限转速。

(3) 拨动Ⅱm拨码开关，使所需的值显示出来。注意Ⅱm值绝不允许超过所用夹具的许用极限转速。Ⅱm值见表7-12。

表 7-12　夹具号对应的Ⅱm拨码

夹具号	1	2	3	4	5
Ⅱm	15000	14000	12000	10000	9000

注：夹具号按夹具直径自小至大排列。

（4）再按一下"△"键，显示窗显示升速率。

（5）拨动 tnm 拨码开关，使所需的值显示出来，其余类推。最后设定温度值，如果不需加热，应将温度设为Ⅱ挡温度。

如果是自动试验，按一下"启动"键就可以了，试验机将自动完成全部工作。在自动试验过程中不能改变参数设置，如果必须改变，应按下"复位"键，使试验机复位，然后由第三步重新做起。如果是手动试验，则先按下"自动/手动"键，然后若须加热，则按下"加热"键、"油泵"键，过15s后按下主电机键，然后按"△"键调整转速至2000r/min左右。用"启动"键可切换显示窗的内容为"转速"或"温度"，但如果在显示温度时试件破损，则无法了解当时的主轴转速。

6. 热膨胀

摩擦材料的热膨胀是用热膨胀测量仪测定。XL211型热膨胀测量仪如图7.21所示。

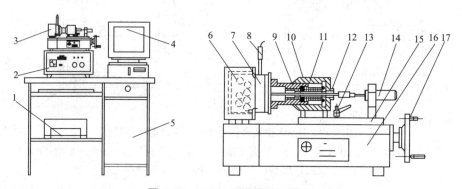

图 7.21　XL211型热膨胀测量仪

1—计算机；2—控制箱；3—主机；4—显示器；5—打印机；6—加热盘；7—试件；
8—热电偶；9—活塞；10—支架；11—加载弹簧；12—调整螺杆；
13—手柄；14—位移传感器；15—滑板；16—底座；17—手轮

XL211型热膨胀测量仪，用来测量摩擦材料制品受热后厚度方向的变形量，同时分别测出加热盘、摩擦板和钢背的温度，从而了解整个样品沿受压方向的热传导规律。该测量仪采用计算机控制，CRT瞬时显示，整个试验过程由计算机显示菜单，逐级引导，打印试验结果——包含变形量和加热盘、摩擦块和钢背的温度、曲线及数据表。该测量仪可执行 ISO6313 标准。

7. 弯曲强度

摩擦材料受到弯曲应力的作用折断时的强度，称为弯曲强度。弯曲强度通过弯曲试验机进行测定，弯曲试验按 GB/T 5764—1998 标准中规定进行。

1）试验设备

（1）负荷不小于800N，最小分度值1N。

(2) 试验夹具如图 7.22 所示。
(3) 支点间距离为 40mm,若用短试片时可为 30mm。
(4) 支点端部的曲率半径为 1.5mm,加压端部的曲率半径为 3mm。
(5) 百分表最小分度值 0.01mm,精度 0.02mm。
(6) 从同一面片沿摩擦方向取三个试片。采用面片制品厚度,长(55±0.5)mm,宽度(15±0.2)mm。若试样长不足 55mm 时,可取长(40±0.5)mm。取样时应注意试样中央部位不得有沟槽。

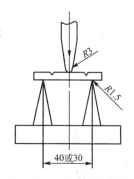

图 7.22 弯曲试验夹具

2) 试验步骤
(1) 将试片摩擦面一侧朝上,置于试验夹具支点上。
(2) 在试片中央部位以不大于 10mm/min 的速度加压。

3) 计算
变曲强度计算公式为

$$\sigma = 3pL/2bd^2 \qquad (7-10)$$

式中,σ 为抗弯曲强度(N/mm^2);p 为试样折断的最大负荷(N);L 为试样支点距离(mm);b 为试样宽度(mm);d 为试样厚度(mm)。

选用试验机压头的平均半径及其移动速度,要随样品尺寸而变化。

最大应变(ε)按下式计算,即

$$\varepsilon = 6d\delta/L^2 \qquad (7-11)$$

式中,ε 为最大应变;d 为试样厚度(mm);L 为支点距离(mm);δ 为最大挠度(mm)。

本试验结果以三个试片试验结果的算术平均值表示,精确至小数点后一位。

8. 抗拉强度

抗拉强度,是指摩擦材料受轴向拉力作用后断裂时,其单位面积(横截面)所承受的最大的力,称为该材料的抗拉强度极限。

抗拉强度通过抗拉强度试验机测定,试验方法:

将标准试样紧固在拉力试验机上的夹具上,夹具按规定的下移速度均匀稳定下行,直到试样断裂。试样断裂在中间部分为有效试验。试验机指示的最大值,就是试样的拉伸断裂负荷。材料的抗拉强度极限按(7-12)式计算,即

$$X = p/S \qquad (7-12)$$

式中,X 为抗拉强度极限(kg/cm^2);p 为试样断裂时的最大负荷(kg);S 为试样的横截面积(cm^2)。

9. 内抗剪强度

内抗剪强度适用于汽车用鼓式制动器衬片和盘式制动器衬垫。

1) 试验设备

内抗剪强度通过内抗剪强度试验机(图 7.18)测定。

内抗剪强度试验机的工作原理:具有剪切力记录装置的拉力或压力试验机,按既定的工况加载,平均加载速率为(4500±500)N/s。当剪切力高于 5000N 时,应调整加载机构,使瞬时的加载速率为(4500±2250)N/s。若用液压式拉(压)力试验机,上述试验规定范围可按无负载时试验机活塞的运行速率予以调整,运行速率(mm/s)取决于试验机类型。

剪切夹具：它具有上、下拉头，两拉头间的间隙不得大于 0.1mm，相对滑动时的摩擦力及拉头与导轨间的摩擦力应尽可能地小。两拉头均开槽，以容纳试样，试样与嵌槽应配合良好，以免受力时倾斜。

剪切力通过夹具和试样两者的中线，并与导轨平行。导轨在 100mm 长度内的偏差不能超过 0.1mm。

2) 试验步骤

(1) 试样应从库存成品中或随机抽取样品制成试样，试样总数至少五个，应尽量取自同一片样品，若样品较少，则应从尽量少的样品上制取。取样部位距样品边缘至少 5mm，鼓式制动器衬片的取样部位，应在剪切应力最大处。

(2) 试样规格：长(20±0.1)mm、宽(20±0.1)mm、厚(5±0.1)mm 或(10±0.1)mm，试样表面应用 0 号砂纸磨平，并应清洁、无裂纹。

(3) 按编号顺序。将试样逐个置于夹具中，试样的受剪方向应平行于样品的正常制动方向。

(4) 启动试验机，在试样开始受力瞬间立即计时，加力至试样破裂，停机。

记录剪切时间，并将夹具的拉头恢复至试验开始时位置，取下破裂的试样。检查并记录试样的断面有无气泡、杂质等内部缺陷。

(5) 计算(精确至小数点后一位)。

内抗剪强度计算公式为

$$I = F/A \tag{7-13}$$

式中，F 为剪切力(N)；A 为剪切面积(mm^2)。

10. 密度

摩擦材料的密度即单位体积的质量(g/cm^3)。密度对于摩擦材料来说，基本上可以表明材料组成之间相互比例是否合理，摩擦材料的密度一般在 1.6~2.5g/cm^3，其中石棉摩擦材料密度为 1.8~2.1g/cm^3，钢纤维摩擦材料密度为 2.0~2.5g/cm^3。

密度一般采用液体静力称重法测定。

由摩擦材料成品中截取长 15mm、宽与厚各 10mm 的长方体试样三个，然后将其浸于蒸馏水中，称其在水中质量，称量要迅速，因时间长会影响密度的精确度。

试样在空气中的质量与在水中所损失质量之比，即为该样品的密度。

$$D = G/(G-G_1) \tag{7-14}$$

式中，D 为密度(g/cm^3)；G 为试样在空气中质量(g)；$V_{排}$ 为排出水的体积(cm^3)，$V_{排} = (G_1-G_2)/\rho$；G_1 为试样在水中质量(g)；G_2 为试样不在水中的质量(g)；ρ 为蒸馏水的密度(g/cm^3)。

11. 吸水(油)率

吸水(油)率，可以反映出摩擦材料结构的致密程度。

测定方法：制取 5cm×5cm 试样后，称其质量及准确测量其几何尺寸，然后放入蒸馏水或者 10 号机油中，应注意试样在容器中不可接触容器的内壁或贴于容器壁上，试样表面不得有气泡。经浸渍 4h 之后取出，用纸擦干，并立即称重，要求在 2min 之内结束。

吸水(油)率按下式计算，即

$$B=(W_2-W_1)/W_1\times100\% \tag{7-15}$$

式中，B 为吸水(油)率；W_1 为浸水(油)前质量(g)；W_2 为浸水(油)后质量(g)。

以两个试样的试验结果的算术平均值进行计算。

12. **收缩率**

摩擦材料同其他物质一样具有热胀冷缩的特性，尤其是经过热压后出模时温度较高，因冷却后制品尺寸就会变小，即发生收缩。这种收缩变化以收缩率表示。

在生产中根据收缩率大小，可以估计热压后因冷却而导致产生裂纹、弯曲变形等缺陷的可能性，从而可有效地控制生产工艺，尽可能地避免这些缺陷的出现，并可为正确的设计模具尺寸提供准确数据。

收缩率的测定方法：

称取一定数量的受压料，在模具中于热压机上热压，加压保持一定时间，然后取出，冷却后精确测量尺寸，收缩率的百分率按下式计算，即

$$A=(d-d_1)/d\times100\% \tag{7-16}$$

式中，A 为收缩率(%)；d 为模腔尺寸(cm)；d_1 为压制片冷却后的尺寸(cm)。

13. **汽车制动器衬片显气孔率**

试验方法 QC/T 583—1999。本标准按我国汽车行业 QC/T 583—1999 标准进行。

测定原理：由液体浸渍前后试样质量之差和液体密度的比值，计算开口气孔体积，再由开口气孔体积和总体积的百分比值计算显气孔率。

试验步骤：

(1) 试样：试样数不少于三个，取样部位距样品边缘至少 5mm，试样尺寸为 25mm×25mm×5mm(若试样厚度小于 5mm，则以此样品厚度为基础)。

(2) 称取每个试样质量并记录。

(3) 将试样悬浸入盛 50 号齿轮油的烧杯中，试样与试样、试样与杯壁不得相互接触，在缓慢搅拌下将油加热到(90±5)℃，保持 8h。

(4) 将试样移入另一处于室温的油液中，静置浸渍 12h。

(5) 将试样取出，擦去表面油滴，称取其质量。

(6) 将室温油倒入量筒中，用液体密度天平或用密度瓶测定油的密度。

(7) 显气率 P 的计算，公式为

$$P=(m_2-m_1)/\rho V\times100\% \tag{7-17}$$

式中，m_1 为试样质量(g)；m_2 为浸油后的试样质量(g)；ρ 为室温下油的密度(g/cm^3)；V 为试样总体积(cm^3)。

试验结果取全部试样的平均值。

14. **丙酮可溶物测定**

按 JC/T 528—2009 规定进行。

测定目的：掌握摩擦材料制品的固化程度。固化程度越充分，所含低分子有机物的量就越少，越有利于改善制品的高温稳定性能。

方法原理：由摩擦材料制品钻孔所得的碎屑，用丙酮加热抽提其可溶物，然后蒸去丙

酮,将抽提物干燥至恒重后,进行称量。

主要仪器:抽提器(萃取器)。

试验步骤:

(1) 制备试样:用一个 10mm 钻头,在速度不大于 500r/min 情况下,将摩擦材料制品钻孔后所得的碎屑作为试样,取两份碎屑试样进行试验。

应垂直于试样的工作面钻取试样,但不能在离试样边缘 6mm 以内钻取,钻屑中不能夹杂有底层材料和金属衬背材料,钻孔深度应控制为摩擦片实际深度的 60% 左右。

(2) 称取试样约 3g,精确至 1mg,放入预先称量好的敞口定性滤纸单层抽提套管内。

(3) 把滤纸折好或把套管放妥,不使碎屑试样从中流出,然后放入抽提器的虹吸管内,把冷凝管、虹吸管和已盛有 50mL 丙酮的烧瓶装好。

(4) 控制加热使虹吸速度为 20~30 次/h,抽提时间约 5h。抽提结束后移去烧瓶,将烧瓶物料倒入准确称量到 1mg 的小烧瓶或小盘内,用约 20mL 丙酮洗涤空烧瓶,将洗液加入抽提物中。

(5) 在不超过 50℃ 情况下,小心蒸去丙酮,将含有残留物的容器放入烘箱中,控温在 (50 ± 2)℃,半小时后从烘箱中取出容器,放在干燥器内冷却至室温,称重。

重复加热冷却及称重,直至恒重,即直至两次连续称重,误差不超过 3mg 为止。

(6) 结果计算。试样中丙酮可溶物含量 $X(\%)$,按下式计算,即

$$X = 100 \times (W_C - W_B)/W_A \tag{7-18}$$

式中,W_A 为试样质量(mg);W_B 为空盘或空瓶的质量(mg);W_C 为盘或瓶及干燥抽提物的质量(mg)。

取两份试样所得的算术平均值作为被试验摩擦材料制品中的丙酮可溶物的含量。

(7) 试验报告:试验报告应包括抽提时间和两份试样所得的算术平均值。

小　结

摩擦材料制品最重要的性能指标——摩擦因数和磨损率,不可能用肉眼观察判断优劣,也不可能用简单的量具测量,而必须采用特殊的测试手段检验与相应的设备。

摩擦性能检测设备及试验方法分为:

(1) 小样摩擦检测:这种检测是对从摩擦片成品(制动片或离合器面片)按规定要求取下的样品(试样)进行摩擦因数和磨损性能试验,我国目前执行 GB 5763—2008 和 GB/T 5764—1998 标准的定速式摩擦试验机,北美执行 SAEJ661 试验规范的蔡斯(Chase)摩擦试验机,还有 FAST 试验机、MM-1000 试验机等;小样摩擦试验机的优点是试验简单方便而快速,但试验条件在模拟性方面与摩擦片工作时的实际工况条件有一定差距,它主要用于工厂的生产质量控制和配方研究、新产品开发的前期研究阶段。

(2) 实样摩擦检测:实样摩擦检测是采用原尺寸制动片、原配制动钳和制动盘为试验对象,对鼓式制动器是采用原尺寸制动蹄片和原配动鼓为试验对象。实样试验机

具有优良的模拟性和数据重现性,目前国内外使用较普遍的是克劳斯(Krauss)摩擦试验机,可执行的代表性标准有 QC/T 564、QC/T 582、JASO C406、QC/T 479、QC/T 239、JASO C407、QC/T 237、JASO C436、SAE J212、SAE J2521、SAE J2522、ISO 11157、AK - Master、P - VW 3211、P - VW 3212、VW - TL 110、BUICK 标准等。

(3) 惯性台架检测:惯性台架试验机又称 1:1 惯性试验台(dynamometer),是制动器制动性能试验中最具权威的测试。其基本原理是利用飞轮动能等量模拟车辆动能对制动器进行加载,它能较好地模拟车辆制动器的实际工况,因而,用惯性台架试验机对摩擦片的性能测试结果最为汽车制造厂、制动器厂和制动系统生产科研单位认可。惯性台架试验机包括汽车惯性制动试验台、汽车离合器与摩擦片综合试验台、火车合成制动瓦惯性试验台等。可执行的代表性标准有 VW - PV 3211、VW - PV 3212、VW - TLI 10 - 2.1/2.2、SAEJ 212、ISO 11157、JB 3980、JB 4200 等标准。

摩擦材料制品的理化性能反映了摩擦材料的结构特性,对控制摩擦材料的质量非常重要。摩擦材料制品的理化性能主要有:硬度、压缩强度、剪切强度、冲击强度、密度、热膨胀性、吸水(油)率等,这些理化性能有相应的设备或仪器测试且均须控制在一定范围。

● 经典研究主题
♯ 性能检测的合理性、科学性研究
♯ 摩擦性能新检测设备的研发

阅读材料7-4

摩擦制动条件对列车制动片材料摩擦性能的影响

1. 实验

铜基陶瓷强化摩擦材料的成分由金属基体、陶瓷粒子和润滑粒子组成,金属基体的成分主要为铜、锡、铁、铝以及其他微量合金元素。陶瓷粒子的主要成分为 SiO_2,润滑组分以石墨为主。材料经混合后在 400~500MPa 的压力下压制成形,在烧结炉中加压烧结,烧结压力为 2~3MPa,烧结温度为 850~900℃,保温时间 1h。制成的试样规格有如下两种:一种为 Φ17mm×15mm,用于定速摩擦实验;另一种为 Φ40mm×20mm,制成标准制动片,用于 1:1 惯性摩擦实验。

定速摩擦磨损实验在 GF 150D 型定速摩擦机上进行,摩擦单位压力为 0.45~0.90MPa。摩擦对偶盘材料为 4Cr5MoV1Si,摩擦半径为 150mm,模拟列车速度范围为 30~300km/h。湿摩擦条件下的滴水速度为 0.68mL/s。惯性摩擦实验在 1:1 制动动力实验台上进行,模拟列车最高速度达 200km/h。定速摩擦机测定的是某恒定速度下的摩擦因数,形成相应的表面摩擦组织,当进行下一个速度条件的测试时,前次摩擦形成的表面组织状态,往往影响随后摩擦速度的摩擦因数。同时,如果两次实验间的实验间隔非常短,摩擦副没有充分冷却,温度条件对摩擦性能仍有影响。因此,为研究这方面的影响,进行的摩擦过程以如下四种方式进行:

(1) 实验顺序为从低速开始向高速进行，每次摩擦的起始温度为室温。

(2) 实验顺序为从高速开始向低速进行，每次摩擦的起始温度为室温。

(3) 实验顺序从低速开始向高速进行，每一转速完成后，停留1~2s直接进行下一转速的摩擦。

(4) 实验顺序从高速开始向低速进行，每一转速完成后，停留1~2s直接进行下一转速的摩擦。对于摩擦顺序(1)和(2)，测量每个速度条件下的磨损量，对于摩擦顺序(3)和(4)，在各速度完成后测量各速度下的累计磨损量。每个速度条件下的摩擦时间为40~60s。

2. 结果与讨论

1) 摩擦顺序对摩擦磨损性能的影响

图7.23所示为在定速干摩擦实验条件下，随摩擦速度的改变，摩擦因数的变化情况。由图可知，当模拟速度处于200km/h左右时，摩擦因数处于较高值，当模拟速度处于50km/h左右时，摩擦因数出现最低值，这与许多摩擦材料的摩擦因数随摩擦速度降低而增加的情况略有不同。

摩擦中，磨损产生的磨屑覆盖在摩擦表面，这层磨屑随摩擦速度和摩擦顺序的不同，形成的组织状态有所不同，这层组织被称为第三体，第三体的形态以及与基体的结合状态是影响材料摩擦磨损性能的一个重要因素。

图7.24所示为在摩擦顺序为(2)的情况下，随摩擦速度的变化，摩擦表面第三体的变化情况。由图可知，在定速干摩擦条件下，材料经40~60s时间的高速摩擦，第三体在高速高温的作用下，被剪切挤压形成一致密层覆盖在基体上。这层第三体与基体的结合强度随摩擦速度的高低而有所不同。当第三体破碎脱离基体时，会在基体上形成剥落坑，剥落坑的底部由于凸凹不平反光性差而在显微镜下显示为黑色斑点。当摩擦速度较高时，摩擦表面第三体致密、连续性好、剥落坑少。随摩擦速度的降低，表面温度降低，第三体的流动性降低，对表面的覆盖性差，表现出摩擦表面粗糙程度增加，致密第三体的剥落面积增大。第三体的这种形态变化必然对摩擦因数产生影响。

在模拟速度为200km/h左右时[见图7.24(a)]，第三体的致密性好，相应的摩擦因数高，说明这种状态的第三体是形成较高摩擦因数的一个原因。随着摩擦速度的降低，致密第三体的结合性降低、剥落程度增加[见图7.24(b)、(c)]，摩擦因数降低(图7.23)。当模拟速度为50km/h时，摩擦因数出现最低值，产生这一结果的原因可能是由于摩擦速度的降低，致密连续的第三体逐渐剥离脱落(图7.24)，剥落处的基体往往是石墨组分的富集区(石墨与第三体的结合性差使这个区域的第三体容易剥落)。因此，这些区域的石墨被摩擦破碎后形成许多石墨微粒弥散到摩擦表面，石墨微粒的润滑作用可能是造成这一速度条件下摩擦因数较低的一个原因。当速度更低时，表面微凸体间的良好啮合作用有利于增加摩擦因数，这可能在一定程度上减小了石墨微粒对摩擦因数的降低作用。另外，处于高速摩擦条件下，石墨微粒容易被抛离摩擦面而降低了润滑作用。这说明石墨微粒对摩擦因数的影响与摩擦速度有关。

由图7.23可知，摩擦顺序不同对材料的摩擦因数有明显影响。当摩擦由高速开始向低速进行时(摩擦顺序(2)和(4))，摩擦因数出现较高值。同样都是由低速开始向高速进行的摩擦顺序，但摩擦顺序(1)的摩擦因数比摩擦顺序(3)的摩擦因数低很多。摩擦因数随摩擦顺序不同而发生变化可能与摩擦表面第三体形貌的变化有关。图7.25所示为

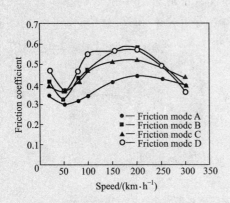

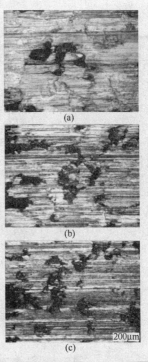

图 7.23 摩擦压力 0.5MPa 时摩擦顺序对摩擦因数的影响

图 7.24 不同速度摩擦顺序为(2)时摩擦表面致密第三体的形貌

模拟速度为 300km/h 的摩擦表面形貌,尽管都是由低速向高速摩擦,但由于摩擦过程不同,摩擦表面第三体表现出的形貌也不同。在摩擦顺序(1)的条件下,在进行每个速度的摩擦测试时,试样和制动盘均是在室温条件下开始进行,摩擦副温度较低。

图 7.25 速度 300km/h 时摩擦顺序对表面第三体形貌的影响

相对而言,摩擦顺序(3)是在每个速度摩擦后仅停留 1~2s,摩擦副的温度尚来不及冷却而直接进行下一个速度的摩擦。因此,两种摩擦条件的不同实际上就是摩擦温度的不同,也就是说,摩擦顺序(1)的摩擦温度较低,摩擦顺序(3)的摩擦温度较高。当摩擦温度较高时,第三体与基体的黏着性好,表面第三体致密连续,不容易剥落,形成的剥落坑数量少[图 7.25(b)];当摩擦温度较低时,表面第三体的致密性差,容易与基体分离,形成的剥落坑的数量较多[图 7.25(a)]。剥落坑数量的不同,造成摩擦副间真实接触面积不同,大量剥落坑的出现,减少了摩擦真实作用面积,这是造成摩擦顺序(1)摩擦因数较低的一个原因(图 7.23)。

材料的摩擦过程决定摩擦表面状态，表面状态又将影响摩擦磨损性能。图7.24所示为摩擦顺序(1)和摩擦顺序(2)与表面第三体的关系。摩擦时，起始摩擦表面状态由前次摩擦条件决定。在摩擦顺序(1)条件下，当进行模拟速度为200km/h的摩擦时，前次的模拟摩擦速度低(150km/h)，这时表面第三体致密程度低且连续性差。这样，当进行模拟速度为200km/h的摩擦时，摩擦面处于这样一个初始状态下，因此，表面第三体的剥落坑相对较多［图7.26(a)］，导致摩擦因数较低(见图7.21)。在摩擦顺序(2)条件下，前次摩擦条件是模拟摩擦速度高(250km/h)，表面温度高，形成的第三体致密程度高、氧化物含量大，在这种表面状态下进行模拟速度为200km/h的摩擦时，表面第三体的剥落坑较少［图7.26(b)］，导致摩擦因数高于前者(图7.23)。

图7.26　速度200km/h时摩擦顺序对表面第三体形貌的影响

图7.27所示为摩擦压力0.5MPa时摩擦顺序对磨损量的影响。由图可知，摩擦顺序对磨损量的影响显著。摩擦顺序(1)的磨损量大于摩擦顺序(2)的磨损量。摩擦顺序(2)总是建立在表面第三体较致密的基础上进行摩擦，由于致密第三体的保护作用，因此，使磨损量处于较低情况。相反，当摩擦速度由低速向高速进行时，低速条件下形成的第三体与基体的结合强度有限，容易在更高的摩擦速度条件下碎裂和破坏，结果造成磨损量增加。

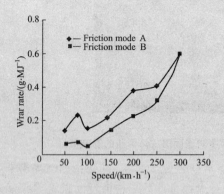
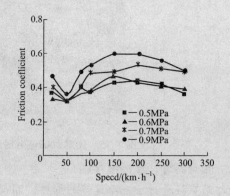

图7.27　摩擦压力0.5MPa时摩擦顺序与磨损量的关系　　　图7.28　摩擦顺序(2)时摩擦压力与摩擦因数的关系

由上述分析可以看出，当摩擦条件有利于形成致密而连续的第三体，即表面第三体的剥落坑数量和面积小时，材料的摩擦因数较高，磨损量较低。

2) 摩擦压力对摩擦磨损性能的影响

通常来讲，摩擦压力增加，会使材料表面应力、摩擦力、摩擦功率都增加，进而使摩擦表面温度升高，这容易造成基体材料由于高温软化而使强度降低，结果表现出摩擦因数降低。当摩擦速度提高时，高摩擦速度产生的高温同样会造成摩擦因数降低。图7.28所示为摩擦顺序(2)时摩擦压力对摩擦因数的影响。由此可见，所研制的材料随压力提高，摩擦因数增加，摩擦因数随摩擦速度的增加变化不大。这表明所研制材料的基体组分的合金化程度好，具有良好的抗高温软化能力。同时，由于高温时第三体中的金属氧化程度大，硬质的氧化物含量增加同样容易提高摩擦因数，这两方面的因素均是造成摩擦因数没有降低的原因。

图7.29所示为摩擦顺序(2)时摩擦压力与磨损量的关系。由图可知，在摩擦压力为0.9MPa时，磨损量明显增加。在其他的摩擦压力下，磨损量变化不明显。随摩擦速度的提高，磨损量增加。在高速摩擦条件下，高的表面温度是产生高磨损量的一个重要原因，同时高温形成的黏着性好的第三体容易粘附到对偶盘上也是磨损量增加的因素。在进行模拟速度为50~100km/h的摩擦时，磨损量较低。这可归因于在此摩擦条件下石墨微粒的润滑作用降低了摩擦因数。

3) 水分对摩擦磨损性能的影响

评价摩擦材料性能的一个重要指标是摩擦因数在淋水条件下的变化情况。图7.30所示为干摩擦和湿摩擦两种条件下摩擦因数的变化情况。由图可见，在模拟速度为50~300km/h时，湿摩擦条件下的摩擦因数大都低于干摩擦条件的摩擦因数。湿摩擦条件下的摩擦因数几乎不随模拟速度的增加而变化，具有良好的稳定性。在模拟速度为300km/h时，两者摩擦因数相近，原因在于高速摩擦的表面温度很高，水分蒸发快，所以摩擦因数相近。比较而言，干摩擦条件下的摩擦因数随速度的增加而波动程度较大，在模拟速度高于200km/h时，摩擦因数略有降低，原因在于随着摩擦速度的进一步提高，基体材料的高温强度降低以及第三体的高温流动性有利于降低摩擦因数。当模拟速度为150~200km/h时，摩擦因数表现出最大值，原因在于前次高速摩擦形成的氧化物含量高的第三体的作用以及温度降低导致基体强度的增加，均有利于提高摩擦因数。随着摩擦速度的进一步降低，致密连续第三体破裂剥落，使摩擦因数降低。在湿摩擦时，由于水分对表面的冷却作用，使表面温度随摩擦速度的变化不明显，同时，水膜的润滑作用并不随速度的变化而明显不同，这些因素使摩擦因数表现出良好的稳定性。

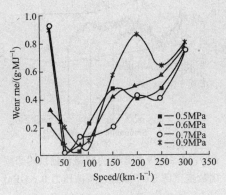

图7.29 摩擦顺序(2)时摩擦
压力与磨损量的关系

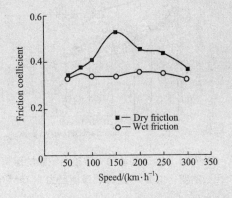

图7.30 摩擦顺序(4)、摩擦压力0.7MPa时
摩擦条件对摩擦因数的影响

图 7.31 所示为模拟速度为 20km/h 条件下干摩擦和湿摩擦时表面第三体形貌。由图可知,在低速干摩擦条件下,第三体层完全破裂并颗粒化[图 7.31(b)]。在这种状态下,当表面有水膜存在时,部分第三体微细粒子溶到水膜中,水膜在离心力的作用下,不断地脱离摩擦面。这样,相当一部分第三体微粒被水带离摩擦表面,产生了清洗表面的作用,使摩擦基体缺少第三体的覆盖[图 7.31(a)]。

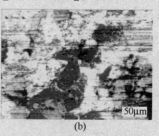

图 7.31 摩擦顺序(2),速度 20km/h,摩擦压力 0.6MPa 时摩擦条件下表面第三体形貌

4) 惯性制动实验对材料摩擦磨损性能的影响

利用所研制的材料制造出高速列车用制动片,在 1∶1 制动动力实验台进行最高时速 200km/h 的制动实验,实验结果如图 7.32、图 7.33 所示。由图可知,在干摩擦条件下,当摩擦压力为 0.75MPa 时,随速度的降低,摩擦因数略有增加。在制动过程中,摩擦因数均处于国际铁路联盟(UIC)标准控制范围内。当摩擦压力为 0.5MPa、模拟速度为 40km/h 左右时,摩擦因数出现最低值,摩擦因数的这种变化趋势与定速摩擦制动实验曲线具有良好的相似性。这一结果表明,利用定速摩擦实验机在一定条件下可以模拟惯性条件下材料的摩擦性能。但值得注意的是,定速摩擦实验机测试的摩擦因数普遍高于 1∶1 制动动力实验台的实验结果,同时,定速摩擦实验机测试的摩擦因数的波动程度较大。产生这些差别的一个重要原因可能仍是温度对摩擦因数的影响。这可以从摩擦顺序的角度分析这种差别。

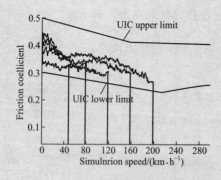
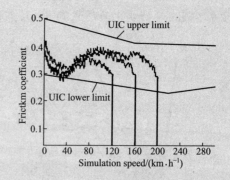

图 7.32 1∶1 制动动力实验台记录的摩擦因数的变化情况(干摩擦,摩擦压力 0.75MPa)

图 7.33 1∶1 制动动力实验台记录的摩擦因数变化情况(干摩擦,摩擦压力 0.5MPa)

在 1∶1 制动实验条件下,摩擦速度的降低是一个连续过程。当摩擦压力高时,意味着制动功率大,高速条件下产生的制动热大都被制动盘吸收,随着摩擦速度的降低,制

动盘吸收的热量仍在起作用，摩擦温度并没有随摩擦速度的快速降低而降低。这种高温条件下速度的连续变化有利于第三体形成，因此，稳定的第三体组织降低了摩擦因数的波动。同时，在高温低速摩擦条件下，有利于增加摩擦面上微凸体间的啮合程度，在低摩擦速度时起到增加摩擦因数的作用（见图7.30）。当摩擦压力低时，制动盘的温度较低，第三体的变化与定速摩擦实验条件下产生的第三体有相似性。在定速摩擦实验条件下观察到的第三体剥落现象可能在惯性实验条件下同样存在。其结果是，摩擦因数的变化与定速摩擦试验机测试的结果表现出相同的趋势。

➡ 资料来源：符蓉，宋宝韫，高飞，运新兵. 摩擦制动条件对列车制动片材料摩擦性能的影响［J］。中国有色金属学报，2008（7）

一、思考题
1. 摩擦材料制品是否可以不进行小样检测？为什么？
2. 有人认为"只要制品的摩擦性能达到要求，其理化性能也就不重要了"，你认为如何？

二、案例分析
根据以下案例所提供的资料，试分析：
（1）克劳斯摩擦试验机与制动器惯性台架试验机有何不同？
（2）根据所学知识和资料中的讨论，可以得出什么结论？

机动车摩擦材料克劳斯摩擦试验机与惯性式制动台架试验机的比较

摩擦材料摩擦试验机与制动器的惯性台架试验机（以下简称台试机）结果的可比性研讨，一直是制动学科和摩擦材料测试学科的重要课题，各国学者都投入了精力和财力，如美国进行的对Chase试验机与台试机的可比性研究。摩擦试验机与台试机在用途上各有侧重或分工，后者主要用作鉴定和认可论证，它能较好地模拟汽车制动时的条件，但试验时间长，费用大。大量的摩擦材料产品的质量控制和新产品开发所需的测试，则主要由摩擦试验机完成。提高两机间可比性的关键是提高摩擦试验机的模拟性，合理选用试件，完善测试程序，试验条件合理化和制订科学的评定方法。

本文对德国克劳斯摩擦试验机（以下简称克劳斯机）与台试机及其试验结果进行了对比分析。

1. 克劳斯机与台试机测试结果的比较

1）对比测试结果的必要条件

台试机和摩擦试验机测试就其测试项目、程序和评定内容及其物理量名称，因所执行的标准不同而存在差异，难以由测试数据直接寻得对比结果。因此，必须在以下必要条件下进行：

（1）在对应或相似的试验项目、内容和条件下比较。

（2）在相似或等同的试验条件，诸如同一制动管路压力、滑磨线速度（或制动初速）、同样的温度范围内比较。

表7-13是三种测试体系台试机与摩擦试验机的试验项目和评定内容之比较。

表 7-13　三种测试体系的台试机与摩擦试验机试验项目和评定内容之比较

国别 机型标准 制动器形式	德国		美国		中国	
	台试机	摩擦机	台试机	摩擦机	台试机	摩擦机
	VWTL-110	PV_{3212}^{3212}	SAEJ212	SAEJ661	JB2805	GB5763
盘式	$\mu=f(P_a, V)$ $\mu=f(t)$	$\mu=f(t)$	$j=f(P_a, V)$ $j=f(t)$	$\mu=f(t)$	$M=f(P_a, V)$ $M=f(t)$	$\mu=f(t)$
鼓式	$j(M)=f(P_a, V)$ $j(M)=f(t)$	$M(c)=f(t)$	$j=f(P_a, V)$ $j=f(t)$	$M=f(t)$	$M=f(P_a, V)$ $\mu=f(t)$	$\mu=f(t)$

注：P_a——制动管路压力，V——制动速度，M——制动力矩，j——制动减速度，t——制动温度。

由比较可见，各国台试机项目是一致的，摩擦试验机的温度特性项目也一致，但评定内容则有区别。中、美测试体系中，台试机与摩擦试验机分别用制动力矩 M（或 j）与摩擦因数 μ 评定。若对比结果，需换算。以小试样的 μ 值估算制动力矩 M 较为复杂，尤其是鼓式制动器试评，产与 M 之间的运算关系较复杂，难以由 μ 值去推断整个制动器制动力矩是否符合要求。而德国的测试体系中，对盘式制动试件，台试机和摩擦机测试均用 μ 评定，有利于对比；对鼓式制动试验，台试机用 j（及 M）评定，摩擦试验机用 M（及 C）评定，通过制动力矩 M 值可直接比较，而且制动力矩 M 与减速度 j 间关系不需进行缩比计算。

2）盘式制动器试件试验结果之比较

(1) 以测得平均摩擦因数值比较。某盘式制动衬块，用克劳斯机测得平均摩擦因数 μ_P 为 0.400，台试机对应制动管压、温度条件下取得其平均摩擦因数（三次台试机平均）值为 0.406，两值基本一致。

(2) 以测得工作摩擦因数值比较。某盘式制动衬块，克劳斯机测得之 μ_m（五次试验平均）为 0.354，台试机测定之 μ_mT：（三次台试机平均）为 0.415，两者间数值关系式为

$$\mu_\text{m}\eta=\mu_\text{mT}$$

此处，对该制动衬块在特定条件下，$\eta=1.17$。

(3) 克劳斯机本机测定工作摩擦因数 μ_m 值（1s 抽样读数平均）与摩擦因数平均值 μ（由平均制动力矩 M_cP 整理出）之间的比较。对某盘式制动衬块，μ_m 与 μ 差值百分比 Δ 为

$$\Delta=(0.400-0.352)/0.352\times100\%=13.64\%$$

综合上述试验结果的对比可知，通过克劳斯机测试就可达到对摩擦性能进行评定的目的，而不需频繁作台试机测试。

(4) 克劳斯机在按 PV3212 标准试验摩擦性能的同时，还能测取试验期间制动衬块磨损量，并换算成平均磨耗率。与台试机上按 TL110 标准进行的专项磨损试验测得的磨耗率，在数值上有一定程度的可比性。

3）鼓式制动器试件试验结果之比较

对鼓式制动器试件，在台试机和克劳斯机试验结果中均有制动力矩测定值。其对应关系为，克劳斯机上两次冷制动与台试机制动效能中压力特性的一部分相当，可根据试验管路压力，在台试机压力特性中，用"插入法"求得台试机制动力矩值 M_T；克劳斯机上两次热（衰退）制动与台试机第一次热衰退、第二次热衰退一部分相当，可根据制动压力并用"插入法"取得制动温度一致时的测试数据，并取其平均制动力矩与克劳斯机制动力矩加以对比（表 7-14）。对比表明，克劳斯机测得之平均制动力矩值接近或略低于台试机测定值。

表 7-14 两机测试结果对比   N·m

试验项目	冷制动	第一效能	热制动	热衰退	冷制动	第一效能	热制动	热衰退
克劳斯机	73.5 (10次平均)	—	74.5	—	74.0 (10次平均)	—	69.0	—
台试	—	84.0 (3次平均)	—	74.5 (10次平均)	—	81.0 (3次平均)	—	73.0

注：试件模式制动，克劳斯机测试试样2组，取平均，制动材片为同一型号。

2. 讨论

(1) 关于盘式制动衬块的制动性能随试验比压和试验速度是否呈线性变化问题。在当今克劳斯所用大众公司标准中，试验压力、速度对应于台试机制动效能试验中的一个测试点；热衰退试验温度相当于台试机热衰退试验达到的温度。鼓式制动亦然，其冷制动试验对应台试机效能试验中的一个测试点，并以该测试点判断其余各点，理论上是基于认为盘式制动器的制动力矩随压力、速度的变化呈线性变化。大量的台试机试验结果表明，制动衬片产品质量参差不齐，少数产品在台试机试验条件范围内，制动力矩随压力、速度变化呈非线性关系。用克劳斯机进行试验标准规定的试验(点)可能正好满足评定要求，而其他检测点(指台试机上)达不到评定要求，发生误判。尽管误判几率极小，但对于劣质摩擦材料误判可能是存在的。

(2) 关于工作摩擦因数 μ_m 的讨论。工作摩擦因数 μ_m 来源于制动1s时制动力矩抽样值，抽样是一个瞬时值，显然不等于制动过程中的平均制动力矩值，对应之摩擦因数值亦然，而且 $\mu_m < \mu$。在热衰退试验过程中温度升至较高的各次制动中，1s制动力矩抽样值大于该次制动过程制动力矩的平均值(即平均制动力矩)。故此，工作摩擦因数的含义，首先是该摩擦材料的摩擦性能特征的一种表示。当该摩擦材料配在其他型号制动器进行不同试验条件的试验时，μ_m 值将是另一个数值。所以 μ_m 值不能脱离制动器的型号、试验标准而成立，它只是作为质量检控评定之用，而不应作为制动衬片摩擦因数等级评定的依据。其次 μ_m 也不是设计指标，若取克劳斯机测得平均制动力矩，求其摩擦因数作为摩擦因数分级参考，是有实用意义的。

(3) 试验速度对试验结果的影响克劳斯机及其配用现行试验标准规定，试验均在恒速拖磨条件下进行。与台试机制动效能试验的区别是，后者是减速制动。两种滑磨方式可能会给试验结果带来区别。测试初步表明(参见表7-14)，克劳斯机恒速拖磨条件下，其平均摩擦因数值略小于台试机对应的减速滑磨时测试值。两者测试结果间关系有待今后进一步明确。

➡ 资料来源：张德林. 机动车摩擦材料克劳斯摩擦试验机与惯性式制动台架试验机的比较 [J]. 汽车技术，1994(5)

附录 A
摩擦材料制品性能要求及试验规范

我国有关摩擦材料的标准或试验规范分为几类：①国家标准，代号 GB；②汽车行业标准，代号 QC；③建材行业标准，代号 JC；④原机械工业部标准，代号 JB；⑤公司（企业）标准。下面对我国摩擦材料行业常用的摩材制品性能要求及试验方法标准进行扼要介绍。其他有些标准，例如，火车合成制动瓦类制品及石油钻机制动瓦类制品的有关标准，在相关章节中已有介绍，美国汽车制动器衬片 SAEJ661 试验规范在"蔡斯摩擦试验机"章节中已有详细介绍，故在此处不再叙述。

1. 汽车用制动器衬片 GB 5763—2008（代替 GB 5763—1998）

本标准适用于汽车制动器衬片（以下简称衬片）。

（1）衬片按用途分为四类，见表 A-1。

表 A-1 衬片的分类

类别	用 途	类别	用 途
1 类	驻车制动器用	3 类	中、重型车鼓式制动器用
2 类	微、轻型鼓式制动器用	4 类	盘式制动器用

（2）摩擦性能要求。试验设备采用定速式摩擦试验机。

衬片摩擦因数、允许偏差和磨损率应符合表 A-2～表 A-5 中规定。

表 A-2 1 类衬片摩擦性能

项 目	试 验 温 度		
	100℃	150℃	200℃
摩擦因数	0.30～0.70	0.25～0.70	0.20～0.70
允许偏差	±0.10	±0.12	±0.12
磨损率/$[10^{-7} cm^3/(N \cdot m)]$	≤1.00	≤2.00	≤3.00

表 A-3　2类衬片摩擦性能

项　　目	试　验　温　度			
	100℃	150℃	200℃	250℃
摩擦因数	0.25～0.65	0.25～0.70	0.20～0.70	0.15～0.70
允许偏差	±0.08	±0.10	±0.12	±0.12
磨损率/[$10^{-7} cm^3/(N \cdot m)$]	≤0.50	≤0.70	≤1.00	≤2.00

表 A-4　3类衬片摩擦性能

项　　目	试　验　温　度				
	100℃	150℃	200℃	250℃	300℃
摩擦因数	0.25～0.65	0.25～0.70	0.25～0.70	0.20～0.70	0.15～0.70
允许偏差	±0.08	±0.10	±0.12	±0.12	±0.14
磨损率/[$10^{-7} cm^3/(N \cdot m)$]	≤0.50	≤0.70	≤1.00	≤1.50	≤3.00

表 A-5　4类衬片摩擦性能

项　　目	试　验　温　度					
	100℃	150℃	200℃	250℃	300℃	350℃
摩擦因数	0.25～0.65	0.25～0.70	0.25～0.70	0.25～0.70	0.25～0.70	0.20～0.70
允许偏差	±0.08	±0.10	±0.12	±0.12	±0.14	±0.14
磨损率/[$10^{-7} cm^3/(N \cdot m)$]	—	≤0.70	≤1.00	≤1.50	≤2.50	≤3.50

2. 汽车用离合器面片 GB/T 5764—1998（代替 GB/T 5764—1986）

本标准适用于干式离合器面片（以下简称面片）。

1. 摩擦性能试验设备采用定速式摩擦试验机。

面片摩擦因数、允许偏差和磨损率应符合表 A-6 规定。

表 A-6　面片摩擦性能

项　　目	试　验　温　度		
	100℃	150℃	200℃
摩擦因数	0.25～0.60	0.20～0.60	0.15～0.60
允许偏差	±0.08	±0.10	±0.12
磨损率/[$10^{-7} cm^3/(N \cdot m)$]	≤0.50	≤0.75	≤1.00

2. 弯曲性能。面片的弯曲强度及最大应变应符合表 A-7 规定。

表 A-7　面片弯曲强度

项　　目	指　　标	项　　目	指　　标
弯曲强度/($N \cdot mm^{-2}$)	≥25.0	最大应变/(10^{-3} mm/mm)	≥6.0

3. 汽车制动器衬片摩擦性能评价中的小样台架试验方法 GB/T 17469—1998

本标准规定了制动器衬片材料的指定尺寸小样在台架试验机上所用的试验设备和试验

程序，以及对试验结果的评价方法。

本标准适用于汽车鼓式制动器和盘式制动器的衬片材料。

本标准等同采用国际标准 ISO 7881—1987 "道路车辆——制动器衬片——摩擦性能的评价——小样台架试验方法"。

试验设备采用蔡斯摩擦试验机。

该标准的试验规范主要内容如下：

1) 试样

测试样品的尺寸为 25.4mm×25.4mm，取五个试样，制动鼓转速为 420r/min。

2) 试验工况

试验工况分两种：

(1) 热 A 级 (thermal class A)：工况相当于在压力为 1050kPa($10kg/cm^2$)、温度 350℃以下进行的衰退试验。

(2) 热 B 级 (thermal class B)：工况相当于在压力为 3000kPa($30kg/cm^2$)、温度 400℃进行的衰退试验。

3) 测试内容

(1) 冷摩擦因数 (cold friction)：在衰退试验中于 100、150、200℃时测得的摩擦因数平均值。

(2) 热摩擦因数 (hot friction)：

① 在热 A 级工况下，衰退试验中在 300、350℃和恢复试验中 300℃时测得的摩擦因数平均值。

② 在热 B 级工况下，衰退试验中在 350、400℃和恢复试验中 350℃时测得的摩擦因数平均值。

4) 试验程序

根据试验目的或衬片分类，按上述的 A 工况 (热 A 级) 或 B 工况 (热 B 级) 进行试验，见表 A-8。

表 A-8 试 验 程 序

项目	温度变化方式	温度/℃	
		开始	结束
磨合	—	200	
基线	—	100±10	
调整	按规定升温曲线升温	100	300
恢复	按规定降温曲线降温	250	100
衰退	按规定升温曲线升温	100	A350 / B400
恢复	按规定降温曲线降温	A350 / B400	A200 / B200

5) 试验结果及评价

(1) 根据记录在曲线图上的有关数据计算每个试样在冷摩擦和热摩擦温度范围内的摩

擦因数平均值 μ_a 和 μ_b。

（2）由上面所得平均值再计算五个试样的冷摩擦因数和热摩擦因数的平均值 μ_a 和 μ_b。

（3）试验区分为两类：热 A 级摩擦材料和热 B 级摩擦材料。

4．货车、客车制动器性能要求 QC/T 239—1997

货车、客车制动器台架试验方法执行 QC/T 479—1999。

货车、客车制动器性能要求执行我国汽车行业 QC/T 239—1997 标准（代替原机械工业部的 JB 3935—85 标准）。

在本标准中，对货车、客车制动器性能进行试验时所采用的试验方法按我国汽车行业标准"货车、客车制动器台架试验方法"QC/T 479—1999（代替原 GBT 12780—91 国家标准）进行。

本标准适用于总质量为 1800～30000kg 的货车、客车的制动器总成，并对其规定了统一的性能指标。

试验设备采用汽车制动器惯性试验台。

本标准主要性能要求如下：

1）第一次磨合试验

接触面积达到 80% 时所需的磨合次数见表 A-9。

表 A-9 磨合次数

车 型	次数	车 型	次数
总质量≥1800kg 的 N_1 类	200	总质量＞6000kg 的 N_2、N_3 及 M_3 类	500
总质量≤6000kg 的 N_2 及 M_2 类	200	—	—

2）第一次效能试验

（1）制动初速度为 30km/h，制动管路压力为额定值时，制动器输出的制动力矩应满足

$$M_C \leqslant M_B \leqslant 1.3 M_C$$

式中，M_B 为制动力矩（N·m）；M_C 为制动力矩额定值（N·m）。

（2）制动器输出制动力矩的速度稳定性应满足

$$|V_{st(50-30)}| \leqslant 10\%$$
$$|V_{st(70-30)}| \leqslant 20\%$$

3）第一次衰退恢复试验

（1）第一次衰退率应满足表 A-10 的规定。

表 A-10 第一次衰退率

车 型	衰退率 $|F_{n1}|$ (%)	车 型	衰退率 $|F_{n1}|$ (%)
总质量≥1800kg 的 N_1 类	≤40	总质量＞6000kg 的 N_2、N_3 及 M_3 类	≤25
总质量≤6000kg 的 N_2 及 M_2 类	≤40		

（2）第一次恢复差率应满足：$|R_e| < 20\%$。

4）第二次效能试验

制动力矩及速度稳定性要求与第一次效能试验相同。

5) 第二次衰退试验

第二次衰退率应满足：$|F_{n2}|\leqslant 60\%$。

6) 第二次磨合试验

第二次磨合试验的次数为 50 次。

7) 第三次效能试验

对制动力矩及速度稳定性要求同第一次效能试验。

8) 制动噪声

制动噪声与各项试验同时测量，噪声应小于 90dB(A)。

9) 磨损量

按 QC/T 479—1999 标准中有关规定测量。

10) 其他

(1) 制动鼓或制动盘工作表面无刮伤。

(2) 制动底板或制动钳应无影响制动器性能的变形。

(3) 制动衬片应完整无脱层、无烧焦现象，允许有轻微裂纹。

(4) 制动轮缸应无渗漏现象。

本标准详细要求及试验方法的详细内容可查阅标准原件。

5. 轿车制动器性能 QC/T 582—1999

轿车制动器台架试验方法 QC/T 564—1999。

轿车制动器性能要求执行我国汽车行业 QC/T 582—1999 标准（代替原机械工业部 JB 4200—1986 标准）。

在本标准中对轿车制动器性能进行试验时，采用的试验方法需执行我国汽车行业标准《乘用车制动器性能要求及台架试验方法》QC/T 564—2008（代替原 QC/T 564—1999 标准）。

本标准适用于轿车制动器，要求前、后两个制动器一起做试验。

主要性能要求如下：

1) 第一次（磨合前）效能

制动初速度分别为 50、80、100km/h 时，以相应于最大制动踏板力（不大于 500N）的最大管路压力 p_{max} 制动时，制动减速应满足表 A-11 的规定。

表 A-11 第一次效能性能要求

项 目	制动初速度		
	50km/h	80km/h	100km/h
制动减速度/(m·s^{-2})	≥6.1	≥5.8	≥5.2
制动力矩稳定系数	≥0.75	≥0.65	≥0.55

制动力矩稳定系数为最小制动力矩值与最大制动力矩值之比。

2) 第二次（磨合后）效能

当制动初速度分别为 50、80、100、130km/h 时，在最大管路压力下制动，制动减速度和制动力矩稳定系数应满足表 A-12 的规定。

表 A-12 第二次效能性能要求

项目		制动初速度/(km·h^{-1})			
		50	80	100	130
制动减速度/(m·s^{-2})		≥7.8	≥7.3	≥6.8	≥6.1
制动力矩稳定系数	前轮	≥0.75	≥0.70	≥0.65	≥0.60
	后轮	≥0.75	≥0.65	≥0.55	≥0.45

在 50km/h 的制动初速度和 7.8m/s² 制动减速度的管路压力下进行制动时，制动初速度为 80km/h、100km/h、130km/h 的制动减速度应分别不小于 7.3m/s²、6.8m/s²、6.1m/s²。

3) 第一次热衰退和恢复

(1) 在制动初速度 100km/h 和制动减速度达 4.5m/s² 的管路压力下制动时，若制动周期 35s，则第四次制动力矩衰退率应不大于 40%（衰退率为第一次制动力矩与第四次制动力矩之差和第一次制动力矩的比值）。

(2) 在制动初速度 50km/h，按基准试验所确定的管路压力下制动时，若制动周期 120s，则恢复试验第一次制动减速度应不低于 1.5m/s²，最后一次减速度（制动力矩）与基准试验的减速度（制动力矩）相比较差值应不超过 23%。

4) 第二次热衰退和恢复

(1) 在制动初速度 100km/h 和制动减速度达 4.5m/s² 的管路压力下制动时，若制动周期 35s，则第八次制动力矩的衰退率不大于 40%。

(2) 恢复性能要求与第一次恢复性能要求相同。

5) 第三次效能

与第二次效能的性能要求相同。

6) 管路失效和加力器失效后的性能

在任一管路（或加力器）失效后，在最大管路压力下制动性能应符合表 A-13 的规定。

表 A-13 管路失效和加力器失效后的性能

项目	制动初速度/(km·h^{-1})		
	50	80	100
制动减速度/(m·s^{-2})	≥3.2	≥2.9	≥2.6

7) 制动噪声

制动噪声与各项试验同时进行测量，噪声应小于 76dB(A)。

关于本标准性能要求及台架试验方法的详细内容可查阅标准原文。

6. 汽车干摩擦式离合器总成技术条件 QC/T 25—2000（代替 QC/T 25—1992）

本标准适用于汽车干摩擦式离合器总成，试验程序按汽车干摩擦式离合器台架试验方法 QC/T 27—2000 标准规定进行。

主要性能要求有以下几项。

1) 滑动摩擦因数

各种型号的离合器所要求的滑动摩擦因数应符合表 A-14 的规定。

表 A-14 滑动摩擦因数

试 验 阶 段	允许摩擦因数平均值	允许摩擦因数最小值
60个离合循环	≥0.26	≥0.21
热负荷320℃（压盘温度）可通过滑磨升温	≥0.24	≥0.21
冷却到室温后1000次以及4000次离合循环	≥0.28	≥0.25

2）耐磨性

（1）经320℃热负荷试验后，再经过1000次和4000次离合循环，摩擦片表面不得有裂纹、起泡、铆钉露头等现象。

（2）经320℃热负荷试验后，再经过1000次和4000次离合循环，摩擦片的允许磨损量应符合表A-15的规定。

表 A-15 允许磨损量

公称直径/mm	允许的磨损量/g	
	1000次磨台循环后	4000次磨台循环后
≤180	<2	<8
>180～190	<2.2	<8.8
>190～200	<3	<12
>200～210	<3.5	<14
>210～215	<4	<16
>215～230	<4.5	<18
>230	与用户商定	与用户商定

3）离合器的旋转破坏转速

从动盘总成在200℃时的旋转破坏转速应不低于发动机额定转速的1.6倍。

7. 工业机械用石棉摩擦片 GB 11834—2000

工业机械用石棉摩擦片执行我国GB/T 11834—2000标准。本标准非等效采用日本工业标准 JIS R3455：1995"工业机械用石棉刹车片"，对GB 11834—1989"工业机械用石棉摩擦片"进行修订。

本标准适用于工业机械用干式石棉摩擦片（制动片、制动带、离合器面片），也适用于农业机械用干式石棉摩擦片。干式非石棉摩擦片也可参照采用。

1）产品分类和代号

产品分类和代号见表A-16。

表 A-16 产品分类和代号

类 别	代号	材 料	工艺特性	用途
1类	ZP1	普通软质编织制品	未经热压或硫化	制动片
	ZD1			制动带
2类	ZP2	软质模压制品	经半硫化	制动片
	ZD2			制动带

(续)

类　别		代号	材　料	工艺特性	用途
3类	1号	ZP3—1	特殊加工编织制品	经热压及硫化	制动片
		ZD3—1			制动带
	2号	ZP3—2	模压或半模压制品		制动片
	3号	LP3—3	半金属模压制品		离合器片

2) 摩擦性能要求

(1) 摩擦因数(μ)应符合表A-17的要求。

表 A-17　摩擦因数(μ)

分　类	试验机圆盘摩擦面温度/℃			
	100	150	200	250
1类	0.30~0.60	0.25~0.60	—	—
2类	0.30~0.60	0.25~0.60	0.20~0.60	—
3类1号	0.30~0.60	0.25~0.60	0.20~0.60	—
3类2号	0.30~0.60	0.30~0.60	0.20~0.60	0.15~0.60
3类3号	0.25~0.60	0.20~0.60	0.15~0.60	—

(2) 指定摩擦因数的允许偏差($\Delta\mu$)应符合表A-18的要求。

表 A-18　指定摩擦因数的允许偏差($\Delta\mu$)

分　类	试验机圆盘摩擦面温度/℃			
	100	150	200	250
1类	±0.10	±0.10	—	—
2类	±0.10	±0.12	±0.10	—
3类1号	±0.08	±0.10	±0.12	—
3类2号	±0.08	±0.10	±0.12	—
3类3号	±0.08	±0.10	—	—

(3) 磨损率(V)应符合表A-19的要求。

表 A-19　磨损率 v　　　　　　　　$10^{-7} cm^3/(N \cdot m)$

分　类	试验机圆盘摩擦面温度/℃			
	100	150	200	250
1类	≤1.00	≤2.00	—	—
2类	≤0.50	≤0.75	≤1.00	—
3类1号	≤0.50	≤0.75	≤1.00	—
3类2号	≤0.50	≤0.75	≤1.00	≤2.00
3类3号	≤0.50	≤0.75	≤1.00	—

注：磨损率不允许为负值。

(4)柔软性能。对于1类和3类1号产品,柔软性能应符合表A-20规定,紧贴表A-20规定的圆柱体围绕180°时表面不得有龟裂缺陷。

表A-20 柔软性能

制品厚度/mm	圆柱体直径/mm	
	1类	3类1号
≤6.3	100	160
>6.3~10.0	160	—
>10.0	制品厚度的25倍	—

(5)弯曲性能。3类3号制品的弯曲强度(σ_a)和最大应变(e)应符合表A-21的规定。

表A-21 弯曲性能

指标	允许值	指标	允许值
弯曲强度(σ_a)/(N·mm^{-2})	≥25.0	最大应变(e)/(10^{-3}mm/mm)	≥6.0

8. 一汽集团公司有关标准

1)汽车用制动器衬片技术条件 JFD4—2A—1996

本标准适用于CA141系列车型、CA150P系列车型等中、重型载货汽车制动器衬片。主要性能要求如下:

(1)摩擦磨损性能应符合表A-22的要求。

表A-22 摩擦磨损性能

指标等级	项目 温度/℃	指定摩擦因数 μ	摩擦因数允许偏差 $\Delta\mu$	磨损率 v /[10^{-7}cm^3/(N·m)]
优等品	100	0.45	±0.05	0.10
	150	0.45	±0.06	0.20
	200	0.45	±0.07	0.30
	250	0.45	±0.08	0.40
	300	0.45	±0.08	0.50
	再100	0.42	±0.08	0.10
	前五种温度磨损率总和不大于1.5×10^{-7}cm^3/(N·m)			
合格品	100	0.42	±0.06	0.20
	150	0.42	±0.07	0.30
	200	0.42	±0.08	0.40
	250	0.42	±0.09	0.50
	300	0.42	±0.10	0.60
	再100	0.40	±0.10	0.15
	前五种温度磨损率总和不大于2.0×10^{-7}cm^3/(N·m)			

(2) 物理机械性能包括以下几方面。

① 密度：1.7~2.1g/cm³。

② 布氏硬度：196~490MPa。

③ 冲击强度：≥4.5kJ/m²。

④ 压缩强度：≥100MPa。

⑤ 抗弯强度：≥40MPa。

⑥ 内抗剪强度：≥11.8MPa。

⑦ 热膨胀率：≤3.5%(200℃)。

2) 轻型车盘式制动器用摩擦衬片标准 JF 04—20

本标准适用于轻型车、轿车上应用的半金属材料盘式摩擦衬片。

主要性能要求如下：

(1) 摩擦性能按符合表 A-23 的要求。

表 A-23 摩擦性能

指标等级	项目 温度/℃	指定摩擦因数 μ	摩擦因数允许偏差 $\Delta\mu$	磨损率 $v/$ $[10^{-7}cm^3/(N\cdot m)]$
优等品	100	0.45	±0.05	0.10
	150	0.45	±0.06	0.20
	200	0.45	±0.07	0.31
	250	0.45	±0.08	0.41
	300	0.45	±0.09	0.51
	350	0.45	±0.10	0.61
	400	0.45	±0.11	—
	350	0.45	±0.11	—
	300	0.45	±0.10	—
	250	0.45	±0.09	—
	200	0.45	±0.08	—
	150	0.45	±0.07	—
	100	0.45	±0.06	—
	注：1. 磨损率总和不大于 2.14。 2. 摩擦因数同其平均值的偏差不大于±0.05。			
合格品	100	0.42	±0.06	0.10
	150	0.42	±0.07	0.20
	200	0.42	±0.08	0.31
	250	0.42	±0.09	0.41
	300	0.42	±0.10	0.51
	350	0.42	±0.10	0.61
	400		±0.11	—
	350		±0.11	—
	300	0.42	±0.11	—

(续)

指标等级 \ 项目	温度/℃	指定摩擦因数 μ	摩擦因数允许偏差 $\Delta\mu$	磨损率 v/$[10^{-7}cm^3/(N\cdot m)]$
合格品	250	0.42	±0.10	—
	200	0.42	±0.09	—
	150	0.42	±0.08	—
	100	0.42	±0.07	—

注：1. 磨损率总和不大于 2.14。
2. 摩擦因数同其平均值的偏差不大于±0.06。

(2) 其他性能指标见表 A-24。

表 A-24 其他性能指标

项　目		单　位	技术要求
密度		g/cm³	3.5(半金属) 5(粉末金属) 0.5(同种配方密度差)
硬度	布氏	MPa	150～350
	洛氏	HRM	50～95
膨胀率		%	<2.5(200℃)
导热系数		W/(m·℃)	2.5～12(200℃)
冲击强度		J/cm²	>0.35(缺口)，>0.45(无缺口)
压缩强度		MPa	57～252
内剪切强度		MPa	>11.8
衬片和底板粘接强度		MPa	>2.5(400℃)
腐蚀粘连力		MPa	<34

3) 城市用公共交通汽车制动器衬片标准 JF04—19

本标准适用于城市内公共交通汽车用制动器衬片。

主要性能要求如下：

(1) 摩擦性能见表 A-25。

表 A-25 摩擦性能

盘温/℃ \ 项目	摩擦因数及其允许偏差	磨损率/$[10^{-7}cm^3/(N\cdot m)]$
100	0.45±0.05	≤0.30
150	0.45±0.07	≤0.40
200	0.45±0.08	≤0.50
250	0.45±0.09	≤0.60
300	0.45±0.10	≤0.70
再 100	0.42±0.10	—
五挡温度的磨损率总和≤2.5		

(2) 其他技术要求见表 A-26。

表 A-26 其他技术要求

项目	单位	技术要求	项目	单位	技术要求
内弧间隙	mm	常温,≤0.25 200℃,≤0.40	布氏硬度	MPa	150~350
热膨胀	%	200℃,≤3.5	抗弯强度	MPa	≥30
			最大应变	10^{-3} mm/mm	≥5.5
冲击强度	J/cm²	≥0.45	—	—	—

9. 二汽集团公司有关标准

1) 载重汽车用制动器衬片企业标准 EQC 83—90

本标准适用于中型载重汽车制动器衬片。

主要性能要求如下:

(1) 摩擦因数及磨损率应符合表 A-27 的要求。

表 A-27 摩擦因数及磨损率

摩擦盘温度/℃	100	150	200	250	300
摩擦因数 μ	0.42±0.05	0.42±0.06	0.42±0.08	0.42±0.09	0.42±0.09
磨损率 $V/[10^{-7} cm^3/(N \cdot m)]$	<2.0	<3.5	<4.5	<6.0	<8.0

(2) 物理机械性能要求见表 A-28。

表 A-28 物理机械性能要求

序号	性能项目	技术要求	序号	性能项目	技术要求
1	冲击强度/(dJ·cm^{-2})	≥4.0	4	最大应变/(mm/mm)	≥5.5×10^{-3}
2	洛氏硬度/HRM	40~90	5	抗压强度/MPa	≥100
3	弯曲强度/MPa	≥40	6	200℃衬片膨胀量/mm	待定

2) 汽车用离合器面片企业标准 EQC 84—90

本标准适用于汽车用短纤维材质离合器片和缠绕型离合器片。

主要性能要求如下:

(1) 摩擦性能见表 A-29。

表 A-29 摩 擦 性 能

摩擦盘温度/℃		100	150	200	250	300
摩擦因数		0.35~0.50	0.35~0.50	0.30~0.50	0.30~0.50	0.25~0.50
磨损率/ [10^{-7}cm³/(N·m)]	第一片	<2.0	<3.0	<4.0	<6.0	—
	第二片	<3.0	<4.0	<6.0	<10.0	—

(2) 物理机械性能见表 A-30。

表 A-30 物理机械性能

项目	单位	技术要求		项目	单位	技术要求	
冲击强度	dJ/cm^2	≥4.5		弯曲强度	MPa	缠绕片	≥45
洛氏硬度	HRM	绒质片	40~90	最大应变	10^{-3}mm/mm		≥6.5
		缠绕片	20~90	抗拉强度	MPa	绒质片	≥15
弯曲强度	MPa	绒质片	≥50			缠绕片	≥12

10. 中国重型汽车集团公司企业标准

斯达-斯太尔载货汽车制动器衬片技术条件 QZZ—11163—1996JT（代替 ZQ/J 3084—88）

本标准适用于斯达-斯太尔载货汽车鼓式制动器衬片技术条件。

主要性能要求：

1) 摩擦性能

摩擦因数及磨损率应符合表 A-31 的要求。

表 A-31 摩擦性能

摩擦盘温度/℃	100	150	200	250	300
摩擦因数 μ	0.43±0.08	0.42±0.08	0.42±0.08	0.43±0.10	0.42±0.10
磨损率 $v/(10^{-7}cm^3/N \cdot m)$	0.26	0.36	0.51	0.71	0.92

(2) 物理机械性能要求见表 A-32。

表 A-32 物理机械功能

序 号	性 能 项 目		性能指标
1	密度/(g·cm^{-3})		≤2.5
2	布氏硬度/HB		≤22
3	抗冲击强度/(dJ·cm^{-2})		≥3.0
4	内剪切强度/MPa		≥11
5	抗压强度/MPa		≥40
6	耐热性	膨胀(%)	≤1.25
		增大(%)	≤0.40
7	丙酮可萃取率(%)		≤1.9

11. 中国台湾地区汽车摩擦材料有关标准

台湾地区汽车摩擦材料标准参照日本 J1SD 标准而制订。现行台湾地区汽车摩擦材料标准是 1996 年修订公布的。它主要包括"汽车用制动衬片及制动衬垫(brake linings and pads for automobiles CNS 总号 2586，类号 D2002)"和"汽车用离合器摩擦片(clutch facings for automobiles CNS 总号 3011，类号 D2005)"。前者适用范围为汽车鼓式制动片和盘式制动片；后者适用范围为汽车用干式离合器摩擦片。

这两个标准的主要内容包括：

(1) 制动衬片依用途分类，分为四种。离合器面片按外径、内径、厚度分为若干系列。

(2) 对摩擦片制品外观的规定。

(3) 对摩擦片制品的摩擦性能(摩擦因数及其许可差与磨耗率)的规定要求，并规定了用定速式摩擦试验机对试样进行摩擦磨损性能试验的试验方法。

(4) 对离合器摩擦片的弯曲性能及其试验方法的规定。

台湾地区汽车摩擦材料标准和 GB 5763—1998 "汽车用制动器衬片"及 GB/T 5764—1998 "汽车用离合器面片"两个国家标准相比较，它们都是参照日本 JISD 摩擦材料标准内容而制订，因此，两者主要内容包括摩擦材料的分类、外观要求、摩擦性能(摩擦因数和磨损率)及其检测设备——定速试验机的结构、技术参数、摩擦盘材质、试验条件(试样数量及规格尺寸、试验温度、比压、摩擦速度)及试验程序、弯曲性能的试验方法等都基本相同。

台湾地区汽车摩擦材料标准和 GB 5763—1998 "汽车用制动器衬片"及 GB/T 5764—1998 "汽车用离合器面片"两个国家标准有个别内容不完全相同，表现在下面几点：

(1) 摩擦材料的分类，我国大陆地区 GB 5763—1998 "汽车用制动器衬片"标准中，将汽车用制动器衬片分为四类，其中第三类衬片为中、重型汽车用鼓式制动片；而我国台湾地区摩擦材料标准中将制动衬片分为四种，其中第三种为重型载重汽车用鼓式制动片。

(2) 我国大陆地区 GB 5763—1998 "汽车用制动器衬片"标准中有四类制动片的宽度及厚度的基本尺寸和它们尺寸公差，我国台湾地区摩擦材料标准中未做规定。

(3) 在离合器摩擦片方面，我国台湾地区摩擦材料标准比较详细地规定了离合器摩擦片的主要尺度(寸)系列(产品外径 150~457mm，内径 100~280mm，厚度 2.8~5.5mm)，我国大陆地区标准无此方面内容规定。

(4) 在离合器面片的尺寸偏差方面，我国大陆地区 GB/T 5764—1998 "汽车用离合器面片"标准中，按离合器面片的外径在 300mm 以内和大于 300mm 两种类别，规定了它们的外径、内径、厚度的极限偏差及每片的厚薄差；在我国台湾地区摩擦材料标准中，对离合器片的外径、内径及厚度的尺寸许可差(即尺寸偏差)，以及每片厚薄差要规定得更详细些。

(5) 离合器摩擦片的弯曲性能方面，我国大陆地区标准规定最大应变不小于 6×10^{-3} mm/mm；台湾地区标准中除也有此内容外，还规定了对半模制品及其他制品的最大应变不小于 8.3×10^{-3} mm/mm。

(6) 两标准中对定速式试验机的摩擦盘材质的规定见表 A-33。

表 A-33 我国大陆地区和我国台湾地区标准对定速式试验机摩擦盘材质的规定

项　　目	我国大陆地区标准	我国台湾地区标准
摩擦盘材质	灰铸铁 HT250	灰口铸铁 FC250
金相组织	珠光体	波来铁 FC250(即珠光体)
硬度牌号硬度范围	HB195(180~220HB)	未规定

我国台湾地区汽车摩擦材料标准的具体内容可查阅标准原文。

12. 德国克劳斯公司有关试验规范

德国克劳斯公司关于摩擦片的试验规范主要有盘式制动器衬片摩擦性能试验规范 PV-3212 和鼓式制动片试验规范 PV-3211。试验设备采用克劳斯摩擦试验机。下面分别进行介绍。

1) 盘式制动器衬片试验规范(PV-3212)

PV-3212 的试验范围是测定汽车用盘式制动片的摩擦因数、磨损率和温度特性，本规范的试验条件和试验程序在本书第 7 章有关克劳斯摩擦试验机的内容中已有详细介绍，在本处只做简要介绍。

(1) 试验过程包括 10 个制动循环，每个制动循环中制动次数为 10 次，共计制动次数为 100 次。每次制动时，制动时间为 5s，间隔时间为 10s，这 100 次制动试验需不间断进行。

(2) 第一至第三个循环，是对试片进行磨合，磨合过程中用冷空气进行冷却，制动盘最高温度不能超过 300℃。

(3) 第四循环到第九循环不采用冷却手段，在每个循环结束时，温度可能升到 550~600℃。在第十个循环时用冷空气进行冷却。

将每次制动的制动力矩(换算成摩擦因数)和温度的变化情况记录下来，并测定试验前后衬片的厚度和质量磨耗。

(4) 评价鉴定：

① 求出摩擦因数(μ_m、μ_{max}、μ_{min}、μ_k、μ_f)，其中 μ_m 为工作摩擦因数；μ_{max} 为最大摩擦因数；μ_{min} 为最小摩擦因数；μ_k 为冷摩擦因数；μ_f 为衰减摩擦因数。

② 磨损：衬片的磨耗须在所要求的范围内。

(5) 一些确定了摩擦因数分类等级的制动片型号的摩擦因数极限值和磨耗规定值见表 A-34。

表 A-34 摩擦因数极限值

型 号	制动片性能	摩擦因数			磨 耗	
		μ_m	μ_{max}	μ_{min}	厚度/mm	质量/g
17/32/86	Pagid503FF	0.36	0.60	0.28	0.25	2.0
17/32	ABPA718FF	0.30	0.55	0.20	0.20	1.5
17/32	Textar FF	0.36	0.60	0.25	0.25	1.5
17/32	ABPA720 GG	0.35	0.60	0.15	0.30	5.5
17/19/32	ABPA509 FF	0.35	0.60	0.25	0.25	4.5
17/32	Jurid203FF	0.32	0.50	0.20	0.25	4.5
32	2451 GG	0.35	0.50	0.20	0.25	4.5
21/25	394 GG	0.46	0.65	0.30	0.50	5.5
21/25	T252 GF	0.40	0.58	0.22	0.40	5.5
28	EnetgitGG	0.46	0.65	0.32	0.50	5.5

(续)

型号	制动片性能	摩擦因数			磨耗	
		μ_m	μ_{max}	μ_{min}	厚度/mm	质量/g
28	Textar GF	0.40	0.60	0.20	0.85	5.5
11	Textar GF	0.40	0.58	0.22	0.30	1.5
11	JuridFG	0.46	0.68	0.25	0.35	3.0
31	EnetgitFF	0.41	0.65	0.24	0.20	2.1
41	JuridGG	0.46	0.68	0.25	0.30	2.0
43	PagidFF	0.30	0.40	0.21	0.20	1.5
43	JuridGG	0.38	0.55	0.22	0.25	2.5
43	Textar FG	0.37	0.55	0.20	0.20	3.0
43	Pagid GG	0.40	0.60	0.26	0.25	3.0
19/32	Jurid FE	0.35	0.50	0.22	0.25	3.5
19	TextarFE	0.36	0.45	0.20	0.20	2.0
53	Jurid FE	0.36	0.50	0.20	0.25	3.5
35/53	Jurid FE	0.36	0.50	0.20	0.25	3.5
25	EnetgitFF	0.36	0.50	0.25	0.10	4.5
94	Textar FF	0.35	0.50	0.25	0.20	3.5
95	Jurid GF	0.42	0.55	0.20	0.20	3.5
44	Pagid FF	0.35	0.50	0.25	0.25	—
32	DON 296 FF	0.35	0.50	0.20	0.25	—
81	Jurid GF	0.35	0.60	0.25	0.25	—
85	ValeoFll6	0.40	0.50	0.32	0.40	—
85	TextarGF	0.40	0.60	0.30	0.25	—

2) 鼓式制动摩擦片试验规范(PV-3211)

试验范围:鼓式制动片的摩擦力矩和磨损试验。

(1) 有关试验要求和摩擦力矩、磨损的额定值见表 A-35～表 A-38。

表 A-35 Jurid 公司的鼓式制动摩擦片

项目	鼓直径/mm×摩擦片宽度/mm									
	180×30	180×30	180×30	180×30	200×30	200×30	230×30	230×40	180×30	180×30
摩擦材料	325	334	118	334	118	334	334	139	139	
车轮制动分泵直径/mm	14.29	14.29	14.29	17.46	17.46	17.46	22.2	17.46	14.29	17.46
试验压力(表压)/bar (1bar=10^5Pa)	25	25	25	25	25	25	25	25	25	25

(续)

项目			鼓直径/mm×摩擦片宽度/mm									
				180×30	180×30	180×30	180×30	200×30	200×30	230×30	230×40	180×30	180×30
摩擦片磨合			stops	200	200	200	100	100	200	100	100	200	100
额定值	摩擦力矩/(N·m)	循环1	max	90	110	110	140	190	190	320	260	110	140
			min	50	70	60	110	130	130	220	160	70	80
		循环2	min	40	50	50	70	90	90	140	100	50	70
			max	90	110	110	140	190	190	320	260	110	140
		循环3	min	50	70	60	110	130	130	220	160	70	80
		循环4	min	40	50	50	70	90	90	140	100	50	70
	磨损/g	主磨液片	max	0.50	0.40	0.40	0.50	0.75	0.75	2.0	1.5	0.40	0.50
		副磨液片	max	0.25	0.20	0.20	0.25	0.25	0.25	1.5	1.0	0.20	0.25

表 A-36　Enetgit 公司的鼓式制动摩擦片

项目				鼓直径/mm×摩擦片宽度/mm				
				180×30	180×30	220×30	230×40	230×40
摩擦材料				333	333	333	335	335
车轮制动分泵直径/mm				14.29	17.46	17.46	22.2	17.46
试验压力(表压)/bar(1bar=10^5Pa)				25	25	25	25	25
摩擦片磨合			stops	200	100	100	100	100
额定值	摩擦力矩/(N·m)	循环1	max	110	140	190	320	260
			min	70	110	130	220	160
		循环2	min	50	70	90	140	100
			max	110	140	190	320	260
		循环3	min	70	110	130	220	160
		循环4	min	50	70	90	140	100
	磨损/g	主磨液片	max	0.40	0.50	0.75	2.0	1.5
		副磨液片	max	0.20	0.25	0.25	1.5	1.0

表 A-37　Textar 公司的鼓式制动摩擦片

项目	鼓直径/mm×摩擦片宽度/mm	
	230×40	230×40
摩擦材料	TE18	TE18
车轮制动分泵直径/mm	22.2	17.46
试验压力(表压)/bar(1bar=10^5Pa)	25	25

(续)

项　目			鼓直径/mm×摩擦片宽度/mm	
			230×40	230×40
	摩擦片磨合	stops	100	100
额定值	摩擦力矩 /(N·m)	循环1 max	320	260
		循环1 min	220	160
		循环2 min	140	100
		循环2 max	320	260
		循环3 min	220	160
		循环4 min	140	100
	磨损 /g	主磨液片 max	2.0	1.5
		副磨液片 max	1.5	1.0

表 A-38　Pagid 公司的鼓式制动摩擦片

项　目			鼓直径/mm×摩擦片宽度/mm				
			180×30	180×30	200×40	230×40	180×30
摩擦材料			553	553	554	555	450
车轮制动分泵直径/mm			14.29	17.46	17.46	17.46	14.29
试验压力(表压)/bar(1bar=10^5Pa)			25	25	25	25	25
	摩擦片磨合	stops	200	100	100	100	—
额定值	摩擦力矩 /(N·m)	循环1 max	110	140	190	260	—
		循环1 min	70	90	110	160	—
		循环2 min	50	70	60	100	—
		循环2 max	110	140	190	260	—
		循环3 min	70	90	110	160	—
		循环4 min	50	70	60	100	—
	磨损 /g	主磨液片 max	0.40	0.50	0.60	1.5	—
		副磨液片 max	0.20	0.25	0.30	1.0	—

(2) 试验条件包括以下几点。

① 试验台转速：$N=(660±10)$r/min。

② 制动时间：$t=5$s，用于摩擦片的磨合和试验项目。

③ 温度测量：在摩擦片接触的制动面中心，把一热电偶设在制动鼓内。

④ 制动管压力：$p=$贴靠压力+试验压力。

注意：贴靠压力是一种克服所有阻力像弹簧回弹力等的压力。

贴靠压力的测量，在试验台运转及气压逐渐提高至开始产生力矩时进行。

试验压力见表 A-35～表 A-38。

⑤ 制动鼓：对于每种摩擦片等级，各需用一个制动鼓（它是用摩擦片等级来标记的）。各摩擦片等级相应的制动鼓能用到摩擦片的粗糙度最大 $30\mu m$。

(3) 试验过程：

① 摩擦片的磨合。伴有冷却的制动见表 A-35～表 A-38，且
$$t_A = x，使 t_{最大} \leq 200℃$$
x 为附表所给温度。

在摩擦片磨合结束后不要把它们拆除。

② 试验项目。

循环 1：伴冷却制动 10 次，$t_A = x$，使 $t_{最大} \leq 200℃$。

循环 2：无冷却制动 10 次，第一次制动时的初始温度 $\leq 60℃$。

循环 3：同循环 1。

循环 4：同循环 2。

③ 摩擦片称重。在摩擦片磨合前和试验项目结束后，称出铆接状态下摩擦片的质量（损耗测定）。

(4) 评定。

① 磨合：磨合期间摩擦力矩不作测定。

② 摩擦力矩测定：循环 1 和 3（冷试验）用第 5 次制动时的最大和最小摩擦力矩来进行评定，额定值见表 A-35～表 A-38；循环 2 和 4（热试验）用第 1 和第 10 次制动时两个最小的力矩来进行评定，但当热制动超过 300℃ 时，评定就用 300℃ 时的最小力矩，额定值见表 A-35～表 A-38。

③ 损耗计算：从上节里测定的质量得出质量差，额定值见表 A-35～表 A-38。

(5) 方法提示

表格里的新数据（摩擦力矩、磨损等）或它们的更改都是由各有关实验室提议的（必要时亦测定）。

13. 德国大众汽车公司有关标准

德国大众汽车公司对其配套的鼓式制动片和盘式制动片的性能要求按 TL110 标准执行。

TL110 标准的主要内容如下：

在成批生产中，对产品的摩擦性能可按 PV3211、PV3212、PV3215 标准进行检验。

1) 鼓式制动器摩擦片

对鼓式制动片的性能要求包括：制动减速度、磨耗（磨损）、耐磨强度和粘附性。

(1) 制动减速度：对以下各项试验结果，必须保持在规定离散带内（离散带可查阅标准原件）。

① 连续冷却时，不同压力条件下（轿车为 20～80bar，$1bar = 10^5 Pa$）的制动减速度测定，即效能-压力测定。

② 连续冷却时，不同速度下（$40km/h \sim V_{max}$）的制动减速度即效能-速度测定。

③ 在无冷却时，温度逐步升高时的制动减速度（衰退试验）。

④ 热性能：在无冷却时，不同压力条件下的制动减速度（考察高温情况下制动减速度

与压力关系)。

⑤ 在持续冷却条件下，受热负荷后制动减速度与压力的关系(恢复试验)。

(2) 耐磨强度。试验后摩擦片的损耗最大值对轿车要不大于1mm。

(3) 粘附/腐蚀性能。摩擦片在试验后的拆卸力矩要不大于30Nm。

2) 盘式制动器摩擦片

(1) 摩擦因数。下列试验结果中的摩擦因数测定值必须在所规定的离散带中(离散带可查阅标准原件)。

① 在连续冷却时，摩擦因数与压力的关系(压力为20、40、60、80、100bar，$1bar=10^5Pa$)。

② 在连续冷却时，摩擦因数与速度的关系(速度为40、60、80、100、120km/h直到V_{max})。

③ 无冷却时，摩擦因数与温度的关系(衰退试验)；至多作20次制动，或当最大温度达700℃时。

④ 温度情况：

试验A. 无冷却时的冷却特性(恢复试验)，测定温度逐步下降时摩擦因数值。

试验B. 无冷却时的升温特性(衰退试验)，当温度从30℃升到500℃时的摩擦因数值。

⑤ 受热负荷后在连续冷却情况下，摩擦因数与压力的关系。试验程序与2.①程序相同。

(2) 耐磨强度与侵蚀。

试验后制动盘每个摩擦面的磨损量应满足：试验A≤20μm，试验B≤90μm。并且所求出的磨损值=Σ两块摩擦片/2，还必须在规定的磨损曲线之下(查标准原件)。

(3) 粘附性。将盘式片放在制动盘上，于50℃和100%相对湿度下放置16h后，拔下盘式片所需的力应不大于50N。

(4) 摩擦片与钢背的附着性。将摩擦片从钢背上切下的力(轿车)不小于$300N/cm^2$，摩擦片在钢背上残留物面积应大于97%。

(5) 热膨胀。摩擦片在400℃时，厚度增加应不大于0.10mm。

(6) 压缩性(冷态)。

前桥盘式片，制动压力160bar，压缩性不大于0.30mm；

后桥盘式片，制动压力100bar，压缩性不大于0.10mm。

附录B
部分标准代号含义

　　标准是为在一定的范围内获得最佳秩序，对活动或其结果规定共同和反复使用的规则、导则或特性文件。国家和行业（企业）都有不少标准，部分常见摩擦材料及其制品的标准的代号含义如下：

(1) GB——中华人民共和国国家标准
(2) QC/T——中华人民共和国汽车行业标准
(3) JB/T——中华人民共和国机械行业标准
(4) JC/T——中华人民共和国建材行业标准
(5) TB/T——中华人民共和国铁道行业标准
(6) SY/T——中华人民共和国石油天然气行业标准
(7) HG/T——中华人民共和国化工行业标准
(8) SAE——美国汽车工程师学会推荐标准
(9) ISO——国际标准
(10) PV——德国克劳斯公司标准
(11) TL——德国大众汽车公司标准
(12) JF——中国一汽集团标准
(13) EQC——中国二汽集团标准

附录C 部分常见标准

1. GB 5763—2008《汽车用制动器衬片》
2. GB/T 5764—1998《汽车用离合器面片》
3. GB/T 17469—1998《汽车制动器衬片摩擦性能评价小样台架试验方法》
4. GB/T 5766—1996《摩擦材料洛氏硬度试验方法》
5. SY/T 5023—1994《摩擦材料冲击强度测定法》
6. QC/T 239—1997《货车、客车制动器性能要求》
7. QC/T 479—1999《货车、客车制动器台架试验方法》
8. QC/T 582—1999 轿车制动器性能要求
9. QC/T 564—2008《乘用车制动器性能要求及台架试验方法》
10. QC/T 25—2004《汽车干摩擦式离合器总成技术条件》
11. QC/T 27—2004《汽车干摩擦式离合器台架试验方法》
12. QC/T 42—1992《汽车盘式制动器摩擦块试验后表面和材料缺陷的评价》
13. QC/T 473—1999《汽车制动器衬片材料内抗剪强度试验方法》
14. GB/T 22309—2008 汽车盘式制动块总成和鼓式制动蹄总成剪切强度试验方法
15. QC/T 583—1999《汽车制动器衬片显气孔率试验方法》
16. JC/T 528—2009 摩擦材料可溶物试验方法
17. GB/T 1041—2008《塑料压缩性能的测定》
18. JF 04—2A—1996 载重汽车用制动器衬片
19. JF 04—20 轻型车用盘式制动器衬片
20. JF 04—19 城市公共交通汽车制动器衬片
21. EQC 83—90 载重汽车用制动器衬片
22. EQC 84—90 汽车用离合器面片
23. QZZ 11163—1996 斯太尔载货汽车用制动器衬片
24. CNS 2586 D2002(我国台湾地区汽车摩擦材料有关标准)汽车用刹车衬片及刹车衬垫
25. CNS 3011—D2005(我国台湾地区汽车摩擦材料有关标准)汽车用离合器摩擦片
26. SAE—J661a 美国制动器衬片质量控制规范
27. SAEJ 866 美国汽车工程师学会推荐标准——制动器衬片摩擦系数的识别系统
28. SAE J160 美国汽车工程师学会推荐标准——制动器衬片的膨胀、增大和尺寸稳定性

29. PV 3212 盘式制动器衬片
30. PV 3211 鼓式制动器衬片
31. TL 110 德国大众汽车公司有关标准
32. ISO 7881：1987 国际标准：道路车辆——制动器衬片——摩擦材料特性的评价——小样台架试验程序
33. ISO 6310：1981 国际标准：汽车刹车片可压性测试规程
34. ISO 6311：1980 国际标准：公路车辆刹车片内抗剪强度测试规程
35. ISO 6312：1981 国际标准：汽车刹车片、盘式刹车片和鼓式刹车组件的剪切强度测试规程
36. ISO 6313：1980 国际标准：道路车辆——制动器衬片——热对盘式制动器衬垫尺寸和形状的影响——试验规程
37. ISO 6314：1980 国际标准：公路车辆刹车片抗水、盐溶液、油、制动液测试规程
38. ISO 7629：1987 国际标准：汽车盘式制动器衬垫试验后表面及材料缺陷的评价
39. GB/T 11834—2000《工业机械用石棉摩擦片》
40. SY/T 5023—1994《石油钻机用刹车块》
41. TB 2404—1999《铁路货车用低摩擦系数合成闸瓦》
42. TB/T 2403—1993《货车高摩擦系数合成闸瓦》
43. TB/T 3196—2008《铁道内燃机车用低摩擦系数合成闸瓦》
44. TB/T 5071—1991《摩擦材料术语标准》
45. GB 4507—1984《石油沥青软化点测定》
46. GB 12007.6—1989《酚醛树脂软化点测定方法》
47. HG/T 2753—1996《酚醛树脂在玻璃板上流动距离的测定》
48. GB/T 8071—2008《温石棉》
49. JC/T 210—2000《石棉布、带》
50. JC/T 221—2009《石棉纱、线》和 JC/T 222—2009《石棉绳》

参 考 文 献

[1] 申荣华，丁旭. 工程材料及其成形技术基础［M］. 北京：北京大学出版社，2008.
[2] 高惠民. 矿物复合摩擦材料［M］. 北京：化学工业出版社，2007.
[3] 王超，王军，王虹. 汽车用粘结剂［M］. 北京：化学工业出版社，2005.
[4] ［美］B·布尚. 摩擦学导论［M］. 葛世荣，译. 北京：机械工业出版社，2007.
[5] 庞佑霞. 工程摩擦学基础［M］. 北京：煤炭工业出版社，2004.
[6] 温诗铸，黄平. 摩擦学原理［M］. 北京：清华大学出版社，2002.
[7] 张永振. 材料的干摩擦学［M］. 北京：科学出版社，2007.
[8] 张嗣伟. 基础摩擦学［M］. 北京：石油大学出版社，2001.
[9] 黄发荣，焦扬声. 酚醛树脂及其应用［M］. 北京：化学工业出版社，2003.
[10] 唐路林，李乃宁，吴培熙. 高性能酚醛树脂及其应用技术［M］. 北京：化学工业出版社，2008.
[11] 王铁山，曲波. 汽车摩擦材料测试技术［M］. 长春：吉林科学技术出版社，2005.
[12] 郑水林. 非金属矿物材料［M］. 北京：化学工业出版社，2007.
[13] 陆刚，李兴普. 现代车用材料应用手册［M］. 北京：中国电力出版社，2007.
[14] 汤希庆，司万宝，王铁山. 摩擦材料实用生产技术［C］. 中国摩擦密封材料协会，2003.
[15] 张彦茹. 汽车材料［M］. 合肥：合肥工业大学出版社，2006.
[16] 中国汽车技术研究中心标准化研究所. 汽车标准汇编(第四卷 转动 制动 悬架). 北京：中国标准出版社，2000.
[17] 施高义. 机械设计手册(新版 第3卷 第22篇 联轴器、离合器与制动器)［M］. 北京：机械工业出版社，2004.
[18] 周明衡. 离合器、制动器选用手册［M］. 北京：化学工业出版社，2003.
[19] 曾守信，于清溪. 橡胶制品生产手册［M］. 北京：化学工业出版社，2006.
[20] 张殿荣，辛振祥. 现代橡胶配方设计［M］. 北京：化学工业出版社，2001.
[21] 马成良，张海军，李素平. 现代试验设计优化方法及应用［M］. 郑州：郑州大学出版社，2007.
[22] 唐焕文，秦学志. 实用最优化方法［M］. 大连：大连理工大学出版社，2004.
[23] *Friction, lubricant and wear technology, section: friction and wear of components, ASM handbook, friction and wear of automotive brakes*, volume 18, 2004.12.
[24] TALIB R J, MUCHTAR A, AZHARI C H. *Microstructural characteristics on the surface and subsurface of semi-metallic automotive friction materials during braking process*［J］. *Journal of Materials Processing Technology*, v140, n1-3, SPEC. Sep22, 2003, p694-699.
[25] LU, YAFEI. *A combinatorial approach for automotive friction materials effects of ingredients on friction performance*［J］. *Composites Science and Technology*, v66, n3-4, March, 2006, p591-598.
[26] SAMPATH V. *Studies on mechanical, friction, and wear characteristics of Kevlar and glass fiber-reinforced friction materials*［J］. *Materials and Manufacturing Processes*, v21, n1, January, 2006, p47-57.
[27] ROUBICEK V, RACLAVSKA H, JUCHELKOVA D, FILIP P. *Wear and environmental aspects of composite materials for automotive braking industry*［J］. *Wear*, v265, n1-2, Jun 25, 2008, p167-175.
[28] 苑晋升. 发展我国汽车摩擦材料的建议［J］. 中国建材，2000(5).
[29] 盛钢. 制动摩擦材料研究的现状与发展［J］. 西安工业学院学报，2000(6).
[30] 石志刚. 国外摩擦材料工业的新进展［J］. 非金属矿，2001(2).

北京大学出版社材料类相关教材书目

序号	书 名	标准书号	主 编	定价	出版日期
1	金属学与热处理	ISBN 7-5038-4451-5	朱兴元，刘忆	24	2007.7
2	材料成型设备控制基础	ISBN 978-7-301-13169-5	刘立君	34	2008.1
3	锻造工艺过程及模具设计	ISBN 7-5038-4453-1	胡亚民，华林	30	2008.6
4	材料成形 CAD/CAE/CAM 基础	ISBN 978-7-301-14106-9	余世浩，朱春东	35	2008.8
5	材料成型控制工程基础	ISBN 978-7-301-14456-5	刘立君	35	2009.2
6	铸造工程基础	ISBN 978-7-301-15543-1	范金辉，华勤	40	2009.8
7	材料科学基础	ISBN 978-7-301-15565-3	张晓燕	32	2009.8
8	模具设计与制造	ISBN 978-7-301-15741-1	田光辉，林红旗	42	2009.9
9	造型材料	ISBN 978-7-301-15650-6	石德全	28	2009.9
10	材料物理与性能学	ISBN 978-7-301-16321-4	耿桂宏	39	2010.1
11	金属材料成形工艺及控制	ISBN 978-7-301-16125-8	孙玉福，张春香	40	2010.2
12	冲压工艺与模具设计(第 2 版)	ISBN 978-7-301-16872-1	牟林，胡建华	34	2010.6
13	材料腐蚀及控制工程	ISBN 978-7-301-16600-0	刘敬福	32	2010.7
14	摩擦材料及其制品生产技术	ISBN 978-7-301-17463-0	申荣华，何林	45	2010.7

电子书(PDF 版)、电子课件和相关教学资源下载地址：http://www.pup6.com/ebook.htm，欢迎下载。

欢迎免费索取样书，请填写并通过 E-mail 提交教师调查表，下载地址：http://www.pup6.com/down/教师信息调查表 Excel 版.xls，欢迎订购。

联系方式：010-62750667，童编辑，tjxin_0405@163.com，pup_6@126.com，欢迎来电来信。

欢迎访问立体化教材建设网址：http://blog.pup6.com/。